高等职业教育“十二五”规划教材

电力电子技术

主编　王丽华　康晓明
参编　董春霞　霍淑珍

国防工業出版社
·北京·

内容简介

“电力电子技术”课程是电气自动化技术专业通用能力模块课程之一。本书以《维修电工》国家职业技能鉴定标准为参照，以项目为载体，把电力电子技术及其应用融入模块化的单元教学中，选取典型的生产设备和工作任务，将多门课程的相关知识融合在每一个学习单元中，是一本技术性、实践性非常强的工学结合的教材。本书遵循“工学结合、做中教、做中学”的职业教育理念，致力于多领域的电气自动化技术工作岗位的高技能人才培养，使学生具有中、高级维修电工(电力电子装置安装与调试部分)的综合职业能力。该书力图通过6个项目并结合14个实训单元，使学生掌握整流器、逆变器、触发与保护电路、斩波器与变频器等主要电力电子装置的原理、安装、调试方法及相应技能。

该书便于高职高专院校按不同学时和专业的要求选择项目与实训单元教学，更是职业院校学生学习知识和掌握技能的好帮手。

图书在版编目(CIP)数据

电力电子技术/王丽华，康晓明主编. —北京：国防工业出版社，2010.8

高等职业教育“十二五”规划教材

ISBN 978-7-118-06990-7

Ⅰ.①电...　Ⅱ.①王...　②康...　Ⅲ.①电力电子学－高等学校：技术学校－教材　Ⅳ.①TM1

中国版本图书馆 CIP 数据核字(2010)第162169号

※

国防工业出版社 出版发行

(北京市海淀区紫竹院南路23号　邮政编码100048)

天利华印刷装订有限公司印刷

新华书店经售

*

开本 787×1092　1/16　印张 16½　字数 418 千字

2010年8月第1版第1次印刷　印数 1—4000册　定价 30.00元

国防书店：(010)68428422　　发行邮购：(010)68414474

发行传真：(010)68411535　　发行业务：(010)68472764

鸣谢:天津渤海职业技术学院朱凤芝教授

天津中德职业技术学院汤海梅副教授

天津电子信息职业技术学院张晓艳副教授

天津工程职业技术学院李丽副教授

天津职业大学电气教研室

前　言

本书依据应用型人才培养目标，遵循“面向就业、突出应用”的原则，注重教材的“科学性、职业性、实用性、通用性、新颖性”。本书以项目为载体，着重介绍各种电能变换电路的基本原理、电路结构、电气性能、波形分析、安装与调试方法等内容，具体包括晶闸管调光灯电路的设计与制作、直流调速装置的电路分析与检测、开关电源的电路分析与检测、晶闸管串级调速装置的电路分析与检测、电风扇无级调速器的分析与检测、变频器的分析与检测6个项目。为便于教师讲授与学生学习，本书的编写内容还融入了适当的例题和大量的思考题与习题；同时，为便于实现“教学做一体”方式教学，本书在每个项目的后面都附有丰富详细的实训单元，方式灵活，既可作为实验单独进行，也可穿插在项目讲授过程中进行。通过本书的学习，可使学生理解并掌握电力电子技术领域的基础知识，掌握电力电子装置的安装与调试方法，培养学生分析问题、解决问题的能力。

本书由天津职业大学康晓明教授策划，王丽华、康晓明任主编，董春霞、霍淑珍参编，其中，项目一、二、四、六及实训一、五、六、七、八、九、十由王丽华编写，项目三和实训三由康晓明编写，项目五及实训二、四、十一、十二、十三、十四由董春霞、霍淑珍共同编写。本书由天津航空机电有限公司型号副总师郑树展审定。

由于时间仓促和编者水平有限，书中难免有错误和遗漏，敬请广大读者多提宝贵意见。

编 者

2010年6月于天津职业大学

目　录

项目一　晶闸管调光灯电路的设计与制作

【学习目标】

1. 会用万用表测试晶闸管和单结晶体管的好坏。
2. 掌握晶闸管的工作原理。
3. 能根据晶闸管的电流定额和电压定额选择晶闸管元件。
4. 会分析单相桥式半控整流电路的工作原理，并会用示波器检测波形。
5. 会分析单结晶体管触发电路的工作原理，并会用示波器检测各点波形。
6. 会用示波器检测故障波形并能分析简单故障的原因。
7. 熟悉触发电路与主电路电压同步的基本概念。
8. 掌握相关英文词汇。

【项目引入】

调光灯在日常生活中的应用非常广泛，其种类也很多。图 1－1(a)是常见的调光台灯。旋

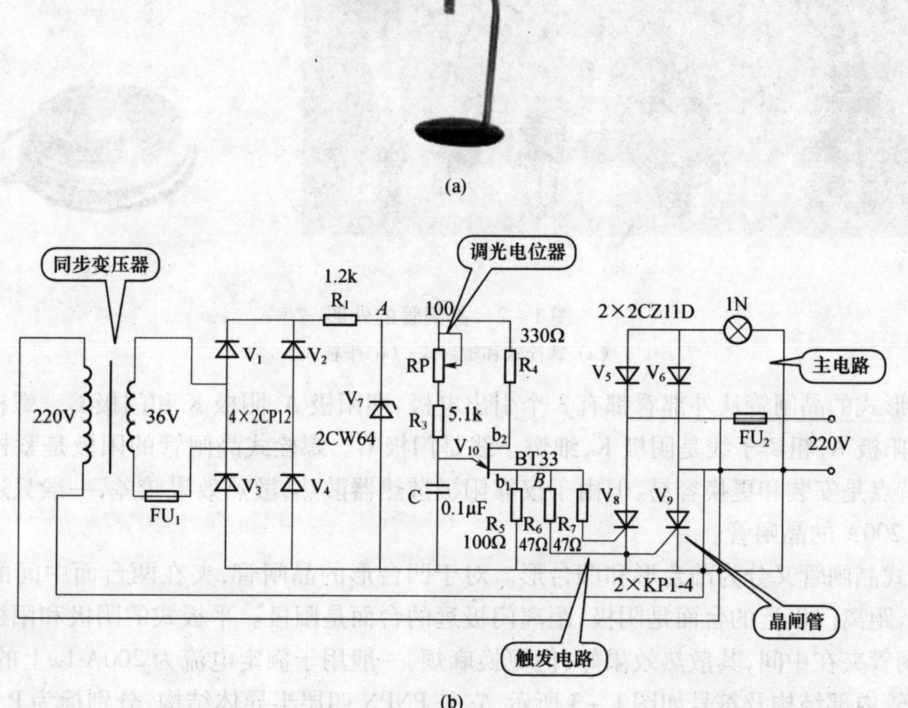

图 1－1　调光灯

(a) 调光灯；(b) 调光灯电路原理图。

动调光旋钮便可以调节灯泡的亮度。图1－1(b)为其电路原理图。

如图1－1(b)所示，调光灯电路由主电路和触发电路两部分构成，通过对主电路及触发电路的分析使学生能够理解电路的工作原理，进而掌握分析电路的方法。下面具体讲述与该电路有关的知识：晶闸管、单相桥式半控整流电路、单结晶体管触发电路等内容。

【相关知识点】

一、晶闸管的工作原理

1. 晶闸管的结构

晶闸管是一种大功率的半导体器件，它具有体积小、重量轻、耐压高、容量大、效率高、使用维护简单、控制灵敏等优点。同时它的功率放大倍数很高，可以用微小的信号功率对大功率的电源进行控制和变换。在脉冲数字电路中也可以作为功率开关使用。它的缺点是过载能力和抗干扰能力较差，控制电路比较复杂等。

晶体二极管组成的整流电路，电路形式一旦确定，则当输入的交流电压不变时，输出的直流电压值也是固定的，不能任意控制和改变，因此这种整流电路通常称为不可控整流电路。然而在实际工作中，有时希望整流器的输出直流电压能够根据需要进行调节，例如，交、直流电动机的调速、随动系统和变频电源等。这种情况下需要采用可控整流电路，而晶闸管正是可以实现这一要求的可控整流元件。晶闸管的外形如图1－2所示。

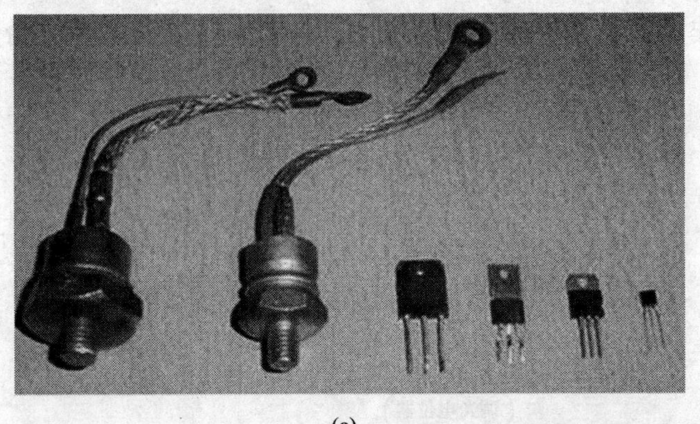

(a)

(b)

图1－2　晶闸管的外形

(a) 螺栓式和塑封式；(b)平板式。

每种形式的晶闸管从外部看都有3个引出电极，即阳极A、阴极K和门极G。螺栓式晶闸管的螺栓是阳极A，粗辫子线是阴极K，细辫子线是门极G。螺栓式晶闸管的阳极是紧栓在散热器上的，其特点是安装和更换容易，但由于仅靠阳极散热器散热，散热效果较差，一般只适用于额定电流小于200A的晶闸管。

平板式晶闸管又分为凸台形和凹台形。对于凹台形的晶闸管，夹在两台面中间的金属引出端为门极，距离门极近的台面是阴极，距离门极远的台面是阳极。平板式的阴极和阳极都带散热器，将晶闸管夹在中间，其散热效果好，但更换麻烦，一般用于额定电流为200A以上的晶闸管。

晶闸管内部结构及符号如图1－3所示，它是PNPN四层半导体结构，分别标为P_1、N_1、P_2、N_2四个区，具有J_1、J_2、J_3三个PN结。因此晶闸管可以用3个二极管串联电路来等效，如图1－4(a)所示。另外，为后面分析晶闸管工作原理，还可将晶闸管的4层结构中的N_1和P_2层分成两部分,则晶体管可用一个 PNP($P_1N_1P_2$)管和一个 NPN($N_1P_2N_2$)管来等效,如图 1-3(b)所示。

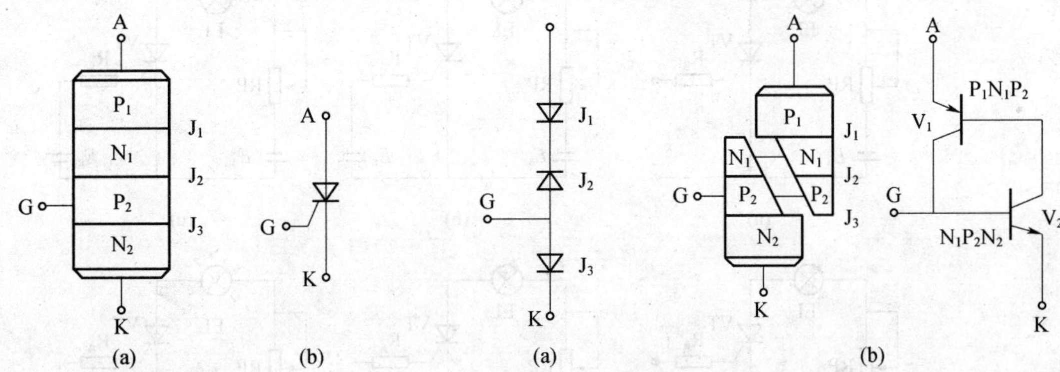

图 1-3 晶闸管的结构和图形符号
(a) 内部结构;(b)图形符号。

图 1-4 晶闸管的等效电路
(a) 二极管等效电路;(b) 三极管等效电路。

2. 晶闸管的管脚及好坏检测

只有了解了其内部结构,测试才会变得有的放矢、事半功倍。对于普通晶闸管,先判别引脚极性。由其等效电路可知,因为 G 极与 K 极之间为一个 PN 结,而 G 极与 A 极之间有两个反向连接的 PN 结,据此可首先判别出 A 极。用指针式万用表 $R\times1\text{k}\Omega$ 挡测量三引脚间的阻值,与其余两脚均不通(正反阻值达几百千欧以上)的为 A 极。再测剩余两脚间阻值,阻值较小(约为几十或几百欧)时,黑表笔所接的为 G 极,另一脚为 K 极。假如三引脚两两之间均不通或阻值均很小,说明该管子已坏。接着再进一步测试晶闸管的工作情况,万用表放到 $R\times100\Omega$ 挡,黑表笔接 A 极,红表笔接 K 极,此时表针应偏转很小,用镊子快速短接一下 A 极与 G 极,表针偏转角度明显变大且能一直保持,说明管子正常可以使用。判别测量时需要注意的是,对 3A 或 3A 以上的可控硅,务必选用万用表的 $R\times1\Omega$ 挡,否则难以维持导通,而 1A 的可控硅还可以使用 $R\times10\Omega$ 挡测量。

3. 晶闸管的工作原理

为了说明晶闸管的工作原理,先做一个实验。

电路如图 1-5 所示。阳极电源 E_a 连接负载(白炽灯),接到晶闸管的阳极 A 与阴极 K,组成晶闸管的主电路。流过晶闸管阳极的电流称阳极电流 I_a,晶闸管阳极和阴极两端的电压,称阳极电压 U_a。门极电源 E_g 连接晶闸管的门极 G 与阴极 K,组成的控制电路亦称触发电路。流过门极的电流称为门极电流 I_g,门极与阴极之间的电压称门极电压 U_g。用灯泡来观察晶闸管的通断情况。该实验分 9 个步骤进行。

第一步:按图 1-5 (a)接线,阳极和阴极之间加反向电压,门极和阴极之间不加电压,指示灯不亮,晶闸管不导通。

第二步:按图 1-5 (b)接线,阳极和阴极之间加反向电压,门极和阴极之间加反向电压,指示灯不亮,晶闸管不导通。

第三步:按图 1-5 (c)接线,阳极和阴极之间加反向电压,门极和阴极之间加正向电压,指示灯不亮,晶闸管不导通。

第四步:按图 1-5 (d)接线,阳极和阴极之间加正向电压,门极和阴极之间不加电压,指示灯不亮,晶闸管不导通。

第五步:按图 1-5 (e)接线,阳极和阴极之间加正向电压,门极和阴极之间加反向电压,指

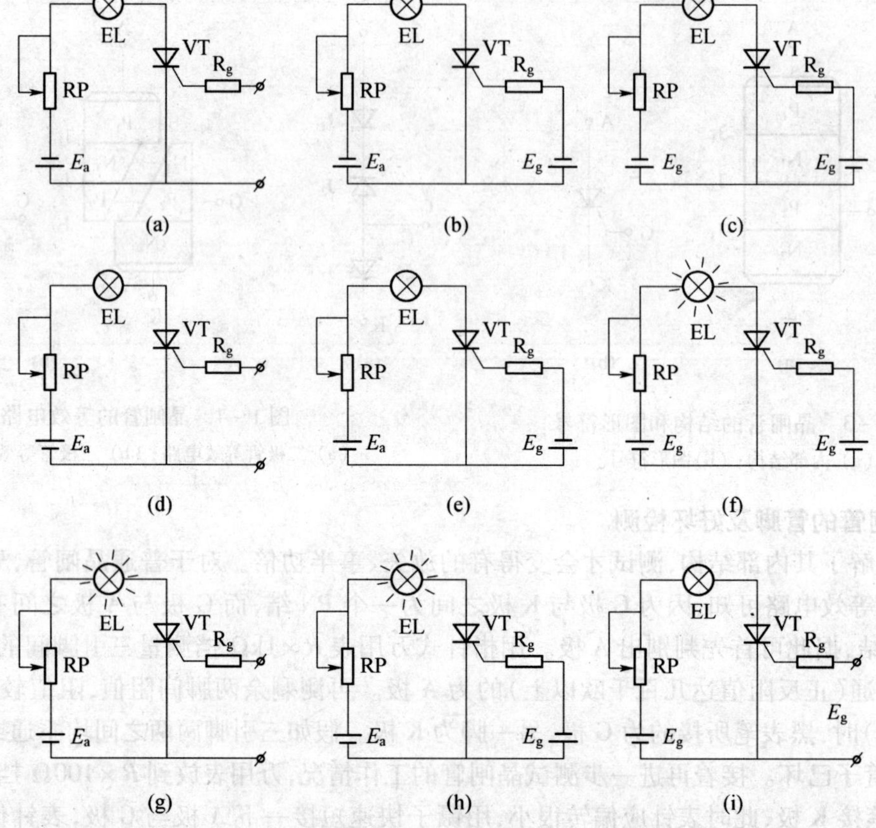

图 1-5　晶闸管导通关断条件实验电路

示灯不亮，晶闸管不导通。

第六步：按图 1-5（f）接线，阳极和阴极之间加正向电压，门极和阴极之间也加正向电压，指示灯亮，晶闸管导通。

第七步：按图 1-5（g）接线，去掉触发电压，指示灯亮，晶闸管仍导通。

第八步：按图 1-5（h）接线，门极和阴极之间加反向电压，指示灯亮，晶闸管仍导通。

第九步：按图 1-5（i）接线，去掉触发电压，将电位器阻值加大，晶闸管阳极电流减小，当电流减小到一定值时，指示灯熄灭，晶闸管关断。

实验现象与结论如表 1-1 所列。

表 1-1　晶闸管导通和关断实验

实验顺序		实验前灯的情况	实验时晶闸管条件		实验后灯的情况	结　论
			阳极电压 U_a	门极电压 U_g		
导通实验	1	暗	反向	反向	暗	晶闸管在反向阳极电压作用下，不论门极为何电压，它都处于关断状态
	2	暗	反向	零	暗	
	3	暗	反向	正向	暗	
	1	暗	正向	反向	暗	晶闸管同时在正向阳极电压与正向门极电压作用下，才能导通
	2	暗	正向	零	暗	
	3	暗	正向	正向	亮	

（续）

实验顺序		实验前灯的情况	实验时晶闸管条件		实验后灯的情况	结 论
			阳极电压 U_a	门极电压 U_g		
关断实验	1	亮	正向	正向	亮	已导通的晶闸管在正向阳极作用下，门极失去控制作用
	2	亮	正向	零	亮	
	3	亮	正向	反向	亮	
	4	亮	正向（逐渐减小到接近于零）	任意	暗	晶闸管在导通状态时，当阳极电压减小到接近于零时，晶闸管关断

实验说明如下。

① 当晶闸管承受反向阳极电压时，无论门极是否有正向触发电压或者承受反向电压，晶闸管不导通，只有很小的反向漏电流流过管子，这种状态称为反向阻断状态。说明晶闸管像整流二极管一样，具有单向导电性。

② 当晶闸管承受正向阳极电压时，门极加上反向电压或者不加电压，晶闸管不导通，这种状态称为正向阻断状态。这是二极管所不具备的。

③ 当晶闸管承受正向阳极电压时，门极加上正向触发电压，晶闸管导通，这种状态称为正向导通状态。这就是晶闸管闸流特性，即可控特性。

④ 晶闸管一旦导通后维持阳极电压不变，将触发电压撤除，管子依然处于导通状态，即门极对管子不再具有控制作用。

由此可以知道晶闸管的导通条件是：①要有适当的正向阳极电压；②还要有适当的正向门极电压，且晶闸管一旦导通，门极将失去作用。

而要使导通的晶闸管关断，只能利用外加电压和外电路的作用使流过晶闸管的电流降到接近于零的某一数值（称为维持电流）以下，因此可以采取去掉晶闸管的阳极电压，或者给晶闸管阳极加反向电压，或者降低正向阳极电压等方式来使晶闸管关断。

4. 晶闸管的导通关断原理

晶闸管导通的工作原理可以用一对互补的三极管代替晶闸管的等效电路来解释，如图 1－4(b)所示。

按照上述等效原则，导通原理画为图 1－6 的形式。图中用 V_1 和 V_2 管代替了晶闸管 VT。在晶闸管承受反向阳极电压时，V_1 和 V_2 处于反压状态，是无法工作的，所以无论有没有门极电压，晶闸管都不能导通。只有在晶闸管承受正向阳极电压时，V_1 和 V_2 才能得到正确接法的工作电源，同时为使晶闸管导通，必须使承受反压的 PN 结失去阻挡作用。由图 1－6 可清楚地看出，每个晶体管的集电极电流同时又是另一个晶体管的基极电流，即有 $I_{b1}=I_{c2}$，$(I_G)+I_{c1}=I_{b2}$。在满足上述条件的前提下，再合上开关 S，于是门极就流入触发电流 I_G，并在管子内部形成了强烈的正反馈过程。

$$I_G\uparrow\rightarrow I_{b2}\uparrow\rightarrow I_{c2}\uparrow(=\beta_2 I_{b2})\rightarrow I_{b1}\uparrow\rightarrow I_{c1}\uparrow(=\beta_1 I_{b1})\rightarrow I_{b2}\uparrow$$

从而使 V_1、V_2 迅速饱和，即晶闸管导通。而对于已导通的晶闸管，若去掉门极触发电流，由于晶闸管内部已完成了强烈的正反馈，所以它仍会维持导通。

若把 V_1、V_2 两管看成广义节点，且设 α_1 和 α_2 分别是两管的共基极电流增益，I_{CBO1} 和 I_{CBO2} 分别是 V_1 和 V_2 的共基极漏电流，晶闸管的阳极电流为 I_A，阴极电流为 I_K，则可根据节点电流方程，列出如下电流方程：

$$I_A = I_{c1} + I_{c2} \qquad (1-1)$$

$$I_K = I_A + I_G \qquad (1-2)$$

$$I_{c1} = \alpha_1 I_A + I_{CBO1} \qquad (1-3)$$

$$I_{c2} = \alpha_2 I_K + I_{CBO2} \qquad (1-4)$$

由式(1－1)～式(1－4)可以推出

$$I_A = \frac{\alpha_2 I_G + I_{CBO1} + I_{CBO2}}{1-(\alpha_1+\alpha_2)} \qquad (1-5)$$

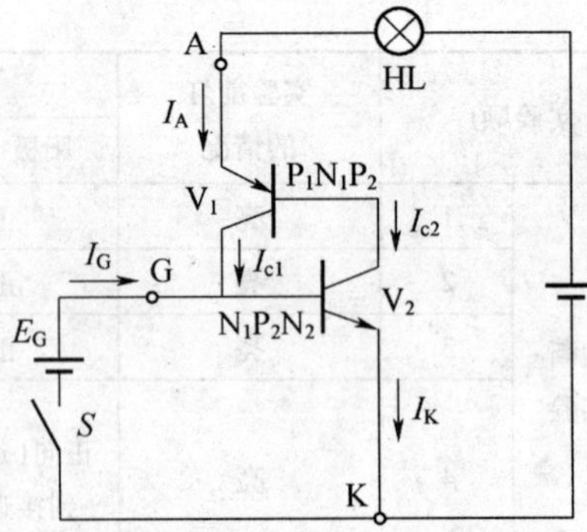

晶体管的电流放大系数 α 随着管子发射极电流的增大而增大，可以由此来说明晶闸管的几种状态。

图1－6　晶闸管的工作原理

(1) 正向阻断

当晶闸管加正向电压 E_A，且其值不超过晶闸管的额定电压，门极未加电压，即 $I_G=0$ 时，正向漏电流 I_{CBO1} 和 I_{CBO2} 很小，所以 $(\alpha_1+\alpha_2)\ll 1$，式(1－5)中的 $I_A \approx I_{CBO1}+I_{CBO2}$。

(2) 触发导通

加正向阳极电压 E_A 的同时加正向门极电压 E_G，当门极电流 I_G 增大到一定程度，发射极电流也增大，$(\alpha_1+\alpha_2)$ 增大到接近于1时，I_A 将急剧增大，晶闸管处于导通状态，I_A 的值由外接负载限制。

(3) 硬开通

若给晶闸管加正向阳极电压 E_A，但不加门极电压 E_G。此时若增大正向 E_A，则正向漏电流 I_{CBO1} 和 I_{CBO2} 也会随着 E_A 的增大而增大，当增大到一定程度时，$(\alpha_1+\alpha_2)$ 接近于1，晶闸管也会导通。这种使晶闸管导通的方式称为硬开通。多次硬开通会造成管子永久性损坏。

(4) 晶闸管关断

当流过晶闸管的电流 I_A 降低至小于维持电流 I_H 时，α_1 和 α_2 迅速下降，使 $(\alpha_1+\alpha_2)\ll 1$，式(1－5)中 $I_A \approx I_{CBO1}+I_{CBO2}$，晶闸管恢复阻断状态。

(5) 反向阻断

当晶闸管加反向阳极电压时，由于 V_1、V_2 处于反压状态，不能工作，所以无论有无门极电压，晶闸管都不会导通。

另外，还有几种情况可以使晶闸管导通。如：温度较高；晶闸管承受的阳极电压上升率 du/dt 过高；光的作用，即光直接照射在硅片上等，都会使晶闸管导通。但在所有使晶闸管导通的情况中，除光触发可用于光控晶闸管外，只有门极触发是精确、迅速、可靠的控制手段，而其他情况均属非正常导通情况。

二、晶闸管的特性与主要参数

1. 晶闸管的阳极伏安特性

晶闸管的阳极和阴极间的电压与晶闸管的阳极电流之间的关系称为晶闸管的阳极伏安特性，简称伏安特性，如图1－7所示。

第Ⅰ象限为晶闸管的正向特性，第Ⅲ象限为晶闸管的反向特性。当门极断开 $I_G=0$ 时，若在晶闸管两端施加正向阳极电压，由于 J_2 结受反压阻挡，则晶闸管元件处于正向阻断状态，只有很小的正向漏电流流过。随着正向阳极电压的增大，漏电流也相应增大。至正向电压的极限即正

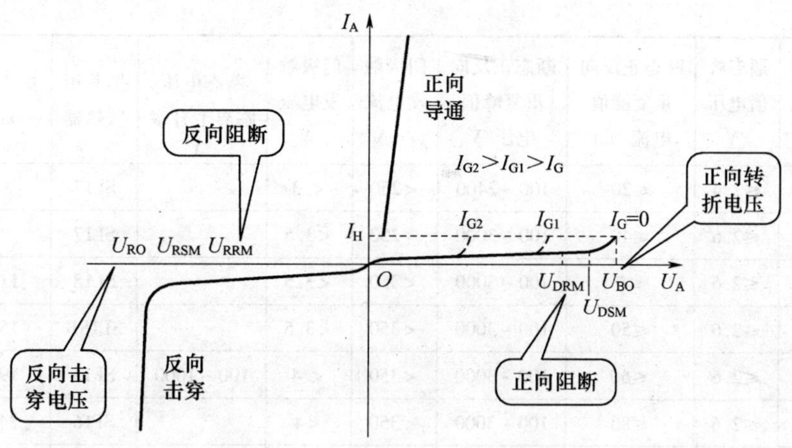

图 1－7 晶闸管阳极伏安特性

向转折电压 U_{BO}时，漏电流急剧增大，特性由高阻区到达低阻区，晶闸管元件即由断态转入通态。导通状态时的晶闸管特性和二极管的正向特性相似，即通过较大的阳极电流，而元件本身的压降却很小。

正常工作时，不允许把正向阳极电压加到正向转折电压 U_{BO}，而是给门极加上正向电压，即 $I_G>0$，则元件的正向转折电压就会降低。I_G越大，所需转折电压就会越低。当 I_G至足够大时，晶闸管的正向转折电压就很小了。此时其特性可以看成与整流二极管一样。

导通后的晶闸管其通态压降很小，在 1V 左右。若导通期间的门极电流为零，则当元件阳极电流降至维持电流 I_H 以下时，晶闸管就又回到正向阻断状态。

晶闸管加反向阳极电压（第Ⅲ象限特性）时，晶闸管的反向特性与一般二极管的伏安特性相似。由于此时晶闸管的 J_1、J_3 均为反向偏置，因此元件只有很小的反向漏电流通过，元件处于反向阻断状态。但当反压增大到一定程度，超过反向转折电压 U_{RO}后，则会由于反向漏电流的急剧增大而导致元件的发热损坏。

2. 晶闸管的主要参数

在实际使用的过程中，往往要根据实际的工作条件进行管子的合理选择，以达到满意的技术经济效果。怎样才能正确地选择管子呢？这主要包括两个方面：一方面要根据实际情况确定所需晶闸管的额定值；另一方面根据额定值确定晶闸管的型号。

晶闸管的各项额定参数在晶闸管生产后，由厂家经过严格测试而确定，作为使用者来说，只需要能够正确地选择管子就可以了。表 1－2 列出了晶闸管的一些主要参数。

表 1－2 晶闸管的主要参数

型号	通态平均电流 /A	通态峰值电压 /V	断态正反向重复峰值电流/mA	断态正反向重复峰值电压/V	门级触发电流 /mA	门级触发电压 /V	断态电压临界上升率	推荐用散热器	安装力 /kN	冷却方式
KP5A	5	≤2.2	≤8	100～2000	＜60	＜3		SZ14		自然冷却
KP10A	10	≤2.2	≤10	100～2000	＜100	＜3	250～800	SZ15		自然冷却
KP20A	20	≤2.2	≤10	100～2000	＜150	＜3		SZ16		自然冷却
KP30A	30	≤2.4	≤20	100～2400	＜200	＜3	50～1000	SZ16		强迫风冷 水冷

（续）

型 号	通态平均电流/A	通态峰值电压/V	断态正反向重复峰值电流/mA	断态正反向重复峰值电压/V	门级触发电流/mA	门级触发电压/V	断态电压临界上升率	推荐用散热器	安装力/kN	冷却方式
KP50A	50	≤2.4	≤20	100~2400	<250	< 3		SL17		强迫风冷 水冷
KP100A	100	≤2.6	≤40	100~3000	<250	<3.5		SL17		强迫风冷 水冷
KP200A	200	≤2.6	≤0	100~3000	<350	<3.5		SL18	11	强迫风冷 水冷
KP300A	300	≤2.6	≤50	100~3000	<350	<3.5		SL18B	15	强迫风冷 水冷
KP500A	500	≤2.6	≤60	100~3000	<350	< 4	100~1000	SF15	19	强迫风冷 水冷
KP800A	800	≤2.6	≤80	100~3000	<350	<4		SF16	24	强迫风冷 水冷
KP1000A	1000			100~3000				SS13		
KP1500A	1000	≤2.6	≤80	100~3000	<350	< 4		SF16	30	强迫风冷 水冷
KP2000A								SS13		
	1500	≤2.6	≤80	100~3000	<350	< 4		SS14	43	强迫风冷 水冷
	2000	≤2.6	≤80	100~3000	<350	< 4		SS14	50	强迫风冷 水冷

1）晶闸管的电压定额

（1）断态重复峰值电压 U_{DRM}

在图1-7的晶闸管的阳极伏安特性中规定，当门极断开，晶闸管处在额定结温时，允许重复加在管子上的正向峰值电压为晶闸管的断态重复峰值电压，用 U_{DRM} 表示。它是由伏安特性中的正向转折电压 U_{BO} 减去一定裕量，成为晶闸管的断态不重复峰值电压 U_{DSM}，然后再乘以90%而得到的。至于断态不重复峰值电压 U_{DSM} 与正向转折电压 U_{BO} 的差值，则由生产厂家自定。这里需要说明的是，晶闸管正向工作时有两种工作状态：阻断状态简称断态；导通状态简称通态。参数中提到的断态和通态一定是正向的，因此，“正向”两字可以省去。

（2）反向重复峰值电压 U_{RRM}

相似地，规定当门极断开，晶闸管处在额定结温时，允许重复加在管子上的反向峰值电压为反向重复峰值电压，用 U_{RRM} 表示。它是由伏安特性中的反向击穿电压 U_{RO} 减去一定裕量，成为晶闸管的反向不重复峰值电压 U_{RSM}，然后再乘以90%而得到的。至于反向不重复峰值电压 U_{RSM} 与反向转折电压 U_{RO} 的差值，则由生产厂家自定。一般晶闸管若承受反向电压，它一定是阻断的。因此参数中“阻断”两字可省去。

（3）额定电压 U_{Tn}

因为晶闸管的额定电压是瞬时值，若晶闸管工作时外加正向电压的峰值超过正向转折电压，就会使晶闸管硬开通，多次硬开通会造成管子的损坏；而外加反向电压的峰值超过反向转折电压，则会造成晶闸管永久损坏。因此，所谓晶闸管的额定电压 U_{Tn} 通常是指 U_{DRM} 和 U_{RRM} 中的较小值，再取相应的标准电压等级中偏小的电压值。例如：一晶闸管实测 $U_{DRM}=812V$，$U_{RRM}=756V$，将两者较小的756V按表1-3取较小值得600V，该晶闸管的额定电压为600V。

在晶闸管的铭牌上，额定电压是以电压等级的形式给出的，通常标准电压等级规定为：电压在1000V以下，每100V为一级，1000V~3000V，每200V为一级，用百位数或千位和百位数表示级数。电压等级如表1-3所列。

表 1-3　晶闸管标准电压等级

级别	正反向重复峰值电压/V	级别	正反向重复峰值电压/V	级别	正反向重复峰值电压/V
1	100	8	800	20	2000
2	200	9	900	22	2200
3	300	10	1000	24	2400
4	400	12	1200	26	2600
5	500	14	1400	28	2800
6	600	16	1600	30	3000

另外,如果散热不良或环境温度升高,均能使正反向转折电压降低,而且在使用中还会出现一些异常电压,因此,在实际选用晶闸管元件时,其额定电压要留有一定的裕量,一般选用元件的额定电压应为实际工作时晶闸管所承受的峰值电压的2倍~3倍,并按表1-3选取相应的电压等级。注意此时选晶闸管时要选标准等级中大的值。

$$U_{Tn} \geqslant (2 \sim 3) U_{TM}$$

(4) 通态平均电压 $U_{T(AV)}$

在规定环境温度、标准散热条件下,元件通以额定电流时,阳极和阴极间电压降的平均值,称通态平均电压(一般称管压降),其数值按表1-4分组。从减小损耗和元件发热来看,应选择 $U_{T(AV)}$ 较小的管子。实际当晶闸管流过较大的恒定直流电流时,其通态平均电压比元件出厂时定义的值(表1-4)要大,约为1.5V。

表 1-4　晶闸管通态平均电压分组

组别	A	B	C	D	E
通态平均电压/V	$U_T \leqslant 0.4$	$0.4 < U_T \leqslant 0.5$	$0.5 < U_T \leqslant 0.6$	$0.6 < U_T \leqslant 0.7$	$0.7 < U_T \leqslant 0.8$
组别	F	G	H	I	
通态平均电压/V	$0.8 < U_T \leqslant 0.9$	$0.9 < U_T \leqslant 1.0$	$1.0 < U_T \leqslant 1.1$	$1.1 < U_T \leqslant 1.2$	

2) 晶闸管的电流定额

(1) 额定电流 $I_{T(AM)}$

由于整流设备的输出端所接负载常用平均电流来表示,晶闸管额定电流的标定与其他电器设备不同,采用的是平均电流,而不是有效值,又称为通态平均电流。所谓通态平均电流是指在环境温度为40℃和规定的冷却条件下,晶闸管在导通角不小于170°的电阻性负载电路中,当不超过额定结温且稳定时,所允许通过的工频正弦半波电流的平均值。将该电流按晶闸管标准电流系列取值(表1-2),称为晶闸管的额定电流。

但是决定晶闸管结温的是管子损耗的发热效应,表征热效应的电流是以有效值表示的,其两者的关系为

$$I_{Tn} = 1.57 I_{T(AV)}$$

如额定电流为100A的晶闸管,其允许通过的电流有效值为157A。

由于电路、负载、导通角不同,流过晶闸管的电流波形不一样,从而它的电流平均值和有效值的关系也不一样,晶闸管在实际选择时,其额定电流的确定一般按以下原则:管子在额定电流时的电流有效值大于其所在电路中可能流过的最大电流的有效值,同时取1.5倍~2倍的余量,即

$$1.57 I_{T(AV)} = I_T \geqslant (1.5 \sim 2) I_{Tm}$$

即

$$I_{T(AV)} \geqslant (1.5 \sim 2) \frac{I_{Tm}}{1.57}$$

(2)维持电流 I_H

在室温下门极断开时,元件从较大的通态电流降到刚好能保持导通的最小阳极电流称为维持电流 I_H。维持电流与元件容量、结温等因素有关,额定电流大的管子维持电流也大,同一管子结温低时维持电流增大,维持电流大的管子容易关断。同一型号的管子其维持电流也各不相同。

(3) 擎住电流 I_L

在晶闸管加上触发电压,当元件从阻断状态刚转为导通状态就去除触发信号,此时要保持元件持续导通所需要的最小阳极电流,称为擎住电流 I_L。对同一晶闸管来说,通常 I_L 约为 I_H 的 2 倍~4 倍。

(4) 断态重复峰值电流 I_{DRM} 和反向重复峰值电流 I_{RRM}

断态重复峰值电流 I_{DRM} 和反向重复峰值电流 I_{RRM} 分别是对应于晶闸管承受断态重复峰值电压 U_{DRM} 和反向重复峰值电压 U_{RRM} 时的峰值电流。

(5) 浪涌电流 I_{TSM}

I_{TSM} 是一种由于电路异常情况(如故障)引起的使结温超过额定结温的不重复性最大正向过载电流,用峰值表示,如表 1-2 所示。浪涌电流有上下两个级,这些不重复电流定额用来设计保护电路。

3) 门极参数

(1) 门极触发电流 I_{gT}

室温下,在晶闸管的阳极—阴极加上 6V 的正向阳极电压,管子由断态转为通态所必需的最小门极电流,称为门极触发电流 I_{gT}。

(2) 门极触发电压 U_{gT}

产生门极触发电流 I_{gT} 所必需的最小门极电压,称为门极触发电压 U_{gT}。

由于门极伏安特性的分散性,使得同一厂家生产的同一型号的晶闸管,其触发电流和触发电压相差很大,所以只规定其下限值。对于晶闸管的使用者来说,为使触发电路适用于所有型号的晶闸管,触发电路送出的电压和电流要适当地大于型号规定的标准值,但不应超过门极的可加信号的峰值 I_{FGM} 和 U_{FGM},功率不能超过门极平均功率 P_G 和门极峰值功率 P_{GM}。

4) 动态参数

(1) 断态电压临界上升率 du/dt

du/dt 是在额定结温和门极开路的情况下,不导致从断态到通态转换的最大阳极电压上升率。实际使用时的电压上升率必须低于此规定值。表 1-5 为晶闸管的断态电压临界上升率等级。

限制元件正向电压上升率的原因是:在正向阻断状态下,反偏的 J_2 结相当于一个结电容,如果阳极电压突然增大,便会有一充电电流流过 J_2 结,相当于有触发电流。若 du/dt 过大,即充电电流过大,就会造成晶闸管的误导通。所以在使用时,采取保护措施,使它不超过规定值。

表 1-5　断态电压临界上升率(du/dt)的等级

du/dt(V/μs)	25	50	100	200	500	800	1000
级别	A	B	C	D	E	F	G

(2) 通态电流临界上升率 di/dt

di/dt 是在规定条件下,晶闸管能承受而无有害影响的最大通态电流上升率。表 1-6 为晶闸管通态电流临界上升率等级。

如果阳极电流上升太快,则晶闸管刚一开通时,会有很大的电流集中在门极附近的小区域内,造成 J_2 结局部过热而使晶闸管损坏。因此,在实际使用时要采取保护措施,使其被限制在允许值内。

表 1-6　额定通态电流临界上升率(di/dt)的等级

di/dt(A/μs)	25	50	100	150	200	300	500
级别	A	B	C	D	E	F	G

5）晶闸管的型号

根据国家的有关规定，普通晶闸管的型号及含义如下。

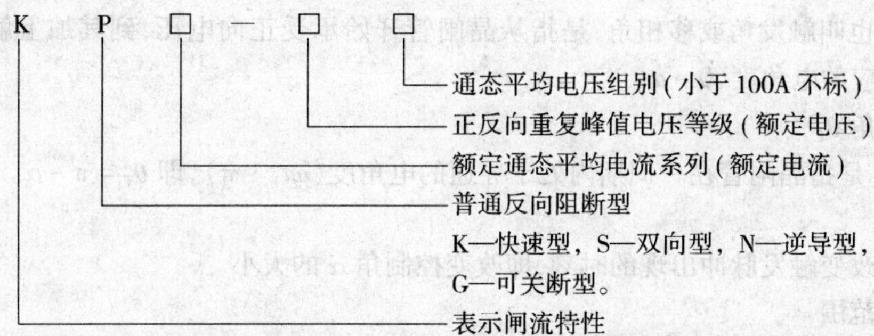

调光灯电路属于典型的整流电路，整流电路的基本功能是把交流电变为固定或可调的直流电，亦称为 AC/DC 变换。为了便于学习和理解，先介绍一下最基本的整流电路——单相半波可控整流电路。

三、单相半波可控整流电路

1. 电阻性负载

在生产实际中，有一些负载基本上是属于电阻性的，如电炉、电解、电镀、电焊及白炽灯等。电阻性负载的特点是：负载两端的电压和流过负载的电流成一定的比例关系，且两者的波形相似；负载电压和电流均允许突变。

图 1-8 所示为单相半波可控整流电路，它由晶闸管 VT、负载电阻 R_d 和变压器 T 组成。图中变压器 T 主要用来变换电压，其次它还有隔离一、二次侧的作用。其中 u_1、u_2 分别表示一次侧

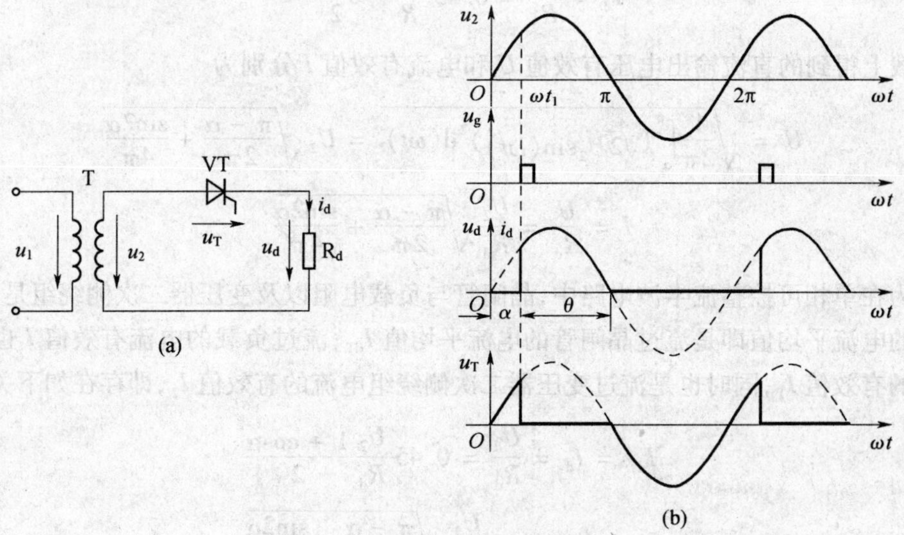

图 1-8　单相半波可控整流电路

(a) 电路；(b) 波形。

和二次侧电压的瞬时值；U_1 为一次侧电压有效值，U_2 为二次侧电压有效值，U_2 的大小是由负载所需要的直流输出平均电压值 U_d 来决定；u_d、i_d 分别表示整流后的输出电压、电流的瞬时值；u_T、i_T 分别为晶闸管两端电压的瞬时值和流过晶闸管电流的瞬时值；i_1、i_2 分别为流过变压器一次侧绕组和二次侧绕组电流的瞬时值。

在分析电路工作原理之前，先介绍几个名词术语和概念。

(1) 控制角 α

控制角 α 也叫触发角或移相角，是指从晶闸管开始承受正向电压，到其加上触发脉冲的这一段时间所对应的电角度（$0 \sim \omega t_1$）。

(2) 导通角 θ_T

导通角 θ_T 是指晶闸管在一周期内处于导通的电角度（$\omega t_1 \sim \pi$），即 $\theta_T = \pi - \alpha$。

(3) 移相

移相是指改变触发脉冲出现的时刻，即改变控制角 α 的大小。

(4) 移相范围

移相范围是指一个周期内触发脉冲的移动范围，它决定了输出电压的变化范围。单相半波整流电路理论上移相范围 $0° \sim 180°$。

直流输出电压的平均值 U_d 为

$$U_d = \frac{1}{2\pi}\int_{\alpha}^{\pi} \sqrt{2}U_2 \sin\omega t \mathrm{d}(\omega t) = \frac{\sqrt{2}U_2}{2\pi}(1 + \cos\alpha) = 0.45U_2 \frac{1 + \cos\alpha}{2} \quad (1-6)$$

可见它是 α 角的函数，通过改变 α 角的大小就可以达到调节 U_d 的目的。当 $\alpha = 0°$ 时，u_d 波形为一完整的正弦半波波形，此时输出电压 U_d 为最大，用 U_{d0} 表示，$U_d = U_{d0} = 0.45U_2$。随着 α 的增大，U_d 将减小，至 $\alpha = 180°$ 时，$U_d = 0$。所以该电路 α 角的移相范围为 $0 \sim 180°$。

直流输出电流的平均值 I_d 为

$$I_d = \frac{U_d}{R_d} = 0.45\frac{U_2}{R}\frac{1 + \cos\alpha}{2} \quad (1-7)$$

而负载上得到的直流输出电压有效值 U 和电流有效值 I 分别为

$$U = \sqrt{\frac{1}{2\pi}\int_{\alpha}^{\pi}(\sqrt{2}U_2\sin(\omega t))^2\mathrm{d}(\omega t)} = U_2\sqrt{\frac{\pi - \alpha}{2\pi} + \frac{\sin 2\alpha}{4\pi}} \quad (1-8)$$

$$I = \frac{U}{R_d} = \frac{U_2}{R_d}\sqrt{\frac{\pi - \alpha}{2\pi} + \frac{\sin 2\alpha}{4\pi}} \quad (1-9)$$

又因为在单相可控整流半波电路中，晶闸管与负载电阻以及变压器二次侧绕组是串联的，故流过负载的电流平均值即是流过晶闸管的电流平均值 I_{dT}；流过负载的电流有效值 I 也是流过晶闸管电流的有效值 I_T，同时也是流过变压器二次侧绕组电流的有效值 I_2，即存在如下关系：

$$I_{dT} = I_d = \frac{U_d}{R_d} = 0.45\frac{U_2}{R_d}\frac{1 + \cos\alpha}{2} \quad (1-10)$$

$$I_T = I_2 = I = \frac{U_2}{R_d}\sqrt{\frac{\pi - \alpha}{2\pi} + \frac{\sin 2\alpha}{4\pi}} \quad (1-11)$$

流过晶闸管的电流的波形系数 K_f 为

$$K_f = \frac{I_T}{I_{dT}} = \frac{\sqrt{\frac{\pi - \alpha}{2\pi} + \frac{\sin 2\alpha}{4\pi}}}{\frac{\sqrt{2}}{2\pi}(1 + \cos\alpha)} = \frac{\sqrt{2\pi(\pi - \alpha) + \pi\sin 2\alpha}}{\sqrt{2}(1 + \cos\alpha)} \tag{1-12}$$

当 $\alpha = 0°$ 时,即为单相半波波形,$K_f = \frac{\pi}{2} = 1.57$,与晶闸管额定电流定义的情况一致。

根据图 1-8 (b)中 u_T 的波形可知,晶闸管可能承受的正反向峰值电压均为

$$U_{TM} = \sqrt{2} U_2 \tag{1-13}$$

另外,对于整流电路而言,通常还要考虑功率因数 $\cos\varphi$ 和对电源的容量 S 的要求。忽略元件损耗,变压器二次侧所供给的有功功率是 $P = I^2 R_d = UI$(注意此时不是 $U_d I_d$),变压器二次侧的视在功率为 $S = U_2 I_2$。因此,电路的功率因数为

$$\cos\varphi = \frac{P}{S} = \frac{UI}{U_2 I_2} = \frac{UI}{U_2 I} = \sqrt{\frac{\pi - \alpha}{2\pi} + \frac{\sin 2\alpha}{4\pi}} \tag{1-14}$$

当 $\alpha = 0°$ 时,$\cos\varphi$ 最大为 0.707,可见单相半波可控整流电路,尽管带电阻负载,但由于谐波的存在,功率因数很低,变压器的利用率也差。α 越大,$\cos\varphi$ 越小。

在单相半波整流电路中,改变 α 的大小即改变触发脉冲在每周期内出现的时刻,则 u_d 和 i_d 的波形也随之改变,但是直流输出电压瞬时值 u_d 的极性不变,其波形只在 u_2 的正半周出现,这种通过对触发脉冲的控制来实现控制直流输出电压大小的控制方式称为相位控制方式,简称相控方式。

例 1.1 有一电阻性负载要求 0V ~ 24V 连续可调的直流电压,其最大负载电流 $I_d = 30A$,若由交流电网 220V 供电与用整流变压器降至 60V 供电,都采用单相半波可控整流电路,是否都能满足要求?并比较两种方案所选晶闸管的导通角、额定电压、额定电流值以及电源和变压器二次侧的功率因数和对电源的容量的要求等有何不同,两种方案哪种更合理(考虑 2 倍裕量)?

解:(1) 采用 220V 电源直接供电

当 $\alpha = 0°$ 时,有

$$U_{d0} = 0.45 U_2 = 99V$$

采用整流变压器降至 60V 供电,当 $\alpha = 0°$ 时,有

$$U_{d0} = 0.45 U_2 = 27V$$

所以只要适当调节 α 角,上述两种方案均能满足输出 0V ~ 24V 直流电压的要求。

(2) 采用 220V 电源直接供电

因为 $U_d = 0.45 U_2 \frac{1 + \cos\alpha}{2}$,其中在输出最大时,$U_2 = 220V$,$U_d = 24V$,则计算得 $\alpha \approx 121°$,$\theta_T = 180° - 121° = 59°$。

晶闸管承受的最大电压为 $U_{TM} = \sqrt{2} U_2 = 311V$

考虑 2 倍裕量,晶闸管额定电压为 $U_{Tn} = 2U_{TM} = 622V$

由公式(1-11)知流过晶闸管的电流有效值为

$$I_T = \frac{U_2}{R_d}\sqrt{\frac{\pi - \alpha}{2\pi} + \frac{\sin 2\alpha}{4\pi}},\text{其中},\alpha \approx 121°, R_d = \frac{U_d}{I_d} = \frac{24}{30} = 0.8\Omega$$

则 $$I_{Tm} = \frac{U_2}{R_d}\sqrt{\frac{\pi - \alpha}{2\pi} + \frac{\sin 2\alpha}{4\pi}} = \frac{220}{0.8}\sqrt{\frac{180° - 121°}{360°} + \frac{\sin 2 \times 121°}{4\pi}} \approx 84A$$

考虑 2 倍裕量,则晶闸管额定电流应为

$$I_{\mathrm{T(AV)}} = \frac{I_{\mathrm{T}}}{1.57} = \frac{84 \times 2}{1.57} \approx 107\mathrm{A}$$

因此,所选晶闸管的额定电压要大于 622V,额定电流要大于 107A。

电源提供的有功功率为

$$P = I^2 R_{\mathrm{d}} = 84^2 \times 0.8 = 5644.8\mathrm{W}$$

电源的视在功率为

$$S = U_2 I_2 = U_2 I = 220 \times 84 = 18.48\mathrm{kV \cdot A}$$

电源侧功率因数为

$$\cos\phi = \frac{P}{S} \approx 0.305$$

(3) 采用整流变压器降至 60V 供电

因为 $U_2 = 60\mathrm{V}$, $U_{\mathrm{d}} = 24\mathrm{V}$,由公式 $U_{\mathrm{d}} = 0.45 U_2 \dfrac{1+\cos\alpha}{2}$ 可解得 $\alpha \approx 39°$, $\theta_{\mathrm{T}} = 180° - 39° = 141°$

晶闸管承受的最大电压为 $U_{\mathrm{TM}} = \sqrt{2} U_2 = 84.9\mathrm{V}$

考虑 2 倍裕量,晶闸管额定电压 $U_{\mathrm{Tn}} = 2U_{\mathrm{TM}} = 169.8\mathrm{V}$

流过晶闸管的最大电流有效值为

$$I_{\mathrm{Tm}} = \frac{U_2}{R_{\mathrm{d}}} \sqrt{\frac{\pi - \alpha}{2\pi} + \frac{\sin 2\alpha}{4\pi}} = \frac{60}{0.8} \sqrt{\frac{180° - 39°}{360°} + \frac{\sin 2 \times 39°}{4\pi}} \approx 51.4\mathrm{A}$$

考虑 2 倍裕量,则晶闸管额定电流应为

$$I_{\mathrm{T(AV)}} = \frac{I_{\mathrm{T}}}{1.57} = \frac{51.4 \times 2}{1.57} \approx 65.5\mathrm{A}$$

因此,所选晶闸管的额定电压要大于 169.8V,额定电流要大于 65.5A。

电源提供的有功功率为

$$P = I^2 R_{\mathrm{d}} = 51.4^2 \times 0.8 = 2113.6\mathrm{W}$$

电源的视在功率为

$$S = U_2 I = 60 \times 51.4 = 3.084\mathrm{kV \cdot A}$$

则变压器侧的功率因数为

$$\cos\varphi = \frac{P}{S} \approx 0.685$$

通过以上计算可以看出,增加了变压器后,使整流电路的控制角减小,所选的晶闸管的额定电压、额定电流都减小,而且对电源容量的要求减小,功率因数提高。所以,采用整流变压器降压的方案更合理。

通过上面的例题还可看出,为了尽可能地提高功率因数,应尽量使晶闸管电路工作在小控制角的状态。

2. 电感性负载

直流负载的感抗 ωL_{d} 和电阻 R_{d} 的大小相比不可忽略时,这种负载称电感性负载。属于此类负载的如:工业上电机的励磁线圈、输出串接电抗器的负载等。电感性负载与电阻性负载有很大的不同。为了便于分析,在电路中把电感 L_d 与电阻 R_d 分开,如图 1-9 所示。

电阻性负载的电压和电流均允许突变,但对于电感性负载而言,由于电感本身为储能元件,而能量的储存与释放是不能瞬间完成的,因而流过电感的电流是不能突变的。当电感中流过的电流发生变化时,在其两端就会产生自感电动势 e_L,以阻碍电流的变化。当电流增大时,e_L 的极性是阻碍电流增大的,为上正下负;反之,当电流减小时,e_L 的极性是阻碍电流减小的,为上负下正。

1) 无续流二极管时

图 1-9 所示为电感性负载无续流二极管某一控制角 α 时输出电压、电流的理论波形,从波形图上可以看出以下几点。

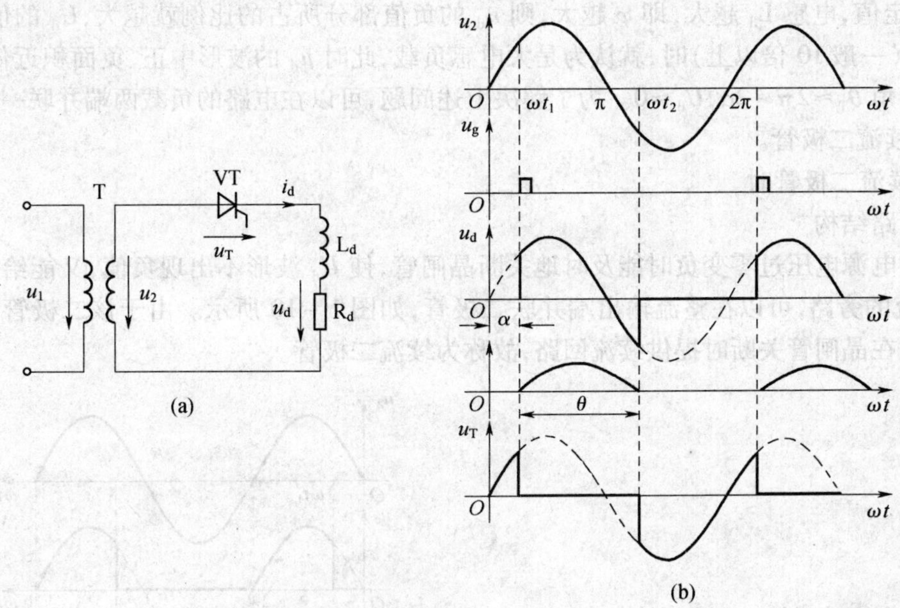

图 1-9　单相半波电感性负载时输出电压及电流波形

(a) 电路图;(b) 波形图。

(1) 在 $0\sim\omega t_1$ 期间

电源电压 u_2 为正,使晶闸管承受正向的阳极电压,但没有触发脉冲,故晶闸管不会导通。负载上电压 u_d 和流过负载电流 i_d 的值均为零,晶闸管承受电源电压 u_2。

(2) 在 $\omega t_1\sim\pi$ 期间

当 ωt_1 时刻,即控制角 α 处,由于触发脉冲的到来,晶闸管被触发导通,电源电压 u_2 经晶闸管可突加在负载上,但由于感性负载电流不能突变,故 i_d 只能从零开始逐步增大。同时由于电流的增大,在电感两端产生了阻碍电流增大的自感电动势 e_L,方向为上正下负。此时,交流电源的能量一方面提供给电阻 R_d 消耗掉了,另一方面供给电感 L_d 作为磁场能储存起来了。

(3) 在 $\pi\sim\omega t_2$ 期间

在 π 时刻,即电源电压 u_2 过零变负时,电流 i_d 虽然处于减小的过程,但还没有降低为零,此时电感两端的自感电动势 e_L 是阻碍电流减小的,方向为上负下正。只要 e_L 比 u_2 大,晶闸管就仍然承受正压而处于通态。此时,电感释放磁场能,其中一部分供给电阻消耗掉,而另一部分供给电源即被变压器二次侧绕组吸收。

(4) 在 ωt_2 时刻

电感中的磁场能量释放完毕,电流 i_d 降为零,晶闸管关断且立即承受反向的电源电压。直到下一个周期的正半周，即 $2\pi+\alpha$ 时刻，晶闸管再次被触发导通。如此循环，其输出电压、电流波形如图 1－9 所示。

结论：由于电感的存在，负载电流 i_d 的波形不再与电压相似，而且由于关断时刻的延迟，晶闸管承受电压 u_T 的波形与电阻负载时相比少了负半波的一部分；而负载上的电压 u_d 出现了负值，结果是使其平均值 U_d 比电阻负载时下降了。

当控制角 α 不同时或负载阻抗角 $\varphi(\varphi=\arctan(\omega L/R))$ 不同时，都会导致晶闸管的导通角 θ_T 的不同。若 φ 为定值，α 越大，那么在电源 u_2 正半周 L_d 存储的能量就越少，则晶闸管的导通角 θ_T 就越小。当 α 为定值时，φ 越大，即 L_d 存储的能量就越大，所以导通角 θ_T 就越大。若负载中 R_d 为一定值，电感 L_d 越大，即 φ 越大，则 u_d 的负值部分所占的比例就越大，U_d 的值就越小。当 $\omega L_d \gg R_d$（一般 10 倍以上）时，就认为是大电感负载，此时 u_d 的波形中正、负面积近似相等，晶闸管的导通角 $\theta_T \approx 2\pi-2\alpha$，$U_d \approx 0$。为了解决上述问题，可以在电路的负载两端并联一个整流二极管，称为续流二极管。

2）接续流二极管时

（1）电路结构

为了使电源电压过零变负时能及时地关断晶闸管，使 U_d 波形不出现负值，又能给电感线圈 L_d 提供续流的旁路，可以在整流输出端并联二极管，如图 1－10 所示。由于该二极管的作用是为电感负载在晶闸管关断时提供续流回路，故称为续流二极管。

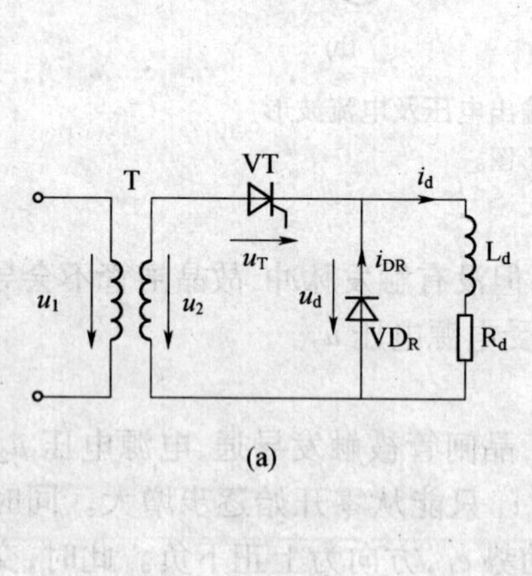

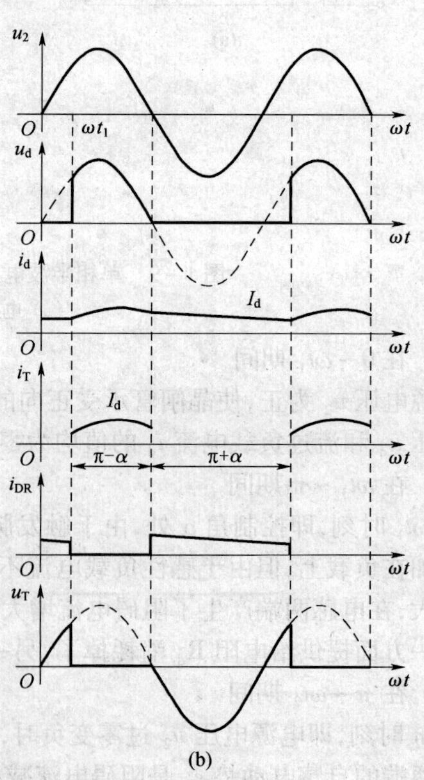

图 1－10　电感性负载接续流二极管时的电路及波形

（a）电路图；（b）波形图。

（2）工作原理

① 在电源电压正半周（$0\sim\pi$ 区间），晶闸管承受正向电压，触发脉冲在 α 时刻到来，晶闸管被触

发导通，负载上有输出电压和电流通过。在此期间续流二极管 VD_R 承受反向电压($-u_2$)而关断。

② 在电源电压负半周($\pi \sim 2\pi$ 区间)，当电源 u_2 过零变负时，续流二极管 VD_R 承受正向电压导通，此时晶闸管将由于 VD_R 的导通而承受反压关断。电感 L_d 的自感电动势 e_L 的方向为上负下正，经过续流二极管 VD_R 使负载电流 i_d 继续流通，而没有流经变压器二次侧，因此，若忽略 VD_R 的压降，此时输出电压 u_d 为零。如果电感足够大，续流二极管一直导通到下一周期晶闸管导通，使电流 i_d 连续，且 i_d 波形近似为一条直线。

结论:电阻负载加续流二极管后，输出电压波形与电阻性负载波形相同，可见续流二极管的作用是为了提高输出电压。但是负载电流 i_d 的波形就大不一样了，对于大电感负载，i_d 的波形不仅连续而且基本上波动很小。电感愈大，电流波形就愈接近于一条水平线，其值为 $I_d = \dfrac{U_d}{R_d}$。设晶闸管的控制角为 α，则其导通角为 $\theta_T = \pi - \alpha$，续流二极管的导通角为 $\theta_{DR} = \pi + \alpha$。

(3) 基本的物理量计算

由于输出电压 u_d 的波形与电阻负载时是一样的，所以电感性负载在加续流二极管 VD_R 后的直流输出电压 U_d 仍为式(1-6)，直流输出电流的平均值 I_d 为式(1-7)。但流过晶闸管电流平均值和有效值分别为

$$I_{dT} = \frac{\theta_T}{2\pi} = \frac{\pi - \alpha}{2\pi} I_d \tag{1-15}$$

$$I_T = \sqrt{\frac{1}{2\pi}\int_0^{\pi} I_d^2 \mathrm{d}(\omega t)} = I_d \sqrt{\frac{\pi - \alpha}{2\pi}} \tag{1-16}$$

流过续流二极管的电流平均值和有效值分别为

$$I_{dDR} = \frac{\theta_{DR}}{2\pi} = \frac{\pi + \alpha}{2\pi} I_d \tag{1-17}$$

$$I_{DR} = \sqrt{\frac{1}{2\pi}\int_0^{\pi+\alpha} I_d^2 \mathrm{d}(\omega t)} = I_d \sqrt{\frac{\pi + \alpha}{2\pi}} \tag{1-18}$$

由图 1-10 (b)晶闸管承受的电压 u_T 波形还可以看出，晶闸管承受的最大正反向电压 U_{TM} 仍为$\sqrt{2}U_2$；而续流二极管承受的最大反向电压 U_{DM} 也为$\sqrt{2}U_2$。晶闸管的最大移相范围仍是 $0° \sim 180°$。

四、单相桥式半控整流电路

为了克服单相半波可控整流电路电源只工作半个周期的缺点，可以采用单相桥式半控整流电路。单相桥式半控整流电路如图 1-11 (a)所示，主电路由两只晶闸管 VT_1、VT_2 和两只整流二极管 VD_3、VD_4 组成，在电源的半个周期内，它由一只晶闸管来控制导通时刻，和一只整流二极管组成导电回路。

1. 电阻性负载

单相半控桥式整流电路中，两只晶闸管是共阴极连接的，即使同时触发两只管子，也只能是阳极电位高的晶闸管导通。而两只二极管是共阳极连接的，总是阴极电位低的二极管导通，因此，在电源 u_2 正半周一定是 VD_4 正偏，在 u_2 负半周一定是 VD_3 正偏。所以，在电源正半周时，触发晶闸管 VT_1 导通，二极管 VD_4 正偏导通，电流由电源 a 端经 VT_1 和负载 R_d 及 VD_4，回电源 b 端，若忽略两管的正向导通压降，则负载上得到的直流输出电压就是电源电压 u_2，即 $u_d = u_2$。在

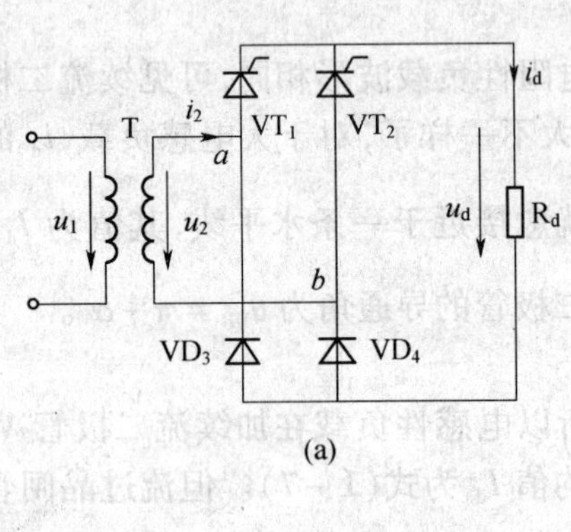

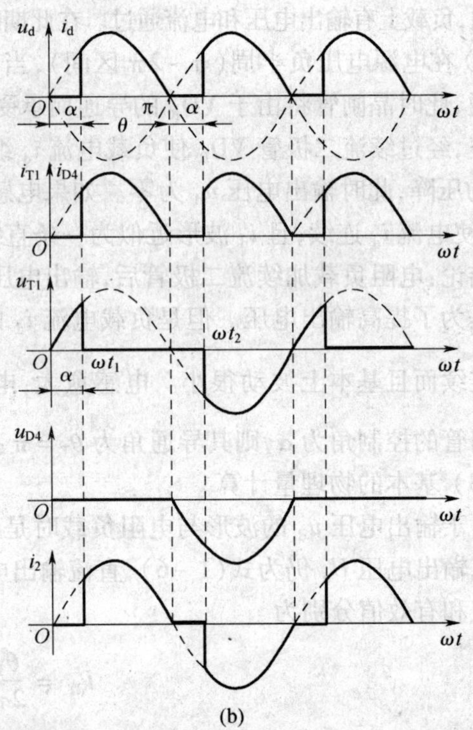

图 1－11　单相桥式半控整流电路带电阻性负载

(a) 电路图；(b) 波形图。

电源负半周时，触发 VT_2 导通，电流由电源 b 端经 VT_2 和负载 R_d 及 VD_3，回电源 a 端，输出仍是 $u_d = u_2$，只不过在负载上的方向没变。在负载上得到的输出波形如图 1－11(b) 所示。

由图 1－11 (b) 中 u_{T1} 的波形可知，晶闸管 VT_1 所承受的电压分为 4 种情况。除其本身导通 ($\omega t_1 \sim \pi$) 时不承受电压，以及当晶闸管 VT_2 导通 ($\omega t_2 \sim 2\pi$) 时将电源电压加到了 VT_1 的两端外，再就是当 4 个管子都不导通时，还分为两种情况：一是在电源正半周 VT_1 还没导通之前，即在 ($0 \sim \omega t_1$) 区间，此时由电源的正端 (a 端)，经 VT_1、R_d 和 VD_4 回到电源的负端 (b 端) 的回路存在漏电流，此时 VT_1 的正向漏电阻远大于 VD_4 的正向漏电阻与 R_d 之和，这就相当于电源电压全都加在了 VT_1 上，即 $u_{T1} = u_2$；二是在电源负半周 VT_2 还没有导通之前，即在 ($\pi \sim \omega t_2$) 区间，和上述分析一样，只不过此时所受的电源电压为负值，由电源正端 (b 端)，经 VT_2、R_d 和 VD_3 回到电源的负端 (a 端)，相当于电源电压全都加在了 VT_2 上，因而 VT_1 两端电压约为 0V，即 $u_{T1} = 0$。二极管承受的电压就比较简单了，因为二极管只会承受负电压，如图 1－11(b) 所示的 u_{D4} 的波形。由波形图可知，晶闸管所承受的最大的正反向峰值电压和二极管所承受的最大反向电压的峰值均为 $\sqrt{2}U_2$。因在电源正、负半周均有一组管子导通，且电流均流经变压器，所以变压器二次侧电流 i_2 的波形是正负对称的缺角正弦波。

单相桥式半控整流电路带电阻性负载电路参数的计算如下。

输出电压平均值的计算公式为

$$U_d = \frac{1}{\pi}\int_{\alpha}^{\pi} \sqrt{2}U_2 \sin\omega t \mathrm{d}(\omega t) = 0.9U_2 \frac{1+\cos\alpha}{2} \tag{1-19}$$

负载电流平均值的计算公式为

$$I_d = \frac{U_d}{R_d} = 0.9\frac{U_2}{R_d}\frac{1+\cos\alpha}{2} \qquad (1-20)$$

输出电压的有效值的计算公式为

$$U = \sqrt{\frac{1}{\pi}\int_{\alpha}^{\pi}(\sqrt{2}U_2\sin\omega t^2)\mathrm{d}(\omega t)} = U_2\sqrt{\frac{1}{2\pi}\sin2\alpha + \frac{\pi-\alpha}{\pi}} \qquad (1-21)$$

负载电流有效值的计算公式为

$$I = \frac{U_2}{R_d}\sqrt{\frac{1}{2\pi}\sin2\alpha + \frac{\pi-\alpha}{\pi}} \qquad (1-22)$$

流过每只晶闸管的电流的平均值的计算公式为

$$I_{dT} = \frac{1}{2}I_d = 0.45\frac{U_2}{R_d}\frac{1+\cos\alpha}{2} \qquad (1-23)$$

流过每只晶闸管的电流的有效值的计算公式为

$$I_T = \sqrt{\frac{1}{2\pi}\int_{\alpha}^{\pi}\left(\frac{\sqrt{2}U_2}{R_d}\sin\omega t\right)^2\mathrm{d}(\omega t)} = \frac{U_2}{R_d}\sqrt{\frac{1}{4\pi}\sin2\alpha + \frac{\pi-\alpha}{2\pi}} = \frac{1}{\sqrt{2}}I \qquad (1-24)$$

晶闸管可能承受的最大电压为

$$U_{TM} = \sqrt{2}U_2 \qquad (1-25)$$

流过整流二极管的电流平均值和有效值与流过晶闸管的电流平均值和有效值相同，即

$$I_{dD} = I_{dT} = 0.45\frac{U_2}{R_d}\frac{1+\cos\alpha}{2} \qquad (1-26)$$

$$I_D = I_T = \frac{U_2}{R_d}\sqrt{\frac{1}{4\pi}\sin2\alpha + \frac{\pi-\alpha}{2\pi}} = \frac{1}{\sqrt{2}}I \qquad (1-27)$$

2. 电感性负载

单相半控桥式整流电路带电感性负载时的电路如图1-12所示。在交流电源的正半周区间内，二极管VD_4处于正偏状态，在相当于控制角α的时刻给晶闸管VT_1加触发脉冲，则电源由a端经VT_1和VD_4向负载供电，负载上得到的电压u_d仍为电源电压u_2，方向为上正下负。至电源u_2过零变负时，由于电感自感电动势的作用，会使晶闸管VT_1继续导通，但此时二极管VD_3的阴极电位变得比VD_4的要低，所以电流由VD_4换流到了VD_3。此时，负载电流经VT_1、R_d和VD_3续流，而没有经过交流电源，因此，负载上得到的电压为VT_1和VD_3的正向压降之和，若忽略导通压降，其值接近为零，这就是单相桥式半控整流电路的自然续流现象。同理，在u_2负半周相同α角处，由于触发晶闸管VT_2的阳极电位高于VT_1的阳极电位，所以，VT_1换流给了VT_2，电源经VT_2和VD_3向负载供电，直流输出电压u_d为电源电压u_2，方向为上正下负。同样当u_2由负变正时，又改为VT_2和VD_4续流，输出又为零。

由图1-12(b)的各个波形图可以看出，单相桥式半控整流电路带大电感负载时的直流输出电压u_d的波形和其带电阻性负载时的波形一样。但直流输出电流i_d的波形由于电感的平波作用而变为一条直线。晶闸管所承受电压u_T的波形没变，而流过晶闸管电流的波形变成了方波，如图1-12(b)所示，其导通角为π。流过二极管的电流也是方波，其导通角也为π。变压器二次侧的电流i_2为正负对称的方波。

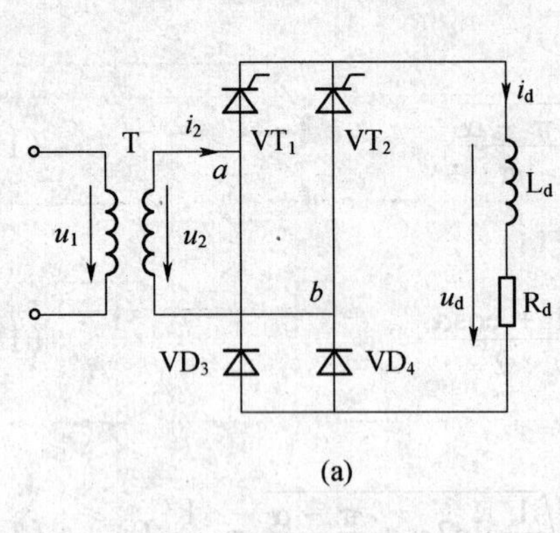

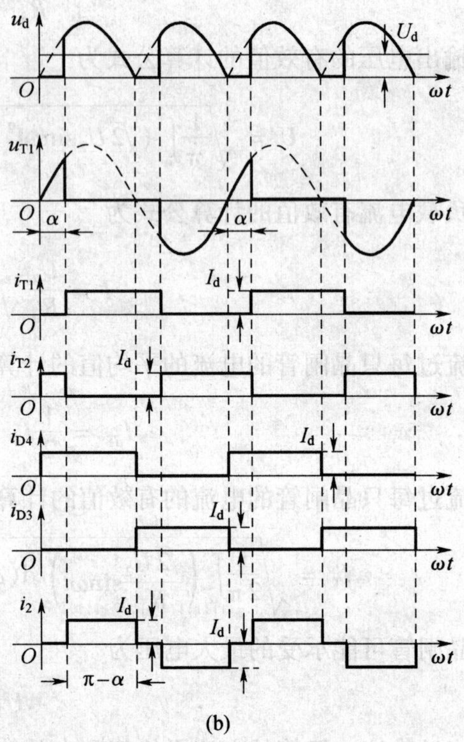

图 1－12　单相桥式半控整流电路带电感性负载

（a）电路图；（b）波形图。

因此可知单相桥式半控整流电路带大电感负载时的工作特点是：晶闸管在触发时刻换流，二极管则在电源过零时刻换流；电路本身就具有自然续流作用，负载电流可以在电路内部换流，所以，即使没有续流二极管，输出也没有负电压。虽然此电路看起来不用接续流二极管也能工作，但实际上若突然关断触发电路或突然把控制角 α 增大到 180°时，电路会发生失控现象。例如，VT_1 和 VD_4 正处于通态时，关断触发电路，当电源 u_2 过零变负时，VD_4 关断，VD_3 导通，形成内部续流。若 L_d 中所储存的能量在整个电源 u_2 负半周都没有释放完，VT_1 和 VD_3 的内部续流可以维持整个负半周。而当又到了 u_2 的正半周时，VD_3 关断，VD_4 导通，VT_1 和 VD_4 又构成单相半波整流。失控后，即使去掉触发电路，电路也会出现正在导通的晶闸管一直导通，而两只二极管轮流导通的情况，使 u_d 仍会有输出，但波形是单相半波不可控的整流波形，这就是所谓的失控现象。为解决失控现象，单相桥式半控整流电路带电感性负载时，仍需在负载两端并接续流二极管 VD_R。这样，当电源电压 u_2 过零变负时，负载电流经续流二极管 VD_R 续流，使直流输出为 VD_R 的管压降，接近于零，迫使原晶闸管和二极管串联的回路中的电流减小到维持电流以下使其关断，这样就不会出现因晶闸管一直导通而出现的失控现象了。加了续流二极管后的电路及波形如图 1－13 所示。

由波形图可以看出，加了续流二极管以后，输出电压 u_d 和输出电流 i_d 的波形没变，所以直流输出电压 U_d 和直流输出电流 I_d 的公式同式（1－19）和式（1－20）一样。但原先经过同一桥臂续流的电流都转移到了续流二极管上，各管子的电流波形如图 1－13 所示。其中，在一个周期中晶闸管和整流二极管导通的电角度为 $\theta_T = \theta_D = \pi - \alpha$，而续流二极管 VD_R 因为每个周期导通两次，所以其导通角 $\theta_{DR} = 2\alpha$，α 的移相范围是 0°～180°。各电量的数量关系如下。

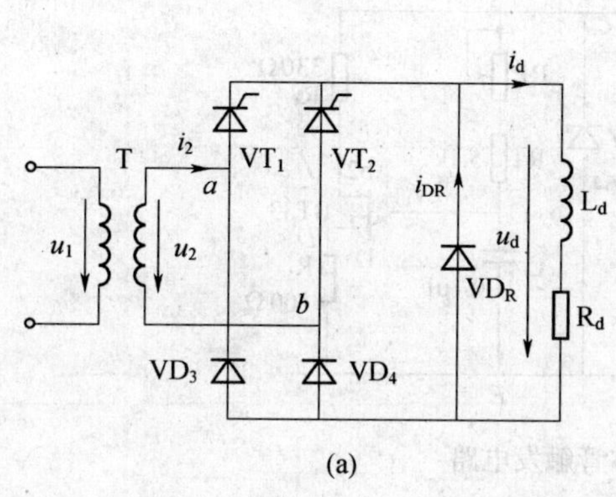

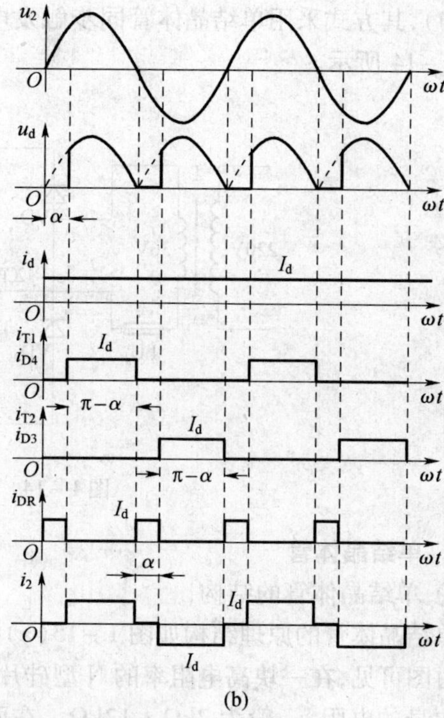

图 1－13　单相桥式半控整流电路带电感性负载加续流二极管

(a) 电路图；(b) 波形图。

流过一只晶闸管和整流二极管的电流的平均值和有效值的计算公式如下。

$$I_{dT} = I_{dD} = \frac{\pi - \alpha}{2\pi} I_d \tag{1－28}$$

$$I_T = I_D = \sqrt{\frac{\pi - \alpha}{2\pi}} I_d \tag{1－29}$$

流过续流二极管的电流的平均值和有效值分别为

$$I_{dDR} = \frac{2\alpha}{2\pi} I_d = \frac{\alpha}{\pi} I_d \tag{1－30}$$

$$I_{DR} = \sqrt{\frac{\alpha}{\pi}} I_d \tag{1－31}$$

晶闸管承受的最大正反向电压以及整流二极管、续流二极管所承受的最大反向电压均为$\sqrt{2}U_2$。

五、单结晶体管触发电路

前面已知要使晶闸管由阻断状态转入导通状态，晶闸管在承受正向阳极电压的同时，还需要在门极加上适当的触发电压。控制晶闸管导通的电路称为触发电路。对晶闸管触发电路来说，首先触发信号应该具有足够的触发功率（触发电压和触发电流），以保证晶闸管可靠导通；其次触发脉冲应有一定的宽度，脉冲的前沿要陡峭；晶闸管的触发电压必须与其主回路的电源电压保持某种固定的相位关系，即实现同步；触发脉冲的移相范围应能满足主电路的要求。

图 1－14 所示为单相桥式半控整流调光灯电路的触发电路（该电路是从图 1－1(b) 中分解

出来的)，其方式采用单结晶体管同步触发电路，其中单结晶体管的型号为 BT33 电路图及参数如图 1－14 所示。

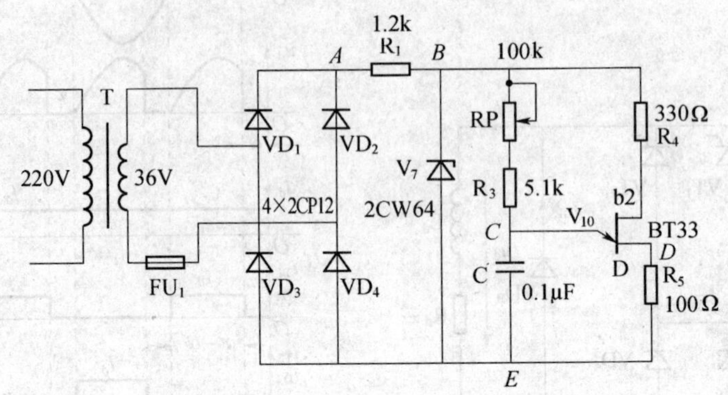

图 1－14 单结晶体管触发电路

1. 单结晶体管

1) 单结晶体管的结构

单结晶体管的原理结构如图 1－15(a)所示，图中 e 为发射极，b_1 为第一基极，b_2 为第二基极。由图可见，在一块高电阻率的 N 型硅片上引出两个基极 b_1 和 b_2，两个基极之间的电阻就是硅片本身的电阻，一般为 2kΩ ~ 12kΩ。在两个基极之间靠近 b_1 的地方合金法或扩散法掺入 P 型杂质并引出电极，成为发射极 e。它是一种特殊的半导体器件，有 3 个电极，只有一个 PN 结，因此称为“单结晶体管”，又因为管子有两个基极，所以又称为“双极二极管”。

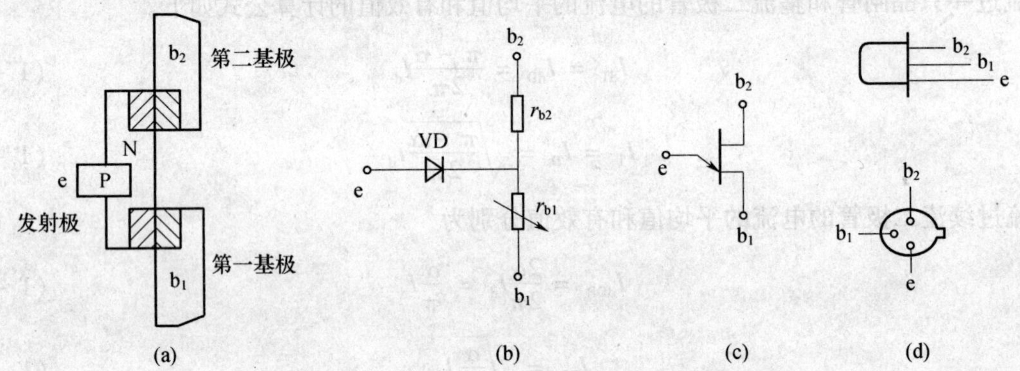

图 1－15 单结晶体管

(a) 结构；(b) 等效电路；(c) 图形符号；(d) 外形管脚排列。

单结晶体管的等效电路如图 1－15 (b)所示，两个基极之间的电阻 $r_{bb} = r_{b1} + r_{b2}$，在正常工作时，r_{b1} 是随发射极电流大小而变化的，相当于一个可变电阻。PN 结可等效为二极管 VD，它的正向导通压降常为 0.7V。单结晶体管的图形符号如图 1－15(c)所示。触发电路常用的国产单结晶体管的型号主要有 BT31、BT33、BT35 其外形与管脚排列如图 1－15 (d)所示。其实物图、管脚如图 1－16 所示。

2) 单结晶体管的管脚及好坏检测

(1) 单结晶体管管脚的判别方法

判断单结晶体管发射极 E 的方法是：把万用表置于 $R \times 100$ 挡或 $R \times 1k$ 挡，黑表笔接假设的发射极，红表笔接另外两极，当出现两次低电阻时，黑表笔接的就是单结晶体管的发射极。

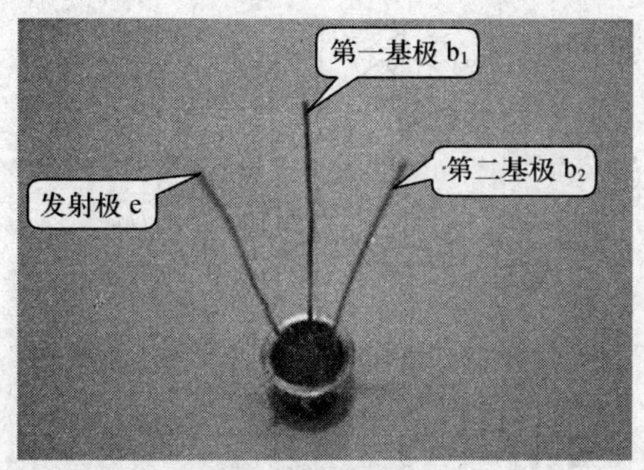

图 1-16　单结晶体管实物及管脚

单结晶体管 B_1 和 B_2 的判断方法是：把万用表置于 $R\times100$ 挡或 $R\times1\text{k}$ 挡，用黑表笔接发射极，红表笔分别接另外两极，两次测量中，电阻大的一次，红表笔接的就是 B_1 极。

应当说明的是，上述判别 B_1、B_2 的方法，不一定对所有的单结晶体管都适用，有个别管子的 $E-B_1$ 间的正向电阻值较小。不过准确地判断哪极是 B_1，哪极是 B_2 在实际使用中并不特别重要。即使 B_1、B_2 用颠倒了，也不会使管子损坏，只影响输出脉冲的幅度（单结晶体管多作脉冲发生器使用），当发现输出的脉冲幅度偏小时，只要将原来假定的 B_1、B_2 对调过来就可以了。

（2）单结晶体管性能好坏的判断

单结晶体管性能的好坏可以通过测量其各极间的电阻值是否正常来判断。用万用表 $R\times1\text{k}$ 挡，将黑表笔接发射极 E，红表笔依次接两个基极（B_1 和 B_2），正常时均应有几千欧至十几千欧的电阻值。再将红表笔接发射极 E，黑表笔依次接两个基极，正常时阻值为无穷大。单结晶体管两个基极（B_1 和 B_2）之间的正、反向电阻值均在 $2\text{k}\Omega\sim10\text{k}\Omega$ 范围内，若测得某两极之间的电阻值与上述正常值相差较大时，则说明该二极管已损坏。

3）单结晶体管的伏安特性及主要参数

（1）单结晶体管的伏安特性

在单结晶体管两个基极 b_2 和 b_1 间加一固定直流电压 U_{bb} 时，所测得的发射极电流 I_e 与发射极正向电压 U_e 之间的关系曲线称为单结晶体管的伏安特性 $I_e=f(U_e)$。改变直流电压 U_{bb} 的值，可以得到一组伏安特性。试验电路图及特性如图 1-17 所示。

将 S 断开，I_{bb} 为零，在发射极 e 加上电压 U_e，U_e 由零开始逐渐增加，得到图 1-17(b) 中①所示伏安特性。这条曲线与二极管正向伏安特性曲线相接近。

① 截止区——aP 段。将 S 闭合，外加的基极电压 U_{bb} 经单结晶体管内部等效电路中的 r_{b1} 与 r_{b2} 分压，可得到 A 点电位 U_A 为

$$U_A=\frac{r_{b1}}{r_{b1}+r_{b2}}U_{bb}=\eta U_{bb}\qquad(1-32)$$

式中：η 称为单结晶体管的分压比，是单结晶体管的主要参数，其值一般为 0.3～0.9，由管子内部结构决定。

将 U_e 由零逐渐增加，在 $U_e<U_A$ 时，单结晶体管的 PN 结反向偏置，只有很小的反向漏电流，$I_e<0$。当 U_e 增至与 U_A 相等时，管内 PN 结零偏，$I_e=0$，即如图 1-17(b) 所示特性曲线与横坐标交点 b 处。进一步增加 U_e，$U_e>U_A$，PN 结开始正偏，出现正向漏流，但 PN 结还未充分导通，I_e 数值很小。直到 U_e 比 ηU_{bb} 高出一个 PN 结正向导通压降 U_D 时，即 $U_e=U_P=\eta U_{bb}+U_D$ 时，等效

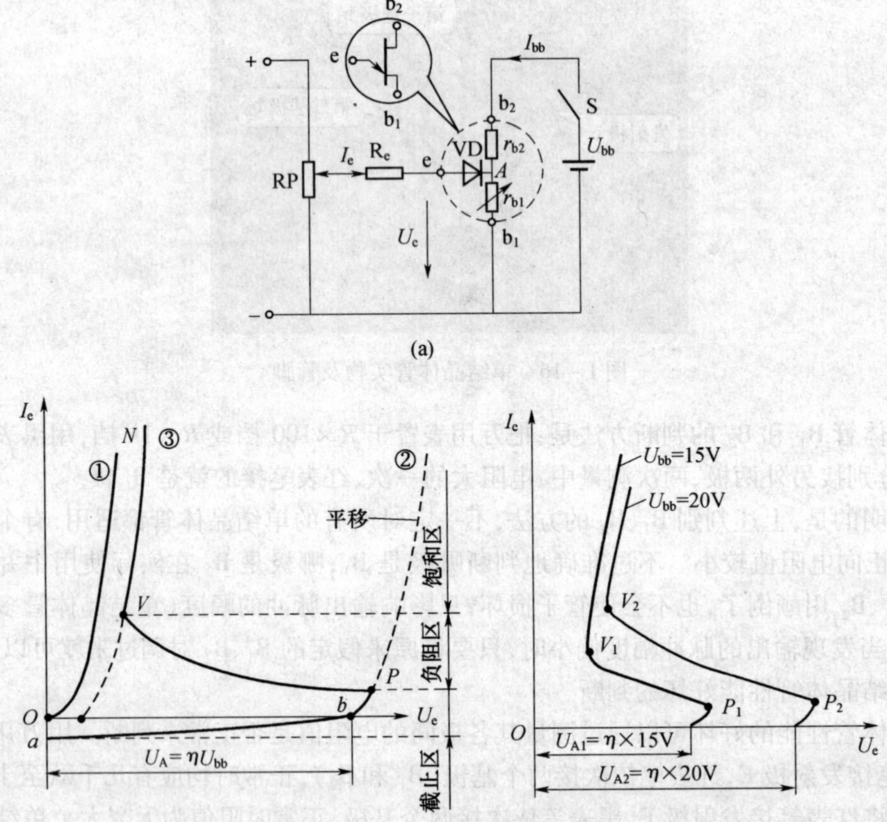

图 1－17　单结晶体管伏安特性

(a) 单结晶体管实验电路；(b) 单结晶体管伏安特性；(c) 特性曲线族。

二极管 VD 才导通，此时单结晶体管由截止状态进入到导通状态，对应于图 1－17(b) 中 P 点，并将该转折点称为峰点 P。P 点所对应的电压称为峰点电压 U_p，显然，$U_P = \eta U_{bb} + U_D$。所对应的电流称为峰点电流 I_P。

② 负阻区——PV 段。当 $U_e > U_P$ 时，由于等效二极管 VD 充分导通，I_e 增大，此时大量的空穴载流子不断从发射极注入 A 点到 b_1 的硅片，因此 r_{b1} 值迅速减小。r_{b1} 的减小使硅片上的分压也减小，导致 U_A 下降，因而 U_e 也下降。U_A 的下降使 PN 结承受更大的正偏电压，因而有更多的空穴注入硅片，促使 r_{b1} 进一步减小，I_e 又进一步增大，这是一个强烈的增强式正反馈过程。从外电路看，在此区间，U_e 减小而 I_e 增大，动态电阻 $\Delta r_{eb1} = \Delta U_e / \Delta I_e$ 为负值，称单结晶体管的这一特性为负阻特性。曲线上对应 P、V 两点之间的一段称为负阻区。当 I_e 增大到一定程度，硅片中载流子的浓度趋于饱和，r_{b1} 已减小至最小值，A 点的分压 U_A 最小，因而 U_e 也最小，得曲线上的 V 点。V 点称为谷点，谷点所对应的电压和电流称为谷点电压 U_V 和谷点电流 I_V。当 $U_e > U_P$ 后，单结晶体管从截止区迅速经过负阻区到达谷点 V，在负阻区不能停留。

③ 饱和区——VN 段。当硅片中载流子饱和后，欲使 I_e 继续增大，必须增大电压 U_e，因此在谷点 V 之后，元件又恢复正阻特性，U_e 随 I_e 的增加而增大，此区间为元件的饱和区。显然，谷点电压是维持单结晶体管导通的最小电压，一旦 $U_e < U_V$，单结晶体管将由导通转变为截止。改变 U_{bb}，器件等效电路中的 U_A 和特性曲线中 U_P 也随之改变，从而可获得一族单结晶体管伏安特性

曲线，如图 1－17(c)所示。

(2) 单结晶体管的主要参数

单结晶体管的主要参数有基极间电阻 r_{bb}、分压比 η、峰点电流 I_P、谷点电压 U_V、谷点电流 I_V 及耗散功率等。国产单结晶体管的型号主要有 BT31、BT33、BT35 等，BT 表示特种半导体管的意思，其主要参数如表 1－7 所列。

表 1－7　单结晶体管的主要参数

<table>
<tr><td colspan="2">参数名称</td><td>分压比
η</td><td>基极电阻
$r_{bb}/k\Omega$</td><td>峰点电流
$I_P/\mu A$</td><td>谷点电流
$I_V/\mu A$</td><td>谷点电压
U_V/V</td><td>饱和电压
U_{es}/V</td><td>最大反压
U_{bbmax}/V</td><td>耗散功率
P_{max}/mW</td></tr>
<tr><td colspan="2">测试条件</td><td>$U_{bb}=20V$</td><td>$U_{bb}=3V$
$I_e=0$</td><td>$U_{bb}=0$</td><td>$U_{bb}=0$</td><td>$U_{bb}=0$</td><td>$U_{bb}=0$
$I_e=I_{emax}$</td><td></td><td></td></tr>
<tr><td rowspan="4">BT33</td><td>A</td><td rowspan="2">0.45～0.9</td><td rowspan="2">2～4.5</td><td rowspan="8"><4</td><td rowspan="8">>1.5</td><td rowspan="2"><3.5</td><td rowspan="2"><4</td><td>≥30</td><td rowspan="4">300</td></tr>
<tr><td>B</td><td>≥60</td></tr>
<tr><td>C</td><td rowspan="2">0.3～0.9</td><td rowspan="2">>4.5～12</td><td rowspan="2"><4</td><td rowspan="2"><4.5</td><td>≥30</td></tr>
<tr><td>D</td><td>≥60</td></tr>
<tr><td rowspan="4">BT35</td><td>A</td><td rowspan="2">0.45～0.9</td><td rowspan="2">2～4.5</td><td><3.5</td><td rowspan="2"><4</td><td>≥30</td><td rowspan="4">500</td></tr>
<tr><td>B</td><td>>3.5</td><td>≥60</td></tr>
<tr><td>C</td><td rowspan="2">0.3～0.9</td><td rowspan="2">>4.5～12</td><td rowspan="2">>4</td><td rowspan="2"><4.5</td><td>≥30</td></tr>
<tr><td>D</td><td>≥60</td></tr>
</table>

2. 单结晶体管自激振荡电路

利用单结晶体管的负阻特性和 RC 电路的充放电特性，可以组成单结晶体管自激振荡电路，产生频率可调的脉冲。单结晶体管自激振荡电路的电路图和波形图如图 1－18 所示。

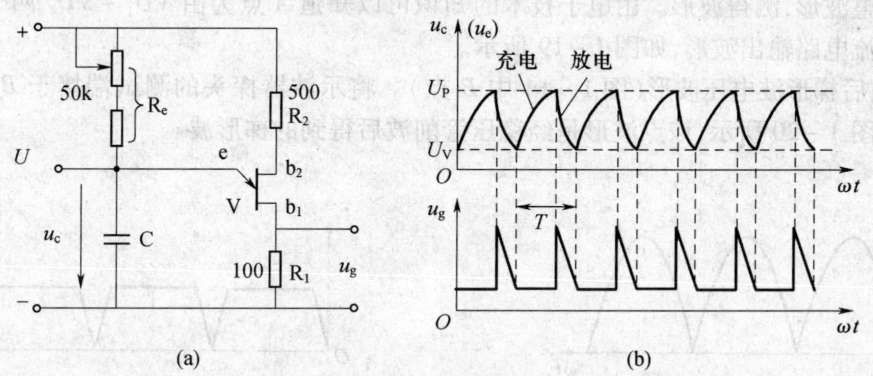

图 1－18　单结晶体管自激振荡电路电路图和波形图

(a) 电路图；(b) 波形图。

设初始时电容 C 两端电压为零。电路接通以后，单结晶体管是截止的，电源经电阻 R、RP 对电容 C 进行充电，电容电压从零开始按指数规律上升，充电时间常数为 R_eC；当电容两端电压达到单结晶体管的峰点电压 U_P 时，单结晶体管进入负阻区，并迅速饱和导通，电容经 e、b_1 向电阻 R_1 放电，由于放电回路的电阻很小，因此放电很快，放电电流在电阻 R_1 上产生了尖脉冲。随着电容放电，电容电压降低，当电容电压降到谷点电压 U_V 以下，单结晶体管截止，R_1 上的脉冲电压结束。接着电源又重新对电容进行充电，充电到 U_P 时，单结晶体管又导通。如此周而复始，形成振荡，在电容 C 两端会产生一系列锯齿波，在电阻 R_1 两端将产生一系列尖脉冲波，如图 1－18(b)所示。R_2 是温度补偿电阻，其作用是维持振荡频率不随温度而变。例如，当温度升高时，一方面，由于管子 PN 结具有负温度系数会使 U_D 减小；另一方面，由于 r_{bb} 具有正温度系数，使 r_{bb} 增大，R_2 上的压降略有减小，则加在管子 b_1、b_2 上的电压略有增加，从而使得 U_A 略有增加，以此来补偿因 U_D 减小对峰点电压 $U_P = U_A + U_D$ 的影响，使 U_P 基本不随温度而变。

3. 单结晶体管触发电路

上述单结晶体管张弛振荡电路输出的尖脉冲可以用来触发晶闸管，但不能直接用做触发电路，为了使晶闸管每次导通的控制角 α 都相同，从而得到稳定的直流电压，触发脉冲必须在电源电压每次过零后滞后 α 角出现，因此首先需要解决触发脉冲与主电路的同步问题。

图 1－14 所示为单结晶体管触发电路，是由同步电路和脉冲移相与形成两部分组成的。

1）同步电路

（1）同步电路组成

图 1－14 中同步电路由同步变压器 T_S、整流桥以及稳压管 V 组成。变压器一次侧接主电路电源，二次侧经整流、稳压削波，得到梯形波，作为触发电路电源，也作同步信号用。当主电路电压过零时，触发电路的同步电压也过零，单结晶体管的 U_{bb} 也降为零，管内 A 点电压 $U_A = 0$，保证电容电荷很快放完，在下一个半波开始时能从零开始充电，从而使各半周的控制角 α 一致，起到同步作用。

（2）波形分析

单结晶体管触发电路的调试以及在使用过程中的检修主要是通过几个关键点的波形来分析各个元器件是否正常。

① 桥式整流后脉动电压的波形（图 1－14 中 A 点）。将示波器探头的测试端接于 A 点，接地端接于 E 点，调节扫描时间旋钮“time/div”和垂直衰减器“volts/div”，使示波器稳定显示至少一个周期的完整波形，测得波形。由电子技术的知识可以知道 A 点为由 $VD_1 \sim VD_4$ 四个二极管构成的桥式整流电路输出波形，如图 1－19 所示。

② 削波后梯形波电压波形（图 1－14 中 B 点）。将示波器探头的测试端接于 B 点，测得 B 点的波形如图 1－20 所示，该点波形是经稳压管削波后得到的梯形波。

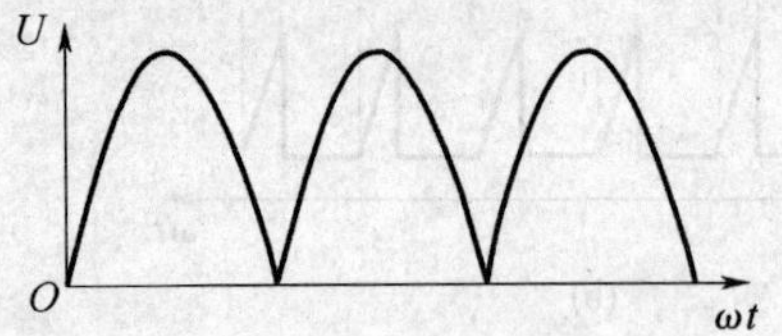

图 1－19 桥式整流后电压波形

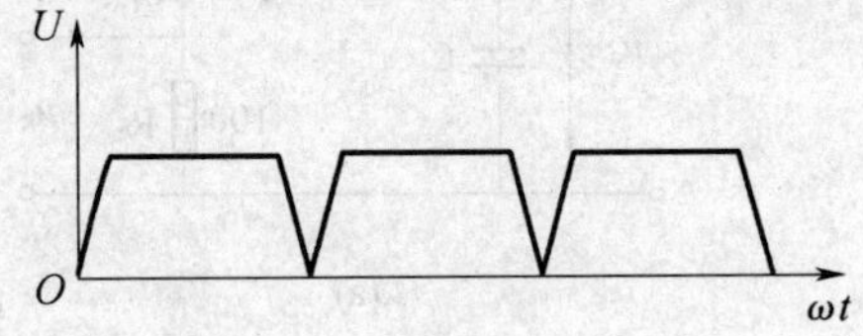

图 1－20 削波后电压波形

2）脉冲移相与形成

（1）电路组成

脉冲移相与形成电路实际上就是图 1－18 的张弛振荡电路。脉冲移相由电阻 R_e 和电容 C 组成，脉冲形成由单结晶体管、温补电阻 R_2、输出电阻 R_1 组成。

改变张弛振荡电路中电容 C 的充电电阻的阻值，就可以改变充电的时间常数，图中用电位器 RP 来实现这一变化，例如：

$RP\uparrow \rightarrow \tau_C \uparrow \rightarrow$出现第一个脉冲的时间后移$\rightarrow \alpha \uparrow \rightarrow U_d \downarrow$

(2) 波形分析

① 电容电压的波形(图 1-14 中 C 点)。将示波器探头的测试端接于 C 点,测得 C 点的波形如图 1-21 所示。由于电容每半个周期在电源电压过零点从零开始充电,当电容两端的电压上升到单结晶体管峰点电压时,单结晶体管导通,触发电路输出脉冲,电容的容量和充电电阻 R_e 的大小决定了电容两端的电压从零上升到单结晶体管峰点电压的时间,故此触发电路无法实现在电源电压过零时输出触发脉冲,即不能实现 $\alpha = 0°$。

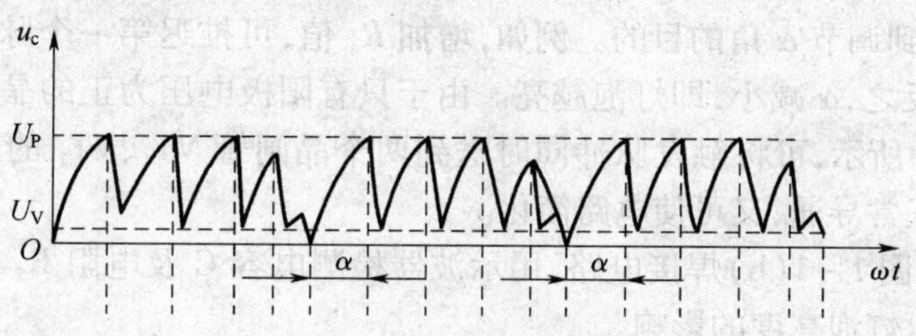

图 1-21　电容两端电压波形

② 输出脉冲的波形(图 1-14 中 D 点)。将示波器探头的测试端接于 D 点,测得 D 点的波形如图 1-22 所示。单结晶体管导通后,电容通过单结晶体管的 e、b_1 迅速向输出电阻 R_5 放电,在 R_5 上得到很窄的尖脉冲。调节电位器 RP 的旋钮,可以观察 D 点的波形的变化范围。

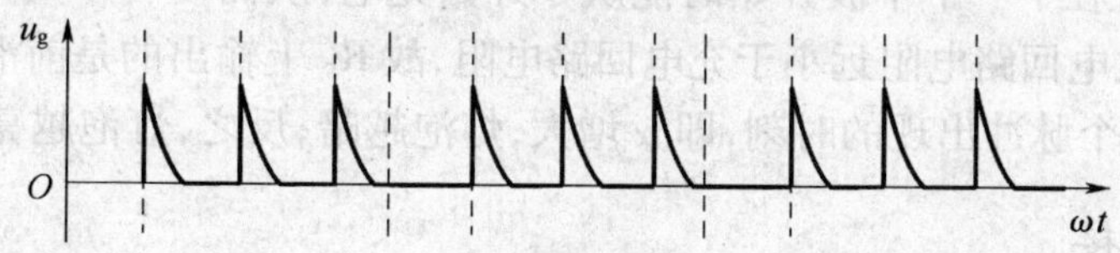

图 1-22　脉冲输出波形

3) 触发电路各元件的选择

(1) 充电电阻 R_e 的选择

改变充电电阻 R_e 的大小,就可以改变张驰振荡电路的频率,但是频率的调节有一定的范围,如果充电电阻 R_e 选择不当,将使单结晶体管自激振荡电路无法形成振荡。

充电电阻 R_e 的取值范围为

$$\frac{U - U_V}{I_V} < R_e < \frac{U - U_P}{I_P}$$

式中:U 为加于图 1-14 中 B-E 两端的触发电路电源电压;U_V 为单结晶体管的谷点电压;I_V 为单结晶体管的谷点电流;U_P 为单结晶体管的峰点电压;I_P 为单结晶体管的峰点电流。

(2) 电阻 R_4 的选择

电阻 R_4 是用来补偿温度对峰点电压 U_P 的影响,通常取值范围为:200Ω~600Ω。

(3) 输出电阻 R_5 的选择

输出电阻的大小将影响输出脉冲的宽度与幅值,通常取值范围为:50Ω~100Ω。

(4) 电容 C 的选择

电容 C 值的大小与脉冲宽窄和 R_e 的大小有关,通常取值范围为:0.1μF~1μF。

4. 晶闸管调光灯的制作

图 1-1(b)为单相半控桥单结晶体管同步触发电路。为了使晶闸管每次导通的控制角 α 都

相同，从而得到稳定的直流电压，触发脉冲必须在电源电压每次过零后滞后 α 角出现，因此，触发脉冲与电源电压的相位配合需要同步。图 1－1(b) 中同步电路由同步变压器、整流桥以及稳压管组成。变压器一次侧接主电路电源，二次侧经整流、稳压削波，得到梯形波，作为触发电路电源，也作同步信号用。当主电路电压过零时，触发电路的同步电压也过零，单结晶体管的 U_{bb} 也降为零，管内 A 点电位 $U_A=0$，保证电容电荷很快放完，在下一个半波开始时能从零开始充电，从而使各半周的控制角 α 一致，起到同步作用。由图 1－21 可以看到，每半个电源周期中电容 C 充放电不止一次，晶闸管只由第一个脉冲触发导通，后面的脉冲不起作用。改变 R_e，可改变电容的充电速度，从而达到调节 α 角的目的。例如，增加 R_e 值，可推迟第一个脉冲出现的时刻，即 α 增大，即灯泡越暗；反之，α 减小，即灯泡越亮。由于只有阳极电压为正的晶闸管才能触发导通，因此如图 1－1(b) 中所示，可将触发脉冲同时送到两个晶闸管 VT_1、VT_2 的门极，这样既可保证这两个晶闸管轮流正常导通，又可使电路简化。

【学生操作】：按图 1－1(b) 焊接电路，用示波器检测电容 C 及电阻 R_5 两端的波形，并调节电位器 RP，观察其对灯泡亮度的影响。

现象分析：uc 波形为锯齿波，在 $U_c<U_p$ 时，单结晶体管处于截止状态；当 U_c 达到单结晶体管的峰点电压 U_p 时，单结晶体管进入负阻区，并迅速饱和导通，电容经 e，向电阻 R_5 放电，在 R_5 上输出一个脉冲电压。随着电容放电，到 $U_c=U_v$ 甚至更小时，管子从导通又转为截止，R_5 上的脉冲电压结束，电容 C 又开始充电。主电路电压过零时，触发电路的同步电压也过零，单结晶体管的 U_{bb} 也降为零，保证在下一个半波开始时能从零开始充电，从而使各半周的控制角 α 一致，起到同步作用。由于放电回路电阻远小于充电回路电阻，故 R_5 上输出的是前沿很陡的尖脉冲。增加 R_p 值，可推迟第一个脉冲出现的时刻，即 α 增大，灯泡越暗；反之，灯泡越亮。

六、电路的焊接

按照图 1－1(b) 所示电路，在实验电路板上焊接，并调试电路。

1. 焊接的概念

焊接就是利用加热或其他方法，使焊料与焊接金属原子之间相互吸引(相互扩散)，依靠原子间的内聚力使两种金属永久地牢固结合。

2. 对焊点的质量要求

应包括电接触良好、机械性能牢固和美观 3 个方面。其中最关键的一点，就是必须避免假焊和虚焊。

① 虚焊、假焊是指焊件表面没有充分镀上锡层，焊件之间没有被锡固定住，是由于焊件表面没有清除干净或焊剂用得太少所引起的。

② 夹生焊是指锡未被充分熔化，焊件表面堆积着粗糙的锡晶粒，焊点的质量大为降低，是因为电烙铁温度不够或电烙铁留焊时间太短所引起的。

假焊使电路完全不通。虚焊使焊点成为有接触电阻的连接状态，从而使电路工作时噪声增加，产生不稳定状态，电路的工作状态时好时坏没有规律，给电路检修带来很大的困难。所以虚焊是电路可靠性的一大隐患，必须尽力避免。

3. 焊接要点

可用刮、镀、测、焊 4 个字来概括，具体还要做好以下几点。

① 焊接时的姿势和手法，焊接时要把桌椅的高度调整适当，挺胸端坐，操作者鼻尖与烙铁尖的距离应在 20cm 以上，选好电烙铁头的形状和采用恰当的烙铁握法。电烙铁的握法有握笔式

和拳握式,如图 1-23 所示。握笔式使用的电烙铁是直形的,适合电子设备和印制电路板的焊接;拳握式使用的电烙铁功率较大,烙铁头是弯型的,适合电气设备的焊接。

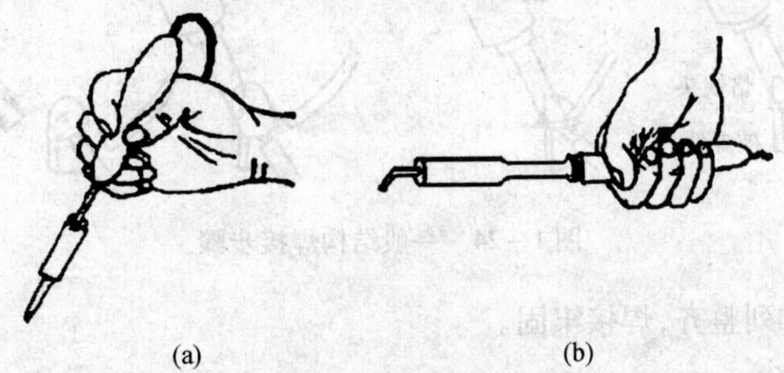

(a)　　(b)

图 1-23　电烙铁的握法
（a）握笔式；（b）拳握式。

② 被焊处表面的焊前清洁和搪锡清洁焊接元器件引线的工具,可用废锯条做成的刮刀。焊接前,应先刮去引线上的油污、氧化层和绝缘漆,直到露出紫铜表面,其上面不留一点脏物为止。对于有些镀金、镀银的合金引出线,因为基材难以搪锡,所以不能把镀层刮掉,可用粗橡皮擦去表面的脏物。引线做清洁处理后,应尽快搪好锡,以防表面重新氧化。搪锡前应将引线先蘸上焊剂。直排式集成块的引线,一般在焊前不做清洁处理,但在使用前不要弄脏引线。

③ 烙铁温度和焊接时间要根据不同的焊接对象,烙铁头需要的工作温度是不同的。焊接导线接头时,工作温度以 306℃ ~480℃ 为宜;焊接印制电路板线路上的元件时,一般以 430℃ ~450℃ 为宜;焊接细线条印制电路板或极细导线时,烙铁头的工作温度应在 290℃ ~370℃ 为宜;而在焊接热敏元件时,其温度至少要 480℃,这样才能保证烙铁头接触器件的时间尽可能得短。电源电压为 220V 时,20W 烙铁头的工作温度约为 290℃ ~400℃,40W 烙铁头的工作温度约为 400℃ ~510℃。焊接时间把握在 3s ~5s 内为最佳。

④ 恰当掌握焊点形成的火候。焊接时,不要将烙铁头在焊点上来回磨动,应将烙铁头的搪锡面紧贴焊点。等到焊锡全部熔化,并因表面张力紧缩而使表面光滑后,迅速将烙铁头从斜上方约 45°的方向移开。这时焊锡不会立即凝固,不要移动被焊元件,也不要向焊锡吹气, 待其慢慢冷却凝固。烙铁移开后,如果使焊点带出尖角,说明焊接时间过长,由焊剂气化引起的,应重新焊接。

⑤ 焊完后应清洁焊好的焊点,经检查后,应用无水酒精把焊剂清洗干净。

4. 焊接步骤

焊接前先清洁烙铁头,可将烙铁头放在松香或石棉毡上摩擦,擦掉烙铁头上的氧化层及污物,并观察烙铁头的温度是否适宜;焊接中,工具安放整齐,电烙铁要拿稳对准,一手拿电烙铁,另一手拿焊锡丝,先放烙铁头于焊点处,随后跟进焊锡,待锡液在焊点四周充分熔开后,快速向上提起烙铁头。每次下焊时间不得超过 2s。其具体焊接步骤如图 1-24 所示。

5. 本电路的焊接工艺要求与焊接步骤

① 先进行烙铁头的清洁,挂锡。

② 元器件管脚焊接前必须进行清洁处理。

③ 焊接时加热时间与用锡量要适中,否则会造成焊点不美观或出现虚焊、假焊。

④ 焊点形状为近似圆锥形,而且表面微微凹陷、光泽、平滑、无裂纹、气孔等。

⑤ 按工艺要求先焊电阻、电容、二极管、晶闸管等,其过程是先将管脚折弯,插入相应的孔,

图 1-24 一般结构焊接步骤

再焊接、剪腿。要求排列整齐，焊接牢固。

七、晶闸管整流电路的调试

按图 1-1(b)焊接电路板或插面包板。

1. 目视检测

在焊接以前，首先进行元器件的检测。按照前面介绍的判断晶闸管和单结晶体管管脚及好坏的方法检测晶闸管和单结晶体管；检测二极管时，用二极管测量二极管的正反向电阻，若正向有数值、反向阻值为无穷大，则说明二极管良好；检测变压器时，首先检测初、次级之间的阻值，应为无穷大。在通电以前，按原理图及工艺要求检查焊接情况，即是否存在反接、错焊、漏焊以及管腿搭线等情况，及是否存在假焊和虚焊现象；检查输出线是否正确、可靠。重点检查晶闸管的管脚以及二极管的极性是否正确，焊点间是否有短路现象等。如果 A、G、K 这 3 个管脚连接错误，会直接造成电源的短路，烧毁熔断器。任意一支主电路的二极管极性接错也将造成电源短路，会导致变压器侧或电源侧熔断器烧毁。如果整流电路主电路中任意一只二极管开路，则整流电路会变成半波整流，整流输出电压下降，灯泡变暗。

2. 通电检测

检测的原则，应根据故障现象，按照从主电路到从电路，由输入端到输出端的原则进行检测。

(1) 通电后，若灯泡不亮

① 应首先检查主电路中 220V 电源电压是否已经接进来，即检查电源线是否连接，以及电源侧的熔断器是否完好。

② 若第一步没有问题，再检查触发电路部分，用万用表的 $R\times200$V 交流电压挡测变压器二次侧电压，若没有读数，则说明变压器或变压器二次侧熔断器有问题。

③ 接下来用万用表的 $R\times100$V 直流电压挡测 4 个二极管组成的整流电路输出端电压，正常值应为 20V 左右。

④ 断电检测二极管电阻，用万用表的二极管挡测其阻值，正向有阻值，反向为无穷大。再通电检测二极管两端的电压，若没有读数，则说明二极管存在着虚焊或假焊，应重新焊接。

⑤ 若前面没有问题，再检测稳压管两端的电压，若小于 18V(例如零点几伏)，则说明稳压管接反；若大于 18V，则说明稳压管已坏或者是稳压管以及 R_1 电阻存在假焊或虚焊；此时若用示波器检测稳压管两端电压波形，可以看到已不再是梯形波，而变成了全波整流的输出波形。

⑥ 再用示波器检测电容两端的波形，若波形不是锯齿波(例如梯形波)，则说明电容或单结晶体管的 e 极没有焊好。

⑦ 最后检测晶闸管的门、阴极之间或 R_5 两端的波形是否为尖脉冲，若不是，说明单结晶体管两个基极连接的电阻存在假焊或虚焊。

(2) 通电后,若灯泡亮了一下又突然熄灭

说明触发电路没有问题,主电路中存在着短路现象。造成短路的原因是主电路中二极管接反了。

(3) 通电后,灯泡亮,但是通过调节电位器的旋钮不能将其调灭

此现象说明触发角 α 不能调大,意味着可能有 3 方面的原因:①电容 C 的充电时间常数太小(例如 $C<0.1\mu F$);② R_5 太大,造成门、阴极之间总是高电位;③稳压管已坏或未焊好,使得 α 提前。

(4) 通电后,灯泡较暗,但是通过调节电位器的旋钮不能将其调得更亮

此现象说明触发角 α 不能调小,说明电容 C 的充电时间常数太大,例如 $C>0.1\mu F$ 或 R_3 阻值太大。

(5) 晶闸管发生爆炸

说明两个晶闸管的 A、K 极都反接(此故障应在目测阶段排除)。

思考题与习题

1-1 晶闸管导通的条件是什么? 导通后流过晶闸管的电流由哪些因素决定?

1-2 维持晶闸管导通的条件是什么? 怎样使晶闸管由导通变为关断?

1-3 型号为 KP100-3,维持电流 $I_H = 4mA$,晶闸管使用在图 1-25 的各电路中是否合理,为什么? (暂不考虑电压、电流裕量。)

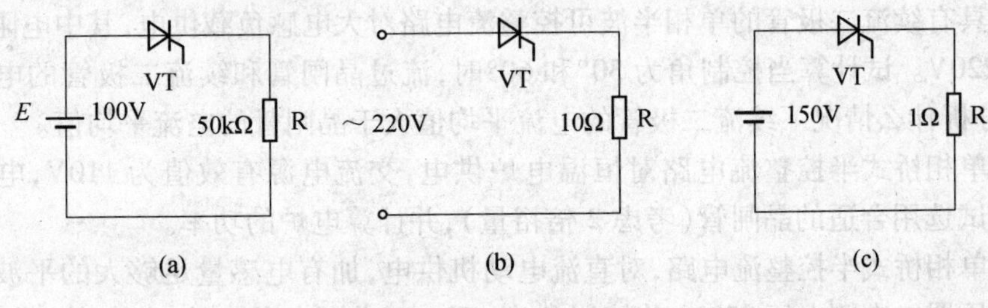

图 1-25 习题 1-3 图

1-4 晶闸管阻断时,其承受的电压大小取决于什么?

1-5 某元件测得 $U_{DRM}=840V$,$U_{RRM}=980V$,试确定此元件的额定电压是多少,属于哪个电压等级?

1-6 图 1-26 中的阴影部分表示流过晶闸管的电流的波形,各波形的峰值均为 I_m,试计算各波形的平均值与有效值各为多少? 若晶闸管的额定通态平均电流为 100A,问晶闸管在这些波形情况下允许流过的平均电流 I_{dT} 各为多少?

1-7 有些晶闸管触发导通后,触发脉冲结束时它又关断是什么原因?

1-8 单向正弦交流电源,其电压有效值为 220V,晶闸管和电阻串联相接,试计算晶闸管实际承受的正、反向电压最大值是多少? 考虑晶闸管的安全裕量,其额定电压如何选取?

1-9 一电热装置(电阻性负载),要求直流平均电压 75V,负载电流 20A,采用单相半波可控整流电路直接从 220V 交流电网供电。试计算晶闸管的控制角 α、导通角 θ_T 及负载电流有效值并选择晶闸管元件。(考虑 2 倍的安全裕量。)

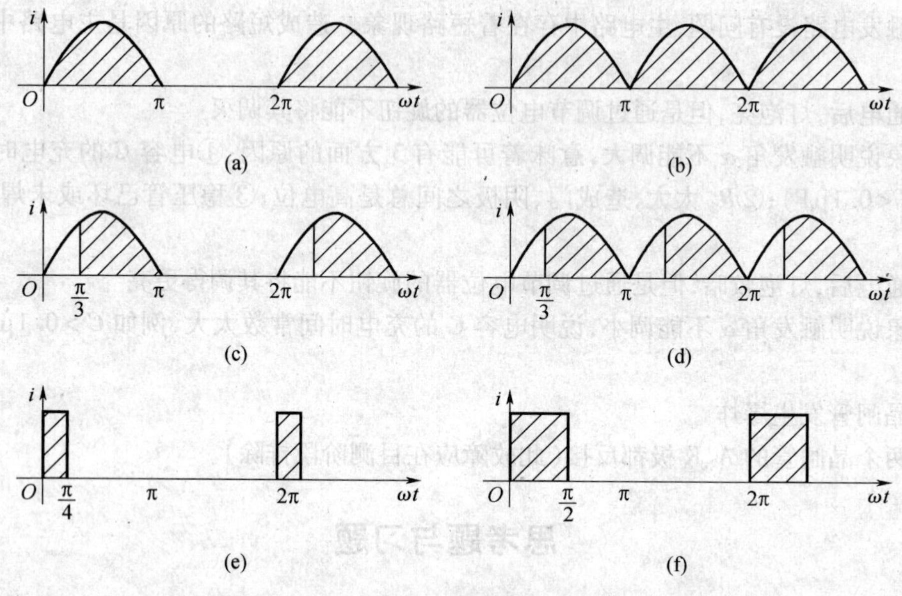

图 1-26　习题 1-6 图

1-10　有一大电感负载,其电阻值为 35Ω,要求在 0V ~ 75V 范围内连续可调,采用单相半波可控整流加续流二极管的电路,电源电压为 220V,试计算晶闸管和续流二极管的额定电压和电流。(考虑 2 倍的安全裕量。)

1-11　具有续流二极管的单相半波可控整流电路对大电感负载供电,其中电阻 $R_d = 7.5\Omega$,电源电压为 220V。试计算当控制角为 30°和 60°时,流过晶闸管和续流二极管的电流平均值和有效值。并分析什么情况下续流二极管的电流平均值大于晶闸管的电流平均值。

1-12　单相桥式半控整流电路对恒温电炉供电,交流电源有效值为 110V,电炉的电热丝电阻为 40Ω,试选用合适的晶闸管(考虑 2 倍裕量),并计算电炉的功率。

1-13　单相桥式半控整流电路,对直流电动机供电,加有电感量足够大的平波电抗器和续流二极管,变压器二次侧电压 220V,若控制角 $\alpha = 30°$,且此时负载电流 $I_d = 20A$,计算晶闸管、整流二极管和续流二极管的电流平均值及有效值,以及变压器的二次侧电流 I_2、容量 S、功率因数 $\cos\phi$。

1-14　由 220V 经变压器供电的单相桥式半控整流电路,带大电感负载并接有续流二极管。负载要求直流电压为 10V ~ 75V 连续可调,最大负载电流 15A,最小控制角 $\alpha_{min} = 25°$。选择晶闸管、整流二极管和续流二极管的额定电压和额定电流,并计算变压器的容量。

1-15　单结晶体管触发电路中,削波稳压管两端并接一只大电容,可控整流电路能工作吗?为什么?

1-16　单结晶体管张驰振荡电路是根据单结晶体管的什么特性组成工作的?振荡频率的高低与什么因素有关?

1-17　用分压比为 0.6 的单结晶体管组成振荡电路,若 $U_{bb} = 20V$,则峰点电压 U_P 为多少?如果管子的 b_1 脚虚焊,电容两端的电压为多少?如果是 b_2 脚虚焊(b_1 脚正常),电容两端电压又为多少?

1-18　试述晶闸管变流装置对门极触发电路的一般要求。

实训一　晶闸管和单结晶体管的简单测试及晶闸管的导通、关断条件

一、实训目的

① 观察晶闸管的结构，掌握测试晶闸管好坏的正确方法。

② 观察单结晶体管的结构，掌握测试单结晶体管好坏的正确方法。

③ 研究晶闸管的导通条件。

④ 研究晶闸管的关断条件。

二、实训设备

晶闸管导通关断实验电路板	1 块
直流稳压电源	1 台
万用表	1 块
晶闸管	2 个
电流表	1 块
单结晶体管	1 个
导线若干	

三、实训线路及原理

1. 晶闸管电极的判定和简单测试

(1) 晶闸管电极的判定

晶闸管的等效电路如图 1－2(a)所示。若从外观上判断，3 个电极形状各不相同，无需作任何测量就可以识别。小功率晶闸管的门极比阴极细，大功率的门极则用金属编制套引出，像一根辫子。有的在阴极上另引出一根较细的引线，以便和触发电路连接，这种晶闸管虽有 4 个电极，也无需测量就能识别。

(2) 晶闸管的简单测试

在实际的使用过程中，很多时候需要对晶闸管的好坏进行简单的判断，常常采用万用表法进行判别。

① 万用表挡位放至于欧姆挡 $R\times100$，将红表笔接在晶闸管的阳极，黑表笔接在晶闸管的阴极，观察指针摆动情况，如图 1－27 所示。

② 将黑表笔接晶闸管的阳极，红表笔接晶闸管的阴极，观察指针摆动情况，如图 1－28 所示。

结果：①、②测试的正反向阻值均很大。

原因：晶闸管是四层三端半导体器件，在阳极和阴极之间有 3 个 PN 结，无论如何加电压，总有一个 PN 结处于反向阻断状态，因此正反向阻值均很大。

③ 将红表笔接晶闸管的阴极，黑表笔接晶闸管的门极，观察指针摆动情况，如图 1－29 所示。

④ 将黑表笔接晶闸管的阴极，红表笔接晶闸管的门极观察指针摆动情况，如图 1－30 所示。

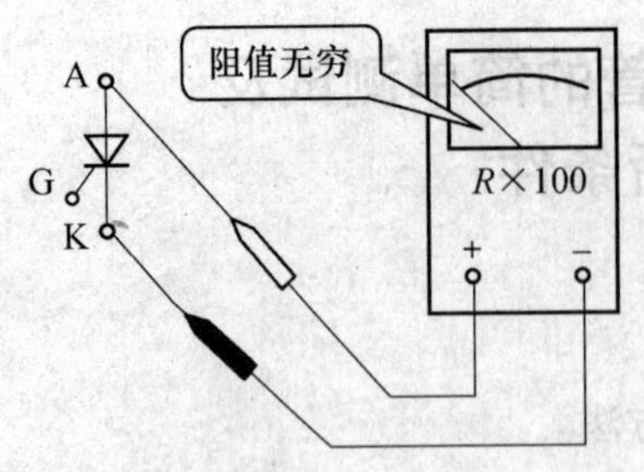

图 1-27 测量阳极和阴极间反向电阻

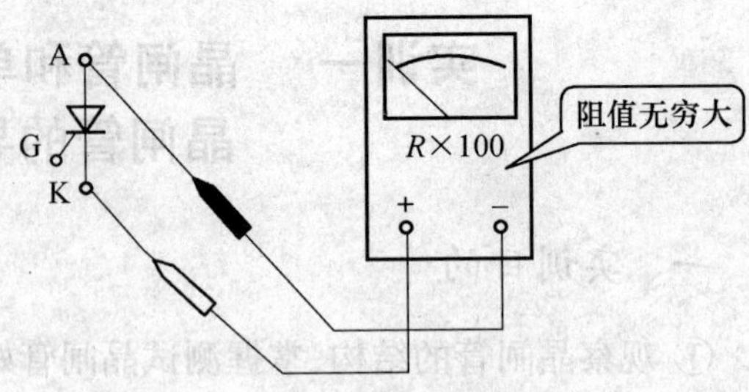

图 1-28 测量门极和阴极间正向电阻

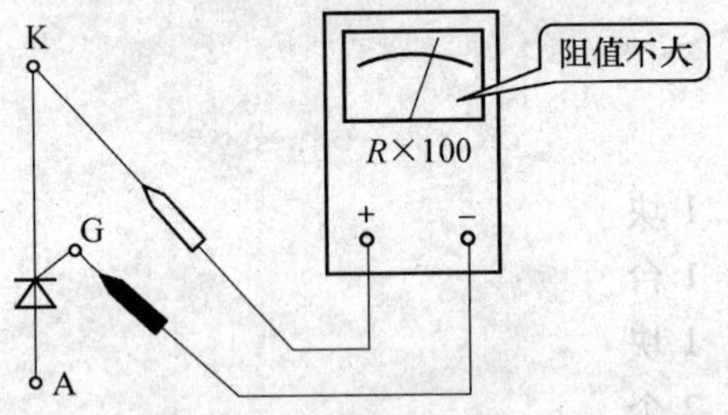

图 1-29 测量门极和阴极间反向电阻

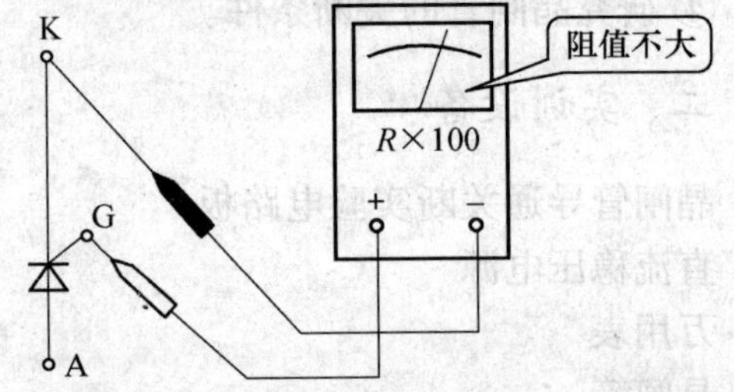

图 1- 30 测量门极和阴极间反向电阻

理论结果：当黑表笔接控制极、红表笔接阴极时，阻值很小；当红表笔接控制极、黑表笔接阴极时，阻值较大。

实测结果：两次测量的阻值均不大。

原因：在晶闸管内部控制极与阴极之间反并联了一个二极管，对加到控制极与阴极之间的反向电压进行限幅，防止晶闸管控制极与阴极之间的 PN 结反向击穿。

2. 单结晶体管的简单测试

(1) 单结晶体管的电极判定

在实际使用时，可以用万用表来测试管子的 3 个电极，方法如下。

① 万用表置于电阻挡，将万用表红表笔接 e 端，黑表笔接 b_1 端，测量 $e-b_1$ 两端的电阻，测量结果如图 1-31 所示。

② 将万用表黑表笔接 b_2 端，红表笔接 e 端，测量 b_2-e 两端的电阻，测量结果如图 1-32 所示。

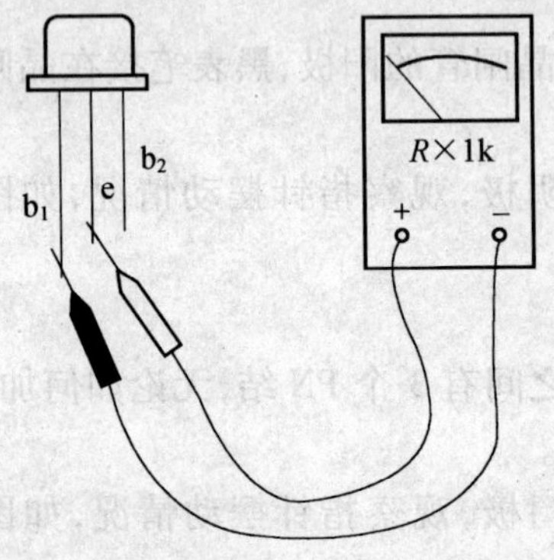

图 1-31 测量 e、b_1 间反向电阻

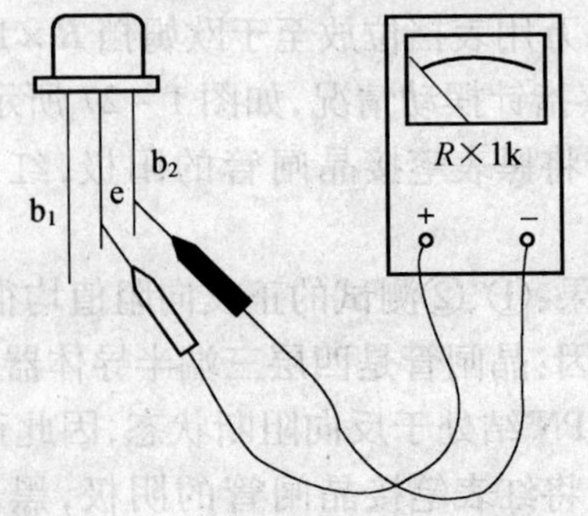

图 1-32 测量 e、b_2 间反向电阻

结果：两次测量的电阻值均较大（通常在几十千欧）。

③ 将万用表黑表笔接 e 端，红表笔接 b_1 端，再次测量 b_1-e 两端的电阻，测量结果如图 1－33 所示。

④ 将万用表黑表笔接 e 端，红表笔接 b_2 端，再次测量 b_2-e 两端的电阻，测量结果如图 1－34 所示。

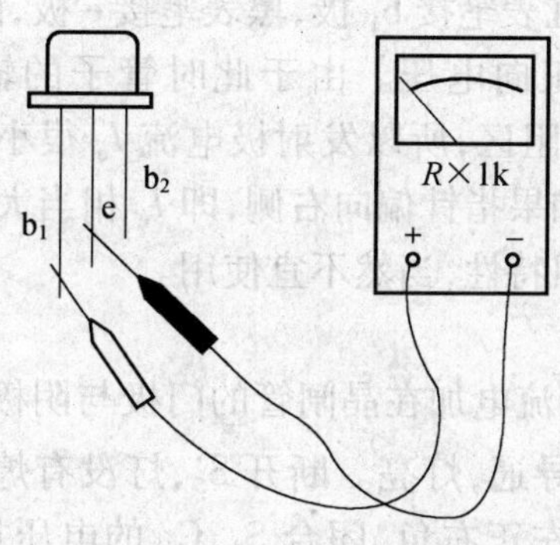

图 1－33　测量 e、b_1 间正向电阻

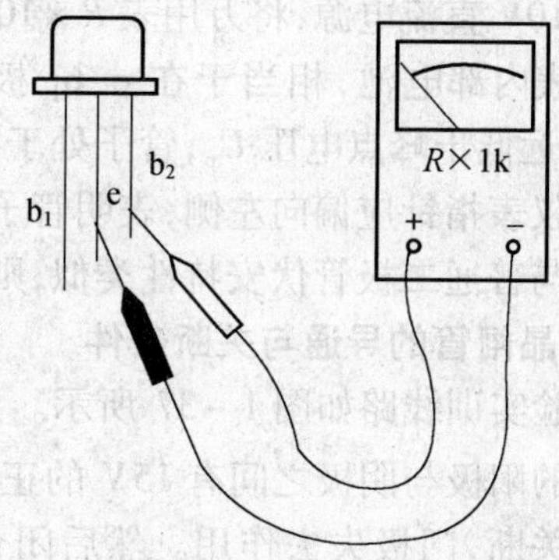

图 1－34　测量 e、b_2 间正向电阻

结果：两次测量的电阻值均较小（通常在几千欧），且 $R_{b1}>R_{b2}$。

⑤ 将万用表红表笔接 b_1 端，黑表笔接 b_2 端，测量 b_2-b_1 两端的电阻，测量结果如图 1－35 所示。

⑥ 将万用表黑表笔接 b_1 端，红表笔接 b_2 端，再次测量 b_1-b_2 两端的电阻，测量结果如图 1－36 所示。

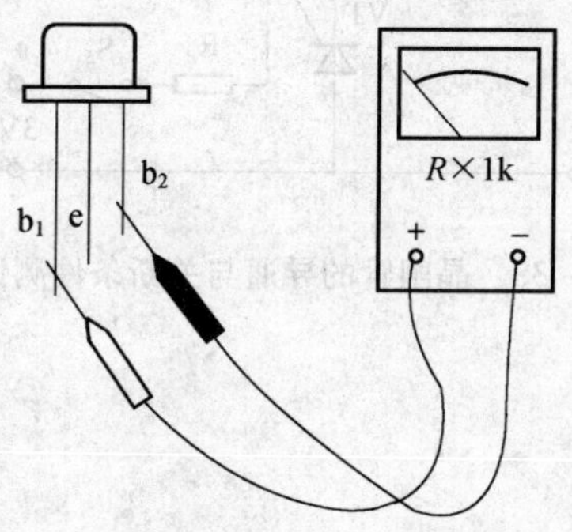

图 1－35　测量 b_2-b_1 两端的电阻

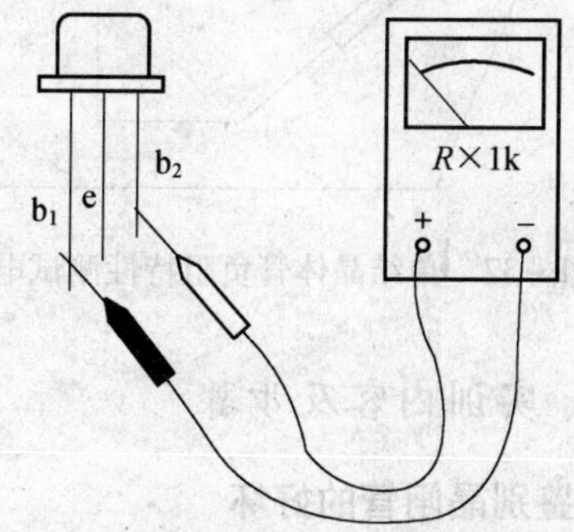

图 1－36　测量 b_1-b_2 两端的电阻

结果：b_1-b_2 间的电阻 R_{bb} 为固定值。

由以上的分析可以看出，用万用表可以很容易地判断出单结晶体管的发射极，只要发射极对了，即使 b_1、b_2 接反了，也不会烧坏管子，只是没有脉冲输出或者脉冲幅度很小，这时只要将两个管脚调换一下就可以了。

(2) 判定单结晶体管的好坏

可以通过测量管子极间电阻或负阻特性的方法来判定它的好坏。具体操作步骤如下。

① 测量 PN 结正、反向电阻大小。将万用表置于 $R\times100$ 挡或 $R\times1k$ 挡，黑表笔接发射极 e，红表笔接基极 b_1、b_2 时，测得管子 PN 结的正向电阻一般应为几至几十千欧，要比普通二极管的

正向电阻稍大一些。再将红表笔接发射极 e，黑表笔分别接基极 b_1 或 b_2，测得 PN 结的反向电阻，正常时指针偏向∞（无穷大）。一般来讲，反向电阻与正向电阻的比值应大于100 为好。

② 测量基极电阻 R_{bb}。将万用表的红、黑表笔分别任意极 b_1 和 b_2，测量 b_1、b_2 间的电阻应在 2kΩ～12kΩ 范围内，阻值过大或过小都不好。

③ 测量负阻特性。单结晶体管负阻特性测试电路如图 1－37 所示。在管子的基极 b_1、b_2 之间外接 10V 直流电源，将万用表 $R\times100$ 挡或 $R\times1k$ 挡，红表笔接 b_1 极，黑表笔接 e 极，因此时接通了仪表内部电池，相当于在 e、b_1 极之间加上 1.5V 正向电压。由于此时管子的输入电压（1.5V）远低于峰点电压 U_p，管子处于截止状态且远离负阻区，所以发射极电流 I_e 很小（微安级电流），仪表指针应偏向左侧，表明管子具有负阻特性。如果指针偏向右侧，即 I_e 相当大（毫安级电流），与普通二极管伏安特性类似，则表明被测管无负阻特性，当然不宜使用。

3. 晶闸管的导通与关断条件

实验实训线路如图 1－37 所示。当 S_5 闭合，3V 的直流电加在晶闸管的门极与阴极之间，而晶闸管的阳极与阴极之间有 15V 的正向电压时，晶闸管导通，灯亮。断开 S_5，灯没有熄灭，晶闸管没有关断，门极失去作用。然后闭合 S_1、S_2，C_1 充电，左正右负，闭合 S_4，C_1 的电压加在晶闸管，晶闸管阳极承受负电压，经一定的关断时间，晶闸管关断，灯熄灭；如果没有关断，即电容的放电时间太短，要换一个电容值大一些的电容，即 C_2，可使灯熄灭。

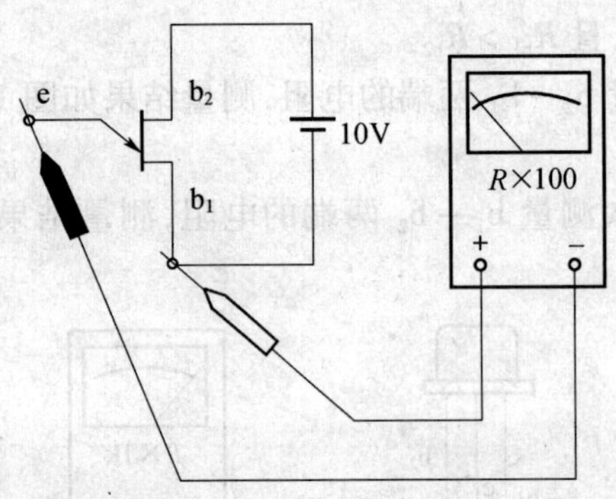

图 1－37　单结晶体管负阻特性测试电路

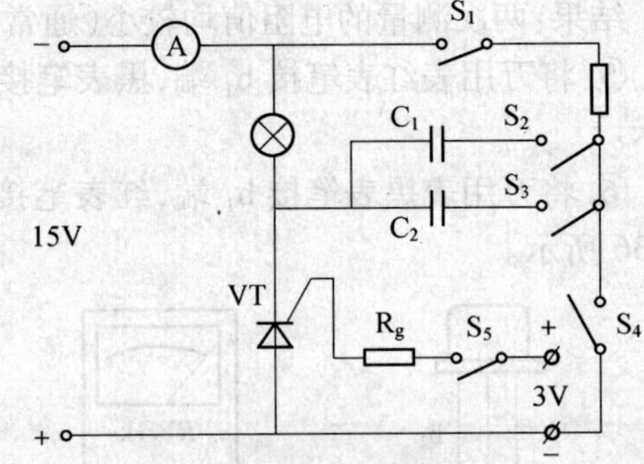

图 1－38　晶闸管的导通与关断条件测试电路

四、实训内容及步骤

1. 鉴别晶闸管的好坏

用万用表 $R\times1k$ 的电阻挡测量两只晶闸管的阳极（A）－阴极（K）之间以及用 $R\times10$ 或 $R\times100$ 挡测量两只晶闸管的门极（G）－阴极（K）之间正反向电阻，并将所测数据填入表 1－8，以判断被测晶闸管的好坏。

表 1－8　晶闸管的测试

被测晶闸管	R_{AK}	R_{KA}	R_{GK}	R_{KG}	结论
VT_1					
VT_2					

2. 单结晶体管的测试

用万用表 $R\times1k$ 的电阻挡测量单结晶体管的发射极（e）－第一基极（b1）、第二基极（b2）以及第一基极(b1)、第二基极(b2)之间的正反向电阻,并将所测数据填入表1-9,以判断被测单结晶体管的好坏。

表1-9 单结晶体管的测试

被测单结晶体管	R_{eb1}	R_{b1e}	R_{eb2}	R_{b2e}	R_{b1b2}	结论
V_1						

3. 晶闸管导通条件的实验(按图1-38接线)

① 当15V直流电源电压的负极加到晶闸管的阳极,正极加到晶闸管的阴极时,给门极加上负压或正压,观察灯是否亮。

② 当15V直流电源电压的正极加到晶闸管的阳极,负极加到晶闸管的阴极时,不接门极电压或接上反向电压,观察灯是否亮,当门极承受正向电压时,观察灯是否亮。

③ 当灯泡亮时,切断门极电源,观察灯是否继续亮。

④ 当灯泡亮时,给门极加反向电压,观察灯是否继续亮。

4. 晶闸管关断条件的实验

① 给晶闸管阳极加上正向电压,接通门极正向电压,晶闸管导通,灯泡发亮。

② 合上 S_1 和 S_2,电源对 C_1 充电,2s后闭合 S_4,观察灯泡是否熄灭。

③ 给晶闸管阳极加上正向电压,接通门极正向电压,晶闸管导通,灯泡发亮。合上 S_1 和 S_3,电源对 C_2 充电,2s后闭合 S_4,观察灯泡是否熄灭。

④ 给晶闸管阳极加上正向电压,接通门极正向电压,晶闸管导通,灯泡发亮。断开 S_5,减小稳压电源输出电压,使流过晶闸管的阳极电流逐渐减小到某值(一般几十毫安),电流表指针突然降到零,然后再使阳极电压升高,这时灯泡不再发亮,这说明晶闸管已完全关断,恢复阻断状态。毫安表从某值突然降到零,该电流值就是被测晶闸管的维持电流 I_H。

五、实训注意事项

① 用万用表测试晶闸管极间电阻时,特别在测量门极与阴极间的电阻时,不要用 $R\times10k$ 挡以防损坏门极,一般应放在 $R\times10$ 挡测量为准。

② 测维持电流时,晶闸管导通后,要去掉门极电压,再减小阳极电压。

③ 测维持电流时,电流表换档时,注意要先插入小挡插销,再拔出大挡插销。

六、实训报告

① 根据实验记录判断被测晶闸管和单结晶体管的好坏,写出简易判断的方法。

② 根据实验内容写出晶闸管导通条件和关断条件并记录维持电流 I_H。

③ 说明关断电容的作用以及电容值大小对晶闸管关断的影响。

④ 写出本实验的心得与体会。

实训二 单结晶体管触发电路及单相半波可控整流电路实训

一、实训目的

① 熟悉单结晶体管触发电路的工作原理及各元件的作用。

② 掌握单结晶体管触发电路的调试步骤和方法。

③ 对单相半波整流电路在电阻性负载及电阻电感负载时的工作情况作全面分析。

④ 了解续流二极管的作用。

二、实训内容

① 单结晶体管触发电路的调试。

② 单结晶体管触发电路各点波形的观察。

③ 单相半波整流电路带电阻性负载时的特性测定。

④ 单相半波整流电路在电阻－电感性负载时，续流二极管作用的观察。

三、实训线路原理

将单结晶体管触发电路的输出端 G、K 端接至晶闸管 VT_1 的门阴极，即可构成如图 1－39 所示的实验线路。

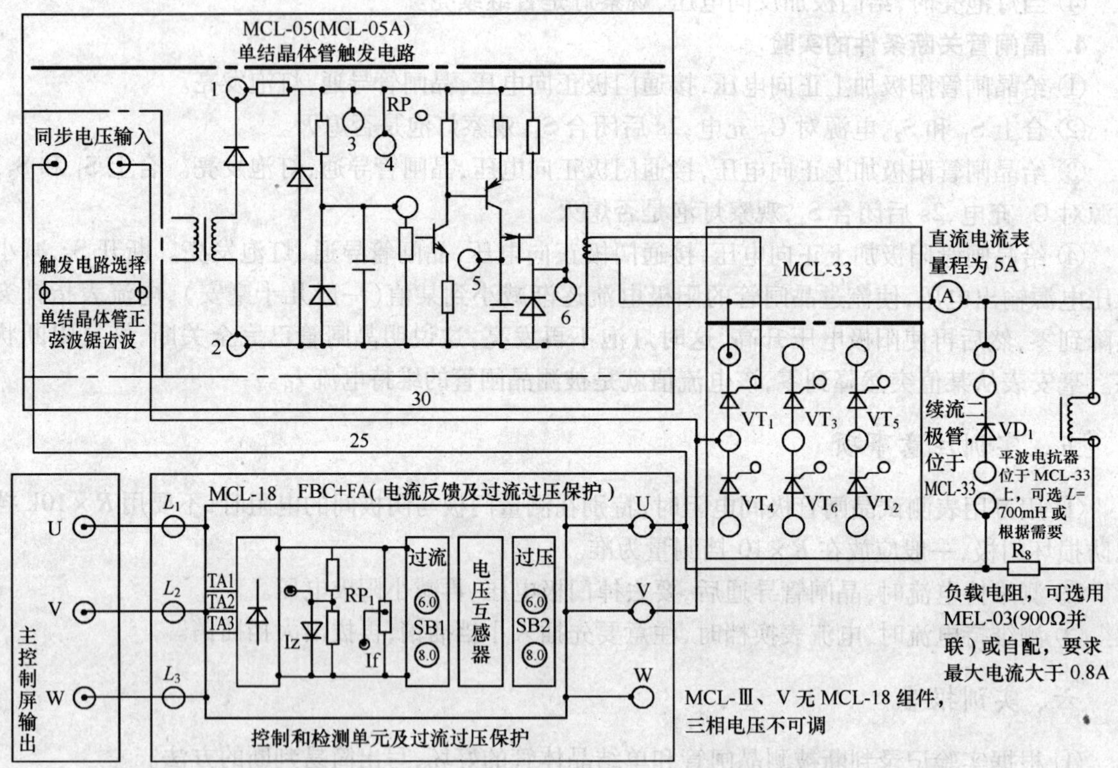

图 1－39 单结晶体管触发电路及单相半波整流电路

四、实训设备及仪器

1. MCL 系列教学实验台主控制屏
2. MCL－18 组件（适合 MCL－Ⅱ）或 MCL－31 组件（适合 MCL－Ⅲ）
3. MCL－033(A)组件或 MCL－53 组件（适合 MCL－Ⅱ、Ⅲ、V）
4. MCL－05 组件或 MCL－05A 组件
5. MEL－03 三相可调电阻器或自配滑线变阻器

6. 双踪示波器

7. 万用表

五、注意事项

① 双踪示波器有两个探头，可以同时测量两个信号，但这两个探头的地线都与示波器的外壳相连接，所以两个探头的地线不能同时接在某一电路的两点上，否则将使这两点通过示波器发生电气短路。为此，在实验中可将其中一根探头的地线取下或外包以绝缘，只使用其中一根地线。当需要同时观察两个信号时，必须在电路上找到这两个被测信号的公共点，将探头的地线接上，两个探头各接至信号处，即能在示波器上同时观察到两个信号，而不致发生意外。

② 为保护整流元件不受损坏，需注意以下实验步骤。

a. 在主电路不接通电源时，调试触发电路，使之正常工作。

b. 在控制电压 $U_{ct}=0$ 时，接通主电路电源，然后逐渐加大 U_{ct}，使整流电路投入工作。

c. 正确选择负载电阻或电感，须注意防止过流。在不能确定的情况下，尽可能选择较大的电阻或电感，然后根据电流值来调整。

d. 晶闸管具有一定的维持电流 I_H，只有流过晶闸管的电流大于 I_H，晶闸管才可靠导通。实验中，若负载电流太小，可能出现晶闸管时通时断，所以实验中，应保持负载电流不小于100mA。

六、实训方法

1. 单结晶体管触发电路调试及各点波形的观察

将 MCL－05(或 MCL－05A，以下均同)面板左上角的同步电压输入接 MCL－18 的 U、V 输出端(如选购的产品为 MCL－Ⅲ、V，则同步电压输入直接与主控制屏的 U、V 输出端相连)，“触发电路选择”拨至“单结晶”。按照实验接线图正确接线，但由单结晶体管触发电路连至晶闸管 VT_1 的脉冲 U_{GK} 不接(将 MCL－05 面板中 G、K 接线端悬空)，而将触发电路 2 端与脉冲输出 K 端相连，以便观察脉冲的移相范围。

三相调压器逆时针调到底，合上主电源，即按下主控制屏绿色“闭合”开关按钮，这时候主控制屏 U、V、W 端有电压输出，大小通过三相调压器调节。本实验中，调节 $U_{uv}=220V$，这时候 MCL—05 内部的同步变压器原边接有 200V，原边输出分别为 60V(单结晶触发电路)、30V(正弦波触发电路)、7V(锯齿波触发电路)，通过直键开关选择。

合上 MCL－05 面板的右下角船形开关，用示波器观察触发电路单相半波整流输出(1)，梯形电压(3)，锯齿波电压(4)及单结晶体管输出电压(5、6)和脉冲输出(G、K)等波形。

调节移相可调电位器 RP，观察输出脉冲的移相范围能否在 30°～180°范围内移。

注：由于在以上操作中，脉冲输出未接晶闸管的控制极和阴极，所以在用示波器观察触发电路各点波形时，特别是观察脉冲的移相范围时，可用导线把触发电路的地端(2)和脉冲输出 K 端相连。但一旦脉冲输出接至晶闸管，则不可把触发电路和脉冲输出相连，否则造成短路事故，烧毁触发电路。

采用正弦波触发电路、锯齿波触发电路或其他触发电路，同样需要注意，谨慎操作。

2. 单相半波可控整流电路带电阻性负载

断开触发电路 2 端与脉冲 K 端的连线，G、K 分别接至 MCL－33(或 MCL－53)的 VT_1 晶闸管的控制极和阴极，注意不可接错。负载 R_d 接可调电阻(可把 MEL－03 的 900Ω 电阻盘并联，即最大电阻为 450Ω，电流达 0.8A)，并调至阻值最大。

合上主电源，调节主控制屏输出电压至 $U_{uv}=220V$，调节脉冲移相电位器 RP，分别用示波器观察 $\alpha=30°$、$60°$、$90°$、$120°$时负载电压 U_d，晶闸管 VT_1 的阳极、阴极电压波形 U_{Vt}，并测定 U_d 及电源电压 U_2，验证 $U_d=0.45U_2\dfrac{1+\cos\alpha}{2}$。测试结果填于表 1－10 中。

表 1－10　单相半波电路的测试

	30°	60°	90°	120°
U_d				
U_2				

3. 单相半波可控整流电路带电阻—电感性负载，无续流二极管

串入平波电抗器，在不同阻抗角（改变 R_d 数值）情况下，观察并记录 $\alpha=30°$、$60°$、$90°$、$120°$时的 U_d、i_d 及 U_{Vt}的波形。注意调节 R_d 时，需要监视负载电流，防止电流超过 R_d 允许的最大电流及晶闸管允许的额定电流。

4. 单相半波可控整流带电路带电阻，电感性负载，有续流二极管

接入续流二极管，重复实验步骤 3。

七、实训内容

① 画出触发电路在 $\alpha=90°$时的各点波形。

② 画出电阻性负载，$\alpha=90°$时，$U_d=f(t)$，$U_{vt}=f(t)$，$i_d=f(t)$波形，

③ 分别画出电阻、电感性负载，当电阻较大和较小时，$U_d=f(t)$，$U_{VT}=f(t)$，$i_d=f(t)$的波形（$\alpha=90°$）。

④ 画出电阻性负载时 $U_d/U_2=f(a)$曲线，并与 $U_d=0.45U_2\dfrac{1+\cos\alpha}{2}$进行比较。

⑤ 分析续流二极管的作用。

八、思考

① 本实验中能否用双踪示波器同时观察触发电路与整流电路的波形？为什么？

② 为何要观察触发电路第一个输出脉冲的位置？

③ 本实验电路中如何考虑触发电路与整流电路的同步问题？

项目二　直流调速装置的电路分析与检测

【学习目标】

1. 掌握单相桥式可控整流电路的工作原理。
2. 掌握有源逆变电路的工作原理。
3. 识别 GTO 的器件，了解其功能和作用。
4. 掌握 GTO 的工作原理。
5. 分析晶闸管直流调速装置的工作原理。
6. 掌握相关英文词汇。

【项目引入】

可控整流电路的应用是电力电子技术中应用最为广泛的一种技术。本项目将以直流调速装置为例，让大家了解单相桥式可控整流电路和有源逆变电路在直流调速装置中的应用。

机床主轴电动机常采用晶闸管单相桥式半控整流电路供电的直流电动机调速装置。图 2－1(a)为常见直流调速器外形图，图 2－1(b)为某机床主轴电动机直流调速装置电气线路图。

如图 2－1(b)所示，机床主轴电动机直流调速装置的主电路采用晶闸管单相桥式半控整流电路，控制回路则采用了结构简单的单结晶体管触发电路。单结晶体管触发电路在项目一中已详细介绍，下面具体介绍单相桥式整流电路。

【相关知识点】

单相桥式整流电路输出的直流电压、电流脉冲强度比单相半波整流电路输出的直流电压、电流小，且可以改善变压器存在的直流磁化现象。单相桥式整流电路分为单相桥式全控整流电路和单相桥式半控整流电路。本项目重点讲述单相桥式全控整流电路。

(a)

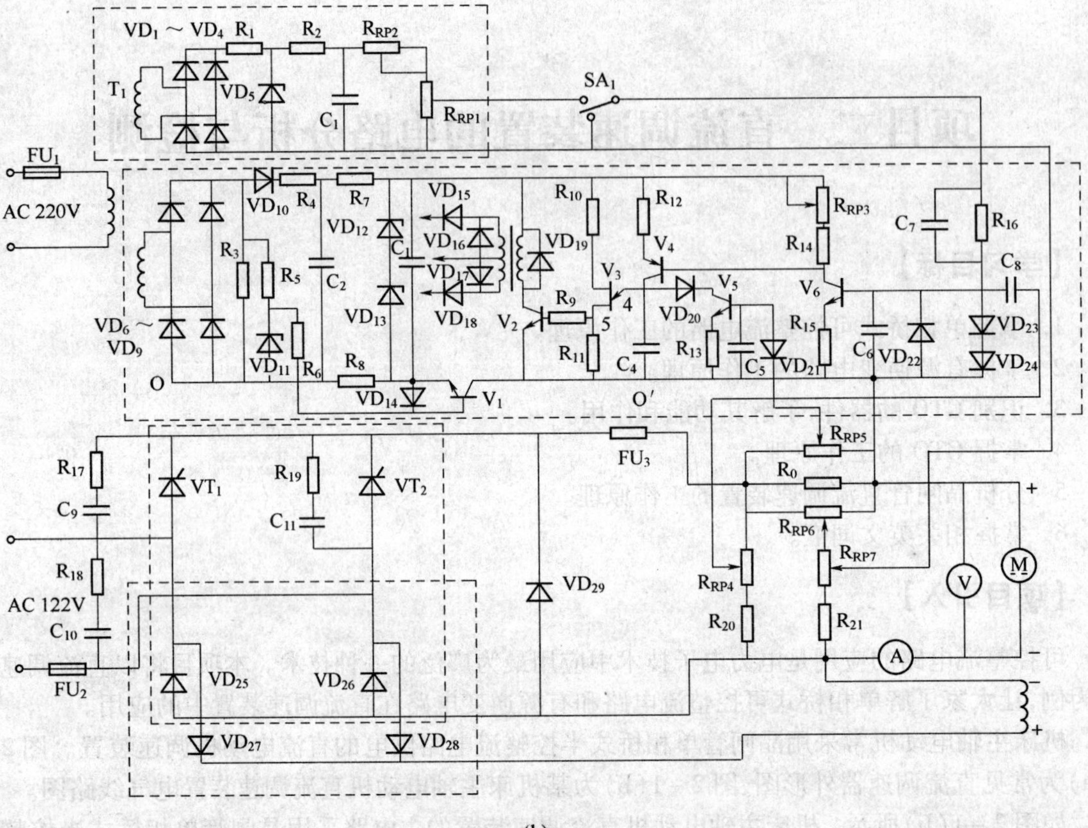

(b)

图 2－1　某机床直流调速装置电气线路图

一、单相桥式全控整流电路

1. 电阻性负载

单相桥式整流电路带电阻性负载的电路及工作波形如图 2－2 所示。

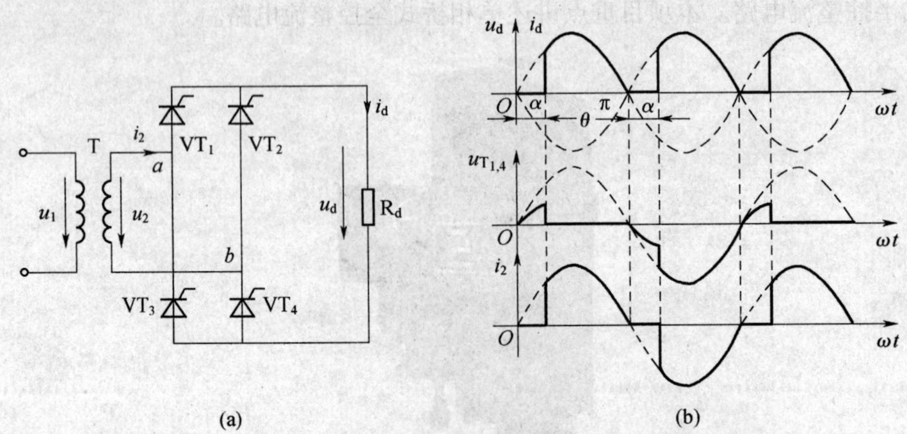

(a)　　(b)

图 2－2　单相桥式全控整流电路电阻性负载

（a）电路图；（b）波形图。

晶闸管 VT_1 和 VT_4 为一组桥臂，而 VT_2 和 VT_3 组成了另一组桥臂。在交流电源的正半周区间内，即 a 端为正，b 端为负，晶闸管 VT_1 和 VT_4 会承受正向阳极电压，在相当于控制角 α 的时刻给 VT_1 和 VT_4 同时加触发脉冲，则 VT_1 和 VT_4 会导通。此时，电流 i_d 从电源 a 端经 VT_1、负载 R_d 及 VT_4 回电源 b 端，负载上得到的电压 u_d 为电源电压 u_2，(忽略了 VT_1 和 VT_4 的导通压降)方向为上正下负，VT_2 和 VT_3 则因为 VT_1 和 VT_4 的导通而承受反向的电源电压 u_2 不会导通。因为是电阻性负载，所以电流 i_d 也跟随电压的变化而变化。当电源电压 u_2 过零时，电流 i_d 也降低为零，也即两只晶闸管的阳极电流降低为零，故 VT_1 和 VT_4 会因电流小于维持电流而关断。而在交流电源的负半周区间内，即 a 端为负，b 端为正，晶闸管 VT_2 和 VT_3 是承受正向电压的，仍在相当于控制角 α 的时刻给 VT_2 和 VT_3 同时加触发脉冲，则 VT_2 和 VT_3 被触发导通。电流 i_d 从电源 b 端经 VT_2、负载 R_d 及 VT_3 回电源 a 端，负载上得到的电压 u_d 仍为电源电压 u_2，方向也还为上正下负，与正半周一致，此时，VT_1 和 VT_4 因为 VT_2 和 VT_3 的导通承受反向的电源电压 u_2 而处于截止状态。直到电源电压负半周结束，电压 u_2 过零时，电流 i_d 也过零，使得 VT_2 和 VT_3 关断。下一周期重复上述过程。

从图 2－2 中可看出，负载上得到的直流输出电压 u_d 的波形与单相半波时相比多了一倍，负载电流 i_d 的波形与电压 u_d 的波形相似。由晶闸管所承受的电压 u_T 可以看出，其导通角为 $\theta_T = \pi - \alpha$，除在晶闸管导通期间不受电压外，当一组管子导通时，电源电压 u_2 将全部加在未导通的晶闸管上，而在 4 只管子都不导通时，设其漏电阻都相同的话，则每只管子将承受电源电压的一半。因此，晶闸管所承受的最大反向电压为$\sqrt{2}U_2$，而其承受的最大正向电压为$\frac{\sqrt{2}}{2}U_2$。

单相全控桥式整流电路带电阻性负载电路参数的计算如下。

直流输出电压的平均值 U_d 为

$$U_d = \frac{1}{\pi}\int_{\alpha}^{\pi}\sqrt{2}U_2\sin\omega t\mathrm{d}(\omega t) = \frac{2\sqrt{2}U_2}{\pi}\frac{1+\cos\alpha}{2} = 0.9U_2\frac{1+\cos\alpha}{2} \tag{2-1}$$

与式(1－6)相比可以看出，此电路的输出 U_d 是半波电路输出的两倍。当 $\alpha = 0°$时，输出 U_d 最大，$U_d = U_{d0} = 0.9U_2$，至 $\alpha = 180°$时，输出 U_d 最小，等于零。所以该电路 α 的移相范围也是 $0° \sim 180°$。

直流输出电流的平均值 I_d 为

$$I_d = \frac{U_d}{R_d} = 0.9\frac{U_2}{R_d}\frac{1+\cos\alpha}{2} \tag{2-2}$$

负载上得到的直流输出电压有效值 U 和电流有效值 I 分别为

$$U = \sqrt{\frac{1}{\pi}\int_{\alpha}^{\pi}(\sqrt{2}U_2\sin(\omega t))^2\mathrm{d}(\omega t)} = U_2\sqrt{\frac{\pi-\alpha}{\pi}+\frac{\sin2\alpha}{2\pi}} \tag{2-3}$$

$$I = \frac{U}{R_d} = \frac{U_2}{R_d}\sqrt{\frac{\pi-\alpha}{\pi}+\frac{\sin2\alpha}{2\pi}} \tag{2-4}$$

它们都为半波时输出的$\sqrt{2}$倍。

因为电路中两组晶闸管是轮流导通的，所以流过一只晶闸管的电流的平均值为直流输出电流的平均值的一半，其有效值为直流输出电流有效值的$\frac{1}{\sqrt{2}}$倍，即

$$I_{dT} = \frac{1}{2}I_d = 0.45\frac{U_2}{R_d}\frac{1+\cos\alpha}{2} \tag{2-5}$$

$$I_T = \sqrt{\frac{1}{2\pi}\int_\alpha^\pi\left(\frac{\sqrt{2}U_2}{R_d}\sin\omega t\right)^2 d(\omega t)} = \frac{U_2}{R_d}\sqrt{\frac{\pi-\alpha}{2\pi}+\frac{\sin2\alpha}{4\pi}} = \frac{1}{\sqrt{2}}I \tag{2-6}$$

将式(2-5)和式(2-6)与式(1-7)和式(1-9)比较,可以看出桥式全控整流电路中流过一只晶闸管的电流平均值和有效值与半波整流电路中晶闸管的电流平均值和有效值的表达式是一样的。

由于负载在正负半波都有电流通过,变压器二次侧绕组中,两个半周期流过的电流方向相反且波形对称,因此,变压器二次侧电流的有效值与负载上得到的直流电流的有效值 I 相等。

$$I_2 = I = \frac{U}{R_d} = \frac{U_2}{R_d}\sqrt{\frac{\pi-\alpha}{\pi}+\frac{\sin2\alpha}{2\pi}} \tag{2-7}$$

若不考虑变压器的损耗时,则要求变压器的容量为

$$S = U_2I_2 \tag{2-8}$$

晶闸管可能承受的最大电压为

$$U_{TM} = \sqrt{2}U_2 \tag{2-9}$$

2. 电感性负载

图 2-3 为单相桥式全控整流电路带电感性负载的电路。假设电感很大,输出电流连续,电路处于稳态。

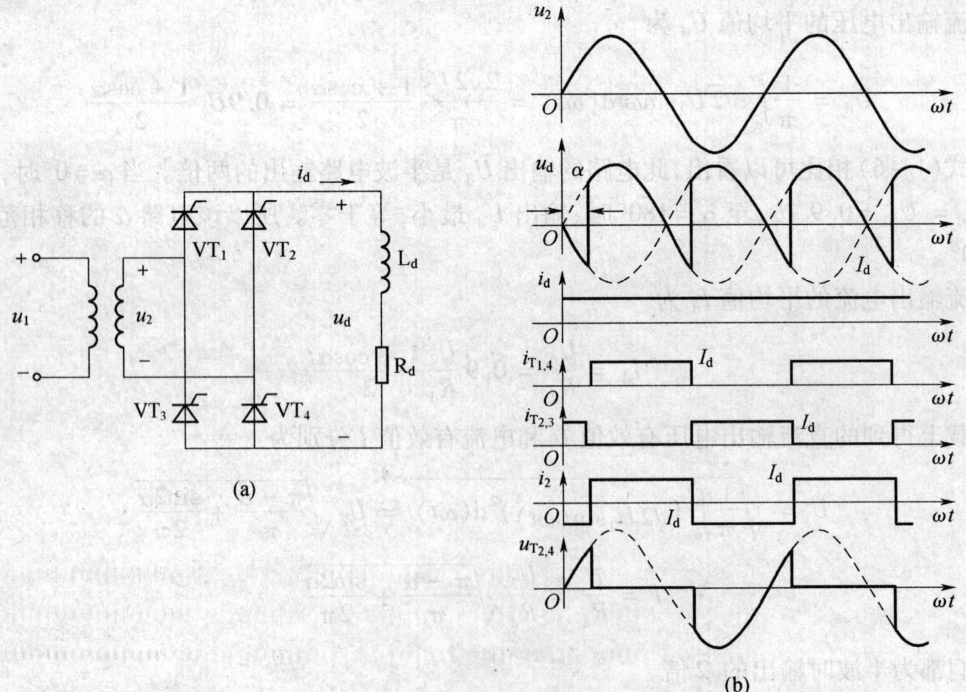

图 2-3　单相桥式全控整流电路带电感性负载

(a) 电路图；(b) 波形图。

在电源 u_2 正半周时，在相当于 α 角的时刻给 VT_1 和 VT_4 同时加触发脉冲，则 VT_1 和 VT_4 会导通，输出电压为 $u_d=u_2$。至电源 u_2 过零变负时，由于电感产生的自感电动势会使 VT_1 和 VT_4 继续导通，而输出电压仍为 $u_d=u_2$，所以出现了负电压的输出。此时，晶闸管 VT_2 和 VT_3 虽然已承受正向电压，但还没有触发脉冲，所以不会导通。直到在负半周相当于 α 角的时刻，给 VT_2 和 VT_3 同时加触发脉冲，则因 VT_2 的阳极电位比 VT_1 高，VT_3 的阴极电位比 VT_4 的低，故 VT_2 和 VT_3 被触发导通，分别替换了 VT_1 和 VT_4，VT_1 和 VT_4 将由于 VT_2 和 VT_3 的导通承受反压而关断，负载电流也改为经过 VT_2 和 VT_3 了。

由图 2-3(b)的输出负载电压 u_d、负载电流 i_d 的波形可以看出，与电阻性负载相比，u_d 的波形出现了负半波部分。i_d 的波形则是连续的近似的一条直线，这是由于电感中的电流不能突变，电感起到了平波的作用，电感愈大电流波形愈平稳。而流过每一只晶闸管的电流则近似为方波。变压器二次侧电流 i_2 波形为正负对称的方波。由流过晶闸管的电流 i_T 波形及负载电流 i_d 的波形可以看出，两组管子轮流导通，且电流连续，故每只晶闸管的导通时间较电阻性负载时延长了，导通角 $\theta_T=\pi$，与 α 无关 。

根据上述波形，可以得出单相全控桥式整流电路带电感性负载电路参数的计算如下。

直流输出电压的平均值 U_d 为

$$U_d = \frac{1}{\pi}\int_{\alpha}^{\pi+\alpha}\sqrt{2}U_2\sin\omega t\mathrm{d}(\omega t) = \frac{2\sqrt{2}}{\pi}U_2\cos\alpha = 0.9U_2\cos\alpha \tag{2-10}$$

当 $\alpha=0°$时，输出 U_d 最大，$U_{d0}=0.9\ U_2$，至 $\alpha=90°$时，输出 U_d 最小，等于零。因此，α 的移相范围是 0°～90°。

直流输出电流的平均值 I_d 为

$$I_d = \frac{U_d}{R_d} = 0.9\frac{U_2}{R_d}\cos\alpha \tag{2-11}$$

流过晶闸管的电流的平均值和有效值分别为

$$I_{dT} = \frac{1}{2}I_d,\ I_T = \frac{1}{\sqrt{2}}I_d \tag{2-12}$$

流过变压器二次侧绕组的电流有效值为

$$I = I_d \tag{2-13}$$

晶闸管可能承受的正反向峰值电压为

$$U_{TM} = \sqrt{2}U_2 \tag{2-14}$$

为了扩大移相范围，且去掉输出电压的负值，提高 U_d 值，也可以在负载两端并联续流二极管，如图 2-4 所示。接了续流二极管后，α 的移相范围可以扩大到 0°～180°。

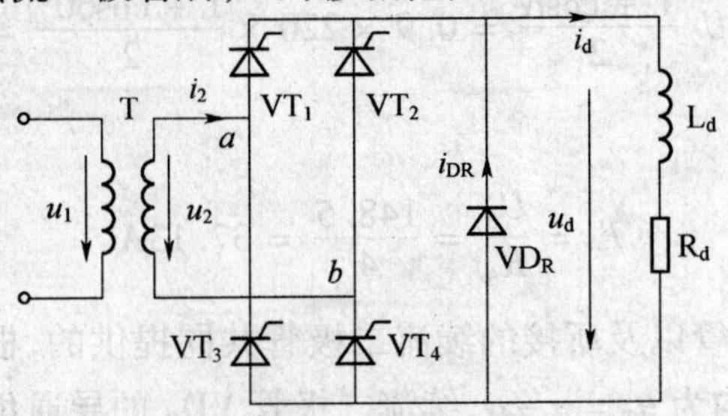

图 2-4　并接续流二极管的单相全控桥

例 2.1 单相桥式全控整流电路带大电感负载，$U_2 = 220V$，$R_d = 4\Omega$，计算当 $\alpha = 60°$ 时，输出电压、电流的平均值以及流过晶闸管的电流平均值和有效值。若负载两端并接续流二极管，如图 2-4 所示，则输出电压、电流的平均值又是多少？流过晶闸管和续流二极管的电流平均值和有效值又是多少？并画出这两种情况下的电压、电流波形。

解：① 不接续流二极管时的电压、电流波形如图 2-5（a）所示，由于是大电感负载，故由式（2-10）和式（2-11）可有

$$U_d = 0.9U_2\cos\alpha = 0.9 \times 220 \times \cos60° = 99V$$

$$I_d = \frac{U_d}{R_d} = \frac{99}{4} = 24.75A$$

因负载电流是由两组晶闸管轮流导通提供的，故由式（2-12）知，流过晶闸管的电流平均值和有效值为

$$I_{dT} = \frac{1}{2}I_d = \frac{1}{2} \times 24.75 = 12.38A$$

$$I_T = \frac{1}{\sqrt{2}}I_d = \frac{1}{\sqrt{2}} \times 24.75 = 17.5A$$

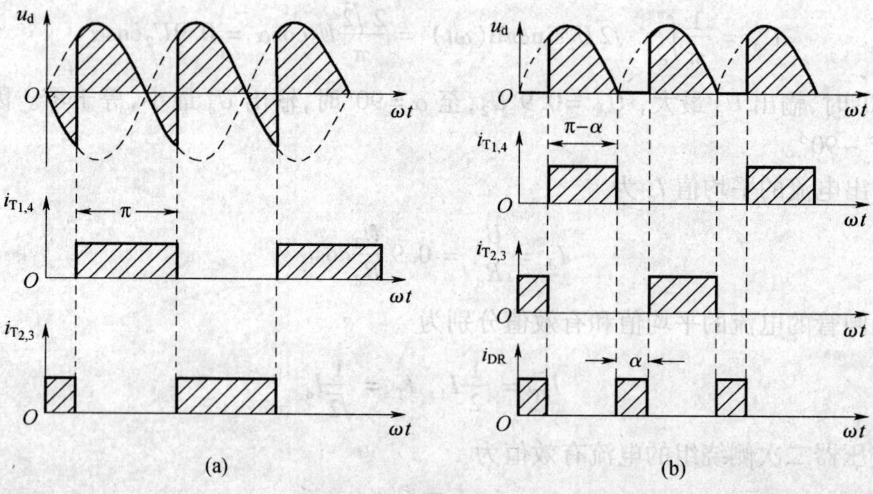

图 2-5 例 2.1 波形图

（a）不加续流二极管；（b）加续流二极管。

② 加接续流二极管后的电压、电流波形如图 2-5（b）所示，由于此时没有负电压输出，电压波形和电路带电阻性负载时一样，所以输出电压平均值的计算可利用式（2-10）求得，即

$$U_d = 0.9U_2\frac{1+\cos\alpha}{2} = 0.9 \times 220 \times \frac{1+\cos60°}{2} = 148.5V$$

输出电流的平均值为

$$I_d = \frac{U_d}{R_d} = \frac{148.5}{4} = 37.13A$$

负载电流是由两组晶闸管以及所接的续流二极管共同提供的，根据图 2-5（b）所示的波形可知，每只晶闸管的导通角均为 $\theta_T = \pi - \alpha$，续流二极管 VD_R 的导通角为 $\theta_{DR} = 2\alpha$，所以流过晶闸管和续流二极管的电流平均值和有效值分别为

$$I_{dT}=\frac{\pi-\alpha}{2\pi}I_d=\frac{180°-60°}{360°}\times 37.13=12.38\text{A}$$

$$I_T=\sqrt{\frac{\pi-\alpha}{2\pi}}I_d=\sqrt{\frac{180°-60°}{360°}}\times 37.13=21.44\text{A}$$

$$I_{dDR}=\frac{2\alpha}{2\pi}I_d=\frac{\alpha}{\pi}I_d=\frac{60°}{180°}\times 37.13=12.38\text{A}$$

$$I_{DR}=\sqrt{\frac{\alpha}{\pi}}I_d=\sqrt{\frac{60°}{180°}}\times 37.13=21.44\text{A}$$

二、反电动势负载

反电动势负载是指本身含有直流电动势 E，且其方向对电路中的晶闸管而言是反向电压的负载，电路如图2－6(a)所示。属于此类的负载有蓄电池、直流电动机的电枢等。

由图2－6(b)可见，在 ωt_1 之前的区间，虽然电源电压 u_2 是在正半周，但由于反电动势 E 的数值大于电源电压 u_2 的瞬时值，晶闸管仍是承受反向电压，处于反向阻断状态。此时，负载两端的电压等于其本身的电动势 E，但没有电流流过，晶闸管两端承受的电压为 $u_T=u_2-E$。

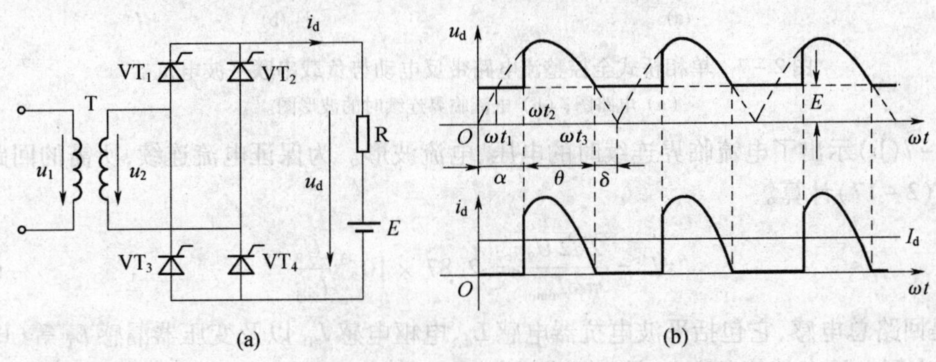

图2－6　单相桥式全控整流电路带反电动势负载

(a) 电路图；(b) 波形图。

ωt_1 之后，电源电压 u_2 已大于反电动势 E，晶闸管开始承受正向电压，但在 ωt_2 之前没有加触发脉冲，所以晶闸管仍处于正向阻断状态。当在 ωt_2 时刻，给 VT_1 和 VT_4 同时加触发脉冲，VT_1 和 VT_4 导通，输出电压为 $u_d=u_2$。负半周时情况一样，只不过触发的是 VT_2 和 VT_3。当晶闸管导通时，负载电流 $i_d=\dfrac{u_2-E}{R}$。所以，在 $u_2=E$ 的时刻，i_d 降为零，晶闸管关断。与电阻性负载相比，晶闸管提前了电角度 δ 关断，δ 称为停止导电角。

$$\delta=\arcsin\frac{E}{\sqrt{2}U_2}\tag{2-15}$$

由图2－6(b)可见，在 α 角相同时，反电动势负载时的整流输出电压比电阻性负载时大。而电流波形则由于晶闸管导电时间缩短，其导通角 $\theta_T=\pi-\alpha-\delta$，且反电动势内阻 R 很小，所以呈现脉动的波形，底部变窄。如果要求一定的负载平均电流，就必须有较大的峰值电流，且电流波形为断续的。

如果负载是直流电动机电枢，则在电流断续时电动机的机械特性将会变软。因为增大峰值电流，就要求较多地降低反电动势 E，即转速 n 降落较大，机械特性变软。另外，晶闸管导通角愈小,电流波形底部愈窄,电流峰值愈大,则电流有效值也愈大,对电源容量的要求也就愈大。

为了克服以上的缺点,常常在主回路直流输出侧串联一平波电抗器 L_d,电路如图 2-7(a)示。利用电感平稳电流的作用来减少负载电流的脉动并延长晶闸管的导通时间。只要电感足够大,负载电流就会连续,直流输出电压和电流的波形与电感性负载时一样,如图 2-3(b)所示。U_d 的计算公式也与电感负载时一样,但直流输出电流 I_d 则为

$$I_d = \frac{U_d - E}{R} \tag{2-16}$$

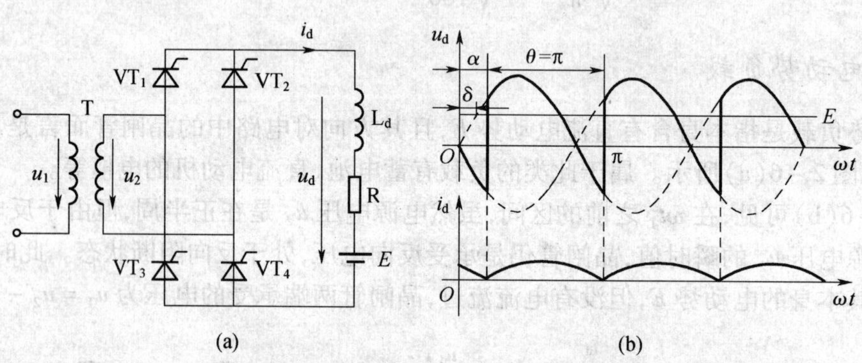

图 2-7 单相桥式全控整流电路带反电动势负载串联平波电抗器

(a)电路图;(b)电流临界连续时的波形图。

图 2-7(b)示出了电流临界连续时的电压、电流波形。为保证电流连续,所需的回路的电感量可用式(2-17)计算。

$$L = \frac{2\sqrt{2}U_2}{\pi\omega I_{\text{dmin}}} = 2.87 \times 10^{-3}\frac{U_2}{I_{\text{dmin}}} \tag{2-17}$$

式中:L 是回路总电感,它包括平波电抗器电感 L_d、电枢电感 L_D 以及变压器漏感 L_T 等(H);U_2 是变压器二次侧电压有效值(V);ω 是工频角速度;I_{dmin}是给出的最小工作电流,一般取额定电流的 5%(A)。

根据上面分析可以看出,单相桥式全控整流电路属全波整流,负载在两个半波都有电流通过;输出电压脉动程度比半波时小;变压器利用率高,且不存在直流磁化问题;但需要同时触发两只晶闸管,线路较复杂。在一般中小容量场合调速系统中应用较多。

三、有源逆变电路

1. 有源逆变的工作原理

整流与有源逆变的根本区别就表现在两者能量传送方向的不同。一个相控整流电路只要满足一定条件,也可工作于有源逆变状态。这种装置称为变流装置或变流器。为便于弄清有源逆变的工作原理,首先分析两电源间的功率传递问题。

(1) 两电源间的功率传递问题

如图 2-8 所示,两个直流电源 E_1 和 E_2 的连接有 3 种形式。

图 2-8(a)为两个电源同极性连接,称为电源逆串。当 $E_1 > E_2$ 时,电流 I 从 E_1 正极流出,流入 E_2 正极,为顺时针方向,其大小为

$$I = \frac{E_1 - E_2}{R} \tag{2-18}$$

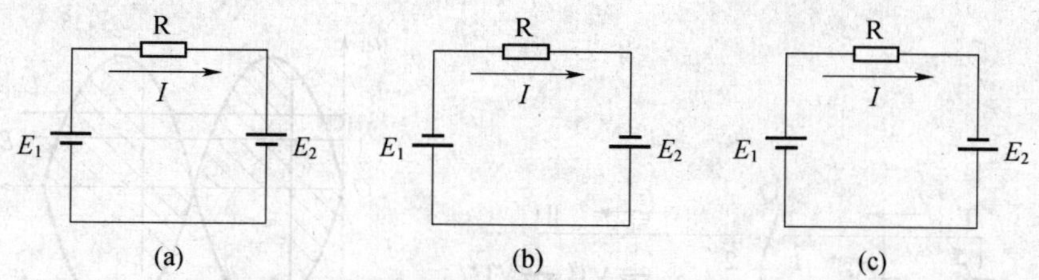

图 2-8　两个直流电源间的功率传递

(a) 电源逆串；(b) 电源逆串，极性与图(a)相反；(c) 电源顺串。

在这种连接情况下，电源 E_1 输出功率 $P_1 = E_1 I$，电源 E_2 则吸收功率 $P_2 = E_2 I$，电阻 R 上消耗的功率为 $P_R = P_1 - P_2 = I^2 R$，P_R 为两电源功率之差。

图 2-8(b)也是两电源同极性相连，但两电源的极性均与图 2-8(a)相反。当 $E_2 > E_1$ 时，电流仍为顺时针方向，但是从 E_2 正极流出，流入 E_1 正极，其大小为

$$I = \frac{E_2 - E_1}{R} \tag{2-19}$$

在这种连接情况下，电源 E_2 输出功率，而 E_1 吸收功率，电阻 R 仍然消耗两电源功率之差，即 $P_R = P_2 - P_1$。

图 2-8(c)为两电源反极性连接，称为电源顺串。此时电流仍为顺时针方向，大小为

$$I = \frac{E_1 + E_2}{R} \tag{2-20}$$

此时电源 E_1 与 E_2 均输出功率，电阻上消耗的功率为两电源功率之和：$P_R = P_1 + P_2$。若回路电阻 R 很小，则 I 很大，这种情况与两个电源间短路相当。

通过上述分析，可以知道。

① 无论电源是顺串还是逆串，只要电流从电源正极端流出，则该电源就输出功率；反之，若电流从电源正极端流入，则该电源就吸收功率。

② 两个电源逆串连接时，回路电流从电动势高的电源正极流向电动势低的电源正极。如果回路电阻很小，即使两电源电动势之差不大，也可产生足够大的回路电流，使两电源间交换很大的功率。

③ 两个电源顺串时，相当于两电源电动势相加后再通过 R 短路，若回路电阻 R 很小，则回路电流会非常大，这种情况在实际应用中应当避免。

(2) 有源逆变的工作原理

在上述两电源回路中，若用晶闸管变流装置的输出电压代替 E_1，用直流电动机的反电动势代替 E_2，就成了晶闸管变流装置与直流电动机负载之间进行能量交换的问题，如图 2-9 所示。

图 2-9(a)中有两组单相桥式变流装置，均可通过开关 Q 与直流电动机负载相连。将开关 Q 拨向位置 1，且让 I 组晶闸管的控制角 $\alpha_1 < 90°$，则电路工作在整流状态，输出电压 U_{dI} 上正下负，波形如图 2-9(b)所示。此时，电动机作电动运行，电动机的反电动势 E 上正下负，并且通过调整 α 角使 $|U_{dI}| > |E|$，则交流电压通过 I 组晶闸管输出功率，电动机吸收功率。负载中电流 I_d 值为

$$I_d = \frac{U_{dI} - E}{R} \tag{2-21}$$

式中：R 为回路总电阻。这种情况与图 2-8(a)所示相同。

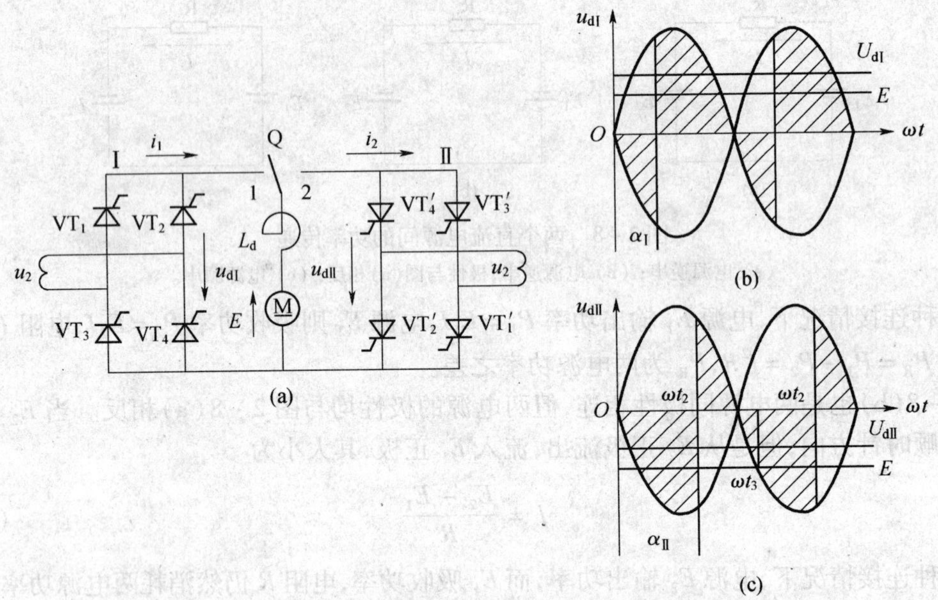

图 2-9 单相桥式变流电路整流与逆变原理

(a) 电路图；(b) 整流状态下的波形图；(c) 逆变状态下的波形图。

将开关 Q 快速拨向位置 2。由于机械惯性，电动机转速不变，则电动机的反电动势 E 不变，且极性仍为上正下负。此时，若仍按控制角 $\alpha_{\text{II}}<90°$ 触发 II 组晶闸管，则输出电压 $U_{d\text{II}}$ 为下正上负，与 E 形成两电源顺串连接。这种情况与图 2-8(c) 所示相同，相当于短路事故，因此不允许出现。

若当开关 Q 拨向位置 2 时，又同时将触发脉冲控制角调整到 $\alpha_{\text{II}}>90°$，则 II 组晶闸管输出电压 $U_{d\text{II}}$ 将为上正下负，波形如图 2-9(c) 所示。设由于惯性的原因，电动机转速不变，反电动势 E 不变，并且调整 α 使 $|U_{d\text{II}}|<|E|$，则晶闸管在 E 与 u_2 的作用下导通，负载中电流为

$$I_d = \frac{E - U_{d\text{II}}}{R} \tag{2-22}$$

这种情况下，电动机输出功率运行于发电制动状态，II 组晶闸管吸收功率并将功率送回交流电网。这种情况就是有源逆变，它与图 2-8(b) 所示情况相同。

由以上分析及图 2-9(c) 所示晶闸管变流装置在逆变状态下的输出电压波形可以看出，逆变时的输出电压控制原理与整流时相同，计算公式仍为 $U_d=0.9U_2\cos\alpha$，只不过其中控制角 α 的取值应满足 $\alpha>90°$。为了计算方便，令 $\beta=180°-\alpha$，称 β 为逆变角，则

$$U_d = 0.9U_2\cos\alpha = 0.9U_2\cos(180° - \beta) = -0.9U_2\cos\beta \tag{2-23}$$

在图 2-9(a) 所示电路中，若设电动机在外力作用下以一定速度逆向旋转，产生上负下正的反电动势 E，此时将开关 Q 与 1 接通，并调整控制角 α 使其在 $\alpha>90°$ 即 $\beta<90°$ 范围内，则 I 组晶闸管也工作在逆变状态。此时电动机运行于发电制动状态，输出功率，而 I 组晶闸管吸收功率回送交流电网。同样的分析可知，II 组晶闸管也工作于整流状态。可见，同一套变流装置，当 $\alpha<90°$ 时工作在整流状态，当 $\alpha>90°$ 时工作在逆变状态。整流状态运行时，晶闸管在交流电源正半周期间导通的时间较在负半周期间导通的时间长，即输出电压 u_d 波形正面积大于负面积，电压平均值 $U_d>0$，直流平均功率的传递方向是由交流电源经变流器传送到直流负载(电动机)的；逆

变状态运行时，晶闸管在交流电源负半周期间导通的时间较正半周期间的长，u_d 正面积小于负面积，$U_d<0$，直流平均功率由发电机传送到交流电网。当 $\alpha=90°$ 时，输出电压正负面积相等，$U_d=0$，电流 I_d 也为零，交直流两侧间无直流能量交换。

需要进一步说明的是，与整流时的情况不同，逆变时在变流器的直流侧存在与 I_d 同方向的电动势 E，在控制角 α 大于 90°时，尽管晶闸管的阳极电位处于交流电压大部分为负半周的时刻，但由于有 E 的作用，只要 E 在数值上大于 U_d，晶闸管便仍能承受正压而导通。

综上所述，实现有源逆变必须满足下列条件。

① 变流装置的直流侧必须外接电压极性与晶闸管导通方向一致的直流电源，且其值稍大于变流装置直流侧的平均电压。

② 变流装置必须工作在 $\beta<90°$（即 $\alpha>90°$）区间，使其输出直流电压极性与整流状态时相反，才能将直流功率逆变为交流功率送至交流电网。

上述两条必须同时具备才能实现有源逆变。为了保持逆变电流连续，逆变电路中都要串接大电感。

要指出的是，半控桥或接有续流二极管的电路，因它们不可能输出负电压，也不允许直流侧接上与直流输出反极性的直流电动势，所以这些电路不能实现有源逆变。

2. 逆变失败与逆变角的限制

(1) 逆变失败的原因

晶闸管变流装置工作在有逆变状态时，如果出现电压 U_d 与直流电动势 E 顺向串联，则直流电动势 E 通过晶闸管电路形成短路，由于逆变电路总电阻很小，必然形成很大的短路电流，造成事故，这种情况称为逆变失败，或称为逆变颠覆。

现以单相全控桥式逆变电路为例说明。在图 2－10 所示电路中，原本是 VT_2 和 VT_3 导通，输出电压 u'_2；在换相时，应由 VT_3、VT_4 换相为 VT_1 和 VT_2 导通，输出电压为 u_2。但由于逆变角 β 太小，小于换相重叠角 γ，因此在换相时，两组晶闸管会同时导通。而在换相重叠完成后，已过了自然换相点，使得 u'_2 为正，而 u_2 为负，VT_1 和 VT_4 因承受反压不能导通，VT_3 和 VT_4 则承受正压继续导通，输出 u'_2。这样就出现了逆变失败。

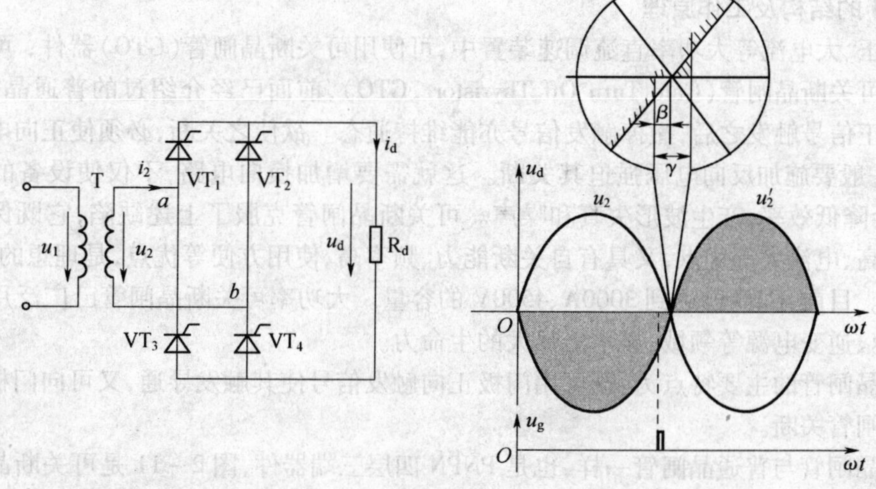

图 2－10　有源逆变换流失败

造成逆变失败的原因主要有以下几种。

① 触发电路故障。如触发脉冲丢失、脉冲延时等不能适时、准确地向晶闸管分配脉冲的情况,均会导致晶闸管不能正常换相。

② 晶闸管故障。如晶闸管失去正常导通或阻断能力,该导通时不能导通,该阻断时不能阻断,均会导致逆变失败。

③ 逆变状态时交流电源突然缺相或消失。由于此时变流器的交流侧失去了与直流电动势 E 极性相反的电压,致使直流电动势经过晶闸管形成短路。

④ 逆变角 β 取值过小,造成换相失败。因为电路存在大感性负载,会使欲导通的晶闸管不能瞬间导通,欲关断的晶闸管也不能瞬间完全关断,因此就存在换相时两个管子同时导通的情况,这种在换相时两个晶闸管同时导通所对应的电角度称为换相重叠角。逆变角可能小于换相重叠角,即 $\beta<\gamma$,则到了 $\beta=0°$ 的时刻换流还未结束,此后使得该关断的晶闸管又承受正向电压而导通,尚未完全导通的晶闸管则在短暂的导通之后又受反压而关断,这相当于触发脉冲丢失,造成逆变失败。

(2) 最小逆变角的限制

为了防止逆变失败,应当合理选择晶闸管的参数,对其触发电路的可靠性、元件的质量以及过电流保护性能等都有比整流电路更高的要求。逆变角的最小值也应严格限制,不可过小。

逆变时允许采用的最小逆变角 β_{min} 应符合式(2-24)。

$$\beta_{min} \geqslant \gamma + \delta + \theta \tag{2-24}$$

式中:γ 为换相重叠角,其值与电路形式、工作电流大小有关,一般取 15°~25°;δ 为晶闸管关断时间所对应的电角度,一般为 3.6°~5.4°;θ 为安全裕量角,它是针对脉冲间隔不对称、电网波动、畸变及温度等可能产生的影响而留出的安全裕量,其值一般取 10°左右。这样,最小逆变角 β_{min} 的取值应符合 $\beta \geqslant 30° \sim 35°$。

为防止 β 小于 β_{min},有时要在触发电路中设置保护电路,使减小 β 时,不能进入 $\beta<\beta_{min}$ 的区域。此外还可在电路中加上安全脉冲产生装置,安全脉冲位置就设在 β_{min} 处,一旦工作脉冲移入 β_{min} 处,安全脉冲保证在 β_{min} 处触发晶闸管。

四、可关断晶闸管(GTO)在直流调速电路的应用

1. GTO 的结构及工作原理

在高电压、大电流等大功率直流调速装置中,可使用可关断晶闸管(GTO)器件,可关断晶闸管也称门极可关断晶闸管(Gate Turn Off Thyristor ,GTO),前面已经介绍过的普通晶闸管,其特点是靠门极正信号触发之后,撤掉触发信号亦能维持通态。欲使之关断,必须使正向电流低于维持电流 I_H,一般要施加反向电压强迫其关断。这就需要增加换向电路,不仅使设备的体积重量增大,而且会降低效率,产生波形失真和噪声。可关断晶闸管克服了上述缺陷,它既保留了普通晶闸管耐压高、电流大等优点,又具有自关断能力、频率高、使用方便等优点,是理想的高压、大电流开关器件。目前,GTO 已达到 3000A、4500V 的容量。大功率可关断晶闸管已广泛用于斩波调速、变频调速、逆变电源等领域,显示出强大的生命力。

可关断晶闸管的主要特点为:既可用门极正向触发信号使其触发导通,又可向门极加负向触发信号使晶闸管关断。

可关断晶闸管与普通晶闸管一样,也是 PNPN 四层三端器件,图 2-11 是可关断晶闸管的外形和图形符号。GTO 是多元的功率集成器件,它内部包含了数十个甚至是数百个共阳极的 GTO 元,这些小的 GTO 元的阴极和门极则在器件内部并联在一起,且每个 GTO 元阴极和门极距离很

短,有效地减小了横向电阻,因此可以从门极抽出电流而使它关断。GTO 管脚及好坏的测试方法同普通晶闸管,在检测管子的好坏时,需将万用表置于 $R\times1$ 挡进行测试。

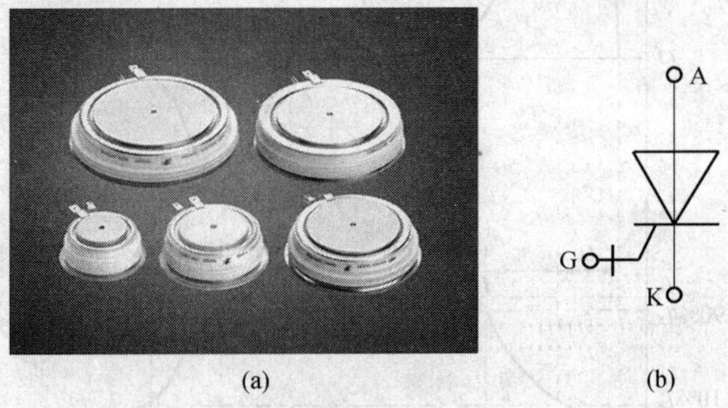

图 2－11　可关断晶闸管(GTO)的外形及符号

(a) 可关断晶闸管的外形; (b) 可关断晶闸管的图形符号。

GTO 的触发导通原理与普通晶闸管相似,阳极加正向电压,门极加正触发信号后,在其内部也会发生正反馈过程,使 GTO 导通。尽管两者的触发导通原理相同,但二者的关断原理及关断方式截然不同。当要关断 GTO 时,给门极加上负电压,晶体管 $P_1N_1P_2$ 的集电极电流 I_{C1} 被抽出来,形成门极负电流 $-I_G$。由于 I_{C1} 的抽走使 $N_1P_2N_2$ 晶体管的基极电流减小,进而使其集电极电流 I_{C2} 减小,于是引起 I_{C1} 的进一步下降,形成一个正反馈过程,最后导致 GTO 阳极电流的关断。图 2－12 是 GTO 的关断过程等效原理图。那么为什么普通晶闸管不可以采用这种从门极抽走电流的方式来使其关断呢?这是由于普通晶闸管在导通之后即处于深度饱和状态,$\alpha_1+\alpha_2$ 比 1 大很多,用此方法根本不可能使其关断。而 GTO 在导通时的放大系数 $\alpha_1+\alpha_2$ 只是稍大于 1,而近似等于 1,只能达到临界饱和,所以 GTO 门极上加负向触发信号即可关断。还有一点就是在设计时使得 V_2 管的 α_2 较大,这样控制更灵敏,也会使 GTO 易于关断。再就是前面提到的多元结构上的特点,都使 GTO 的可控关断成为可能。

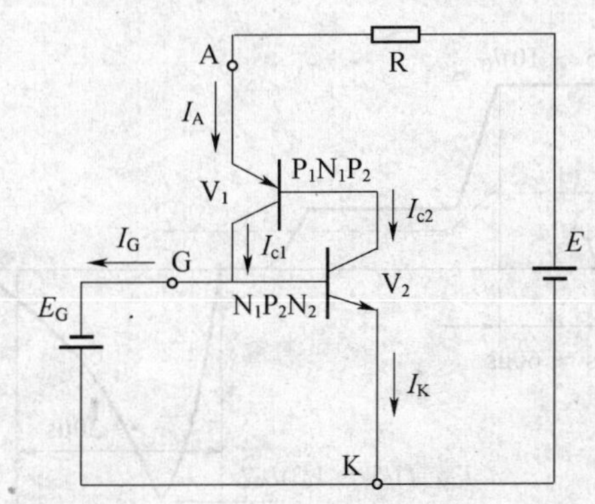

图 2－12　GTO 的关断过程等效电路

GTO 的动态特性如图 2－13 所示。由图可以看出,GTO 的开通时间 t_{on} 包括延迟时间 t_d 和上升时间 t_r,且其大小取决于器件特性、门极电流上升率以及门极信号的幅值大小。而 GTO 的整个关断过程可用 3 个时间来表示,即包括存储时间 t_s、下降时间 t_f 和尾部时间 t_t,而定义的关断时间 t_{off} 则包括存储时间 t_s 和下降时间 t_f。各部分的时间定义如下。

① 延迟时间 t_d:从施加正的触发电流的时刻起,到阳极电流上升到稳定值的 10% 时刻止的

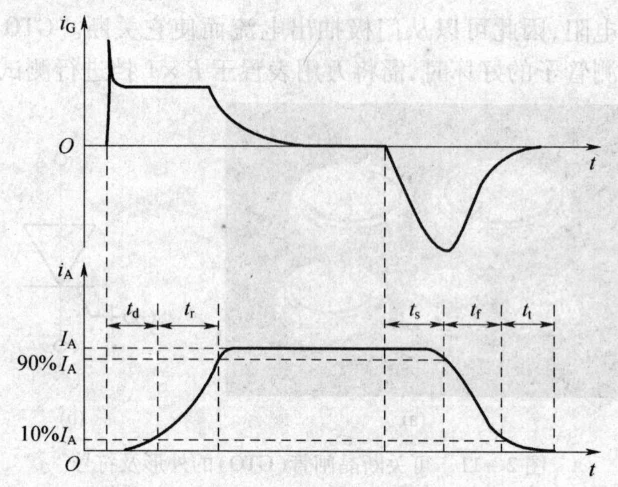

图 2－13　GTO 开通和关断的电流波形

这一段时间。

② 上升时间 t_r：阳极电流从稳定值的 10% 上升到稳定值的 90% 所需的时间。

③ 存储时间 t_s：从施加负脉冲的时刻起，到阳极电流下降到稳定值的 90% 所需的时间。

④ 下降时间 t_f：阳极电流从稳定值的 90% 下降到稳定值的 10% 所需的时间。

⑤ 尾部时间 t_t：阳极电流从稳定值的 10% 到 GTO 恢复阻断能力所需的时间。

2. GTO 的驱动电路

GTO 的触发导通过程与普通晶闸管相似，但影响它关断的因素却很多，GTO 的门极关断技术是其正常工作的基础。

理想的门极驱动信号（电流、电压）波形如图 2－14 所示，其中实线为电流波形，虚线为电压波形。

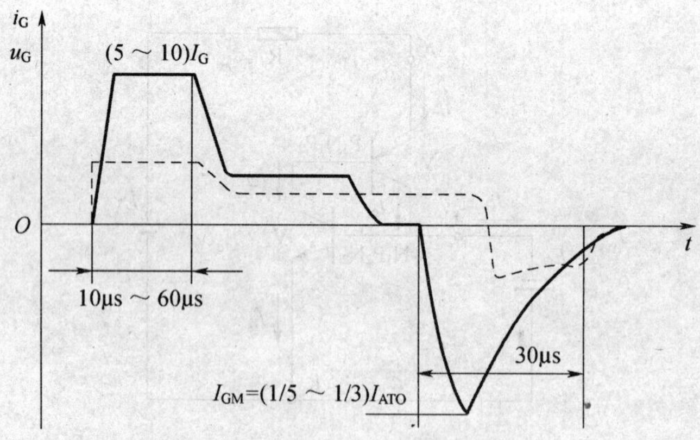

图 2－14　GTO 门极驱动信号波形

触发 GTO 导通时，门极电流脉冲应前沿陡、宽度大、幅度高、后沿缓。这是因为上升陡峭的门极电流脉冲可以使所有的 GTO 元几乎同时导通，而脉冲后沿太陡容易产生振荡。

门极关断电流脉冲的波形前沿要陡、宽度足够、幅度较高、后沿平缓。这是因为后关断脉冲前沿陡可缩短关断时间，而后沿坡度太陡则可能产生正向门极电流，使 GTO 导通。

GTO 门极驱动电路包括导通电路、关断电路和反偏电路。图 2－15 为一双电源供电的门极驱动电路。该电路由门极导通电路、门极关断电路和门极反偏电路组成。该电路可用于三相GTO逆变电路。

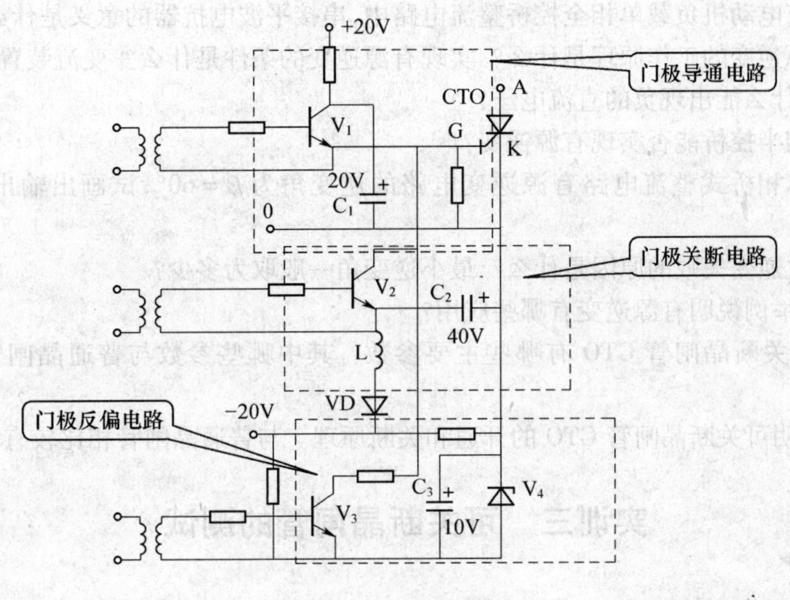

图2-15　门极驱动

（1）门极导通电路

在无导通信号时，晶体管 V_1 未导通，电容 C_1 被充电到电源电压，约为20V。当有导通信号时，V_1 导通，产生门极电流。已充电的电容 C_1 可以加速 V_1 的导通，从而增加门极导通电流前沿的陡度。此时，电容 C_2 被充电。充电路径为+20V电源→V_1→GTO门极→GTO阴极→C_2→电感L→二极管VD→-20V电源，充电电压达40V。

（2）门极关断电路

当有关断信号时，晶体管 V_2 导通，C_2 经GTO的阴极、门极、V_2 放电，形成峰值90A、前沿陡度为20A/μs、宽度大于10μs的门极关断电流。

（3）门极反偏电路

电容 C_3 由-20V电源充电、稳压管 V_4 钳位，其两端得到上正下负、数值为10V的电压。当晶体管 V_3 导通时，此电压作为反偏电压加在GTO的门极上。

思考题与习题

2-1　单相桥式全控整流电路中，若有一只晶闸管因过电流而烧成短路，结果会怎样？若这只晶闸管烧成断路，结果又会怎样？

2-2　单相桥式全控整流电路带大电感负载时，它与单相桥式半控整流电路中的续流二极管的作用是否相同？为什么？

2-3　在单相桥式全控整流电路带大电感负载的情况下，突然输出电压平均值变得很小，且电路中各整流器件和熔断器都完好，试分析故障发生在何处。

2-4　单相桥式全控整流电路，大电感负载，交流侧电流有效值为220V，负载电阻 R_d 为4Ω，计算当 $\alpha=60°$ 时，直流输出电压平均值 U_d、输出电流的平均值 I_d；若在负载两端并接续流二极管，其 U_d、I_d 又是多少？此时流过晶闸管和续流二极管的电流平均值和有效值又是多少？画出上述两种情形下的电压电流波形。

2-5　直流电动机负载单相全控桥整流电路中，串接平波电抗器的意义是什么？

2-6　有源逆变的工作原理是什么？实现有源逆变的条件是什么？变流装置有源逆变工作时，其直流侧为什么能出现负的直流电压？

2-7　单相半控桥能否实现有源逆变？

2-8　设单相桥式整流电路有源逆变电路的逆变角为 $\beta=60°$，试画出输出电压 u_d 的波形图。

2-9　导致逆变失败的原因是什么？最小逆变角一般取为多少？

2-10　试举例说明有源逆变有哪些应用？

2-11　可关断晶闸管 GTO 有哪些主要参数？其中哪些参数与普通晶闸管相同？哪些不同？

2-12　说明可关断晶闸管 GTO 的开通和关断原理。与普通晶闸管相比较有何不同？

实训三　可关断晶闸管的测试

一、实训目的

① 观察可关断晶闸管的结构，掌握测试可关断晶闸管参数和好坏的正确方法。

② 掌握测试 GTO 元件的方法。

二、实训设备

直流稳压电源	1 台
可关断晶闸管	2 个
双臂滑线电阻器	1 个
双踪示波器	1 台
万用表	1 块
导线若干	

三、实训内容

可关断晶闸管（GTO）的基本结构与普通晶闸管相同，也是属于 PNPN 四层三端器件，其 3 个电极分别为阳极 A、阴极 K、门极（控制极）G，但是它的关断原理、方式与普通晶闸管大不相同。普通（单向）晶闸管受门极正信号触发导通后就处于深度饱和状态维持导通，除非阳、阴极之间的正向电流小于维持电流 I_H 或电源切断之后才会由导通状态变为阻断状态。

可关断晶闸管既具有普通晶闸管耐压高、电流大、正向压降低等优点，又具有门控关断能力，使用很方便，是现代理想的大电流开关器件。它的几种常见外形和符号如图 2-16 所示。

可关断晶闸管的主要参数有断态重复峰值电压 U_{DRM}、最大可关断电流 I_{ATM}、门极（控制极）反向峰值电压 U_{RGM}、门极（控制极）最大负向电流 I_{GM}、通态电压 U_{TM}、β_{OFF} 值（$\beta_{OFF}=I_{ATM}/I_{GM}$）。其中 U_{DRM} 是指在阳极 A 和阴极 K 之间的断态电压最高瞬时值。β_{OFF} 反映门极电流对阳极电流控制能力的强弱，β_{OFF} 值越大，控制能力越强 。

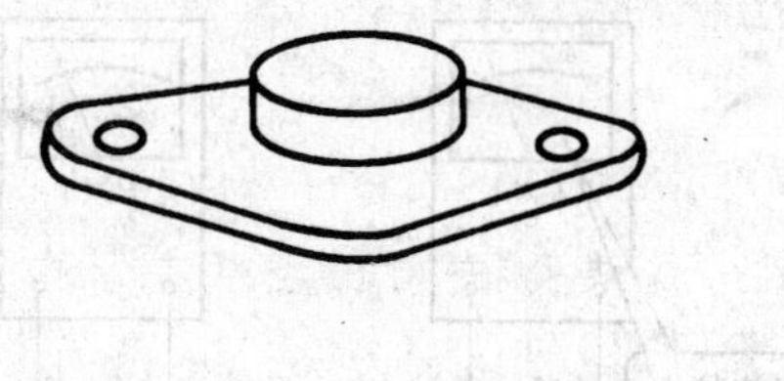

图 2 - 16　GTO 的外形图

1）电极判别

将万用表置于 $R\times10$ 挡或 $R\times100$ 挡，轮换测量可关断晶闸管的 3 个引脚之间的电阻，如图 2 - 17 所示。

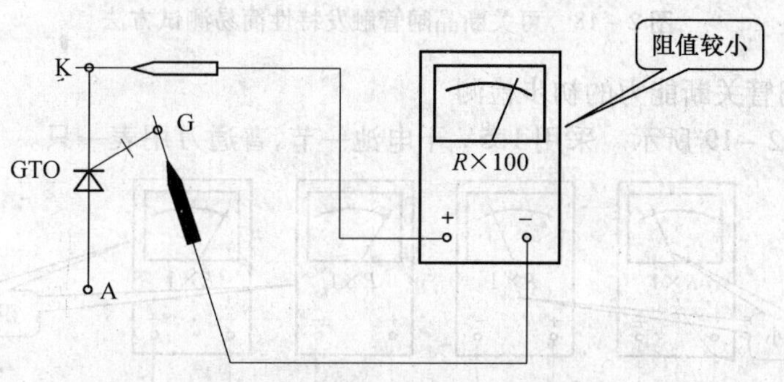

图 2 - 17　可关断晶闸管电极判别

结果：电阻比较小的一对引脚是门极（G）和阴极（K）；测量 G、K 极之间正、反向电阻，电阻指示值较小时红表笔所接的引脚为阴极 K，黑表笔所接的引脚为门极（控制极）G，而剩下的引脚是阳极 A。

2）可关断晶闸管好坏判别

用万用表 $R\times10$ 挡或 $R\times100$ 挡测量晶闸管阳极（A）与阴极（K）之间的电阻，或测量阳极（A）与门极（G）之间的电阻。

结果：如果读数小于 1kΩ，器件已击穿损坏。

原因：该晶闸管严重漏电。

用万用表 $R\times10$ 挡或 $R\times100$ 挡测量测量门极（G）与阴极（K）之间的电阻。

结果：如正反向电阻均为无穷大（∞），该管也已损坏。

原因：被测晶闸管门极、阴极之间断路。

3）可关断晶闸管触发特性检测的简易测试方法

如图 2 - 18 所示。将万用表置于 $R\times1$ 挡，黑表笔接可关断晶闸管的阳极 A，红表笔接阴极 G 悬空，这时晶闸管处于阻断状态，电阻应为无穷大（∞），如图 2 - 18（a）所示。

在黑表笔接触阳极 A 的同时也接触门极 G，于是门极 G 受正向电压触发（同样也是万用表内 1.5V 电源的作用），晶闸管成为低阻导通状态，万用表指针应大幅度向右偏，如图 2 - 18（b）所示。

保持黑表笔接 A 极，红表笔接 K 极不变，G 极重新悬空（开路），则万用表指针应保持低阻指示不变，如图 2 - 18（c）所示，说明该可关断晶闸管能维持导通状态，触发特性正常。

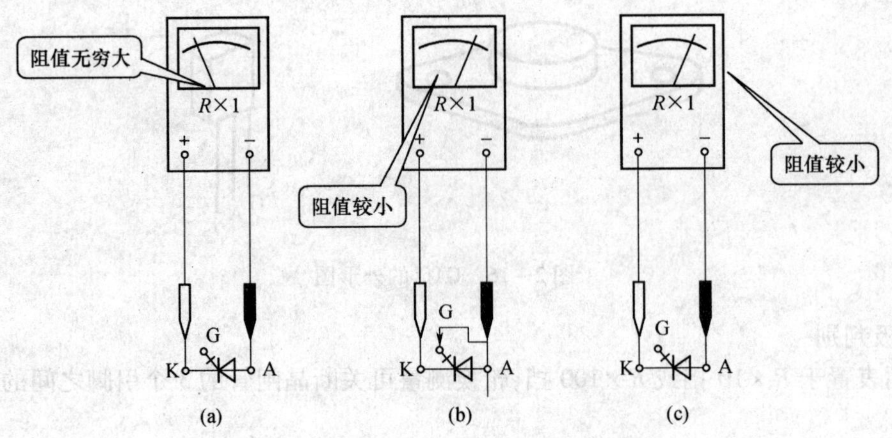

图 2-18 可关断晶闸管触发特性简易测试方法

4）可关断晶闸管关断能力的初步检测

测试方法如图 2-19 所示。采用 1.5V 干电池一节，普通万用表一只。

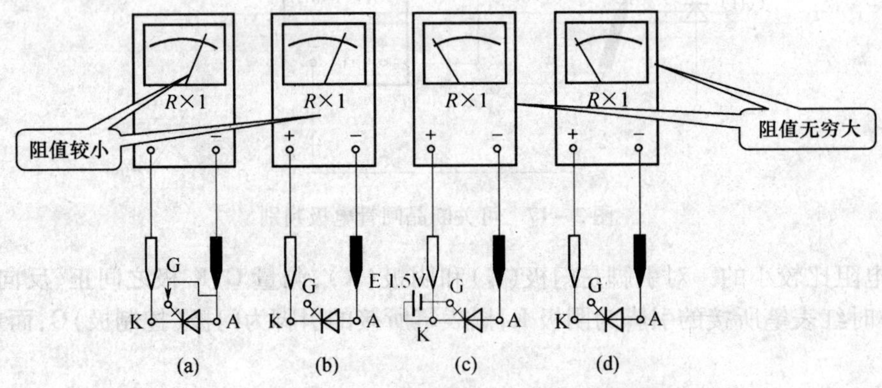

图 2-19 可关断晶闸管的关断能力测试

将万用表置于 $R\times1$ 档，黑表笔接晶闸管阳极 A，红表笔接阴极 K，这时万用表指示的电阻应为∞（无穷大），然后用导线将门极 G 与阳极 A 接通，于是 G 极受正电压触发，使晶闸管导通，万用表指示应为低电阻，即指针向右偏转，如图 2-19（a）所示。将门极 G 开路后万用表指针偏转应保持不变，即晶闸管仍应维持导通状态，如图 2-19（b）所示。然后将 1.5V 电池的正极接阴极 K、电池负极接门极 G，则晶闸管立即由导通状态变为阻断状态，万用表的电阻为无穷大（∞），说明被测晶闸管关断能力正常。

如果有两只万用表，那么可将其中的一只仪表（置于 $R\times10$ 挡）作为负向触发信号使用（相当于 1.5V，黑表笔接阴极 K，红表笔触碰门极 G），参照图 2-19 所示的方法，同样可以检测可关断晶闸管是否具有正常关断能力。

5）测量可关断晶闸管的 β_{OFF} 值

β_{OFF} 是表征可关断晶闸管门极电流对阳极电流控制能力强弱的一个参数，定义为

$$\beta_{OFF}=I_{ATM}/I_{GM}$$

式中：I_{ATM} 为最大可关断电流；I_{GM} 为门极最大负向电流。β_{OFF} 越大，说明关断控制能力越强。

（1）第一种测量方法

测量晶闸管 β_{OFF} 的一种方法如图 2-20 所示。

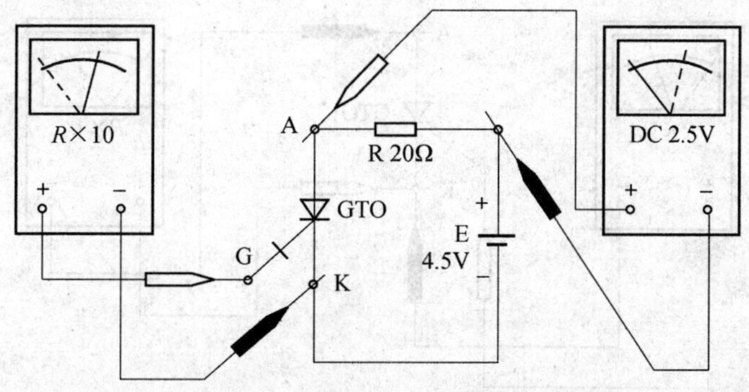

图 2-20 测量 β_{OFF} 的方法之一

在可关断晶闸管(GTO)的阳极回路串联阻值为 20Ω 的电阻 R(功率为 3W),则根据欧姆定律,测出 R 两端的电压就可算出流过 R 的电流,即为 GTO 阳极电流(万用表置直流电压 DC 2.5V 挡)。而使 GTO 关断时的反向触发电流可根据万用表 $R\times10$ 挡指示值及该挡的内阻算出。具体操作方法如下:

① 按图 2-18 所示连接电路,万用表置于直流电压 2.5V 挡,红表笔接晶闸管 GTO 的阳极 A,黑表笔接电源正极,测得 GTO 导通时 R 两端的电压为 U_R。

② 将另一只万用表置于 $R\times10$ 挡,黑表笔接晶闸管的阴极 K,当红表笔接门极 G 时,晶闸管立即由导通变为阻断,这时连接在阳极回路的电阻 R 两端电压降为零。从左边万用表读出 G、K 极之间电阻 R_{GK}。并从电阻测量刻度尺读出 $R\times10$ 挡的欧姆中心值 R(欧姆表内阻与指针偏转无关,例如,500 型万用表 $R\times10$ 挡欧姆中心值为 100Ω)。

③ 按式(2,25)计算

$$\beta_{off} = \frac{U_R(R_{GK} + R_0)}{U_1 R} \tag{2-25}$$

式中:U_R 为晶闸管导通时 R 两端电压(V);R_{GK} 为晶闸管由导通变为关断(阻断)时测得 G、K 极间的电阻(Ω);R_0 为万用表 $R\times10$ 挡欧姆中心值(Ω);U_1 为万用表 $R\times1$ 挡内置电池电压,通常 $U_1=1.5V$;R 为晶闸管阳极回路外接电阻(Ω)。

(2) 第二种测量方法

如果备有两只万用表的型号规格相同,那么对于小功率可关断晶闸管,无需附加电源,就可以估测 β_{off},测量方法更加简单,如图 2-21 所示。

① 测量晶闸管导通时 A、K 极间电阻 R_A。

② 测量由导通变为关断时 G、K 极间的电阻 R_{GK}。

③ 按式(2-26)计算 β_{OFF}。

$$\beta_{OFF} = \frac{R_{GK} + R_{O2}}{R_A + R_{O1}} \tag{2-26}$$

式中:R_{GK} 为晶闸管由导通变为关断时 G、K 极间电阻测量值(Ω);R_{O2} 为万用表 $R\times10$ 挡欧姆中心值(Ω);R_A 为晶闸管导通时 G、K 极间电阻测量值(Ω);R_{O1} 为万用表 $R\times1$ 档欧姆中心值(Ω)。

第二种方法对大功率晶闸管不适用。

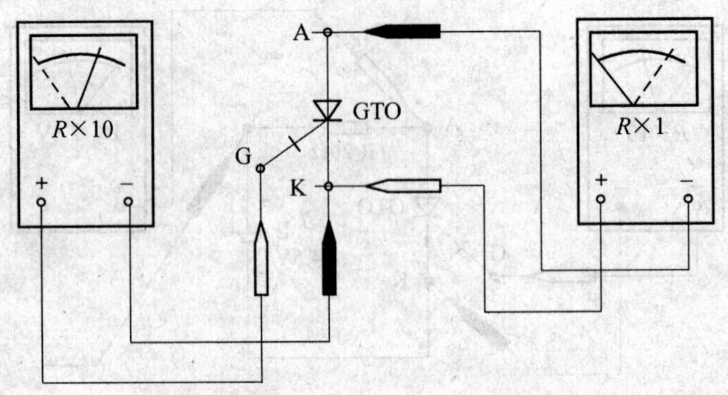

图 2－21　测量 β_{OFF} 的方法之二

四、实验实训报告

① 简述 GTO 管脚、参数及好坏的测试方法。

② 写出本次实验实训的心得与体会。

项目三　开关电源的电路分析与检测

【学习目标】

1. 掌握开关电源主要器件(大功率晶体管 GTR、功率场效应晶体管 MOSFET)的工作原理和特性。

2. 掌握 DC/DC 变换电路的基本概念和工作原理。

3. 熟悉 PC 主机开关电源典型故障现象及检修方法。

4. 掌握相关英文词汇。

【项目引入】

开关电源是一种高效率、高可靠性、小型化、轻型化的稳压电源,是电子设备的主流电源,广泛应用于生活、生产、军事等各个领域。各种计算机设备、彩色电视机等家用电器都大量采用了开关电源。图 3-1 是常见的 PC 主机开关电源。

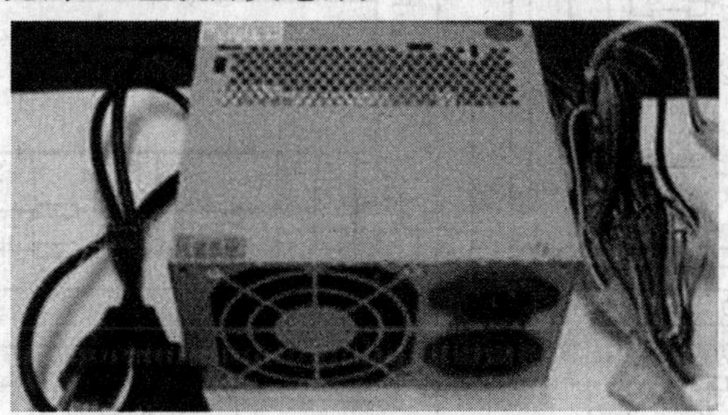

图 3-1　PC 主机开关电源

PC 主机开关电源的基本作用就是将交流电网的电能转换为适合各个配件使用的低压直流电供给整机使用。一般有 4 路输出,分别是 +5V、-5V、+12V、-12V。图 3-2 为 PC 主机开关电源电路原理图。

电路的原理框图如图 3-3 所示,输入电压为 AC 220V、50Hz 的交流电,经过滤波,再由整流桥整流后变为直流电,然后通过功率开关管的导通与截止将直流电压变成连续的脉冲,再经变压器隔离降压及输出滤波后变为低压的直流电。开关管的导通与截止由 PWM(脉冲宽度调制)控制电路发出的驱动信号控制。

PWM 驱动电路在提供开关管驱动信号的同时,还要实现输出电压稳定的调节,对电源负载提供保护。为此设有检测放大电路、过电流保护及过电压保护等环节。通过自动调节开关管导通时间的比例(占空比)来实现。

由高压直流到低压多路直流的电路称 DC/DC 变换,是开关电源的核心技术。

本项目通过对开关管、DC/DC 变换电路的分析,使学生能够理解开关电源的工作原理,进而掌握开关器件和 DC/DC 变换电路的原理及其在其他方面的应用。

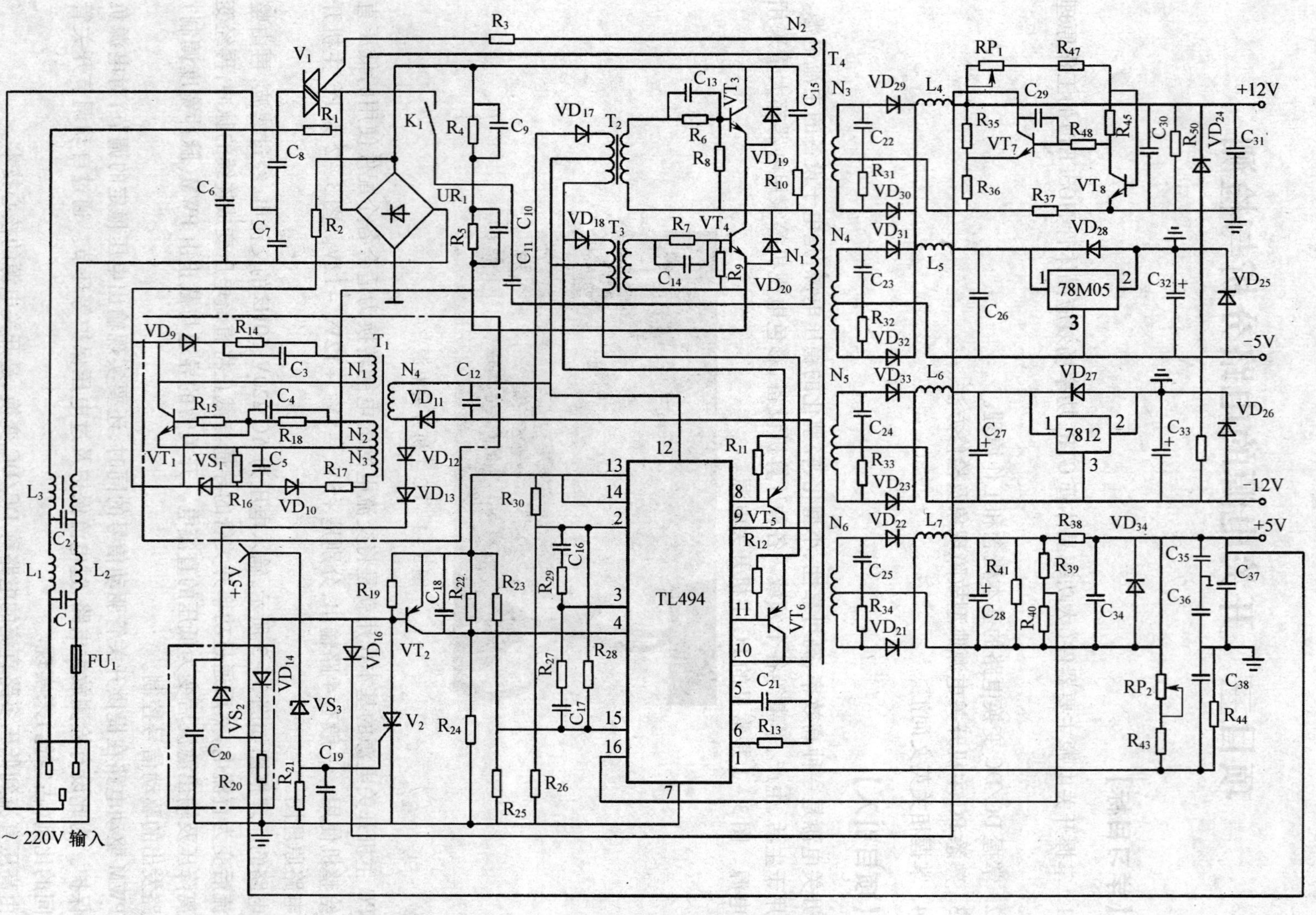

图 3-2　IBM/PC 微机开关电源原理图

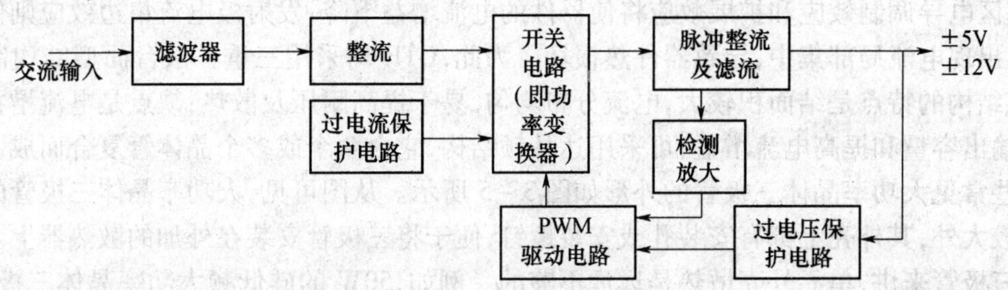

图 3－3　开关电源的原理框图

【相关知识点】

一、开关器件

开关器件有许多，经常使用的是场效应晶体管（MOSFET）、绝缘栅双极型晶体管（IGBT），在小功率开关电源上也使用大功率晶体管（GTR），本实例中使用的是 GTR。本课题中介绍 GTR 和 MOSFET 两种开关器件。

1. 大功率晶体管 GTR

1）大功率晶体管的结构和工作原理

（1）基本结构

大功率晶体管也称巨型晶体管（Giant Transistor，GTR），是一种双极结型晶体管。它具有大功率、高反压、开关时间短、饱和压降低和安全工作区宽等优点。因此被广泛用于交流电机调速、不停电电源和中频电源等电力变流装置中。

大功率晶体管的内部结构同小功率晶体管相似，也是三端三层器件，内部有两个 PN 结，也有 NPN 管和 PNP 管之分，大功率 GTR 多为 NPN 型。其电流由两种载流子（电子和空穴）的运动形成，所以称为双极型晶体管。图 3－4 是 NPN 型晶体管的结构示意图和电气图形符号。对于大功率晶体管来说，多数情况下处于功率开关状态，因此对它的要求是要有足够的电压、电流承载能力、适当的增益、较高的工作速度和较低的功率损耗等。然而，随着 GTR 电压、电流容量的

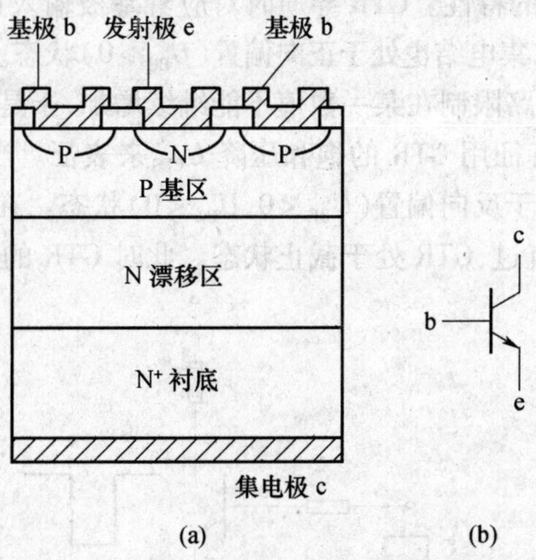

图 3－4　大功率晶体管的内部结构和符号

（a）内部结构；（b）图形符号。

增加,基区电导调制效应和扩展效应将使器件的电流增益下降;发射极电流集边效应则使电流分布不均,出现电流局部集中,导致器件热损坏。为此,GTR 均采用三重扩散台面型结构制成单管形式,该结构的特点是结面积较大,电流分布均匀,易于提高耐压及散热;缺点是电流增益低。为了扩大输出容量和提高电流增益,可采用达林顿结构,它由两个或多个晶体管复合而成。

一些常见大功率晶体三极管的外形如图 3-5 所示。从图可见,大功率晶体三极管的外形除体积比较大外,其外壳上都有安装孔或安装螺钉,便于将三极管安装在外加的散热器上。因为对大功率三极管来讲,单靠外壳散热是远远不够的。例如,50W 的硅低频大功率晶体三极管,如果不加散热器工作,其最大允许耗散功率仅为 2W~3W。

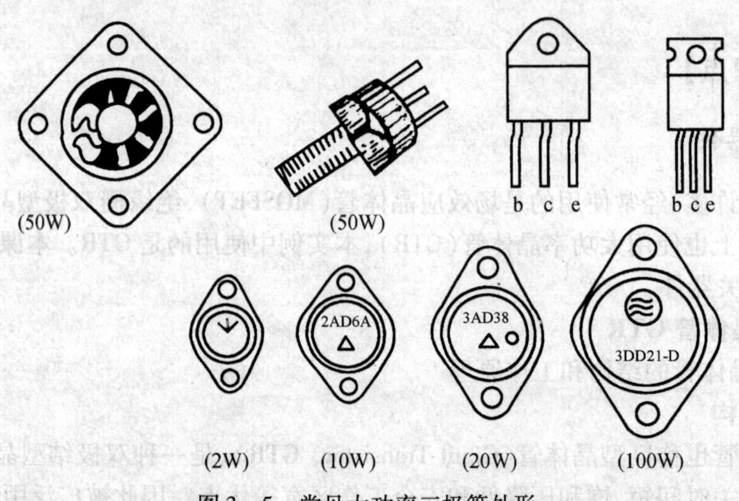

图 3-5　常见大功率三极管外形

(2) 工作原理

通常用导通、截止、开通和关断来表示三极管不同的工作状态。导通和截止表示 GTR 的两种稳态工作情况,开通和关断表示 GTR 由断到通、由通到断的动态过程。在共射极接法时,GTR 的输出特性也分截止区、放大区和饱和区,在开关状态时,GTR 应工作在截止区或饱和区,但在开关过程中,即在截止区和饱和区之间过渡时,都要经过放大区。我们用图 3-6 所示共射极开关电路来说明器件开关状态的特性。GTR 导通时对应着基极输入正向电压的情况,此时发射结处于正向偏置($U_{BE}>0$)状态,集电结也处于正向偏置($U_{BC}>0$)状态。由于基区内有大量过剩的载流子,而集电极电流被外部电路限制在某一数值不能继续增加,于是使 GTR 处于饱和状态。此时集射极之间的阻抗很小,其特征用 GTR 的饱和压降 U_{CES} 来表征。当基极输入反向电压或零时,GTR 的发射结和集电结都处于反向偏置($U_{BE}<0$、$U_{BC}<0$)状态。在这种状态下集射极之间的阻抗很大,只有极小的漏电流流过,GTR 处于截止状态。此时 GTR 的特征用穿透电流 I_{CEO} 表征。

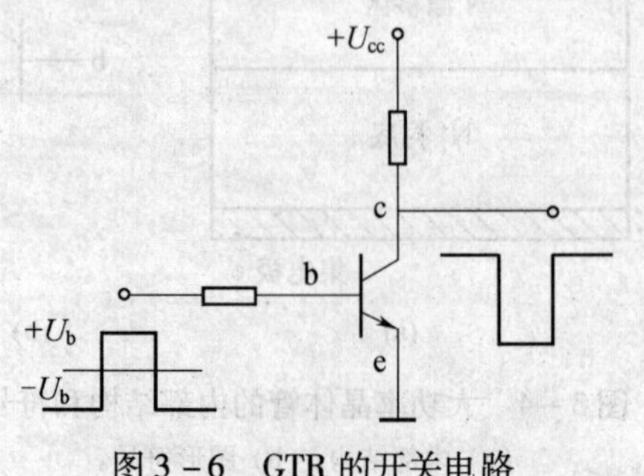

图 3-6　GTR 的开关电路

图 3-7 为 GTR 的开关过程的电流波形。与晶闸管类似，GTR 开通时间 t_{on} 包括延迟时间 t_d 和上升时间 t_r；而它的关断时间 t_{off} 包括存储时间 t_s 和下降时间 t_f。

$$t_{on} = t_d + t_r \tag{3-1}$$

$$t_{off} = t_s + t_f \tag{3-2}$$

增大基极驱动电流 i_b 的幅值并增大 di_b/dt，可以缩短延迟时间和上升时间；减小导通时的饱和深度，或增大基极抽取负电流 i_b 的幅值和偏压，可以缩短存储时间。当然，减小饱和导通时的深度会使 U_{CES} 增加，这是一对矛盾。

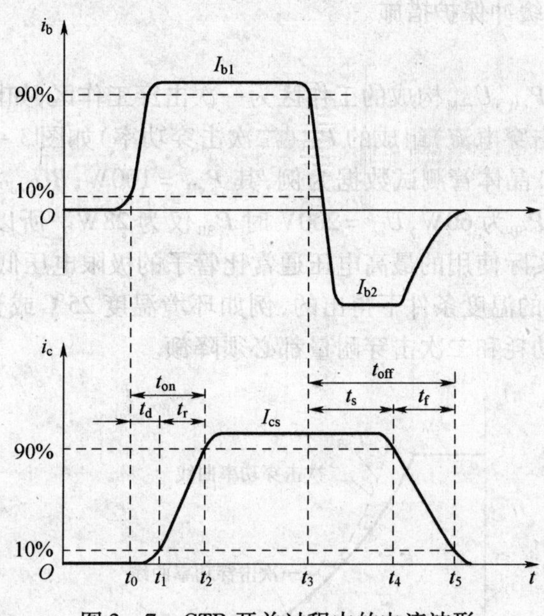

图 3-7　GTR 开关过程中的电流波形

2）GTR 的主要参数

GTR 的主要技术参数除了前面提到的集电极与发射极间漏电流 I_{CEO}、集电极和发射极间饱和压降 U_{CES}、开通时间 t_{on} 和关断时间 t_{off} 之外，还有下列几种。

（1）电压参数

随着测试条件的不同，GTR 的电压参数分为下面几种：发射极开路时，集-基极间的反向击穿电压 U_{CBO}；基极开路时，集-射极间的反向击穿电压 U_{CEO}；基-射极间短路时，集-射极间的反向击穿电压 U_{CES}；基-射极间接一电阻时，集-射极间的反向击穿电压 U_{CER}；基-射极间接一电阻并串联反偏电压时，集-射极间的反向击穿电压 U_{CEX}。它们之间的大小关系为：$U_{CBO} > U_{CES} > U_{CEX} > U_{CER} > U_{CEO}$。

（2）电流参数

集电极最大允许电流 I_{CM}。一般以电流放大倍数 β 值下降到额定值的 1/2 ~ 1/3 时的 I_C 值定义为 I_{CM}。

（3）功耗参数

集电极最大耗散功率 P_{CM}；导通损耗 P_{ON}；开关损耗 P_{SW}；二次击穿功耗 P_{SB}。

其他参数还有如电流放大倍数、额定结温等。

3）GTR 的二次击穿和安全工作区

（1）二次击穿问题

在实际应用中，损坏的 GTR 多数是由于二次击穿造成的。所谓二次击穿，是指 GTR 发生一次击穿后电流不断增加，在某一点产生向低阻抗区高速移动的负阻现象，用符号 S/B 表示。当集电极电压升高到某一数值时，集电极电流 I_C 急剧增大，这就是通常所说的雪崩现象，即一次击穿现象，其特点是此时集电结的电压基本保持不变。如有外接电阻限制电流增长，一般不会引起 GTR 特性变差；若不加限制，继续增大外接电压，就会导致破坏性的二次击穿。

二次击穿的持续时间在纳秒到微秒之间完成，由于管子的材料、工艺等因素的分散性，二次击穿难以计算和预测。防止二次击穿的办法是：①应使实际使用的工作电压比反向击穿电压低得多。②必须有电压电流缓冲保护措施。

(2) 安全工作区

以直流极限参数 I_{cM}、P_{cM}、U_{ceM} 构成的工作区为一次击穿工作区，如图 3-8 所示。以 U_{SB}（二次击穿电压）与 I_{SB}（二次击穿电流）组成的 P_{SB}（二次击穿功率）如图 3-8 中虚线所示，它是一个不等功率曲线。以 3DD8E 晶体管测试数据为例，其 $P_{cM}=100W$，$BU_{ceo} \geqslant 200V$，但由于受到击穿的限制，当 $U_{ce}=100V$ 时，P_{SB} 为 60W，$U_{ce}=200V$ 时 P_{SB} 仅为 28W。所以，为了防止二次击穿，要选用足够大功率的管子，实际使用的最高电压通常比管子的极限电压低很多。

安全工作区是在一定的温度条件下得出的，例如环境温度 25℃ 或壳温 75℃ 等，使用时若超过上述指定温度值，允许功耗和二次击穿耐量都必须降额。

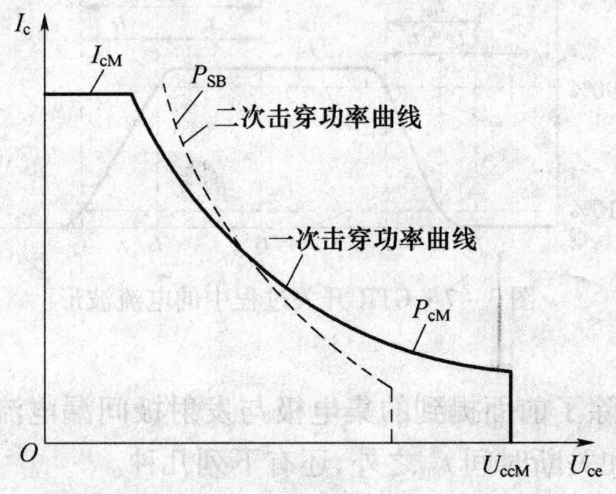

图 3-8 GTR 安全工作区

4) GTR 的驱动与保护

(1) GTR 基极驱动电路的要求

理想的 GTR 基极驱动电流波形如图 3-9 所示。

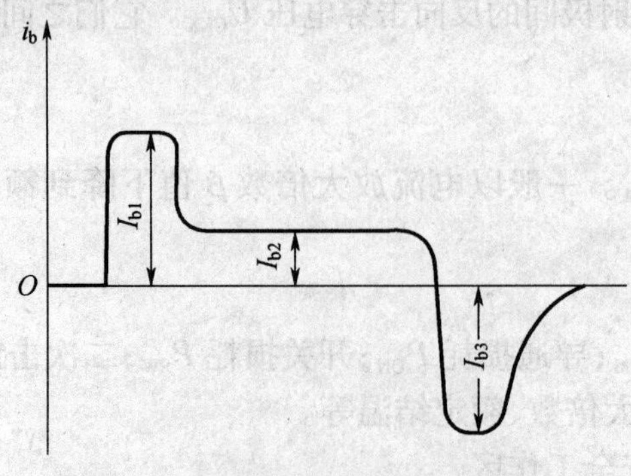

图 3-9 理想的基极驱动电流波形

对 GTR 基极驱动电路的要求一般有如下几条。

① 控制 GTR 开通时，驱动电流前沿要陡，并有一定的过冲电流（I_{b1}），以缩短开通时间，减小开通损耗。

② GTR 导通后，应相应减小驱动电流（I_{b2}），使器件处于临界饱和状态，以降低驱动功率，缩短储存时间。

③ GTR 关断时，应提供足够大的反向基极电流（I_{b3}），迅速抽取基区的剩余载流子，以缩短关断时间，减少关断损耗。

④ 应能实现主电路与控制电路之间的电气隔离，以保证安全，提高抗干扰能力。

⑤ 具有一定的保护功能。

(2) 驱动电路中的电气隔离

在驱动电路中，常采用光隔离或磁隔离来实现主电路与控制电路之间的电气隔离。

光隔离所采用的组件是光耦合器。光耦合器由发光组件（发光二极管）和受光组件（光敏二极管、光敏三极管）组成，封装在同一个外壳中，以光为媒介传递信号。常用光耦合器有普通型、高速型和高传输比型 3 种，其内部电路和基本接法分别如图 3-10(a)、(b)、(c)所示。普通型光耦合器的输出特性和晶体管相似，但电流传输比 I_C/I_D 一般只有 0.1～0.3；高传输比光耦合器的 I_C/I_D 则大得多。另外，普通型光耦合器的响应时间较长，约为 10μs，而高速型光耦合器是用光敏二极管作受光组件，其流过的是反向电流，响应时间不到 1.5μs。

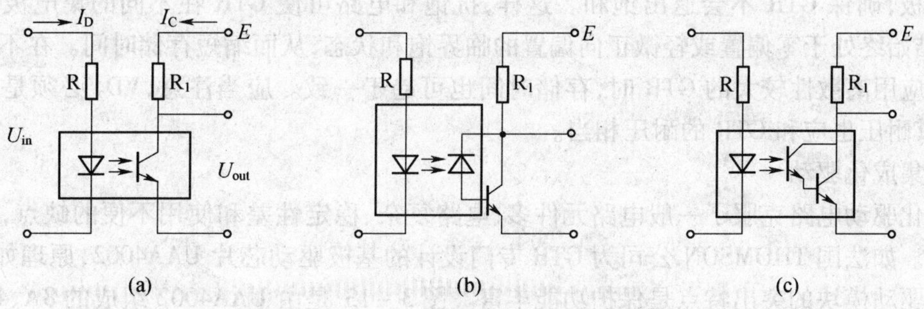

图 3-10　光耦合器的类型及接法

(a) 普通型；(b) 高速型；(c) 高传输比型。

磁隔离所采用的组件是脉冲变压器。为避免脉冲较宽时铁心饱和，常采用高频调制和解调方法。当调制频率较高时，GTR 的发射结电容即可起到解调作用，不必另设解调电路。

(3) 基极驱动电路

图 3-11 是具有负偏压、能防止过饱和的 GTR 驱动电路。当输入的控制信号 u_i 为高电平时，晶体管 V_1、光耦合器 B 及晶体管 V_2 均导通，而晶体管 V_3 截止，V_4 和 V_5 导通，V_6 截止。V_5 的发射极电流流经 R_5、VD_3，驱动 GTR，使其导通，同时给电容 C_2 充上左正右负的电压。C_2 的充电电压值由电源电压 U_{CC} 及 R_4、R_5 的比值决定。当 u_i 为低电平时，V_1、B 及 V_2 均截止，V_3 导通，V_4 与 V_5 截止，V_6 导通。C_2 通过 V_6、GTR 的 e、b、VD_4 放电，使 GTR 迅速截止。而后，C_2 经 V_6、V_7、VD_5、VD_4 继续放电，使 GTR 的 b、e 结承受反偏电压，保证其可靠截止。因此，称 V_6、V_7、VD_5、VD_4 和 C_2 构成的电路为截止反偏电路。电路中，C_2 为加速电容。"加速"的含义是：在 V_5 刚刚导通时，电源 U_{CC} 通过 R_4、V_5、C_2、VD_3 驱动 GTR，R_5 被 C_2 短路，这样，就能实现驱动电流的过冲，且使驱动电流的前沿更陡，从而加速 GTR 的开通。过冲电流的幅度可为额定基极电流的两倍以上。驱动电流的稳态值由 U_{CC}、R_4、R_5 值决定，在选择 R_4+R_5 值时，要保证基极电流足够大，以保

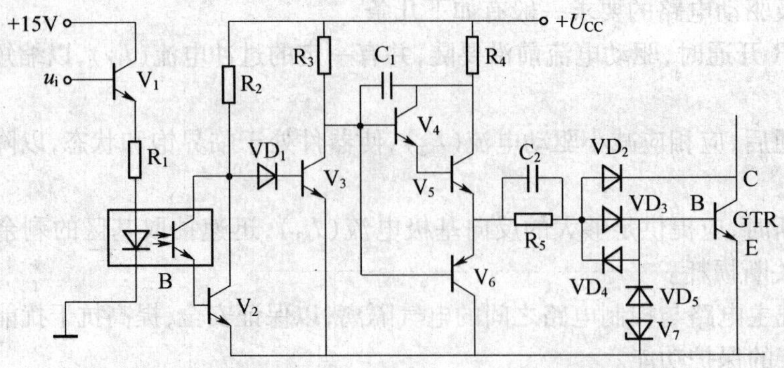

图 3-11　GTR 基极驱动电路

证 GTR 在最大负载电流时仍能饱和导通。

VD_2(称钳位二极管)、VD_3(称电位补偿二极管)和 GTR 构成了抗饱和电路,可使 GTR 导通时处于临界饱和状态。若无抗饱和电路,当负载较轻时,V_5 的发射极电流全部注入 GTR 的基极,就会使 GTR 过饱和,关断时退饱和时间会延长。加上抗饱和电路后,当 GTR 因过饱和而造成集电极电位低于基极电位时,钳位二极管 VD_2 就会导通,将基极电流分流,从而减小 GTR 的饱和深度,维持 $U_{be} \approx 0$。而当负载加重 I_C 增加时,集电极电位升高,原来由 VD_2 旁路的电流又会自动回到基极,确保 GTR 不会退出饱和。这样,抗饱和电路可使 GTR 在不同的集电极电流情况下,集电结始终处于零偏置或轻微正向偏置的临界饱和状态,从而缩短存储时间。在不同负载情况下及在应用离散性较大的 GTR 时,存储时间也可趋于一致。应当注意,VD_2 必须是快速恢复二极管,其耐压也应和 GTR 的耐压相当。

(4) 集成化驱动

集成化驱动电路克服了一般电路元件多、电路复杂、稳定性差和使用不便的缺点,还增加了保护功能。如法国 THOMSON 公司为 GTR 专门设计的基极驱动芯片 UAA4002,原理如图 3-12 所示。该驱动模块的突出特点是保护功能丰富。图 3-13 是由 UAA4002 组成的 8A、400V 开关电源原理图。驱动电路为电平控制方式,最小导通时间为 2.8μs。该电路的有关功能说明如下。

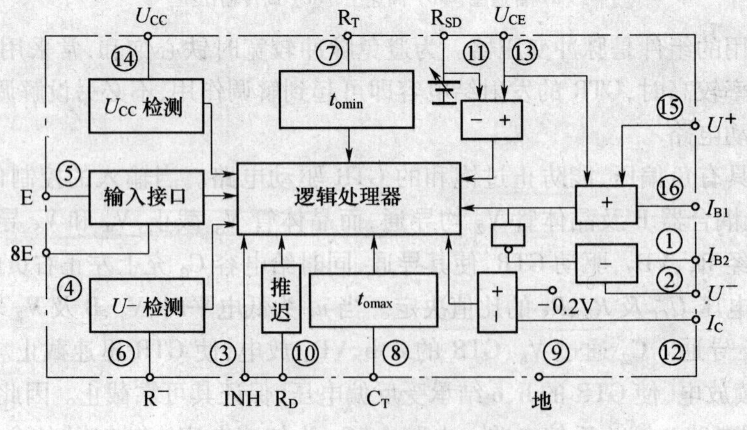

图 3-12　UAA4002 原理框图

① 限流。负电源回路中串有 0.1Ω 电阻,用以检测 GTR 的集电极电流,并将该信号引入芯片的 I_C 端(12 脚)。一旦发生过流,该信号使比较器状态发生变化,逻辑处理器检测到这种变

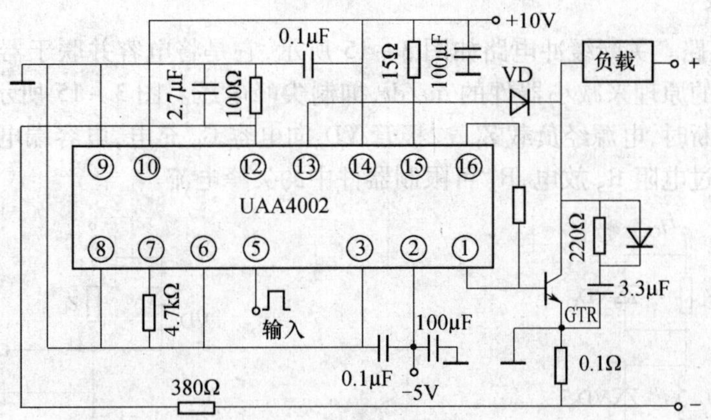

图 3-13　UAA4002 驱动的开关电源电路

化，并发出封锁信号，封锁输出脉冲，使 GTR 关断。

② 防止退饱和。用二极管 VD 来检测 GTR 集电极电压，VD 的负极接 GTR 的集电极，正极接芯片的 U_{CE}端（13 脚）。GTR 开通时，比较器检测 U_{CE}端的电压值，若比 R_{SD}端（11 脚）的设定电压高，比较器便向逻辑处理器发出信号，处理器发出封锁信号，从而可防止 GTR 因基极电流不足或集电极电流过载而引起退饱和。在图 3-13 中，R_{SD}端开路，动作阈值被自动限制在 5. 5V。

③ 导通时间间隔控制。通过 R_T 端（7 脚）外接电阻（图 3-13 中为 4. 7kΩ）来确定 GTR 的最小导通时间 t_{omin}，以保证 GTR 开关辅助网络的电容充分放电。通过 C_T 端（8 脚）外接电容来确定 GTR 的最大导通时间 t_{omax}，以限制电路的输送功率，或防止脉冲控制方式因传输信号中断而造成持续导通。

④ 电源电压检测。利用 U_{CC}端（14 脚）检测正电源电压，保证在电源电压小于 7V 时芯片无输出信号，以免 GTR 在过低的驱动电压下退饱和而造成损坏。利用 U^-端（2 脚）与 R^-端（6 脚）之间的外接电阻来实现负电压的检测。

⑤ 延时功能。通过 R_D 端（10 脚）外接电阻来进行调整，使芯片的控制电压前后沿之间能保持 1μs～20μs 的延时。不需延时时，将此端接正电源。

⑥ 热保护。当芯片温度高于 150℃时自动切断输出脉冲，低于极限值时恢复输出。

⑦ 输出封锁。INH 端（3 脚）加高电平时输出封锁，加低电平时解除封锁。

图 3-13 的电路中，UAA4002 的延时功能、最大导通时间控制、负电源电压检测等功能未予使用。

（5）GTR 的保护电路

为了使 GTR 在厂家规定的安全工作区内可靠地工作，必须对其采用必要的保护措施。而对 GTR 的保护相对来说比较复杂，因为它的开关频率较高，采用快熔保护是无效的，一般采用缓冲电路。设置缓冲电路就可以避免器件流过过大电流和器件两端出现过高电压，或者将电流电压的峰值错开而不同时出现，可以抑制 du/dt、di/dt，减少开关损耗，提高电路的可靠性。可见，缓冲电路也是一种重要的保护电路。

① 开通缓冲电路。开通缓冲电路如图 3-14 所示。将电感 L_S 串联在 GTR 集电极电路中，二极管 VD_S 与 L_S 并联，利用电感电流不能突变的原理来抑制 GTR 的电流上升率。在 GTR 开通过程中，在集电极电压下降期间，电感 L_S 限制了集电极电流的上升率 di/dt；在 GTR 关断时，电感 L_S 中的储能通过二极管 VD_S 的续流作用消耗在 VD_S 和电感本身的电阻上。二极管 VD_F 为负

载 Z_L 提供续流通路。

② 关断缓冲电路。关断缓冲电路如图 3－15 所示，它是将电容并联于器件两端，利用电容两端电压不能突变的原理来减小器件的 du/dt，抑制尖峰电压。图 3－15 所示为充放电式 RCD 缓冲电路。器件关断时，电源经负载 Z_L、二极管 VD_S 向电容 C_S 充电，电容端电压缓慢上升；器件开通时，电容 C_S 通过电阻 R_S 放电，R_S 可限制器件中的尖峰电流。

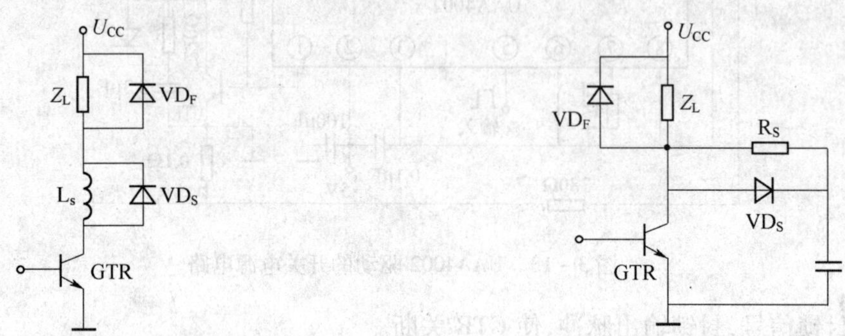

图 3－14　开通缓冲电路　　　　图 3－15　关断缓冲电路

③ 复合缓冲电路。将开通缓冲电路与关断缓冲电路结合在一起，称为复合缓冲电路，在实际中应用较多。图3－16为两种复合缓冲电路实例。图 3－16（a）中，当 GTR 关断时，负载电流经 L_S、VD_S 向电容 C_S 充电，GTR 两端电压平缓上升；当 GTR 开通时，L_S 限制电流变化率，同时，C_S 上储存的能量经 R_S、L_S、GTR 放电，能量消耗在 R_S 上，减少了 GTR 承受的电流上升率 di/dt。这种电路把缓冲电路的能量消耗在电阻上，称为耗能式复合缓冲电路。

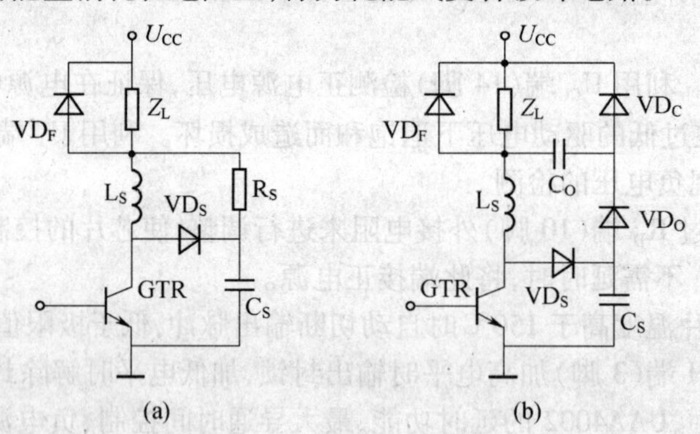

图 3－16　复合缓冲电路

（a）耗能式；（b）馈能式。

图 3－16（b）所示电路是将缓冲电路的能量以适当的方式回馈给负载，故称为馈能式复合缓冲电路。当 GTR 开通时，L_S 限制电流变化率，并在 L_S 中储存部分能量，同时电容 C_S 经 VD_O、C_O、L_S 和 GTR 回路放电，将 C_S 上储存的能量转移至 C_O 上。GTR 关断时，C_S 被充电至电源电压，同时，电容 C_O 和电感 L_S 并联运行向负载放电，将本身储存的能量馈送给负载。

2. 功率场效应晶体管

功率场效应晶体管（Metal Oxide Semiconductor Field Effect Transistor，MOSFET）是一种单极型（只有一种载流子即多数载流子参与导电）的电压控制器件，因此它有驱动电路简单、驱动功率小、无二次击穿问题、安全工作区宽以及开关速度快、工作频率高等显著特点。在开关电源、小功率变频调速等电力电子设备中具有其他电力电子器件所不能取代的地位。

1）功率场效应晶体管的结构及工作原理

功率场效应晶体管是压控型器件,其门极控制信号是电压。它的 3 个极分别是:栅极 G、源极 S、漏极 D。

图 3－17 为功率场效应晶体管的内部结构示意图和电气图形符号。功率场效应晶体管的导通机理与小功率 MOS 管相同,都是只有一种载流子参与导电,并根据导电沟道分为 P 沟道和 N 沟道。但在结构上却有较大的区别,传统的功率场效应晶体管结构是把源极、栅极和漏极安装在硅片的同一侧上,因而其电流是横向流动的,电流容量不可能太大。要想获得大的功率处理能力,必须有很大的沟道宽长比,而沟道长度受制版和光刻工艺的限制而不可能做得很小,因而只好增加管芯面积,这显然是不经济的,甚至是难以实现的。因此,功率场效应晶体管的制造关键是既要保留沟道结构,又要将横向导电改为垂直导电。在硅片上将漏极改装在栅、源极的另一面,即垂直安置漏极,不仅充分利用了硅片面积而且实现了垂直导电,所以获得了较大的电流容量。垂直导电结构组成的功率场效应晶体管称为 VMOSFET(Vertical MOSFET)。根据结构形式的不同,功率场效应晶体管又分为利用 V 形槽实现垂直导电的 VVMOSFET(Vertical V－groove MOSFET)和具有垂直导电双扩散 MOS 结构的 VDMOSFET(Vertical Double－diffused MOSFET)。

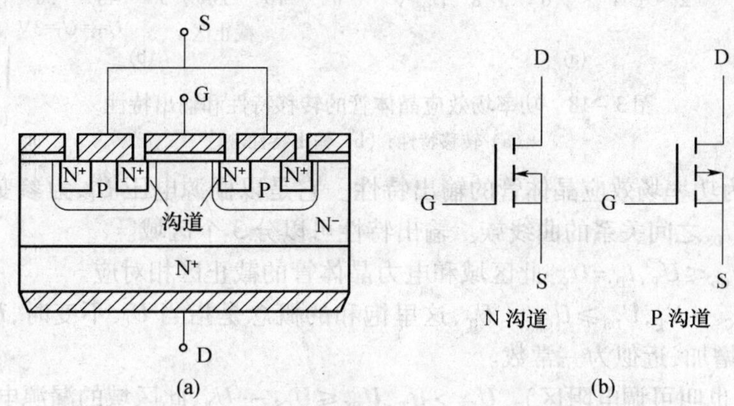

图 3－17　功率场效应晶体管的结构和电气图形符号

(a) 功率场效应晶体管的结构；(b) 电气图形符号。

图 3－17 (a)即是 N 沟道增强型 VDMOSFET 中一个单元的截面图。利用同一扩散窗进行两次扩散,先形成 P 型区再形成 N^+ 型源区。由两次扩散的深度差形成沟道部分,因而沟道长度可以精确控制,载流子在沟道内沿表面流动,然后垂直地流向漏极。由于漏极是从硅片底部引出的,所以器件可以高度集成化。并且在漏源极间施加电压后,由于耗尽层的扩展,使栅极下的 MOSFET 部分电压并不随之增加,几乎保持一定的电压值,于是可使耐压提高。

当栅极和源极间电压 U_{GS} 为负值或为零时,栅极下面的 P 型体区表面呈现空穴的堆积状态,不可能出现反型层,因而 P 基区与 N 漂移区之间形成的 J_1 结反偏,漏源极之间无电流流过。即使栅源电压为正,但数值不够大时,栅极下面的 P 型体区表面呈现耗尽状态,但 PN 结 J_1 仍存在,还不能沟通漏极和源极。当栅源正电压 U_{GS} 大于某一数值 U_T 时,由于表面电场效应,就会使 P 型体区表面发生反型,而成为了 N 型半导体,从而使 PN 结 J_1 消失,漏极和源极导电。电压 U_T 称为开启电压,U_{GS} 超过 U_T 越大,导电能力越强,漏极电流 I_D 越大。

图 3－18 为功率场效应晶体管的静态特性。其中图 3－18 (a)为功率 MOSFET 的转移特性,它表示了器件的输入栅源电压 U_{GS} 与输出漏极电流 I_D 之间的关系。转移特性表示功率场效应晶体管的放大能力,与 GTR 中的电流增益相似,由于功率场效应晶体管是电压控制器件,因此

用跨导 G_{fs} 这一参数来表示。跨导的大小定义为转移特性曲线的斜率，当 I_D 较大时，I_D 与 U_{GS} 的关系近似呈线性。因此有

$$G_{fs}=\frac{dI_D}{dU_{GS}} \tag{3-3}$$

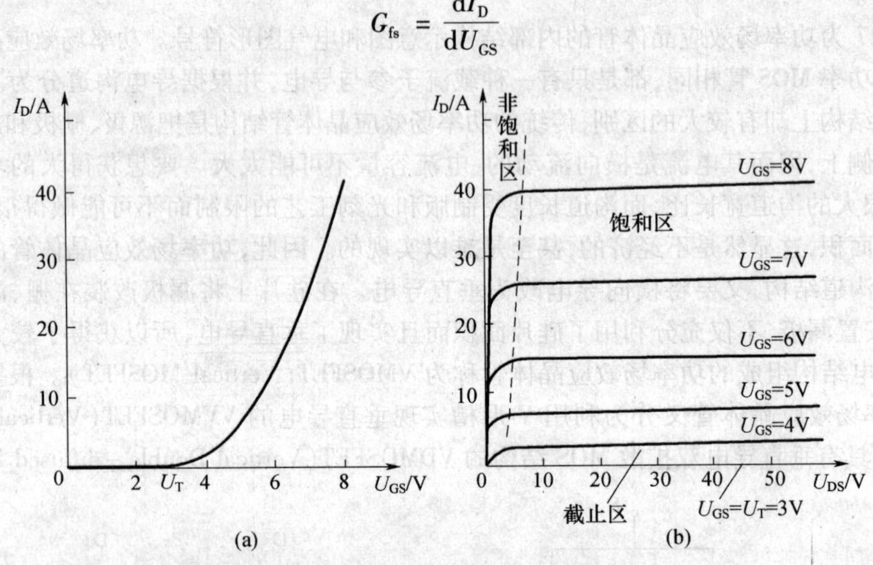

图 3-18 功率场效应晶体管的转移特性和输出特性

(a) 转移特性；(b) 输出特性。

图 3-18(b)为功率场效应晶体管的输出特性。它是以栅源电压 U_{GS} 为参变量，反映漏极电流 I_D 与漏极电压 U_{DS} 之间关系的曲线族。输出特性可以分 3 个区域。

① 截止区。$U_{GS} \leqslant U_T$，$I_D=0$。此区域和电力晶体管的截止区相对应。

② 饱和区。$U_{GS}>U_T$，$U_{DS} \geqslant U_{GS}-U_T$，这里饱和的概念是指当 U_{GS} 不变时，I_D 几乎不随漏源电压 U_{DS} 的增加而增加，近似为一常数。

③ 非饱和区(也叫可调电阻区)。$U_{GS}>U_T$，$U_{DS} \leqslant U_{GS}-U_T$，此区域的漏源电压 U_{DS} 和漏极电流 I_D 之比近似为常数，即非饱和是指漏源电压 U_{DS} 增加时漏极电流 I_D 相应增加。

各区的定义与小功率的 MOS 管一致。所不同的是功率场效应晶体管总是在截止区和非饱和区之间转换，工作在开关状态。

图 3-19 为功率场效应晶体管的开关过程示意图。其测试电路如图 3-19(a)所示，因为功率场效应晶体管存在输入电容 C_{in}，所以即使电压信号源 u_p 为一矩形波，但由于 C_{in} 有充电过程，所以栅源电压 u_{GS} 是按指数规律上升的。当 u_{GS} 上升到开启电压 U_T 时，开始出现漏极电流 i_D。规定从输入电压 u_p 上升沿时刻到 $u_{GS}=U_T$ 并出现输出电流 i_D 的时刻为开通延迟时间 $t_{d(on)}$；此后，i_D 随 u_{GS} 的上升而上升。u_{GS} 从开启电压上升到功率场效应晶体管进入非饱和区的栅压 U_{GSP} 的这段时间称为上升时间 t_r，此时漏极电流 i_D 也达到稳态值。i_D 的稳态值由漏极电源电压 U_E 和漏极负载电阻所决定。U_{GSP} 的大小和 i_D 的稳态值有关。当 u_{GS} 的值在达到 U_{GSP} 后，在脉冲信号源 u_p 的作用下继续升高直至达稳态，但此时 i_D 已保持不变了。

当信号源电压 u_p 下降到零时，栅极输入电容 C_{in} 经信号源内阻 R_s 和栅极电阻 R_G($R_G \gg R_s$)开始放电，栅源电压 u_{GS} 按指数规律下降，当下降到 U_{GSP} 时，漏极电流 i_D 才开始减小。规定从输入电压 u_p 下降沿时刻到 u_{GS} 下降到 U_{GSP} 的时刻为关断延迟时间 $t_{d(off)}$。此后，C_{in} 继续放电，u_{GS} 从 U_{GSP} 继续下降，i_D 开始减小，到 $u_{GS}<U_T$ 时沟道消失，i_D 下降到零。这段时间称为下降时间 t_f。

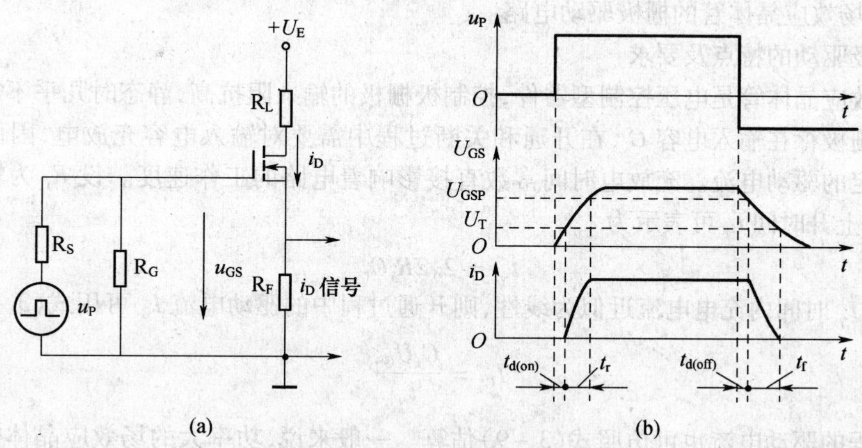

图 3-19　功率场效应晶体管的开关过程

(a) MOSFET 开关特性的测试电路；(b) 波形。

功率 MOSFET 的主要参数除了前面介绍的开启电压 U_T、跨导 G_{fs}，以及 $t_{d(on)}$、t_r、$t_{d(off)}$、t_f 等，还有下列几个。

(1) 漏极电压 U_{DS}

它决定了功率 MOSFET 的最高工作电压，是标称器件电压定额的参数。

(2) 漏极直流电流 I_D 和漏极脉冲电流幅值 I_{DM}

这是标称功率场效应晶体管器件电流定额的参数。

(3) 栅源电压 U_{GS}

它表征了功率场效应晶体管栅源之间能承受的最高电压，是为了防止栅源电压过高而导致栅源之间的绝缘层击穿而设的。

(4) 开通时间 t_{on} 和关断时间 t_{off}

功率场效应晶体管的开通时间 t_{on} 定义为开通延迟时间 $t_{d(on)}$ 和上升时间 t_r 之和。

$$t_{on} = t_{d(on)} + t_r \tag{3-4}$$

功率场效应晶体管的关断时间 t_{off} 定义为关断延迟时间 $t_{d(off)}$ 和下降时间 t_f 之和。

$$t_{off} = t_{d(off)} + t_f \tag{3-5}$$

(5) 极间电容

功率场效应晶体管的极间电容是影响其开关速度的主要因素，它的 3 个电极之间分别存在极间电容 C_{GS}、C_{GD} 和 C_{DS}。一般生产厂家提供的是漏源短路时的输入电容 C_{iss}、共源极输出电容 C_{oss} 以及反向转移电容 C_{rss}。它们之间的关系如下。

$$C_{iss} = C_{GS} + C_{GD} \tag{3-6}$$

$$C_{oss} = C_{DS} + C_{GD} \tag{3-7}$$

$$C_{rss} = C_{GD} \tag{3-8}$$

前面提到的输入电容 C_{in} 可用 C_{iss} 近似代替。

由于功率场效应晶体管是单极型场控器件，不像 GTR 那样具有载流子的存储效应，因而通态电阻较大，饱和压降也较高，使导通损耗大。但其开关速度快，工作频率高，可达 100kHz 以上，是各种电力电子器件中较高的。另外，功率场效应晶体管属电压控制型器件，在静态时几乎不需输入电流，因此它需要的驱动功率最小。

2）功率场效应晶体管的栅极驱动电路

（1）栅极驱动的特点及要求

功率场效应晶体管是电压控制型器件，控制极栅极的输入阻抗高，静态时几乎不需要输入电流。但由于栅极存在输入电容 C_i，在开通和关断过程中需要对输入电容充放电，因而需要驱动电路提供一定的驱动电流。充放电时间常数直接影响着电路的工作速度。设 R_i 为输入回路电阻，栅极电压上升时间 t_γ 可表示为

$$t_\gamma = 2.2R_iC_i$$

设 C_i 在 t_γ 时间内充电电流近似为线性，则开通过程中的驱动电流 I_G 可用式(3-9)估算

$$I_G = \frac{C_iU_{GS}}{t_\gamma} \tag{3-9}$$

关断过程的驱动电流也可仿照式(3-9)估算。一般来说，功率大的场效应晶体管输入电容也较大，因而需要的驱动功率也较大。

对功率场效应晶体管栅极驱动电路的主要要求如下。

① 触发脉冲的前后沿要陡。

② 栅极电容充放电回路的电阻值应尽量小，以提高功率场效应晶体管的开关速度。

③ 触发脉冲电压幅值应高于功率场效应晶体管的开启电压 $U_{GS(th)}$，以保证其可靠开通，但应小于其栅源极击穿电压 $U_{(BR)GS}$（通常为 ±20V）。

④ 为了防止功率场效应晶体管截止时误导通，应在其截止时提供负的栅源电压，该电压还应小于 $U_{(BR)GS}$。

（2）栅极驱动电路实例

功率场效应晶体管的栅极驱动电路有多种形式，通常可分为普通驱动电路与专用驱动电路两类。

① 普通驱动电路。图 3-20 示出了几种普通的栅极驱动电路。其中图 3-20(a)、(b)、(c)是由 TTL 电路组成的驱动电路。由于 TTL 电路输出高电平一般为 3.5V，而功率场效应晶体管的开启电压通常为 2V～6V，所以应采用集电极开路的 TTL。图 3-20(a)为直接驱动方式，这种方式简单可靠，电路通过上拉电阻 R 可以提高输出驱动电平的幅值，使器件充分导通，但由于 R 的存在影响了开通速度。图 3-20(b)为在图 3-20(a)基础上作了改进的快速开通驱动电路。当 TTL 输出低电平时，功率场效应晶体管的输入电容经由二极管 VD 接地，使器件可靠关断；当 TTL 输出高电平时，功率场效应晶体管栅极经驱动管 V 向输入电容充电。由于 V 具有放大作用，故而可提高充电能力，加快开通速度。图 3-20 为互补联结的驱动电路，它使开通和关断信号均得以放大，提高了开关速度，增加了驱动功率，适合于驱动大功率场效应晶体管管。图 3-20(d)是电磁隔离式栅极驱动电路。图 3-20(d)中，VD_1 为续流二极管，并联于脉冲变压器一次侧，用以限制加在驱动晶体管 V 上的过电压，电阻 R_1 用来限制栅极电流，R_2 用来防止栅极开路。图 3-20(e)为光电隔离式驱动电路。当光耦合器 B 导通时，V_3 随之导通，并向 V_1 提供基极电流，使之导通，V_2 截止，电源 U_{CC1} 经电阻 R_5 向功率场效应晶体管的栅极输入电容充电，使功率场效应晶体管管开通。当光耦合器截止时，V_3 截止，V_1 截止，V_2 导通，使功率场效应晶体管管的栅极经 V_2 接地，迫使其关断。这里电容 C 与二极管 VD_3 为加速网络，三极管 V_1、二极管 VD_1、VD_2 构成贝克钳位电路。

② 专用集成驱动电路。目前，较常用的驱动功率场效应晶体管的专用集成电路是美国国际整流公司（IR 公司）生产的 IR2110、IR2115、IR2130 芯片，日本富士电机公司的 FA5310、FA5311

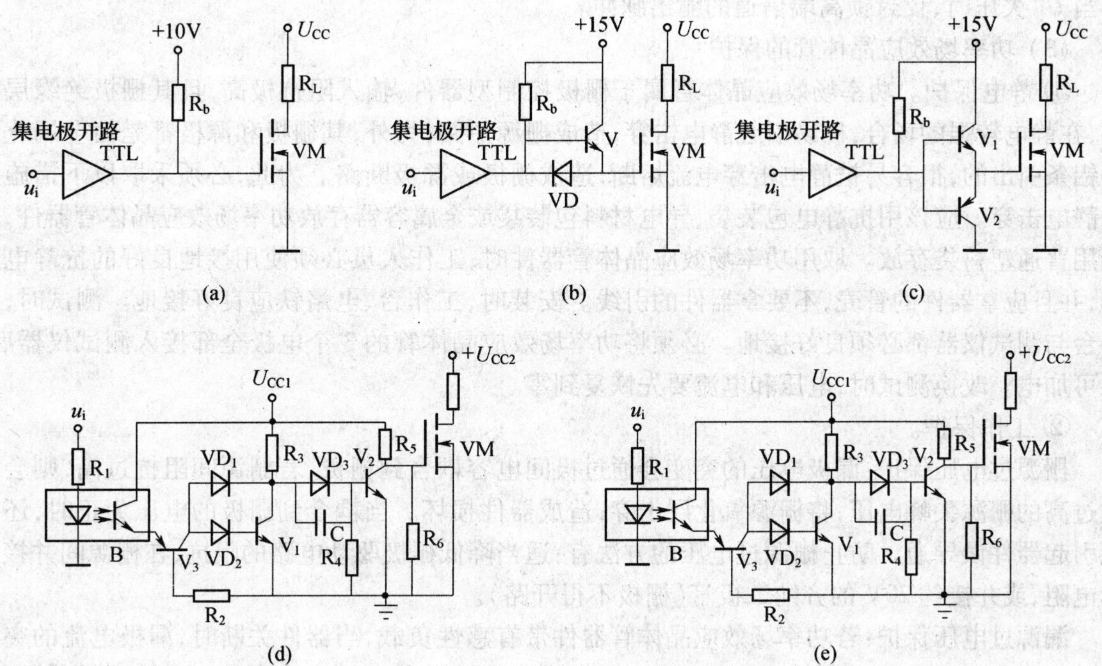

图 3-20 栅极驱动电路

等。这里仅介绍 IR2110 的功能特点及应用。

IR2110 是具有 14 个引脚的双列直插式芯片，内部原理框图如图 3-21 所示。该芯片有高、低两个独立的输出信道，可同时驱动两只器件。两个信道分别采用推挽式连接的低阻场效应晶体管输出方式，输出峰值电流可达 2A 以上。两个信道均设有延时控制，典型的开通延时为 120ns，关断延时为 94ns。芯片还具有输入逻辑保护及输出电源欠电压保护等保护功能。输入逻辑保护是指功率电路发生过载、短路等故障时，检测保护电路的输出信号接入 IR2110 保护控制输入端(SD)，高电平有效，芯片内部逻辑电路将两信道的输入控制信号自动封锁。电源欠压保护方式为两信道分别检测。当 U_{CC} 低于芯片内部电路整定值时，同时封锁两个信道的输出脉冲，

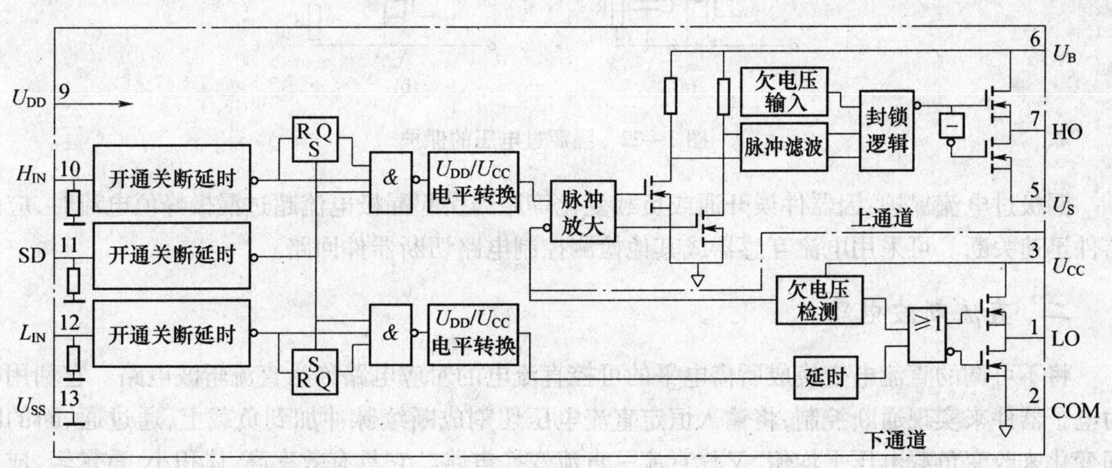

图 3-21 IR2110 内部原理框图

而当 U_B 欠压时，仅封锁高端信道的输出脉冲。

(3) 功率场效应晶体管的保护

① 静电保护。功率场效应晶体管属于栅极控制型器件，输入阻抗极高，且其栅极绝缘层很薄，在静电较强的场合，极易引起静电击穿，造成栅源短路；另外，其栅极和源极都是由金属化薄膜铝条引出的，很容易被静电击穿电流熔断，造成栅极或源极断路。为此，必须采取以下措施防止静电击穿。应该用抗静电包装袋、导电材料包装袋或金属容器存放功率场效应晶体管器件，不能用普通塑料袋存放。取用功率场效应晶体管器件时，工作人员必须使用接地良好的抗静电腕带，并且应拿器件的管壳，不要拿器件的引线。安装时，工作台、电烙铁应良好接地。测试时，工作台与测试仪器都必须良好接地。必须将功率场效应晶体管的3个电极全部接入测试仪器后，才可加电。改换测试时，电压和电流要先恢复到零。

② 工作保护。

栅源过电压保护：漏极电压的突变会通过极间电容耦合到栅极，若栅源间阻抗过高，则会产生过高的栅源尖峰电压，将栅源氧化层击穿，造成器件损坏。当耦合到栅极的电压为正时，还可能引起器件误导通。防止栅源过电压的方法有：适当降低栅极驱动电路的阻抗，在栅源间并接阻尼电阻，或并接约20V的齐纳二极管(栅极不得开路)。

漏源过电压保护：若功率场效应晶体管器件带有感性负载，当器件关断时，漏极电流的突变会产生很高的漏极尖峰电压使器件击穿。为此要在感性负载两端并接钳位二极管。另外，为防止因电路存在杂散电感 L_S 而产生的瞬时过电压，还应在漏源两端采用RCD或RC缓冲电路，如图3－22所示。

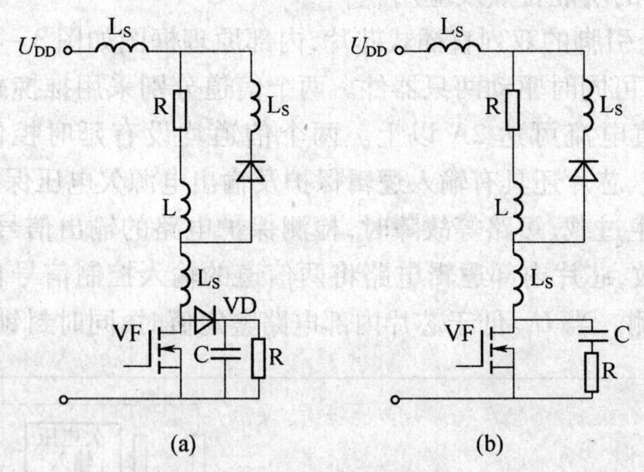

图3－22 漏源过电压的保护

漏极过电流保护：因器件误开通或负载变化等原因引起漏极电流超过漏极峰值电流时，应使器件迅速关断。可采用电流互感器或其他检测控制电路切断器件回路。

二、直流斩波电路

将不可调的直流电变换成所需电平的可控直流电的对应电路称为直流斩波电路。它利用电力电子器件来实现通断控制，将输入恒定直流电压切割成断续脉冲加到负载上，通过通、断的时间变化来改变负载电压平均值，又称直流－直流变换电路。它具有效率高、体积小、重量轻、成本低等优点，已广泛应用于直流电源与直流电动机传动中。直流斩波器的负载可以分为两类，一类是以等效电阻来代表的阻性负载；另一类是用一个直流电压源与电动机绕组的电阻及电感的串联电路来代表的直流电动机负载。

直流斩波电路的结构类型很多，有降压型、升压型、降压-升压型、桥式等。

图3-23（a）是直流斩波器的原理电路。当开关K闭合时，负载两端的电压$u_o=E$；断开时，$u_o=0$。开关K按一定规律时通时断，负载上就得到一系列脉冲，如图3-23（b）所示。

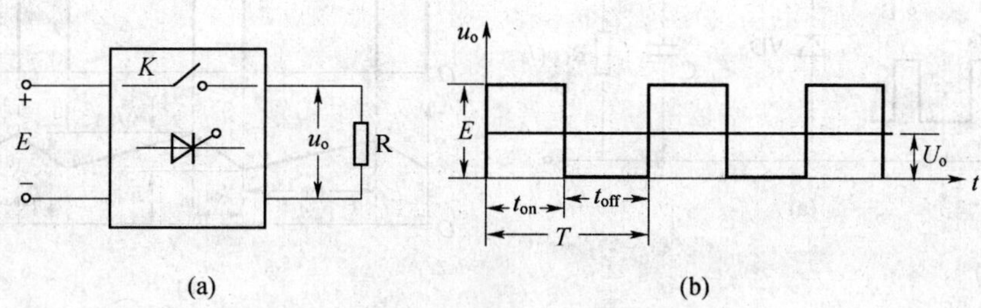

图3-23　直流斩波器的工作原理

（a）直流斩波器的原理电路；（b）工作波形。

负载电压的平均值为

$$U_o = \frac{1}{T}\int_0^{t_{on}} E \cdot dt = \frac{t_{on}}{T}E \tag{3-10}$$

式中：t_{on}为斩波器的导通时间；T为通断周期；E为输入直流电压。

显然，当输入直流电压一定时，其负载上的输出平均电压是通过控制开关的通断时间来实现的。可以采用以下3种不同的方法来改变输出电压的大小。

① 改变t_{on}而保持通断周期T不变，称为脉冲宽度调制（PWM）。

② 保持t_{on}不变而改变通断周期T，称为脉冲频率调制（PFM）。

③ 对脉冲频率与宽度综合调制，即同时改变t_{on}和T，称为混合调制。

构成斩波器的开关器件可以是具有自关断能力的全控型电力半导体器件，也可以是晶闸管这样的半控型电力半导体器件，下面分别进行介绍。

1. 降压（Buck）型变换电路

Buck型变换器是最简单和最基本的高频变换器结构，其电路如图3-24（a）所示。图中，U为固定电压的直流电源，V为晶体管开关（可以是大功率晶体管，也可以是功率场效应晶体管）。电感L和电容C为输出端滤波电路，将脉冲波变成纹波较小的直流波；为在V关断时给负载中的电感电流提供通道，还设置了续流二极管VD。

晶体管V由重复频率为$f=1/T$的控制脉冲u_B驱动。在脉冲周期的t_{on}期间，u_B为高电平，V导通，输入能量通过电感L向负载输送功率并对电容C充电，电感L中的电流线性增加，在L中储存能量。此时，忽略V的饱和管压降，$u_A=E$，二极管VD承受反向电压而截止。在脉冲周期的t_{off}期间，u_B为低电平，V截止，电感L的两端产生右正左负的感应电势，使二极管VD承受正压而导通，电感L在t_{on}期间储存的能量经续流二极管VD传送给负载。此时，$u_A=0$，电感L中的电流线性下降。其工作波形如图3-24（b）所示。

通常电路工作频率较高，若电感和电容量足够大，使f_o（$f_o=1/2\pi\sqrt{LC}$）$\gg f$，在电路进入稳态后，输出电压近似为恒定值U_o。则电感L两端的电压为

$$u_L = \begin{cases} E - U_o & 0 \leqslant t \leqslant t_{on} \\ -U_o & t_{on} < t \leqslant T \end{cases} \tag{3-11}$$

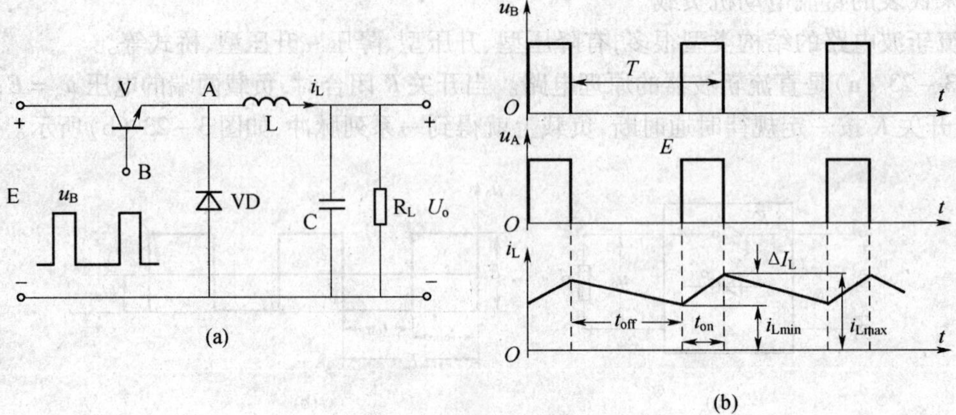

图 3-24 降压型变换电路

（a）电路图；（b）工作波形。

图 3-24（b）所示电感 L 的电流 i_L，在稳态运行时，一个周期内的增量和减量相等，即

$$\int_0^{t_{on}} \frac{u_L}{L} dt + \int_{t_{on}}^{T} \frac{u_L}{L} dt = 0 \tag{3-12}$$

由式(3-11)和式(3-12)得输出直流电压为

$$U_o = \frac{t_{on}}{T} \cdot E = d \cdot E \tag{3-13}$$

式中：$d = t_{on}/T$ 称为占空比。显然，改变 d 即可调节输出电压 U_o，且由于 $0 < d < 1$，则 $U_o < E$，属降压输出。

输出电流平均值为

$$I_o = \frac{U_o}{R_L} \tag{3-14}$$

2. 升压(Boost)型变换电路

Boost 型变换电路如图 3-25(a)所示，它由晶体管 V、储能电感 L、升压二极管 VD 和滤波电容 C 组成。

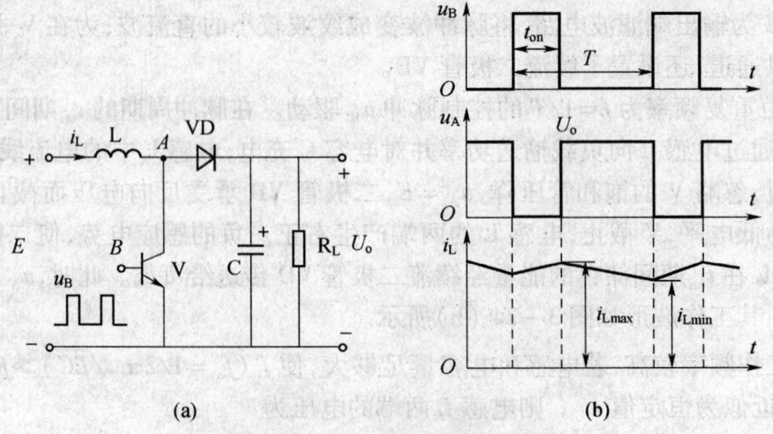

图 3-25 升压型变换电路

（a）电路图；（b）工作波形。

在脉冲周期的 t_{on} 期间，电力晶体管 V 导通，忽略 V 的饱和管压降，$u_A=0$。输入电压 E 直接加在电感 L 两端，i_L 线性增长，L 中储存能量。二极管 VD 截止，由储能滤波电容 C 向负载 R_L 提供能量，并保持输出电压 U_o 基本不变。在 t_{off} 期间，V 截止，L 两端感应电势左负右正，使二极管 VD 导通，并与输入电压 E 一起经二极管向负载供电，电感 L 释放能量，电感电流 i_L 线性下降。设电容 C 足够大，则 U_o 基本不变，在此期间 $u_A=U_o$。其工作波形如图 3－25 (b) 所示。

电感两端电压为

$$u_L=\begin{cases}E & 0\leqslant t\leqslant t_{on}\\ E-U_o & t_{on}<t\leqslant T\end{cases} \tag{3-15}$$

同式(3－12)一样，在一个周期内 i_L 的增量和减量相等。将式(3－15)代入式(3－12)中得输出电压为

$$U_o=\frac{T}{T-t_{on}}\cdot E=\frac{1}{1-d}\cdot E \tag{3-16}$$

显然，由于 $0<d<1$，则 $U_o>E$，是一种升压输出。改变 d 即可调节输出电压大小。输出电流仍为 $I_o=U_o/R_L$。

三、降压/升压(Buck－Boost)型变换电路

Buck－Boost 型变换器也称反极性变换器，它的 U_o 与 E 极性相反，输出电压既可低于，也可以高于输入电压。其基本电路如图 3－26(a)所示。

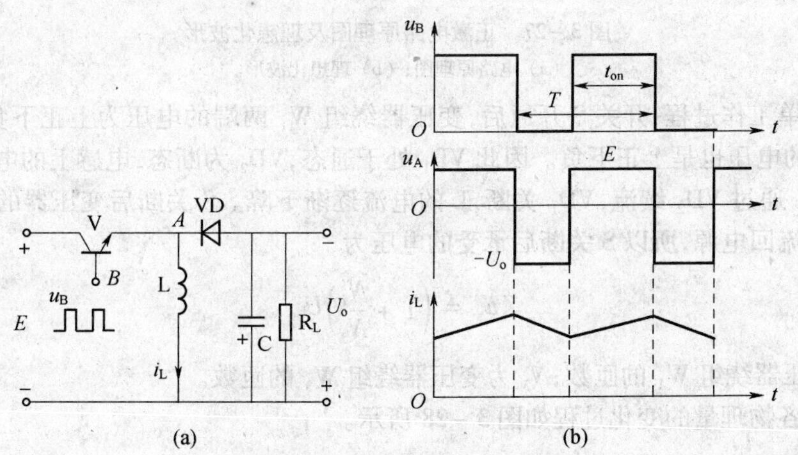

图 3－26　降压/升压型变换电路

(a) 电路图；(b) 工作波形。

在 u_B 为高电平，即脉冲周期的 t_{on} 期间，V 导通，忽略其饱和管压降，则 $u_A=u_L=E$。此时，E 向电感 L 充电，L 中储存能量，i_L 线性增长。二极管 VD 因反偏而截止，由输出滤波电容 C 向负载 R_L 提供电流。在 u_B 为低电平，即 t_{off} 期间，V 截止，电感 L 产生上负下正的感应电势，使二极管 VD 导通，电感释放能量，向负载 R_L 供电，并向电容 C 充电，电感电流 i_L 线性下降。同样，在电容 C 足够大，U_o 基本稳定不变情况下，$u_A=u_L=-U_o$。其工作波形如图 3－26(b)所示。

电感两端电压为

$$u_L=\begin{cases}E & 0\leqslant t\leqslant t_{on}\\ -U_o & t_{on}<t\leqslant T\end{cases} \tag{3-17}$$

根据一个周期内电感电流 i_L 的增量和减量相等,将式(3－17)代入式(3－12)中得输出电压为

$$U_o = \frac{t_{on}}{T - t_{on}} \cdot E = \frac{d}{1 - d} \cdot E \tag{3-18}$$

调节占空比 d,即可调节输出电压大小,并且 $d < 0.5$ 时,$U_o < E$,为降压输出;$d = 0.5$ 时,$U_o = E$,为等压输出;$d > 0.5$ 时,$U_o > E$,为升压输出。负载上得到的输出电流仍为 $I_o = U_o/R_L$。

四、带隔离变压器的 DC/DC 变换器

1. 正激电路

正激电路包含多种不同结构,典型的单开关正激电路及其工作波形如图 3－27 所示。

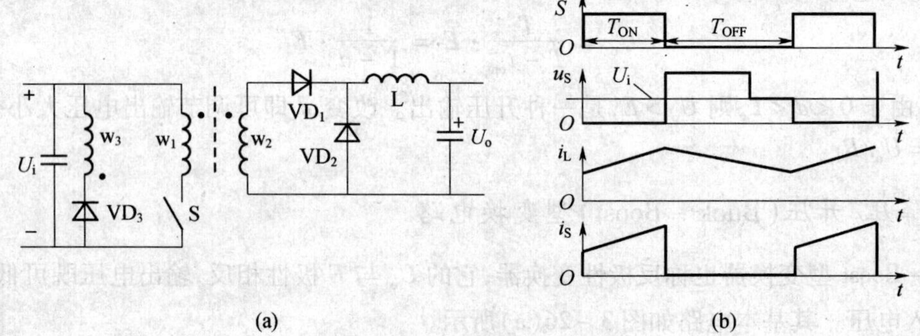

图 3－27　正激电路原理图及理想化波形

(a) 电路原理图; (b) 理想化波形。

电路的简单工作过程:开关 S 开通后,变压器绕组 W_1 两端的电压为上正下负,与其耦合的绕组 W_2 两端的电压也是上正下负。因此 VD_1 处于通态,VD_2 为断态,电感上的电流逐渐增长;S 关断后,电感 L 通过 VD_2 续流,VD_1 关断,L 的电流逐渐下降。S 关断后变压器的励磁电流经绕组 W_3 和 VD_3 流回电源,所以 S 关断后承受的电压为

$$u_s = \left(1 + \frac{N_1}{N_3}\right) U_i \tag{3-19}$$

式中:N_1 为变压器绕组 W_1 的匝数;N_3 为变压器绕组 W_3 的匝数。

变压器中各物理量的变化过程如图 3－28 所示。

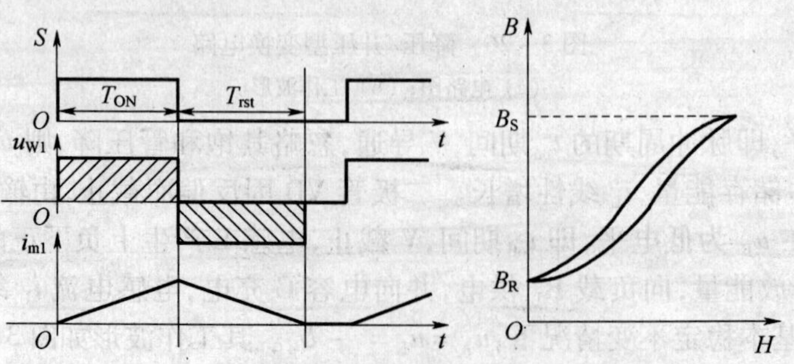

图 3－28　磁心复位过程

开关 S 开通后,变压器的励磁电流 i_m 由零开始,随着时间的增加而线性地增长,直到 S 关

断。S 关断后到下一次再开通的一段时间内，必须设法使励磁电流降回零，否则下一个开关周期中，励磁电流将在本周期结束时的剩余值基础上继续增加，并在以后的开关周期中依次累积起来，变得越来越大，从而导致变压器的励磁电感饱和。励磁电感饱和后，励磁电流会更加迅速地增长，最终损坏电路中的开关器件。因此在 S 关断后使励磁电流降回零是非常重要的，这一过程称为变压器的磁心复位。

在正激电路中，变压器的绕组 W_3 和二极管 VD_3 组成复位电路。下面简单分析其工作原理。

开关 S 关断后，变压器励磁电流通过 W_3 绕组和 VD_3 流回电源，并逐渐线性地下降为零。从 S 关断到 W_3 绕组的电流下降到零所需的时间 $T_{rst}=\frac{N_3}{N_1}T_{ON}$。S 处于断态的时间必须大于 T_{rst}，以保证 S 下次开通前励磁电流能够降为零，使变压器磁心可靠复位。

在输出滤波电感电流连续的情况下，即 S 开通时电感 L 的电流不为零，输出电压与输入电压的比为

$$\frac{U_o}{U_i}=\frac{N_2}{N_1}\frac{T_{ON}}{T}$$

如果输出电感电路电流不连续，输出电压 U_o 将高于上式的计算值，并随负载减小而升高，在负载为零的极限情况下，$U_o=\frac{N_2}{N_2}U_i$。

2. 反激电路

反激电路及其工作波形如图 3－29 所示。

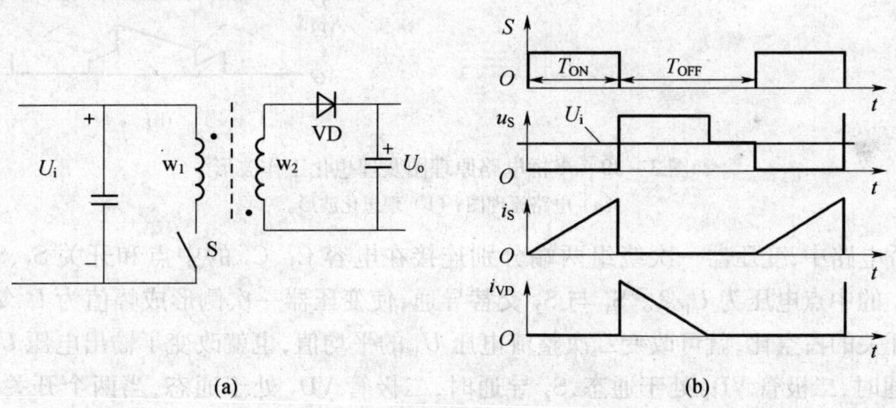

图 3－29　反激电路原理图及理想化工作波形

(a) 电路原理图；(b) 理想化波形。

与正激电路不同，反激电路中的变压器起着储能元件的作用，可以看作是一对相互耦合的电感。

S 开通后，VD 处于断态，绕组 W_1 的电流线性增长，电感储能增加；S 关断后，绕组 W_1 的电流被切断，变压器中的磁场能量通过绕组 W_2 和 VD 向输出端释放。S 关断后承受的电压为 $u_s=\left(U_i+\frac{N_1}{N_2}\right)U_o$。

反激电路可以工作在电流断续和电流连续两种模式。

① 如果当 S 开通时，绕组 W_2 中的电流尚未下降到零，则称电路工作于电流连续模式。

② 如果 S 开通前，绕组 W_2 中的电流已经下降到零，则称电路工作于电流断续模式。

当工作于电流连续模式时，有$\frac{U_o}{U_i}=\frac{N_2 T_{on}}{N_1 T_{off}}$。

当电路工作在断续模式时，输出电压高于上式的计算值，并随负载减小而升高，在负载电流为零的极限情况下，$U_o \to \infty$，这将损坏电路中的器件，因此反激电路不应工作于负载开路状态。

3. 半桥电路

半桥电路的原理及工作波形如图 3－30 所示。

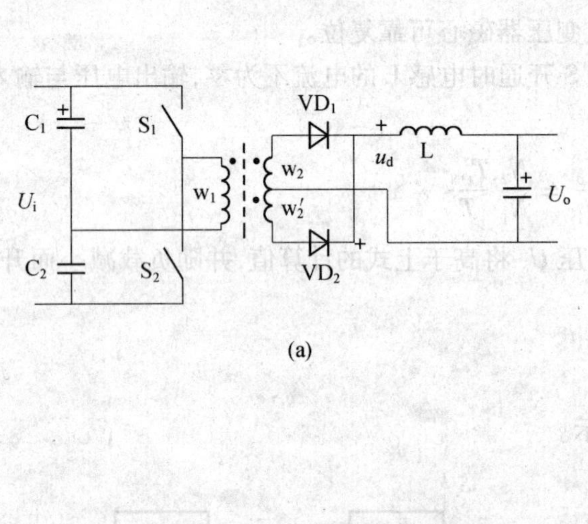

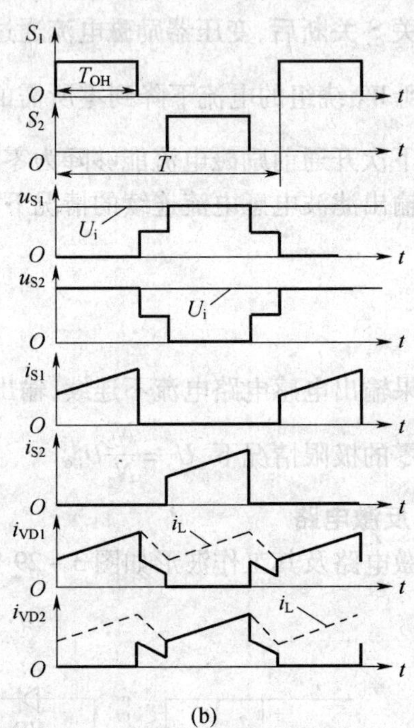

图 3－30　半桥电路原理图及理想化工作波形

(a) 电路原理图；(b) 理想化波形。

在半桥电路中，变压器一次绕组两端分别连接在电容 C_1、C_2 的中点和开关 S_1、S_2 的中点。电容 C_1、C_2 的中点电压为 $U_i/2$。S_1 与 S_2 交替导通，使变压器一次侧形成幅值为 $U_i/2$ 的交流电压。改变开关的占空比，就可改变二次整流电压 U_d 的平均值，也就改变了输出电压 U_o。

S_1 导通时，二极管 VD_1 处于通态，S_2 导通时，二极管 VD_2 处于通态，当两个开关都关断时，变压器绕组 W_1 中的电流为零，根据变压器的磁动势平衡方程，绕组 W_2 和 W_3 中的电流大小相等、方向相反，所以 VD_1 和 VD_2 都处于通态，各分担一半的电流。S_1 或 S_2 导通时电感上的电流逐渐上升，两个开关都关断时，电感上的电流逐渐下降。S_1 和 S_2 断态时承受的峰值电压均为 U_i。

由于电容的隔直作用，半桥电路对由于两个开关导通时间不对称而造成的变压器一次电压的直流分量有自动平衡作用，因此不容易发生变压器的偏磁和直流磁饱和。

为了避免上下两开关在换流的过程中发生短暂的同时导通现象而造成短路，损坏开关器件，每个开关各自的占空比不能超过 50%，并应留有裕量。

当滤波电感 L 的电流连续时，有$\frac{U_o}{U_i}=\frac{N_2 T_{ON}}{N_1 T}$。

如果输出电感电流不连续，输出电压 U_o 将高于式中的计算值，并随负载减小而升高，在负载电流为零的极限情况下，$U_o=\frac{N_2U_i}{N_12}$。

4. 全桥电路

全桥电路的原理图和工作波形如图 3－31 所示。

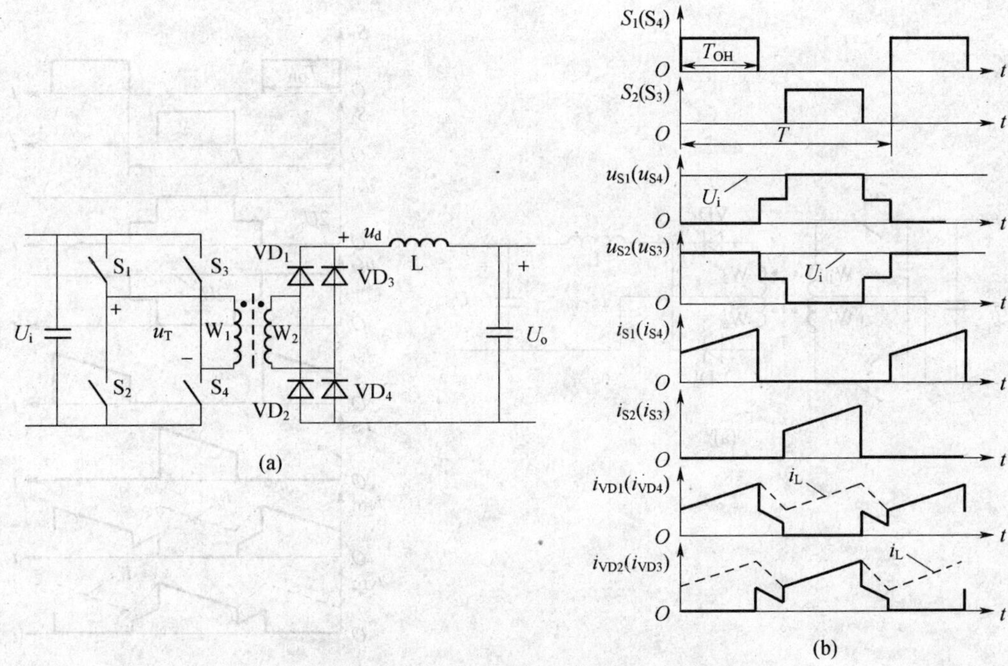

图 3－31　全桥电路原理图及理想化工作波形

（a）电路原理图；（b）理想化波形。

全桥电路中互为对角的两个开关同时导通，而同一侧半桥上下两开关交替导通，将直流电压转换成幅值为 U_i 的交流电压，加在变压器一次侧。改变开关的占空比，就可以改变 U_d 的平均值，也就改变了输出电压 U_o。

当 S_1 与 S_4 开通后，二极管 VD_1 和 VD_4 处于通态，电感 L 的电流逐渐上升；S_2 与 S_3 开通后，二极管 VD_2 和 VD_3 处于通态，电感 L 的电流也上升。当 4 个开关都关断时，4 个二极管都处于通态，各分担一半的电感电流，电感 L 的电流逐渐下降。S_1 和 S_4 断态时承受的峰值电压均为 U_i。

若 S_1、S_4 与 S_2、S_3 的导通时间不对称，则交流电压 u_T 中将含有直流分量，会在变压器一次电流中产生很大的直流分量，并可能造成磁路饱和，因此全桥应注意避免电压直流分量的产生，也可以在一次回路电路中串联一个电容，以阻断直流电流。

为了避免同一侧半桥中上下两开关在换流的过程中发生短暂的同时导通现象而损坏开关，每个开关各自的占空比不能超过 50%，并应留有裕量。

当滤波电感 L 的电流连续时，有 $\frac{U_o}{U_i}=\frac{N_2}{N_1}\frac{2N_{ON}}{T}$。

如果输出电感电流不连续，输出电压 U_o 将高于式中的计算值，并随负载的减小而升高，在负载电流为零的极限情况下，有 $U_o=\frac{N_2}{N_1}U_i$。

5. 推挽电路

推挽电路的原理及工作波形如图 3－32 所示。

推挽电路中两个开关 S_1 和 S_2 交替导通，在绕组 W_1 和 W_2 两端分别形成相位相反的交流电压。S_1 导通时，二极管 VD_1 处于通态；S_2 导通时，二极管 VD_2 处于通态；当两个开关都关断时，VD_1 和 VD_2 都处于通态，各分担一半的电流。S_1 或 S_2 导通时电感 L 的电流逐渐上升，两个开关都关断时，电感 L 的电流逐渐下降。S_1 和 S_2 断态时承受的峰值电压均为 2 倍 U_i。

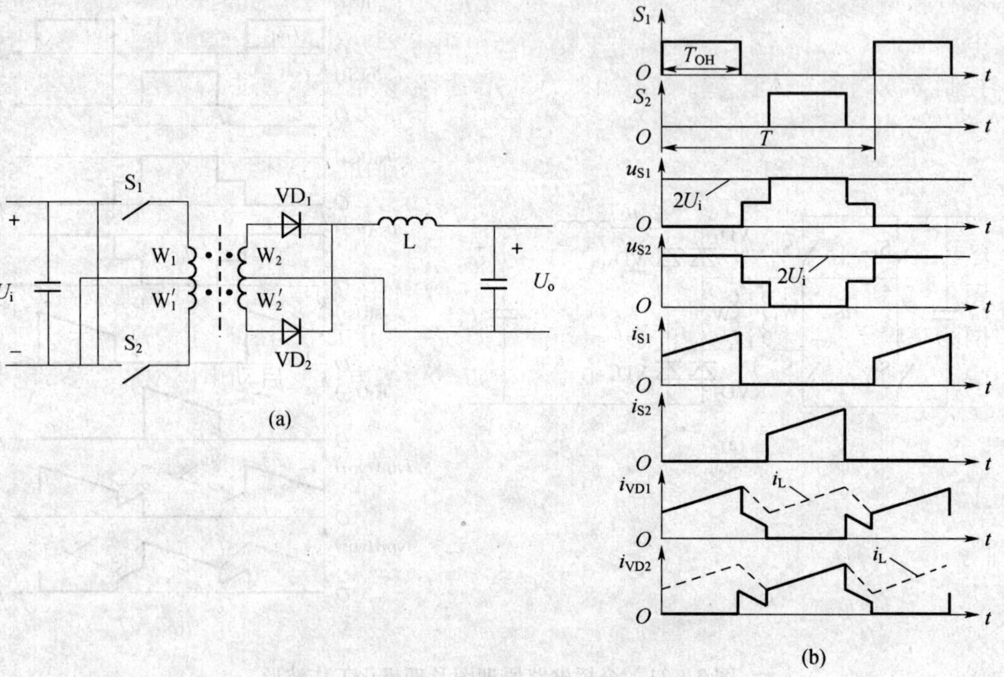

图 3－32　推挽电路原理图及理想化工作波形

(a) 电路原理图；(b) 理想化波形。

如果 S_1 和 S_2 同时导通，就相当于变压器一次绕组短路，因此应避免两个开关同时导通，每个开关各自的占空比不能超过 50%，还要留有死区。

当滤波电感 L 的电流连续时，有 $\frac{U_o}{U_i}=\frac{N_2}{N_1}\frac{2T_{ON}}{T}$。

如果输出电感电流不连续，输出电压 U_o 将高于式中的计算值，并随负载减小而升高，在负载电流为零的极限情况下，有 $U_o=\frac{N_2}{N_1}U_i$。

五、IBM PC/XT 系列主机开关电源介绍

图 3－2 是 IBM / PC 系列微机实际应用的开关电源电路，它是一种设计全面、普及率较高的他激式脉宽调制开关稳压电源。脉宽调制控制采用集成控制器 TL494，应用 5V 输出端的电压作为反馈控制，实现了闭环控制，具有交流输入电压欠压保护、5V 过压和过流保护，在外围电路的控制下，TL494 向半桥式直流变流器驱动电路送出两路相位相差 180°的脉宽调制控制脉冲。该控制信号被功率放大后，经高频变压器耦合给 4 个独立的变压器二次绕组中的整流滤波电路，形成 ±5V 和 ±12V 直流电源。其中，－5V 和 －12V 直流电源分别经具有固定输出的 3 端集成稳压电路 78M05 和 7812，向负载送出 －5V 和 －12V 直流电压。＋12V 直流稳压电源具有过流保护功能。对于 －5V、－12V 和 ＋12V 直流电源而言，其输出端电压的稳定度都受控于 ＋5V 自动

稳压负反馈控制系统。

开关电源的主变换器是由半桥式驱动电路组成的。该电路由滤波电容 C_9 和 C_{10}、电力开关管 VT_3 和 VT_4 以及高频变压器 T_4 组成。这种驱动电路同时完成高效率的传递功率和调节脉冲宽度实现稳定电压输出的双重功能。半桥式变流器的工作过程是：当晶体管 VT_3 和 VT_4 的基极回路中没有脉宽调制控制方波输入时，VT_3 和 VT_4 处于截止状态。此时，300V 直流电压将平均分配在电容 C_9 和 C_{10}上（因 C_9 和 C_{10}并联的均压电阻 R_4 与 R_5 的电阻值相等），即等于 150V 左右。当控制方波送到晶体管 VT_3 的基极时，VT_3 导通，输入电压将通过 VT_3 及变压器 T_4 的 N_1 绕组给电容 C_{10}充电。由于电容 C_{10}上的电压不能突变，如果忽略 VT_3 的饱和压降，那么在 T_4 的一次绕组上，将感应出 $U_1/2$（U_1 被定义为输入电压）的电压（由 0 上升到 $U_1/2$）。这种变化的结果将导致晶体管 VT_4 的集电极与发射极之间的电压由 $U_1/2$ 上升到 U_1。在上述过程中，电容 C_9 放电，C_{10}充电。

在图 3－2 所示的电路中，C_1、L_1、L_2、C_2、L_3、C_6、C_8 和 C_7 构成组合式低通滤波器，用来限制来自电网的高频干扰对稳压电路的影响，并抑制脉宽调制开关电路所产生的高频干扰对市电电网的影响。双向晶闸管 V_1 及外围电路组成交流市电输入电压软启动电路，当接通市电时，VT_1 处于关断状态。这时市电通过启动限流电阻 R_1 向单相桥式整流器 UR_1 供电。R_1 的接入可有效抑制在市电刚接通瞬间，整流器对滤波电容所产生的瞬时启动充电浪涌电流。当脉宽调制电路工作正常时，来自高频变压器 T_4 二次绕组 N_2 中的感应触发信号，使 VT_1 处于导通状态。此后 R_1 被短路，单相桥式整流器 UR_1 将承受全部交流电压，至此电路进入正常工作状态。整理后的脉动电压经 C_9、R_4 和 C_{10}、R_5 滤波分压电路后，在 C_9、C_{10}上各得 $U_1/2$ 的直流电压。

整流滤波后产生的 300V 直流电压，分两路送到下一级，一路送到开关管 VT_3 和 VT_4 及其相关元件组成的半桥式变流电路，另一路送到由晶体管 VT_2 及其相关元件组成的自激式直流辅助电源电路，其中稳压二极管 VS_1 和电阻 R_{16}组成晶体管 VT_1 的基极保护回路，而变压器 T_1 的二次绕组 N_3、电阻 R_{17}和 R_{16}、电容 C_5 及二极管 VD_{10}构成晶体管 VT_1 的反偏截止电路。

当 VT_1 趋向截止时，原来储存在 T_1 中的能量，将在 N_3 绕组中形成反激电压，该反激电压就是加速 VT_1 截止的反向偏置电压。从 T_1 的二次绕组 N_4 中感应的脉冲电压经 VD_{11}、C_{12}整流滤波后，产生的直流电压被送到 TL494 的 12 脚作为该芯片的直流辅助电源。与此同时，来自二次绕组 N_4 的感应电压经 VD_{12}和 VD_{13}送到欠压输入保护电路，作为交流市电欠电压输入采样信号。

当 TL494 内部锯齿波发生器的 5、6 脚分别接上定时电容 C_{21}和定时电阻 R_{13}时，TL494 内部的自激式锯齿波振荡器开始工作。另外，当 TL494 的 12 脚输入直流辅助电压时，基准电压源经由 R_{30}、R_{26}、R_{25}、R_{22}和 R_{24}组成的电阻分压器，分别为它的采样误差放大器反相输入端 2 脚、控制放大器的反相输入端 15 脚和死区电平控制端 4 脚建立起它们各自的基准参考电平。为了防止半桥式变流器驱动电路中所用的一对高反压功率开关晶体管 VT_3 和 VT_4 发生共同导通而损坏，要求在 TL494 的死区电平控制输入端 4 脚送入一个死区控制电压。

+5V 直流输出电压电路的闭环控制过程是：来自 +5V 输出端的采样电压，经电位器 RP_2、电阻 R_{43}、R_{44}和电容 C_{38}、C_{36}组成的电阻分压器分压后，向 TL494 的采样放大器的同相输入端 1 脚馈送一个合适的电压反馈控制信号。当外界市电电网输入电压升高或 +5V 直流电源的负载减轻，而引起 +5V 电压输出端的实际输出电压有所增高时，送到采样放大器的同相端的电压必然升高，这样将会造成从 TL494 的末级输出晶体管输出的调制脉冲的宽度减小，而内部晶体管与外部晶体管 VT_5 和 VT_6 分别构成一对功率放大复合驱动管，从 VT_5 和 VT_6 送出的一对相位差 180°的脉宽调制驱动脉冲，分别经变压器 T_3 和 T_2 送到直流变流器中高反压开关晶体管 VT_3 和

VT_4 的基极回路。由于晶体管 VT_3 和 VT_4 分别与 C_9、C_{10} 和 C_{11}、T_4 的一次绕组 N_1 以及 VT_3、VD_{19}、VT_4 和 VD_{20} 构成一个典型的半桥式变流器功率驱动电路，显然，当输出的 +5V 电压升高时，反馈作用在 TL494 输出驱动脉冲的控制下，使加到从 T_4 的一次绕组 N_1 上的脉冲变窄，因而经 T_4 耦合到 4 个二次绕组的脉宽调制电压的脉冲宽度也将变窄。这种脉冲宽度变窄的电压脉冲经整流二极管 VD_{22}、VD_{21} 及电感 L_7、电容 C_{28} 组成的整流滤波电路后，它的直流电压的幅值必然有所下降。主要适当的控制负反馈量就可使 +5V 直流输出电压自动稳定。VD_{19} 和 VD_{20} 分别为 VT_3 和 VT_4 的集电极 - 发射极反压控制保护二极管，也起续流管的作用。

+5V 直流输出电压的过电流保护工作原理简述如下：它利用 TL494 内部的控制放大器进行闭环负反馈控制。控制放大器反相输入端 15 脚的参考电平是由 TL494 内部产生的 5V 基准电源与 +5V 直流输出端的电压，经电阻 R_{23} 和 R_{25} 分压得到的。分压电平的高低实际上反映了 +5V 直流输出电压与标准 5V 基准电压的差值。当输出端的电压正好等于 5V 时，该电平即是所谓的平衡电平。控制放大器同相输入端 16 脚的输入信号，取自 +5V 直流输出回路中由 R_{39} 和 R_{40} 组成的电阻分压器。当 +5V 直流输出端过流时，取样电阻 R_{40} 上的压降必然因 R_{38} 上压降增加引出 R_{39} 与 R_{40} 两端电压增加而增大，这将使控制放大器同相端电平比反相端电平上升得更高。由上可知，送到控制放大器两输入端，这种变化的输入信号，将导致 TL494 所输出的控制驱动脉冲的宽度变窄。严重时，甚至会使得它所输出的驱动脉冲的宽度变为零，其结果使 +5V 输出端电压下降或者变为零，从而实现自动保护的目的。

+5V 直流输出电压的过电压保护电路是由稳压二极管 VS_3、电阻 R_{21}、电容 C_{19}、晶闸管 V_2 及晶体管 VT_2 组成的。当 +5V 直流输出端的电压超过规定值时，稳压二极管 VS_3 击穿而处于导通状态。此时，在 R_{21} 及 C_{19} 两端的压降等于 5V 直流输出端的实际电压与 VS_3 的稳压值之差，V_2 的门极在此电压触发下，使其由原来的阻断状态变为导通状态。一旦导通，与之相连的 VT_2 基极电位将下降为零，VT_2 饱和导通。因而，TL494 的死区电平控制端 4 脚的电平将上升 5V 左右，于是从 TL494 的 8 脚和 11 脚输出的调制脉冲宽度为零，VT_3 和 VT_4 处于截止状态，所有的直流输出为零，从而达到过压自动保护的目的。

欠压保护电路由 VD_{12}、VD_{13}、C_{20}、R_{20}、VD_{14} 及 VT_2 组成。当市电供电正常时，在 T_1 的二次绕组 N_4 上，所感应的控制信号幅度较大，足以使 VS_2 处于导通状态，此时，VD_{14} 处于反相偏置状态，欠电压保护电路对微机直流稳压电压的工作状态无影响。反之，当市电低于规定值时，来自 N_4、VD_{12} 和 VD_{13} 的欠压保护控制信号幅度已小到不足以使 VS_2 处于导通状态。一旦 VS_2 截止，VD_{14} 的负端电平将下降为零，结果导致 VT_2 导通，TL494 的死区电平控制端 4 脚的电平上升到 5V 左右，TL494 输出的驱动脉冲的宽度为零，半桥式变换器中 VT_3 和 VT_4 晶体管截止，从而使所有输出为零，这样就达到了欠压保护的目的。 +12V 输出电源的过流保护电路是由 VT_8 和 VT_7 等电路组成的，+12V 输出电压经电位器 RP_1 及电阻 R_{47} 向 VT_8 的基极注入电流。R_{47} 的选择原则是保证 VT_8 集电极的输出电压的幅度恰好使得后级控制晶体管 VT_7 的基极 - 发射极处于临界导通状态。当 +12V 电源不发生过电流时，VT_7 处于截止状态；反之，当 +12V 电源过流时，在过流取样电阻 R_{37} 上的压降将上升到使得它与 VT_8 集电极电压之和足以使 VT_7 进入饱和导通状态。一旦 VT_7 饱和导通，来自 TL494 的 14 脚的 5V 基准电源经 R_{19}、VD_{16}、VT_7 的集电极 - 发射极以及 R_{36} 形成电流通路。VD_{16} 将变成正向导通并使 VT_2 的基极电位下降，VT_2 从截止变为饱和导通状态，这样，TL494 的死区电平控制端 4 脚的电平将上升到 5V，导致 TL494 输出的调制脉冲的宽度为零，其结果使 VT_3 和 VT_4 截止，所有输出都为零，从而达到过电流保护的目的。

六、典型故障现象及检修方法

1. 通电后无任何反应

(1) 故障现象

PC 系统通电后，主机指示灯不亮，显示器屏幕无光栅，整个系统无任何反应。

(2) 检修方法

通电后无任何反应，是 PC 主机电源最常见的故障，对此首先应采用直观法察看电源盒有无烧坏元器件，接着采用万用表电阻挡检测法逐个单元地进行静态电阻检测，看有无明显短路。若无明显元件烧坏，也没有明显过电流，则可通电采用动态电压对电源中各关键点的电压进行检修。

2. 一通电就熔断交流熔丝管

(1) 故障现象

接通电源开关后，电源盒内发出"叭"的一声，交流熔丝管随即熔断。

(2) 检修方法

一通电就熔断交流熔丝管，说明电源盒内有严重过电流元件，除短路之外，故障部位一般在高频开关变压器一次绕组之前，通常有以下 3 种情况。

① 输入桥式整流二极管中的某个二极管被击穿。由于 PC 电源的高压滤波电容一般都是 220μF 左右的大容量电解电容，瞬间工作充电电流达 20A 以上，所以瞬间大容量的浪涌电流将会造成桥堆中某个质量较差的整流管过电流工作，尽管有限流电阻限流，但也会发生一些整流管被击穿的现象，造成烧毁熔丝。

② 高压滤波电解电容 C_9、C_{10} 被击穿，甚至发生爆裂现象。由于大容量的电解电容工作电压一般均接近 200V，而实际工作电压均已接近额定值。因此当输入电压产生波动时，或某些电解电容质量较差时，就极容易发生电容被击穿现象。更换电容最好选择耐压高些的，如 300μF/450V 的电解电容。

③ 开关管 VT_1、VT_2 损坏。由于高压整流后的输出电压一般达 300V，逆变功率开关管的负载又是感性负载，漏感所形成的电压尖峰将有可能使功率开关管的 V_{CEO} 的值接近于 600V，而 VT_1、VT_2 的 2SC3039 所标 V_{CEO} 只有 400V 左右。因此当输入电压偏高时，某些质量较差的开关管将会发生 E—C 之间的击穿现象，从而烧毁熔丝。在选择逆变功率开关管时，对单管自激式电路中的 VT_1，要求 V_{CEO} 必须大于 800V，最好达 1000V 以上，而且截止频率越高越好。另外，要注意的是，由于某些开关功率管是与激励推挽管直接耦合的，故往往是变压器一次侧电路中的大、小晶体管同时击穿。因此，在检修这种电源时应将前级的激励管一同进行检测。

3. 熔丝管完好，但各路直流电压均零

(1) 故障现象

故障现象接通电源开关后，主机不启动，用万用表测 ±5V、±12V 均没有输出。

(2) 检修方法

主机电源直流输出的四组电压：+5V、-5V、+12V、-12V，其中 +5V 电源输出功率最大(满载时达 20A)，故障率最高，一旦 +5V 电路有故障时，整个电源电路往往自动保护，其他几路也无输出，因此，+5V 形成及输出电路应重点检查。

当电源在有负载情况下测量不出各输出端的直流电压时即认为电源无输出。这时应先打开电源检查熔丝。如果熔丝完好，应检查电源中是否有开路、短路现象，过电压、过电流保护电路是否发生误动作等。这类故障常见的有以下 3 种情况。

① 限流电阻 R_1 开路。开关电源采用电容输入式滤波电路，当接通交流电压时，会有较大的合闸浪涌电流（电容充电电流），而且由于输出保持能力等的需要，输入滤波电容也较大，因而合闸浪涌电流比一般稳压电源要高得多，电流的持续时间也长。这样大的浪涌电流不仅会使限流电阻或输入熔丝熔断，还会因为虚焊或焊点不饱满、有空隙而引起长时间的放电电流，导致焊点脱落，使电源无法输出。一般扼流圈引脚因清漆不净，常会发生该类故障，这种故障重焊即可。

② +12V 整流半桥块击穿。+12V 整流二极管采用快速恢复二极管 FRD，而 +5V 整流二极管采用肖特基二极管 SBD。由于 FRD 的正向压降要比 SBD 来得大，当输出电流增大时，正向压降引起的功耗也大，所以 +12V 整流二极管的故障率较高，选择整流二极管时，应尽可能选用正向压降低的整流器件。

③ 晶闸管坏。在检查中发现开关振荡电路丝毫没有振荡现象。从电路上分析能够影响振荡电路的只有 +5V 和 +12V，它是通过发光二极管来控制振荡电路的，如果发光二极管不工作，那么光耦合器将截止，开关晶体管因无触发信号始终处于截止状态，影响发光二极管不能工作的最常见元件就是晶闸管 V_1 损坏。

4. 启动电源时发出"滴嗒"声

(1) 故障现象

开启主机电源开关后，主机不启动，电源盒内发出"滴嗒"的怪声响。

(2) 检修方法

这种故障一般是输入的电压过高或某处的短路造成的大电流使 +5V 处输出电压过高，这样引起过电压保护动作，晶闸管也随之截止，短路消失，使电源重新启动供电。如此周而复始地循环，将会使电源发生"滴嗒滴嗒"的开关声，此时就应关闭电源进行仔细检查，找出短路故障处，从而修复整个电源。

另有一种原因是控制集成电路的定时元件发生了变化或内部不良。用示波器测量集成控制器 TL494 输出的⑧脚和⑩脚，其工作频率只有 8kHz 左右，而正常工作时近 20kHz 左右。经检查发现定时元件电容器的容量变大，导致集成控制器定时振荡频率变低，使电源产生重复性"滴嗒"声，整个电源不能正常工作，只要更换定时电容即恢复正常。

5. 某一路无直流输出

(1) 故障现象

开机后，主机不启动，用万用表检测 ±5V、±12V，其中一路无输出。

(2) 检修方法

在主机电源中，±5V 和 ±12V 四组直流电源，若有一路或一路以上因故障无电压输出时，整个电源将因缺相而进入保护状态。这时，可用万用表测量各输出端，开启电源，观察在启动瞬间哪一路电源无输出，则故障就出在这一路电压形成或输出电路上。

6. 电源负载能力差

(1) 故障现象

主机电源如果仅向主机板和软驱供电显示正常，但当电源增接上硬盘或扩满内存情况下，屏幕变白或根本不工作。

(2) 检修方法

在不配硬盘或未扩满内存等轻负载情况下能工作，说明主机电源无本质性故障，主要是工作点未选择好。当振荡放大环节中增益偏低，检测放大电路处于非线性工作状态时，均会产生此故障。解决此故障的办法是可适当调换振荡电路中的各晶体管,使其增益提高,或调整各放大晶体管的工作特点,使它们都工作于线性区,从而提高电源的负载能力。

极端的情况是:即使不接硬盘,电源也不能正常地工作下去。这类故障常见的有以下 3 种情况。

① 电源开机正常,工作一段时间后电源保护。这种现象大都发生在 +5V 输出端有晶闸管 V_1 作过电压保护的电路。其中原因是晶闸管或稳压二极管漏电太大,工作一段时间后,晶闸管或稳压管发热,漏电急剧增加而导通造成,需要更换晶闸管或二极管。

② 带负载后各挡电压稍下降,开关变压器发出轻微的"吱吱"声。这种现象大都是滤波电容器(300μF/200V)坏了一个。原因是漏电流大,导致了这种现象的发生。更换滤波器电容时应注意两只电容的容量和耐压值必须一致。

③ 电源开机正常,当主机读软盘后电源保护。这种现象大都是 +12V 整流二极管 FRD 性能变劣,调换同样型号的二极管即可恢复正常。

7. 直流电压偏离正常值

(1) 故障现象

开机后,4 组电压均有输出,或高、或低的偏离 ±5V, ±12V 很多。

(2) 检修方法

直流输出电压偏离正常值,一般通过调节检测电路中的基准电压调节电位器 RP_2 都能使 +5V等各档电压调至标准值。如果调节失灵或调不到标准值,则是检测晶体管 V_2 和基准电压可调稳压管 VS_3 损坏,换上相同或适当的器件,一般均能正常工作。

如果只有一挡电压偏高太大,而其他各挡电压均正常,则是该挡电压的集成稳压器或整流二极管损坏。检查方法是用电压表接表 -5V 或 -12V 的输出端进行监测。开启电源时,哪路输出电压无反应,则哪路集成稳压器可能损坏,若集成稳压器是好的,则整流二极管损坏的可能性最大,其原因是输出负载可能太重,另外负载电流也较大,故在 PC 电源电路中 +5V 挡采用带肖特基特性的高频整流二极管 SBD,其余各挡也采用快恢复特性的高频整流二极管 FRD。所以更换时要尽可能找到相同类型的整流二极管,以免再次损坏。

8. 直流输出不稳定

(1) 故障现象

刚开机时,整个系统工作正常,但工作一段时间后,输出电压下降,甚至无输出,或时好时坏。

(2) 检修方法

主机电源 4 组输出均时好时坏,这一般是电源电路中由于元器件虚焊,接插件接触不良,或大功率元件热稳定性差,电容漏电等原因而造成的。

9. 风扇转动异常

(1) 故障现象

风扇不转动,或虽能旋转,但发出尖叫声。

(2) 检修方法

PC 主机电源风扇的连接及供电有两种情况:一种是直接使用市电供电交流电风扇;另一种是接在 12V 直流输出端直流风扇。如果发现电源输入输出一切正常,而风扇不转,就要立即停机检查。这类故障大都由风扇电动机线圈烧断而引起,这时必须更换新的风扇。如果发出响声,其原因之一是由于机器长期的运转或传输过程中的激烈振动而引起风扇的 4 只固定螺钉松动。这时只要紧固其螺钉就行。如果是由于风扇内部灰尘太多或含油轴承缺油而引起的,只要清理或经常用高级润滑油补充,故障就可排除。

【项目扩展】

软开关技术

1. 问题的提出

软开关的提出是基于电力电子装置的发展趋势,新型的电力电子设备要求小型、轻量、高效和良好的电磁兼容性,而决定设备体积、质量、效率的因素通常又取决于滤波电感、电容和变压器设备的体积和质量。解决这一问题的主要途径就是提高电路的工作频率,这样可以减少滤波电感、变压器的匝数和铁心尺寸,同时较小的电容容量也可以使得电容的体积减小。但是,提高电路工作频率会引起开关损耗和电磁干扰的增加,开关的转换效率也会下降。因此,不能仅仅简单地提高开关工作频率。软开关技术就是针对以上问题而提出的以谐振辅助换流手段,解决电路中的开关损耗和开关噪声问题,使电路的开关工作频率提高。

2. 软开关的基本概念

1)硬开关与软开关

硬开关在开关转换过程中,由于电压、电流均不为零,出现了电压、电流的重叠,导致开关转换损耗的产生;同时由于电压和电流的变化过快,也会使波形出现明显的过冲而产生开关噪声。具有这样的开关过程的开关被称为硬开关。开关转换损耗随着开关频率的提高而增加,使电路效率下降,最终阻碍开关频率的进一步提高。

如果在原有硬开关电路的基础上增加一个很小的电感、电容等谐振元件,构成辅助网络,在开关过程前后引入谐振过程,使开关开通前电压先降为零,这样就可以消除开关过程中电压、电流重叠的现象,降低甚至消除开关损耗和开关噪声,这种电路称为软开关电路。具有这样开关过程的开关称为软开关。

2)零电压开关与零电流开关

根据上述原理可以采用两种方法,即在开关关断前使其电流为零,则开关关断时就不会产生损耗和噪声,这种关断方式称为零电流关断;或在开关开通前使其电压为零,则开关开通时也不会产生损耗和噪声,这种开通方式称为零电压开通。在很多情况下,不再指出开通或关断,仅称零电流开关(Zero Current Switch,ZCS)和零电压开关(Zero Voltage Switch,ZVS)。零电流关断或零电压开通要靠电路中的辅助谐振电路来实现,所以也称为谐振软开关。

3. 软开关电路简介

软开关技术问世以来,经历了不断的发展和完善,先后出现了许多种软开关电路,直到目前为止,新型的软开关拓扑仍不断地出现。由于存在众多的软开关电路,而且各自有不同的特点和应用场合,因此对这些电路进行分类是很必要的。

根据电路中主要的开关元件是零电压开通还是零电流关断,可以将软开关电路分成零电压电路和零电流电路两大类。通常一种软开关电路要么属于零电压电路,要么属于零电流电路。

根据软开关技术发展的历程可以将软开关电路分为准谐振电路、零开关 PWM 电路和零转换 PWM 电路。

由于每一种软开关电路都可以用于降压型、升压型等不同电路,因此可以用图 3-33 基本开关单元来表示,不必画出各种具体电路。实际使用时,可以从基本开关单元导出具体电路,开关和二极管的方向应根据电流的方向做相应调整。

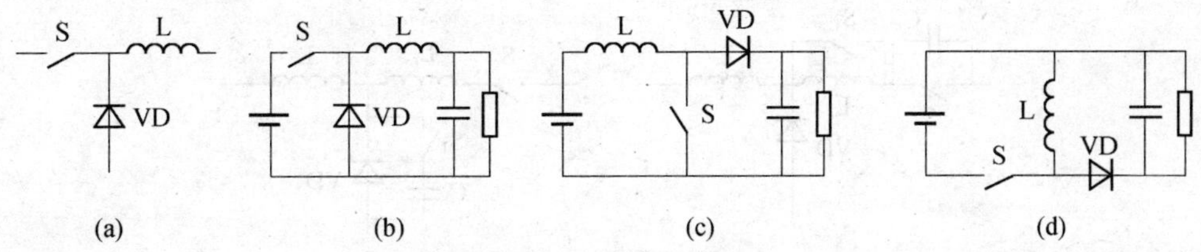

图 3-33　基本开关单元

（a）基本开关单元；（b）降压斩波器中的基本开关单元；

（c）升压斩波器中的基本开关单元；（d）升降压斩波器中的基本开关单元。

1）准谐振电路

这是最早出现的软开关电路，其中有些电路现在还在大量使用。准谐振电路可以分为：零电压开关准谐振电路（ZVSQRC）、零电流开关准谐振电路（ZCSQRC）、零电压开关多谐振电路（ZVSMRC）、用于逆变器的谐振直流环节电路（Resonant DC Link）。

图 3-34 给出了前 3 种软开关电路的基本开关单元，谐振直流环节的电路如图 3-35 所示。

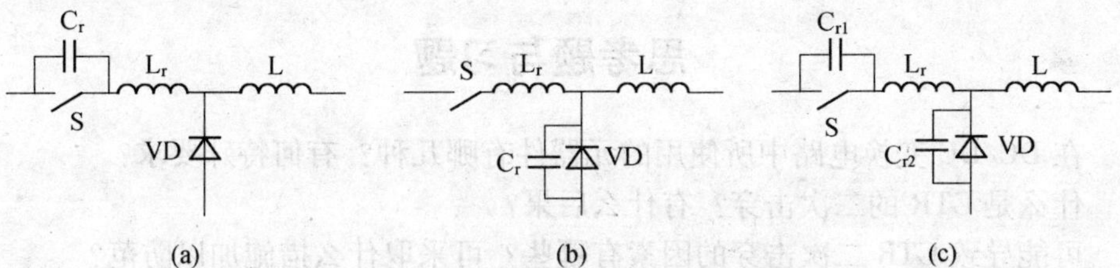

图 3-34　准谐振电路的基本开关单元

（a）零电压开关谐振；（b）零电流开关谐振；（c）零电压开关多谐振。

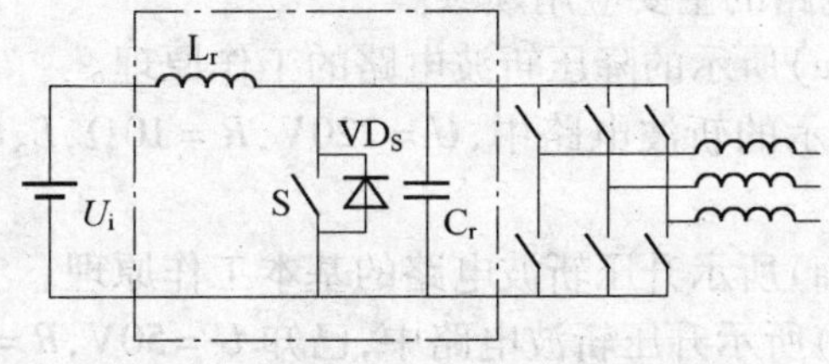

图 3-35　谐振直流环节电路

准谐振电路中电压或电流的波形为正弦波，因此称之为准谐振。谐振的引入使得电路的开关损耗和开关噪声都大大下降，但也带来一些负面问题：谐振电压峰值很高，要求器件耐压必须提高；谐振电流的有效值很大，电路中存在大量的无功功率的交换，造成电路导通损耗加大；谐振周期随输入电压、负载变化而改变，因此电路只能采用脉冲频率调制（Pulse Frequency Modulation，PFM）方式来控制，变频的开关频率给电路设计带来困难。

2）零开关 PWM 电路

这类电路中引入了辅助开关来控制谐振的开始时刻，使谐振仅发生于开关过零前后。零开关 PWM 电路可以分为：零电压开关 PWM 电路（ZVSPWM）、零电流开关 PWM 电路（ZCSPWM）。

这两种电路的基本开关单元如图 3-36 所示。

同准谐振电路相比，这类电路有很多明显的优势：电压和电流基本上是方波，只是上升沿和下降沿较缓，开关承受的电压明显降低，电路可以采用开关频率固定的 PWM 控制方式。

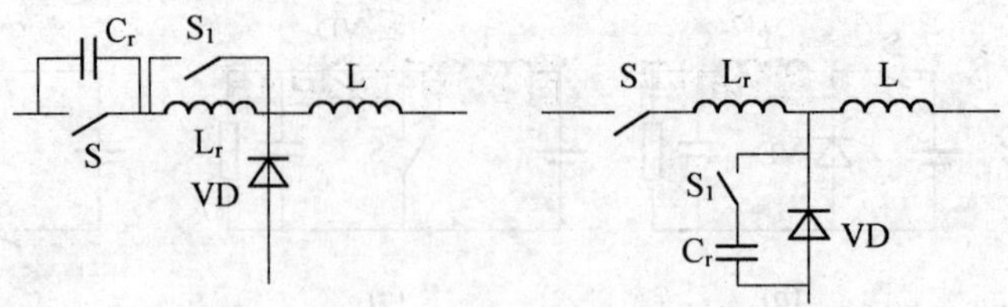

图 3-36　零开关 PWM 电路的基本开关单元

3）零转换 PWM 电路

这类软开关电路还是采用辅助开关控制谐振的开始时刻，所不同的是，谐振电路是与主开关并联的，因此输入电压和负载电流对电路的谐振过程的影响很小，电路在很宽的输入电压范围内并从零负载到满载都能工作在软开关状态。而且电路中无功功率的交换被削减到最小，这使得电路效率有了进一步提高。零转换 PWM 电路可以分为：零电压转换 PWM 电路（ZVTPWM）、零电流转换 PWM 电路（ZCTPWM）。

对于上述各类电路的详细分析，感兴趣的读者可参阅有关资料及专著。

思考题与习题

3-1　在 DC/DC 变换电路中所使用的元器件有哪几种？有何特殊要求？

3-2　什么是 GTR 的二次击穿？有什么后果？

3-3　可能导致 GTR 二次击穿的因素有哪些？可采取什么措施加以防范？

3-4　说明场效应晶体管的开通和关断原理及其优缺点。

3-5　使用电力场效应晶体管时要注意哪些保护措施？

3-6　试述直流斩波电路的主要应用领域。

3-7　简述图 3-24（a）所示的降压斩波电路的工作原理。

3-8　图 3-24（a）所示的斩波电路中，$U=220\text{V}$，$R=10\Omega$，L、C 足够大，当要求 $U_o=400\text{V}$ 时，占空比 $k=?$

3-9　简述图 3-25（a）所示升压斩波电路的基本工作原理。

3-10　在图 3-25（a）所示升压斩波电路中，已知 $U=50\text{V}$，$R=20\Omega$，L、C 足够大，采用脉宽控制方式，当 $T=40\mu\text{s}$，$t_{on}=25\mu\text{s}$ 时，计算输出电压平均值 U_o 和输出电流平均值 I_o。

3-11　试分析正激电路和反激电路中的开关和整流二极管在工作时承受的最大电压、最大电流和平均电流。

3-12　试分析全桥、半桥和推挽电路中的开关和整流二极管在工作时承受的最大电压、最大电流和平均电流。

3-13　试比较几种带隔离变压器的 DC/DC 电路的优缺点。

3-14　在图 3-24（a）所示降压型斩波电路中，设直流电源 $E=100\text{V}$，电感 $L=50\text{mH}$，负载电阻 $R_L=10\Omega$，晶体管的开关周期 $T=1/300\text{s}$，$t_{on}=T/3$。试求：

（1）负载平均电压 U_o；

（2）负载平均电流 I_o；

（3）流过晶体管的平均电流 I_V；

（4）流过续流二极管的平均电流 I_{VD}。

3-15　什么是硬开关？什么是软开关？二者的主要差别是什么？

实训四　直流斩波电路

一、实训目的

① 加深理解斩波器电路的工作原理。

② 掌握斩波器的主电路,触发电路的调试步骤和方法。

③ 熟悉斩波器各点的波形。

二、实训内容

① 触发电路的调试。

② 斩波器接电阻性负载。

③ 斩波器接电阻－电感性负载。

三、实训线路与原理

本实训采用脉宽可调逆阻行斩波器。其中 VT_1 为主晶闸管,当它导通后,电源电压就加在负载上。VT_2 为辅助晶闸管,由它控制输出电压的脉宽。C 和 L_1 为振荡电路,它们与 VT_2、VD_1、L_2 组成 VT_1 的换流关断电路。斩波器主电路如图 3－37 所示。接通电源时,C 经 VD_1,负载充电至 $+U_{do}$,VT_1 导通,电源加到负载上,过一段时间后 VT_2 导通,C 和 L_1 产生振荡,C 上电压由 $+V_{do}$ 变为 $-V_{do}$,C 经 VD_1 和 VT_1 反向放电,使 VT_1、VT_2 关断。

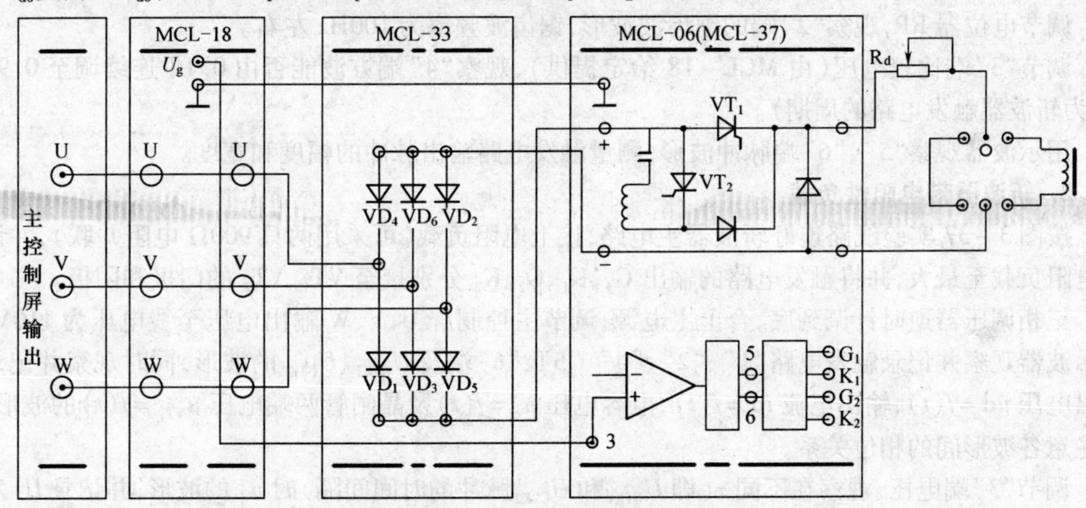

图 3－37　直流斩波电路

触发电路的“3”与 MCL－18 的 G(给定)相连,接地与 MCL－18 的地线相连;L—平波电抗器。位于 MCL－33 底部,根据需要选择;R_d—电阻负载。可选择 MEL－03 中 900Ω 并联($R_{max}=450\Omega$,$I_{max}=0.8A$)或自配滑线变阻器;G_1、K_1—接 VT_1 的控制极、阴极;G_2、K_2—接 VT_2 的控制极、阴极。

从以上斩波器的工作过程可知,控制 VT_2 脉冲出现的时刻即可调节输出电压的脉宽,从而达到调压的目的,VT_1、VT_2 的脉冲间隔由触发电路决定。

四、实训设备及仪器

1. MCL 系列教学实验台主控制屏

2. MCL－18 组件(适合 MCL－Ⅱ)或 MCL－31 组件(适合 MCL－Ⅲ)

3. MCL －33(A)组件或 MCL－53 组件(适合 MCL－Ⅱ、Ⅲ、Ⅴ)

4. MCL－06 组件或 MCL－37

5. MCL－03 三相可调电阻器(或自配滑线变阻器 450Ω、1A)

6. 双踪示波器

7. 万用表

五、注意事项

① 斩波电路的直流电源由三相不控整流桥提供,整流桥的极性为下正上负,接至斩波电路时,极性不可接错。

② 实验时,每次合上主电源前,需把调压器退至零位,再缓慢提高电压。

③ 实验时,若负载电流过大,容易造成逆变失败,所以调节负载电阻、电感时,需注意电流不可超过 0.5A。

④ 若逆变失败,需关断电源,把调压器退位至零位,再合上主电源。

⑤ 实验时,先把 MCL－18 的给定调到 0V,再根据需要调节。

六、实训方法

1. 触发电路调试

打开 MCL－16 面板右下角的电源开关(或接入 MCL－37 低压电源)。

调节电位器 RP,观察“2”端的锯齿波波形,锯齿波频率为 100Hz 左右。

调节“3”端比较电压(由 MCL－18 给定提供),观察“4”端方波能否由 $0.1T$ 连续调至 $0.9T$ (T 为斩波器触发电路的周期)。

用示波器观察“5”、“6”端脉冲波形,测量触发电路输出脉冲的幅度和宽度。

2. 斩波器带电阻性负载

按图 3－37 实验线路连好斩波器主电路,接上电阻负载(可采用两只 900Ω 电阻并联),并调节电阻负载至最大,并将触发电路的输出 G_1、K_1、G_2、K_2 分别接至 VT_1、VT_2 的门极和阴极。

三相调压器逆时针调到底,合上主电源,调节主控制屏 U、V、W 输出电压至线电压为 110V。用示波器观察并记录触发电路“1”、“2”、“4”、“5”、“6”端及 U_{G1K1}、U_{G2K2} 的波形,同时观察并记录输出电压 $ud=f(t)$,输出电流 $id=f(t)$,电容电压 $u_c=f(t)$ 及晶闸管两端电压 $u_{VT_1}=f(t)$ 的波形,并注意各波形间的相位关系。

调节“3”端电压,观察在不同 τ(即 U_{G1K1} 和 U_{G2K2} 脉冲的时间间隔)时 u_d 的波形,并记录 U_d 和 τ 数值,从而画出 $U_d=f(\tau/T)$ 的关系曲线,其中 τ/T 为占空比。

注意负载电阻不可以太小,否则电流太大容易造成斩波失败。

3. 斩波器带电阻、电感性负载

断开电源,将负载改接成电阻电感。然后重复电阻性负载时同样的实验步骤。

七、实训报告

① 整理记录下的各波形,画出各种负载下 $U=f(\tau/T)$ 的关系曲线。

② 讨论分析实验中再现的各种现象。

项目四　晶闸管串级调速电路的分析与检测

【学习目标】

1. 掌握三相桥式整流电路、触发电路、并联谐振逆变电路、保护电路的工作原理。
2. 掌握触发电路与主电路电压同步的概念以及实现同步的方法。
3. 了解常用的晶闸管调速装置的使用注意事项。
4. 熟悉晶闸管调速装置的安装、调试,简单的故障维修方法。
5. 了解三相有源逆变电路工作原理及有源逆变电路的应用。
6. 掌握相关英文词汇。

【项目引入】

晶闸管直流调压、调速实训装置,专供拖动直流电动机调速用,也可作为可调直流电源使用,如图 4-1 所示。以晶闸管整流器将交流电整流成为可调直流电,对直流电动机电枢供电,并引入电压负反馈,电流截止负反馈、转速负反馈等,组成自动稳速的无级调速系统。

图 4-1　晶闸管调速装置

【相关知识点】

一、总体概括

1. 整流电路

整流电路设计一般要满足以下要求。

① 整流电路的输出电压在一定的范围内可以连续调节。

② 整流电路的输出电流连续，且电流脉动系数小于一定值。

③ 整流电路的最大输出电压能够自动限制在给定值，而不受负载阻抗的影响。

④ 当电路出现故障时，电路能自动停止直流功率输出，整流电路必须有完善的过电压、过电流保护措施。

⑤ 当逆变器运行失败时，能把存储在滤波器的能量通过整流电路返回工频电网，保护逆变器。

2. 逆变电路

由逆变晶闸管、感应线圈、补偿电容共同组成逆变器，将直流电变成交流电给负载。为了提高电路的功率因数，需要调节电容器向负载提供无功能量。根据电容器与感应线圈的连接方式可以把逆变器分为以下3种。

① 串联逆变器：电容器与感应线圈组成串联谐振电路。

② 并联逆变器：电容器与感应线圈组成并联谐振电路。

③ 串、并联逆变器：综合以上两种逆变器的特点。

3. 平波电抗器

平波电抗器在电路中起到很重要的作用，归纳为以下几点。

① 续流：保证逆变器可靠工作。

② 平波：使整流电路得到的直流电流比较平滑。

③ 电气隔离：它连接在整流和逆变电路之间，起到隔离作用。

④ 限制电路电流的上升率 di/dt 值，逆变失败时，保护晶闸管。

4. 控制电路

调速装置的控制电路比较复杂，可以包括以下几种：整流触发电路、逆变触发电路、启动停止控制电路。

（1）整流触发电路

整流触发电路主要是为了保证整流电路正常可靠工作，产生的触发脉冲必须达到以下要求。

① 产生相位互差60°的脉冲，依次触发整流桥的晶闸管。

② 触发脉冲的频率必须与电源电压的频率一致。

③ 采用单脉冲时，脉冲的宽度应该大于90°，小于120°。采用双脉冲时，脉冲的宽度为25°～30°，脉冲的前沿相隔60°。

④ 输出脉冲有足够的功率，一般为可靠触发功率的3倍～5倍。

⑤ 触发电路有足够的抗干扰能力。

⑥ 控制角能在0°～170°之间平滑移动。

（2）逆变触发电路

调速装置对逆变触发电路的要求如下。

① 具有自动跟踪能力。

② 良好的对称性。

③ 有足够的脉冲宽度、触发功率，脉冲的前沿有一定的陡度。

④ 有足够的抗干扰能力。

（3）启动停止控制电路

启动停止控制电路主要控制装置的启动、运行、停止。一般由按钮、继电器、接触器等电器元件组成。

5. 保护电路

调速装置的晶闸管的过载能力较差，系统中必须有比较完善的保护措施，比较常用的有阻容吸收装置和硒堆抑制电路内部过电压、电感线圈、快速熔断器等元件限制电流变化率和过电流保护。另外，还必须根据调速装置的特点，设计安装相应的保护电路。

二、整流主电路

1. 三相半波可控整流电路

1）三相半波不可控整流电路

为了更好地理解三相半波可控整流电路，先来看一下由二极管组成的不可控整流电路，如图 4 - 2（a）所示。此电路可由三相变压器供电，也可直接接到三相四线制的交流电源上。变压器二次侧相电压的有效值为 U_2，线电压为 U_{2L}。其接法是 3 个整流二极管的阳极分别接到变压器二次侧的三相电源上，而 3 个阴极接在一起，接到负载的一端，负载的另一端接到整流变压器的中线，形成回路。此种接法称为共阴极接法。

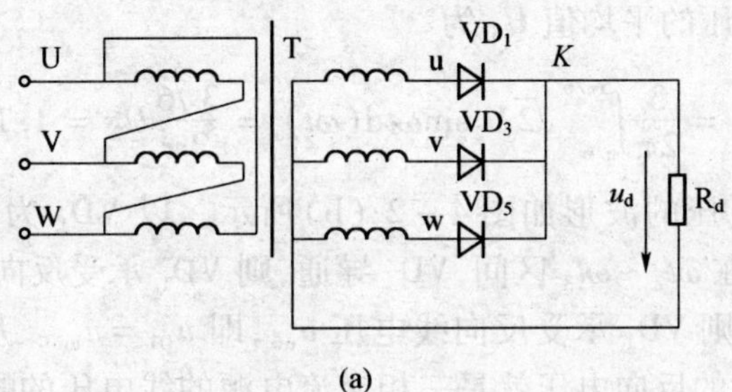

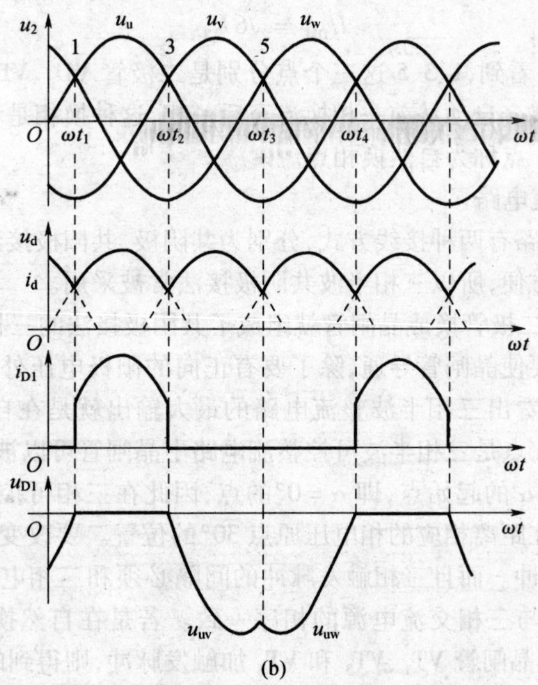

图 4 - 2　三相半波不可控整流电路及波形

（a）电路图；（b）波形图。

图4-2 (b) 中示出了三相交流电 u_u、u_v 和 u_w 的波形图。u_d 是输出电压的波形，u_D 是二极管承受的电压的波形。由于整流二极管导通的唯一条件就是阳极电位高于阴极电位，而3只二极管又是共阴极连接的，且阳极所接的三相电源的相电压是不断变化的，所以哪一相的二极管导通就要看其阳极所接的相电压 u_u、u_v 和 u_w 中哪一相的瞬时值最高，则与该相相连的二极管就会导通。其余两只二极管就会承受反向电压而关断。例如，在图4-2 (b) 中 $\omega t_1 \sim \omega t_2$ 区间，u 相的瞬时电压值 u_u 最高，因此与 u 相相连的二极管 VD_1 优先导通，其共阴极 K 点电位即是 u_u，所以与 v 相、w 相相连的二极管 VD_3 和 VD_5 则分别承受反向线电压 u_{vu}、u_{wu} 关断。若忽略二极管的导通压降，此时，输出电压 u_d 就等于 u 相的电源电压 u_u，即有 $u_d = u_u$。同理，当 ωt_2 时，由于 v 相的电压 u_v 开始高于 u 相的电压 u_u 而变为最高，因此，电流就要由 VD_1 换流给了 VD_3，VD_1 和 VD_5 又会承受反向线电压 u_{uv}、u_{wv} 而处于阻断状态，输出电压 $u_d = u_v$。同样在 ωt_3 以后，因 w 相电压 u_w 最高，所以 VD_5 导通，VD_1 和 VD_3 受反压关断，输出电压 $u_d = u_w$。ωt_4 以后又重复上述过程。

由以上分析可以看出，三相半波不可控整流电路中的3个二极管轮流导通，导通角均为120°，电路的直流输出电压 u_d 是脉动的三相交流相电压波形的包络线，负载电流 i_d 波形形状与 u_d 相同。u_d 波形与单相整流时相比，其输出电压脉动大为减小，一周脉动三次，脉动的最低频率为150Hz。其输出直流电压的平均值 U_d 为

$$U_d = \frac{3}{2\pi}\int_{\pi/6}^{5\pi/6} \sqrt{2}U_2 \sin\omega t \mathrm{d}(\omega t) = \frac{3\sqrt{6}}{2\pi}U_2 = 1.17U_2 \tag{4-1}$$

整流二极管承受的电压的波形如图4-2 (b) 所示。以 VD_1 为例，在 $\omega t_1 \sim \omega t_2$ 区间，由于 VD_1 导通，所以 u_{D1} 为零；在 $\omega t_2 \sim \omega t_3$ 区间，VD_3 导通，则 VD_1 承受反向线电压 u_{uv}，即 $u_{D1} = u_{uv}$；在 $\omega t_3 \sim \omega t_4$ 区间，VD_5 导通，则 VD_1 承受反向线电压 u_{uw}，即 $u_{D1} = u_{uw}$。从图4-2(b)中还可看出，整流二极管所承受的最大的反向电压就是三相交流电源的线电压的峰值，即

$$U_{DM} = \sqrt{6}U_2 \tag{4-2}$$

从图4-2 (b) 中还可看到，1、3、5这三个点分别是二极管 VD_1、VD_3 和 VD_5 的导通起始点，即每经过其中一点，电流就会自动从前一相换流至后一相，这种换相是利用三相电源电压的变化自然进行的，因此把1、3、5点称为自然换相点。

2) 三相半波可控整流电路

三相半波可控整流电路有两种接线方式，分别为共阴极、共阳极接法。由于共阴极接法触发脉冲有共用线，使用调试方便，所以三相半波共阴极接法常被采用。

将图4-2(a)中3个二极管换成晶闸管就组成了共阴极接法的三相半波可控整流电路。因为元件换成了晶闸管，故要使晶闸管导通，除了要有正向的阳极电压外，还要有正向的门极触发电压。由图4-2(b)已经看出三相半波整流电路的最大输出就是在自然换相点处换相而得到的，因此自然换相点1、3、5点是三相半波可控整流电路中晶闸管可以被触发导通的最早时刻，将其作为各晶闸管的控制角 α 的起始点，即 $\alpha = 0°$ 的点，因此在三相可控整流电路中，α 角的起始点不再是坐标原点，而是在距离相应的相电压原点30°的位置。要改变控制角，只能是在此位置沿时间轴向后移动触发脉冲。而且三相触发脉冲的间隔必须和三相电源相电压的相位差一致，即均为120°，其相序也要与三相交流电源的相序一致。若是在自然换相点1、3、5点所对应的 ωt_1、ωt_2 及 ωt_3 时刻分别给晶闸管 VT_1、VT_3 和 VT_5 加触发脉冲，则得到的输出电压的波形和不可控整流时是一样的，如图4-2(b)所示，此时 U_d 的值为最大，即 $U_d = 1.17U_2$。

(1) 电阻性负载

图4-3是 $\alpha = 15°$ 时的波形。在距离 u 相相电压原点 $30° + \alpha$ 处的 ωt_1 时刻，给晶闸管 VT_1

加上触发脉冲 u_{g1}，因此时已过 1 点，u 相电压 u_u 最高，故可使 VT_1 导通，在负载上就得到 u 相电压 u_u，输出电压波形就是相电压 u_u 波形，即 $u_d=u_u$。至 3 点的位置时，虽然 VT_3 阳极电位变为最高，但因其触发脉冲还没到，所以 VT_1 会继续导通。直到距离自然换相点 3 点 15°电角度的位置，即距离 v 相相电压过零点 $30°+\alpha$ 处的 ωt_2 时刻，给晶闸管 VT_3 加上触发脉冲 u_{g3}，VT_3 会导通，同时 VT_1 会由于 VT_3 的导通而承受反向线电压 u_{uv} 关断。输出电压波形就成了 v 相电压 u_v 的波形，即输出电压变为 $u_d=u_v$。同理，在 ωt_3 时给晶闸管 VT_5 加上触发脉冲 u_{g5}，VT_5 会导通，VT_3 会由于 VT_5 的导通而承受反向线电压 u_{vw} 关断。输出电压为 $u_d=u_w$。

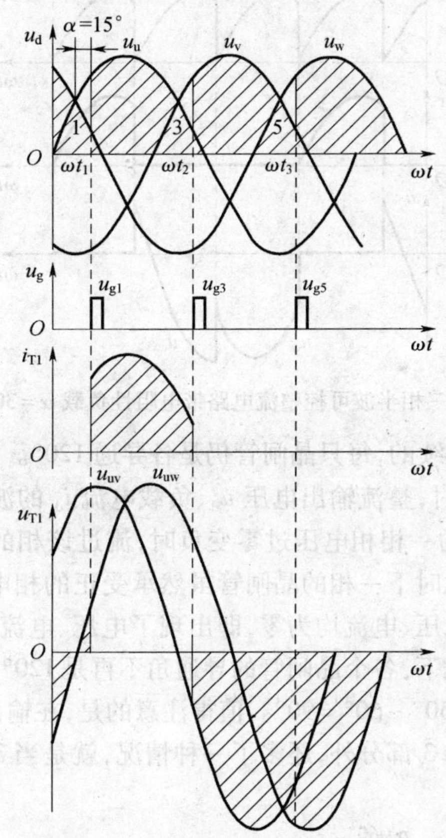

图 4－3　三相半波可控整流电路带电阻性负载 $\alpha=15°$时的波形

从图 4－3 可以看出，输出电压 u_d 的波形（阴影部分）与图 4－2（b）相比少了一部分。因为是电阻性负载，所以负载上的电流 i_d 的波形与电压 u_d 波形相似。由于是 3 只晶闸管轮流导通，且各导通 120°，故流过一只晶闸管的电流波形是 i_d 波形的 1/3，例如流过晶闸管 VT_1 的电流 i_{T1} 波形如图 3－3 所示。在晶闸管 VT_1 两端所承受的电压 u_{T1} 波形中，可以看出它仍由 3 部分组成：本身导通时，不承受电压，即 $u_{T1}=0$；v 相的晶闸管 VT_3 导通时，VT_1 将承受线电压 u_{uv}，即 $u_{T1}=u_u-u_v=u_{uv}$；同样，w 相的晶闸管 VT_5 导通时，就承受线电压 u_{uw}，即 $u_{T1}=u_u-u_w=u_{uw}$。以上 3 部分各持续了 120°。其他两只管子的电流和电压波形与 VT_1 的一样，只是相位依次相差了 120°。

由图 4－3 可看出，在 $\alpha\leqslant30°$时，输出的电压、电流的波形都是连续的。$\alpha=30°$时是临界状态，即前一相的晶闸管关断的时刻，恰好是下一个晶闸管导通的时刻，输出电压、电流都处于临界连续状态，波形如图 4－4 所示。ωt_1 时刻触发导通了晶闸管 VT_1，至 ωt_2 时流过 VT_1 的电流降为零，同时也给晶闸管 VT_3 加上了触发脉冲，使 VT_3 被触发导通，这样流过负载的电流 i_d 刚好连

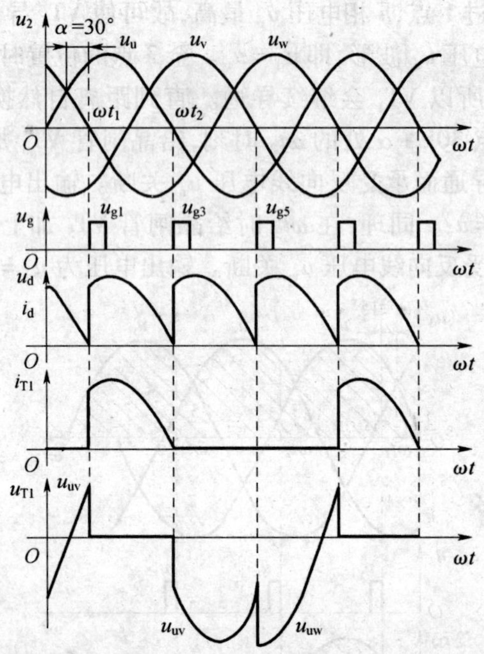

图 4-4 三相半波可控整流电路带电阻性负载 $\alpha=30°$ 时波形

续，输出电压 u_d 的波形也是连续的，每只晶闸管仍是各导通 120°。

若 $\alpha>30°$，例如 $\alpha=60°$ 时，整流输出电压 u_d、负载电流 i_d 的波形如图 4-5 所示。此时 u_d 和 i_d 波形是断续的。当导通的一相相电压过零变负时，流过该相的晶闸管的电流也降低为零，使原先导通的管子关断。但此时下一相的晶闸管虽然承受正的相电压，可它的触发脉冲还没有到，故不会导通。此时，输出电压、电流均为零，即出现了电压、电流断续的情况。直到下一相触发脉冲来了为止。在这种情况下，各个晶闸管的导通角不再是 120°，而是小于 120°了。例如 $\alpha=60°$ 时，各晶闸管的导通角是 150° - 60° = 90°。值得注意的是，在输出电压断续的情况下，晶闸管所承受的电压除了上面提到的 3 部分外，还多了一种情况，就是当 3 只晶闸管都不导通时，每只晶闸管均承受各自的相电压。

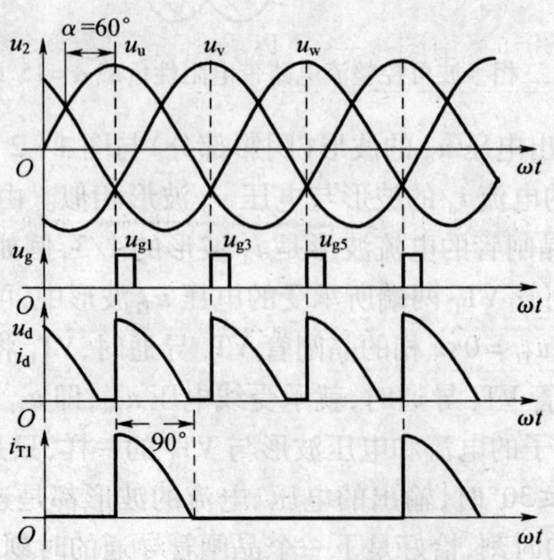

图 4-5 三相半波可控整流电路带电阻性负载 $\alpha=60°$ 时波形

当触发脉冲向后移至 $\alpha=150°$ 时，此时正好是相应的相电压的过零点，此后晶闸管将不再承受正向的相电压，因此无法导通。因此，三相半波可控整流电路带电阻性负载时，控制角的移相范围是 0°～150°。

① 直流输出电压的平均值 U_d。

当 $0°\leqslant\alpha\leqslant30°$ 时，有

$$U_d=\frac{3}{2\pi}\int_{\frac{\pi}{6}+\alpha}^{\frac{5\pi}{6}+\alpha}\sqrt{2}U_2\sin\omega t\mathrm{d}(\omega t)=\frac{3\sqrt{6}}{2\pi}U_2\cos\alpha=1.17U_2\cos\alpha \quad (4-3)$$

由式(4－3)可以看出，当 $\alpha=0°$ 时，U_d 最大，为 $U_d=U_{d0}=1.17U_2$。

$30°<\alpha\leqslant150°$ 时，有

$$U_d=\frac{3}{2\pi}\int_{\frac{\pi}{6}+\alpha}^{\pi}\sqrt{2}U_2\sin\omega t\mathrm{d}(\omega t)=\frac{3\sqrt{2}}{2\pi}U_2\left[1+\cos\left(\frac{\pi}{6}+\alpha\right)\right]=$$

$$0.675U_2\left[1+\cos\left(\frac{\pi}{6}+\alpha\right)\right] \quad (4-4)$$

当 $\alpha=150°$ 时，U_d 最小，为 $U_d=0$。

② 直流输出电流的平均值 I_d。由于是电阻性负载，不论电流连续与否，其波形都与电压波形一致，都有

$$I_d=\frac{U_d}{R_d} \quad (4-5)$$

③ 晶闸管承受的电压和控制角的移相范围。由前面的波形分析可以知道，晶闸管承受的最大反向电压为变压器二次侧线电压的峰值。电流断续时，晶闸管承受的是电源的相电压，所以晶闸管承受的最大正向电压为相电压的峰值，即为

$$U_{TM}=\sqrt{2}U_{2l}=\sqrt{2}\times\sqrt{3}U_2=\sqrt{6}U_2=2.45U_2 \quad (4-6)$$

④ 流过一只晶闸管的电流的平均值 I_{dT} 和有效值 I_T。三相半波电路中 3 只晶闸管是轮流导通的，所以

$$I_{dT}=\frac{1}{3}I_d \quad (4-7)$$

当电流连续即 $0°<\alpha\leqslant30°$ 时，由图 4－4 可以看出，每只晶闸管轮流导通 120°，可得

$$I_T=\sqrt{\frac{1}{2\pi}\int_{\frac{\pi}{6}+\alpha}^{\frac{5\pi}{6}+\alpha}\left(\frac{\sqrt{2}U_2\sin\omega t}{R_d}\right)^2\mathrm{d}(\omega t)}=\frac{U_2}{R_d}\sqrt{\frac{1}{2\pi}\left(\frac{2\pi}{3}+\frac{\sqrt{3}}{2}\cos2\alpha\right)} \quad (4-8)$$

当电流断续即 $30°<\alpha\leqslant150°$ 时，由图 4－5 可以看出，3 只晶闸管仍是轮流导通，但导通角小于 120°，因此

$$I_T=\sqrt{\frac{1}{2\pi}\int_{\frac{\pi}{6}+\alpha}^{\pi}\left(\frac{\sqrt{2}U_2\sin\omega t}{R_d}\right)^2\mathrm{d}(\omega t)}=\frac{U_2}{R_d}\sqrt{\frac{1}{2\pi}\left(\frac{5\pi}{6}-\alpha+\frac{\sqrt{3}}{4}\cos2\alpha+\frac{1}{4}\sin2\alpha\right)} \quad (4-9)$$

(2) 电感性负载

三相半波可控整流电路带电感性负载时的电路形式如图 4－6 (a)所示。若负载中所含的电感分量 L_d 足够大，则由于电感的平波作用会使负载电流 i_d 的波形基本上是一水平的直线，如图 4－6 (b)、(c)所示。

当 $\alpha\leqslant30°$ 时，直流输出电压 u_d 波形不会出现负值，且输出电压和电流都是连续的，与电阻

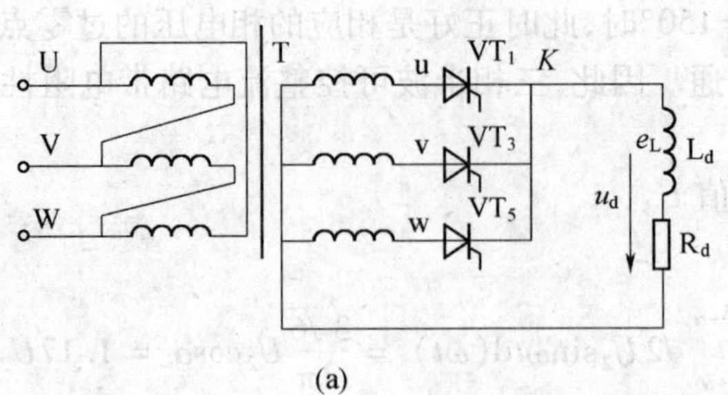

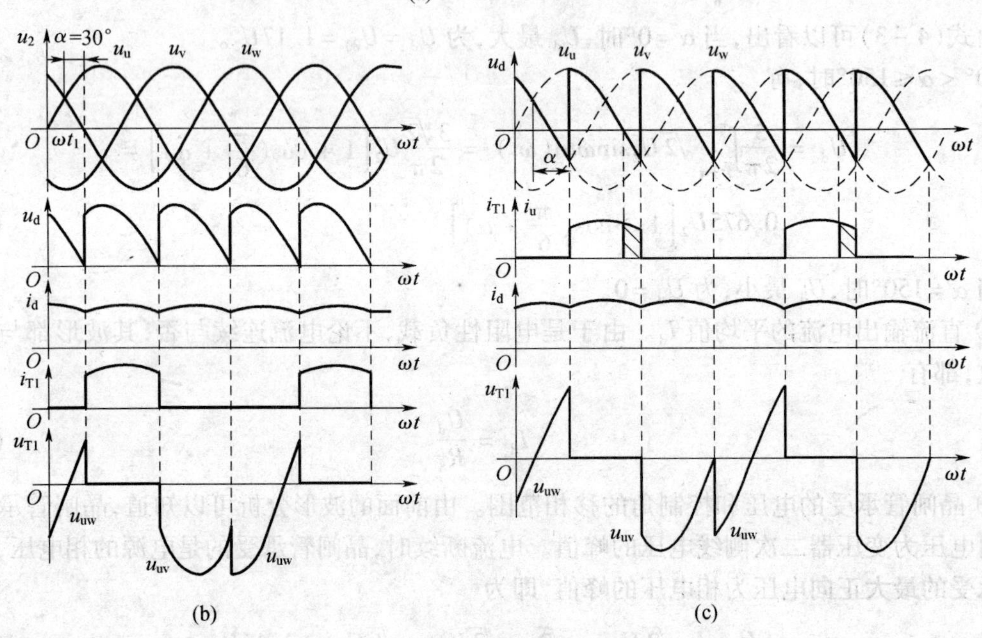

图 4-6　三相半波可控整流电路带电感性负载
（a）电路图；（b）$\alpha=30°$时的波形；（c）$\alpha=60°$时的波形图。

性负载时的波形一致，但电流 i_d 波形则变为一条水平直线，如图 4-6（b）的 $\alpha=30°$时的波形图。当 $30°<\alpha\leqslant90°$时，直流输出电压 u_d 的波形出现了负值，这是由于负载中电感的存在使得当电流变化时，电感产生了自感电动势 e_L 来阻碍电流的变化，这样电源电压过零变负时，由于电流是减小的，电感两端产生的自感电动势 e_L 对晶闸管而言是正向的，因此即使电源电压变为负值，但是只要 e_L 的数值大于相应的相电压的数值，那么晶闸管就仍能维持导通状态，直到下一相的晶闸管的触发脉冲到来时。图 4-6（c）示出了 $\alpha=60°$时的波形。当与 u 相相连的晶闸管 VT_1 导通时，电路的整流输出电压为 $u_d=u_u$，至 u 相相电压 u_u 过零变负时，由于 e_L 的作用，晶闸管 VT_1 会继续导通，此时，输出电压 u_u 为负值。直到 VT_3 的触发脉冲到来，由于共阴极的电路中阳极电位高的管子优先导通，而此时 v 相的相电压 u_v 高于 u 相相电压 u_u，所以晶闸管 VT_1 会让位给 VT_3，电流由 VT_1 换流给 VT_3，输出电压变为 $u_d=u_v$，后面依此类推。因此，就得到了图 4-6（c）的波形图，将它与三相半波带次电阻性负载时 $\alpha=60°$的波形图 4-5 相比可以看出，整流输出电压 u_d 出现了负值，且其波形是连续的，流过负载的电流 i_d 的波形既连续又平稳，三只晶闸管轮流导通，且每一只晶闸管都导通 120°。但从图 4-6（c）中可以推出，当触发脉冲向后移至 $\alpha=90°$时，u_d 的波形的正负面积相等，其平均值 U_d 为零。所以，此电路的最大的有效移相范围是 0°～90°。

晶闸管所承受的电压的波形分析与电阻性负载时情况相同，除本身导通时不承受电压外，其他两相的晶闸管导通时分别承受相应的线电压，每一部分各为 120°。

由于输出电压、电流是连续的,所以输出的直流电压 U_d 为

$$U_d = \frac{3}{2\pi}\int_{\frac{\pi}{6}+\alpha}^{\frac{5\pi}{6}+\alpha}\sqrt{2}U_2\sin\omega t\mathrm{d}(\omega t) = \frac{3\sqrt{6}}{2\pi}U_2\cos\alpha = 1.17U_2\cos\alpha \tag{4-10}$$

可以看出与式(4-3)是一样的,即对于三相半波可控整流电路,只要电压连续,U_d 就可用式(4-10)计算。另外,由式(4-10)还可看到,当 $\alpha=90°$ 时,$\cos\alpha$ 等于零,所以 U_d 也等于零,与前面由波形得到的结论一致,即电感性负载时 α 角的移相范围是 0°~90°。

负载上得到的直流输出电流的平均值为

$$I_d = \frac{U_d}{R_d} = 1.17\frac{U_2}{R_d}\cos\alpha \tag{4-11}$$

当电感足够大时,i_d 波形为一直线,则每一相的电流以及流过一只晶闸管的电流波形都为矩形波,所以有

$$I_{dT} = \frac{1}{3}I_d \tag{4-12}$$

$$I_T = I_2 = \sqrt{\frac{1}{3}}I_d = 0.577I_d \tag{4-13}$$

从图 4-6(c)中还可看出,晶闸管所承受的最大正反向电压均是线电压的峰值,即

$$U_{TM} = \sqrt{2}U_{2l} = \sqrt{6}U_2 \tag{4-14}$$

同单相电路一样,为了扩大移相范围以及提高输出电压,也可在电感性负载两端并接续流二极管 VD_R,如图 4-7 所示。

根据二极管的导通特性,即只有在相电压过零变负时 VD_R 才会导通,故在 $\alpha\leqslant30°$ 的区间,输出电压 u_d 均为正值,且 u_d 波形连续,此时续流二极管 VD_R 并不起作用,仍是 3 个晶闸管轮流导通 120°,输出电压和电流波形同图 4-4(b)一样。$30°<\alpha\leqslant150°$ 时,当电源电压过零变负时,续流二极管 VD_R 就会导通,为负载提供续流回路,使得负载电流不再经过变压器二次侧绕组,而此时晶闸管则由于承受反向的电源相电压而关断。因此,负载上的输出电压为续流二极管 VD_R 的正相导通压降,接近于零。这样,输出电压 u_d 的波形出现了断续但没有了负值,同时,负载上的电流 i_d 仍是连续的。续流二极管 VD_R 的导通角为 $\theta_{DR}=\left(\alpha-\frac{\pi}{6}\right)\times3$,而此时晶闸管的导通角变为 $\theta_T=\frac{5\pi}{6}-\alpha$。因此,根据图 4-7 及图 4-6(b)的波形,可以推导出三相半波可控整流电路带电感性负载接续流二极管时各电量的数量关系如下。

① 直流输出电压的平均值 U_d。

当 $0°\leqslant\alpha\leqslant30°$ 时,因为输出电压 u_d 波形与不接续流二极管时一致,故仍有

$$U_d = \frac{3\sqrt{6}}{2\pi}U_2\cos\alpha = 1.17U_2\cos\alpha \tag{4-15}$$

$30°<\alpha\leqslant150°$ 时,u_d 波形与电路带电阻性负载时一致,u_d 波形也是断续的,故有

$$U_d = 0.675U_2\left[1+\cos\left(\frac{\pi}{6}+\alpha\right)\right] \tag{4-16}$$

② 直流输出电流的平均值 I_d。

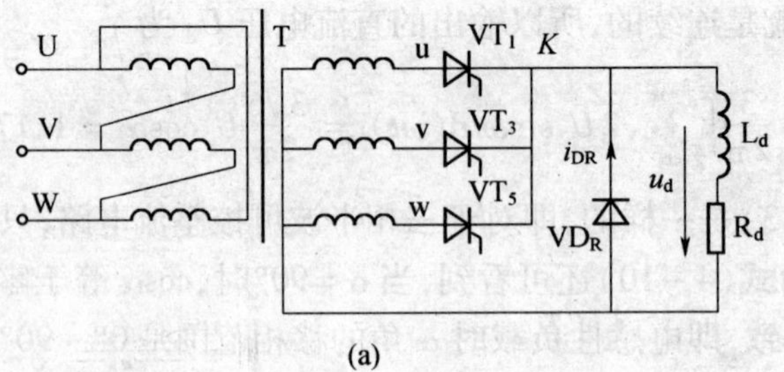

(a)

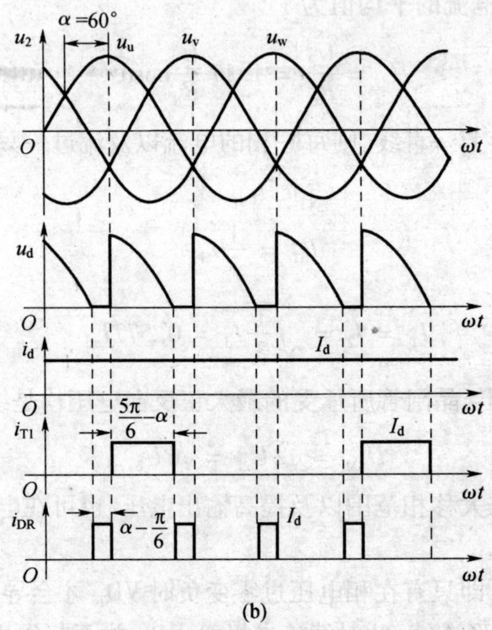

(b)

图 4－7　三相半波可控整流电路带电感性负载接续流二极管

（a）电路图；（b）$\alpha=60°$时的波形图。

$$I_d = \frac{U_d}{R_d} \tag{4-17}$$

③ 流过一只晶闸管的电流的平均值和有效值。

当 $0°\leqslant\alpha\leqslant30°$时，有

$$I_{dT} = \frac{1}{3}I_d \quad I_T = \sqrt{\frac{1}{3}}I_d \tag{4-18}$$

$30°<\alpha\leqslant150°$时，有

$$I_{dT} = \frac{\frac{5\pi}{6}-\alpha}{2\pi}I_d \quad I_T = \sqrt{\frac{\frac{5\pi}{6}-\alpha}{2\pi}}I_d \tag{4-19}$$

④ 流过续流二极管 VD_R 的电流的平均值和有效值。

当 $0°\leqslant\alpha\leqslant30°$时，续流二极管没起作用，所以流过 VD_R 的电流为零。

当 $30°<\alpha\leqslant150°$时，有

$$I_{dD} = \frac{\left(\alpha-\frac{\pi}{6}\right)\times3}{2\pi}I_d = \frac{\alpha-\frac{\pi}{6}}{\frac{2\pi}{3}}I_d \quad I_D = \sqrt{\frac{\alpha-\frac{\pi}{6}}{\frac{2\pi}{3}}}I_d \tag{4-20}$$

⑤ 晶闸管和续流二极管两端承受的最大的电压。

$$U_{TM}=\sqrt{6}U_2 \quad U_{DRM}=\sqrt{2}U_2 \tag{4-21}$$

(3) 三相半波共阳极可控整流电路

三相半波可控整流电路还可以把晶闸管的3个阳极接在一起，而3个阴极分别接到三相交流电源，形成共阳极的三相半波可控整流电路，其带电感性负载的电路如图4-8(a)所示。由于3个阳极是接在一起的，即是等电位的，所以对于螺栓式的晶闸管来说，可以将晶闸管的阳极固定在同一块大散热器上，散热效果好，安装方便。但是，此电路的触发电路不能再像共阴极电路的触发电路那样，引出公共的一条接阴极的线，而且输出脉冲变压器二次侧绕组也不能有公共线，这就给调试和使用带来了不便。

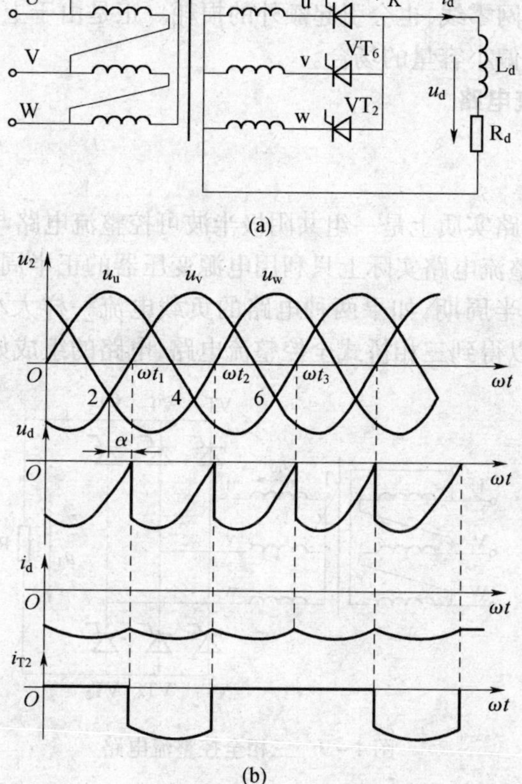

图4-8 共阳极三相半波可控整流电路

(a) 电路图；(b) $\alpha=30°$ 时的波形图。

共阳极的三相半波可控整流电路的工作原理与共阴极的一致，也是要晶闸管承受正向电压即其阳极电位高于阴极电位时，才可能导通。所以，共阳极的3只晶闸管 VT_2、VT_4 和 VT_6 哪一只导通，要看哪一只的阴极电位低，触发脉冲应在三相交流电源相应相电压的负半周加上，而且3个管子的自然换相点在电源两相邻相电压负半周的交点，即图4-8(b)中的2、4、6点，故2、4、6点的位置分别是与w相、u相、v相相连的晶闸管 VT_2、VT_4 和 VT_6 的 α 角的起始点。从图4-8(b)中可以看出，当 $\alpha=30°$ 时，输出全部在电源负半周。例如，在 ωt_1 时刻触发晶闸管 VT_2，因其阴极电位最低，满足其导通的条件，故可以被触发导通，此时在负载上得到的输出电压为 $u_d=-u_w$。至 ωt_2 时，给 VT_4 加触发脉冲，由于此时u相电压更负，故 VT_2 会让位给 VT_4，而 VT_4 的导通

会立即使 VT_2 承受反向的线电压 u_{uw} 而关断。同理，在 ωt_3 时刻又会换相给 v 相的晶闸管 VT_6。由图 4－8 可见，共阳极接法时的整流输出电压波形形状与共阴极时是一样的，只是输出电压的极性相反，故三相半波共阳极整流电路带电感性负载时的整流输出电压的平均值为

$$U_d = -1.17U_2\cos\alpha \tag{4-22}$$

式中的负号表示三相电源的零线为实际负载电压的正端，3 个接在一起的阳极为实际负载电压的负端。负载电流的实际方向也与电路图中所标方向相反。

从上面讨论的三相半波电路中，可以看出，不论是共阴极还是共阳极接法的电路，都只用了 3 只晶闸管，所以接线都较简单，但其变压器绕组利用率较低，每相的二次侧绕组一周期最多工作 120°，而且绕组中的电流（波形与相连的晶闸管的电流波形一样）还是单方向的，因此也会存在铁心的直流磁化现象；还有晶闸管承受的反向峰值电压较高（与三相桥式电路相比）；另外，因电路中负载电流要经过电网零线，也会引起额外的损耗。正是由于上述局限，使得三相半波可控整流电路一般只用于中等偏小容量的场合。

2. 三相桥式全控整流电路

1）电阻性负载

（1）电路组成

三相桥式全控整流电路实质上是一组共阴极半波可控整流电路与共阳极半波可控整流电路的串联，共阴极半波可控整流电路实际上只利用电源变压器的正半周期，共阳极半波可控整流电路只利用电源变压器的负半周期，如果两种电路的负载电流一样大小，可以利用同一电源变压器，即两种电路串联便可以得到三相桥式全控整流电路，电路的组成如图 4－9 所示。

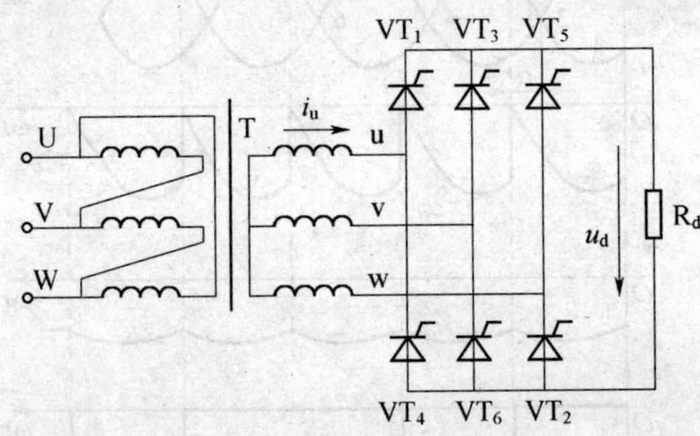

图 4－9　三相全控整流电路

（2）工作原理

对于图 4－9 的电路，可以像分析三相半波可控整流电路一样，先分析若是不可控整流电路的情况，即把晶闸管都换成二极管，这种情况相当于可控整流电路的 $\alpha=0°$ 时的情况。因此，共阴极的一组晶闸管要在自然换相点 1、3、5 点换相，而共阳极的一组晶闸管则会在自然换相点 2、4、6 点换相。因此，对于可控整流电路，就要求触发电路在三相电源相电压正半周的 1、3、5 点的位置给晶闸管 VT_1、VT_3 和 VT_5 送出触发脉冲，而在三相电源相电压负半周的 2、4、6 点的位置给晶闸管 VT_2、VT_4 和 VT_6 送出触发脉冲，且在任意时刻共阴极组和共阳极组的晶闸管中都各有一只晶闸管导通，这样在负载中才能有电流通过，负载上得到的电压是某一线电压。其波形如图 4－10 所示。为便于分析，可以将一个周期分成 6 个区间，每个区间 60°。

$\omega t_1 \sim \omega t_2$ 区间，u 相电位最高，在 ωt_1 时刻，即对于共阴极组的 u 相晶闸管 VT_1 的 $\alpha=0°$ 的时刻，给其加触发脉冲，VT_1 满足其导通的两个条件，同时假设此时共阳极组阴极电位最低的晶闸

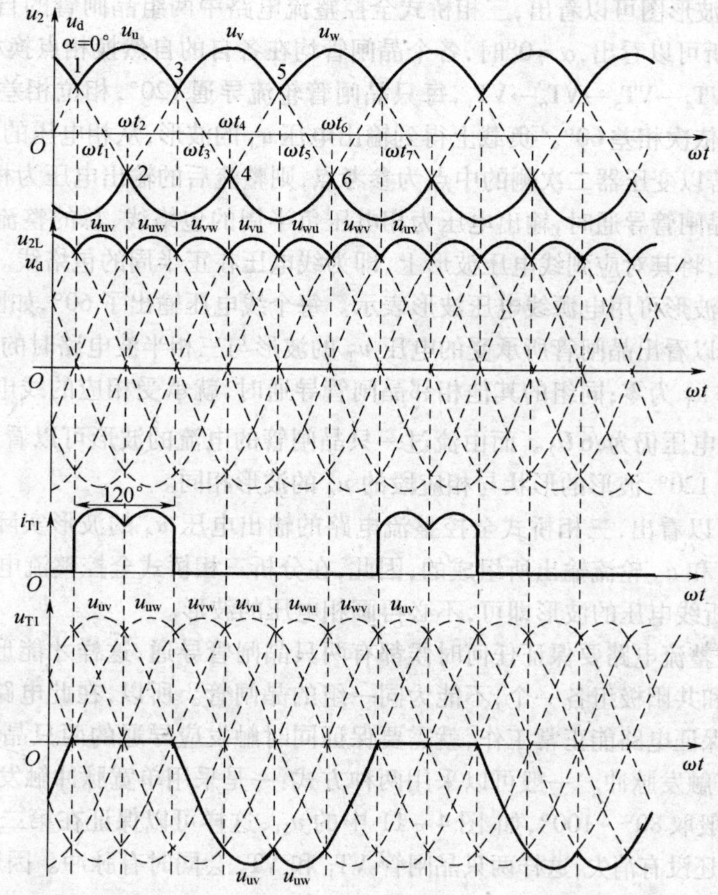

图 4-10　三相桥式全控整流电路带电阻性负载 $\alpha=0°$时的波形

管 VT_6 已导通，这样就形成了由电源 u 相经 VT_1、负载 R_d 及 VT_6 回电源 v 相的一条电流回路。若假设电流流出绕组的方向为正，则此时 u 相绕组的电流 i_u 为正，v 相绕组上的电流 i_v 为负。在负载电阻上就得到了整流后的直流输出电压 u_d，且 $u_d=u_u-u_v=u_{uv}$，为三相交流电源的线电压之一。

过 60°后至 ωt_2 时刻，进入 $\omega t_2\sim\omega t_3$ 区间，这时 u 相相电压 u_u 仍是最高，但对于共阳极组的晶闸管来说，由于 w 相相电压 u_w 为最负，即 VT_2 的阴极电位将变得最低。所以在自然换相点 2 点，即 ωt_2 时，给晶闸管 VT_2 加触发脉冲，使其导通，同时由于 VT_2 的导通，使 VT_6 承受了反向的线电压 u_{wv} 而关断了。即共阳极组由刚才的 VT_6 换流到 VT_2，则形成的电流通路仍由电源 u 相流出，经过还在导通的共阴极组的晶闸管 VT_1，向负载 R_d 供电，由 VT_2 流回到电源 w 相，此时 $u_d=u_u-u_w=u_{uw}$。

再过 60°后至 ωt_3 时刻，进入 $\omega t_3\sim\omega t_4$ 区间，在此区间中，对于共阴极组来说变为 v 相最高，而对于共阳极组仍是 w 相最低。因此，在自然换相点 3 点，即 ωt_3 时要给晶闸管 VT_3 加触发脉冲，共阴极组的晶闸管由 VT_1 换流给了 VT_3，而共阳极组仍是 VT_2 导通，改为由晶闸管 VT_3 和 VT_2 形成通路，所以负载上得到的输出电压为 $u_d=u_v-u_w=u_{vw}$。

同样，再过 60°后至 ωt_4 时刻，进入 $\omega t_4\sim\omega t_5$ 区间，VT_4 阴极所接的 u 相相电压 u_u 为最负，故又该触发晶闸管 VT_4，输出电压为 $u_d=u_v-u_u=u_{vu}$。在 $\omega t_5\sim\omega t_6$ 区间，触发导通 VT_5，输出电压为 $u_d=u_w-u_u=u_{wu}$。在 $\omega t_6\sim\omega t_7$ 区间，给共阳极组的晶闸管 VT_6 加触发脉冲，使得输出电压变为 $u_d=u_w-u_v=u_{wv}$。以后又重复上述过程。

由图 4 – 10 的波形图可以看出，三相桥式全控整流电路中两组晶闸管的自然换相点对应相差 60°。由以上分析可以看出，$\alpha=0°$时，各个晶闸管均在各自的自然换相点换相，导通的顺序是 $VT_1 \to VT_2 \to VT_3 \to VT_4 \to VT_5 \to VT_6 \to VT_1$，每只晶闸管轮流导通 120°，相位相差了 60°，也即 6 只晶闸管的触发脉冲依次相差 60°。负载上得到输出电压 u_d 的波形，从相电压的波形上看，共阴极组晶闸管导通时，若以变压器二次侧的中点为参考点，则整流后的输出电压为相电压正半周的包络线，而共阳极组晶闸管导通时，输出电压为相电压负半周的包络线，总的整流输出电压是两条包络线之间的差值，将其对应到线电压波形上，即为线电压在正半周的包络线。因此三相桥式全控整流电路的输出波形可用电源线电压波形表示。每个线电压输出了 60°，如图 4 – 10 所示。

由以上波形可以看出晶闸管所承受的电压 u_T 的波形与三相半波电路时的分析是一样的，即晶闸管本身导通时 u_T 为零；同组的其他相邻晶闸管导通时，就承受相应的线电压。故晶闸管承受的最大的正反向电压仍为$\sqrt{6}U_2$。而由流过一只晶闸管的电流的波形可以看出，每只晶闸管在一周期内都导通了 120°，波形的形状与相应段的 u_d 的波形相同。

由图 4 – 10 可以看出，三相桥式全控整流电路的输出电压 u_d 的波形实际是由 6 个线电压 u_{uv}、u_{uw}、u_{vw}、u_{vu}、u_{wu}和 u_{wv}轮流输出所组成的，因此，在分析三相桥式全控整流电路的输出电压 u_d 的波形时，只要分析线电压的波形即可，不必再画相电压的波形。

三相桥式全控整流电路要保证任何时候都有两只晶闸管导通，这样才能形成向负载供电的回路，且是共阴极和共阳极组各一个，不能为同一组的晶闸管。所以，在此电路合闸启动过程中或电流断续时，为保证电路能正常工作，就需要保证同时触发应导通的两只晶闸管，即要同时保证两只晶闸管都有触发脉冲。一般可以采用两种方式：一是采用单宽脉冲触发，即脉冲宽度大于 60°，小于 120°，一般取 80° ~ 100°，如 图 4 – 11 中的 u_{g1}，这样可以保证在第二个脉冲 u_{g2}来的时候，前一个脉冲 u_{g1}还没有消失，这样两只晶闸管 VT_1 和 VT_2 会同时有脉冲。因篇幅所限图 4 – 11

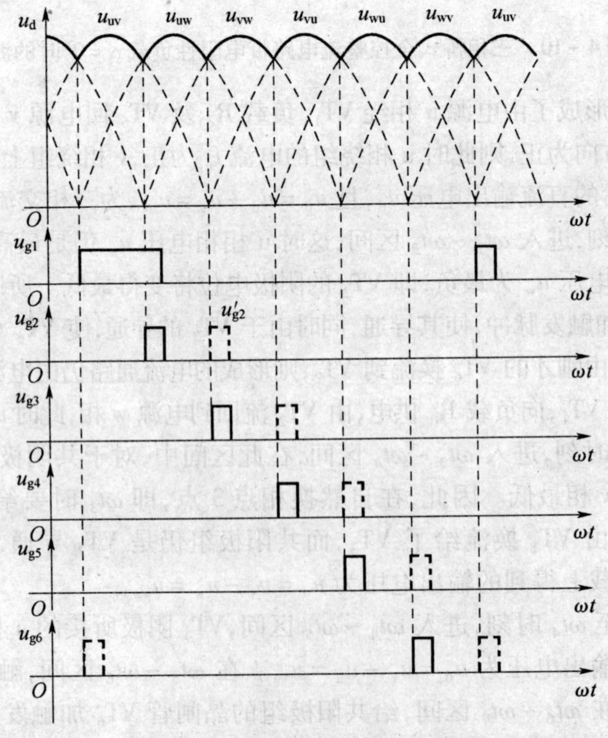

图 4 – 11　三相桥式全控整流电路的触发脉冲

只画出了 u_{g1}，其他 5 个脉冲没有画出。另一种脉冲形式是采用双窄脉冲，即要求本相的触发电路在送出本相的触发脉冲时，给前一相补发一个辅助脉冲，两个脉冲相位相差 60°，脉宽一般是 20°～30°，如图 4－11 所示，在给晶闸管 VT_3 送出脉冲 u_{g3} 的同时，又给晶闸管 VT_2 补发了一个辅脉冲 u'_{g2}。这两种触发方式常用的是双窄脉冲触发方式，虽然双窄脉冲的电路比较复杂，但其要求的触发电路的输出功率小，可以减小脉冲变压器的体积。而单宽脉冲触发方式，虽然可以少一半脉冲输出，但为了不使脉冲变压器饱和，其铁心体积要做得大一些，绕组的匝数也要多，因而漏电感增大，导致输出的脉冲前沿不陡，这样对于多个晶闸管串联时是不利的，虽然可以利用增加去磁绕组的办法来改善这一情况，但这样又会使装置复杂化，所以常选用的触发方式是双窄脉冲。

（3）不同控制角时的波形分析

① $\alpha=30°$时的工作情况。当控制角 α 发生变化时，电路的工作情况将发生变化。从图 4－12中可以看出，输出电压 u_d 的波形仍由 6 个电源线电压波形组成，与 $\alpha=0°$时不同的是，晶闸管的导通时间推迟了，输出电压的波形面积少了，输出电压的平均值降低了。晶闸管的导通时间比 $\alpha=0°$时推迟了 30°，组成输出 u_d 的线电压波形也向后推迟了 30°，但晶闸管的导通顺序仍

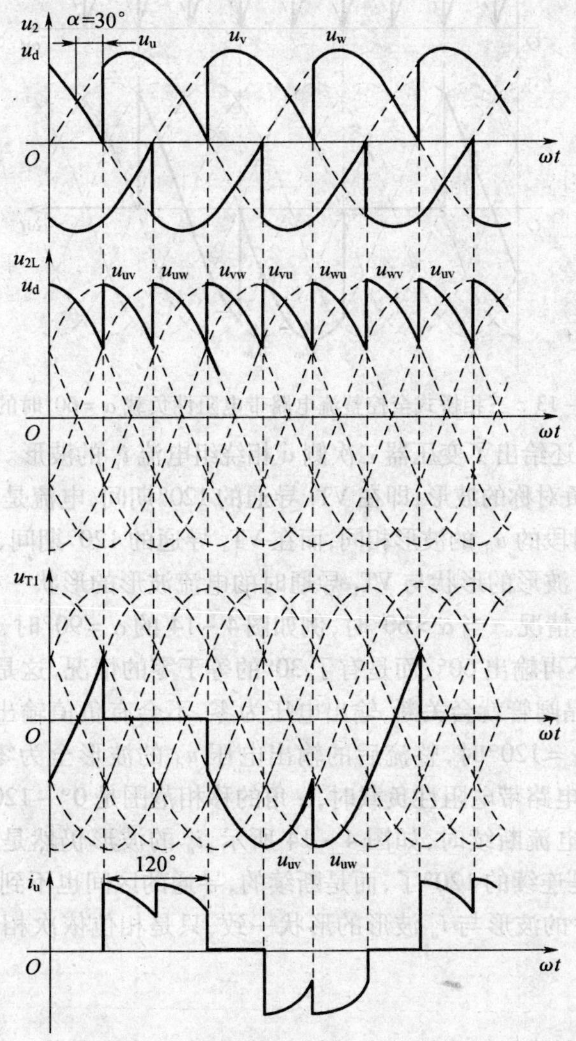

图 4－12　三相桥式全控整流电路带电阻性负载 $\alpha=30°$时的波形

然没有变,与其编号相符,流过变压器二次侧绕组的电流 i_u 为正负各 120°的对称波形。

② $\alpha=60°$时的工作情况。$\alpha=60°$时,u_d 波形继续向后推,且 u_d 波形出现了零点。因此,$\alpha=60°$是一临界情况,如图 4-13 所示。对于电阻性负载来说,只要 $\alpha\leqslant60°$,输出电压 u_d 的波形就是连续的,且电流 i_d 波形也是连续的。

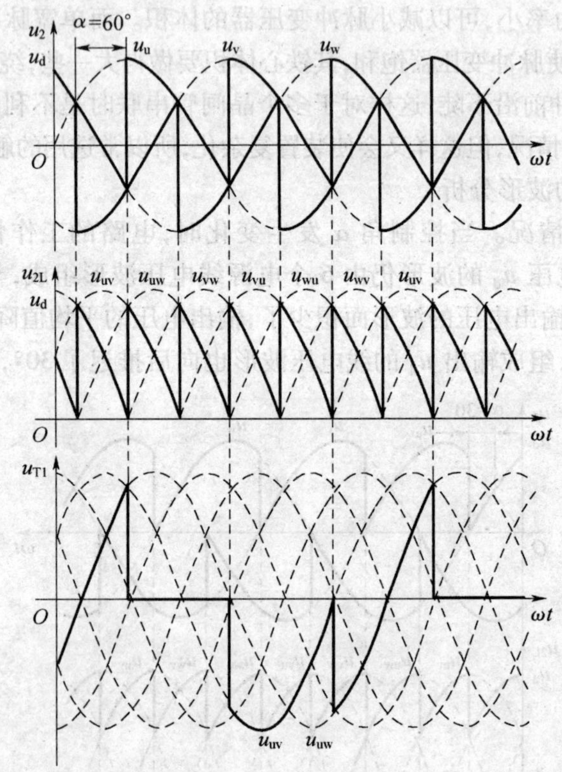

图 4-13　三相桥式全控整流电路带电阻性负载 $\alpha=60°$时的波形

另外,在图 4-12 中还给出了变压器二次侧 u 相绕组电流 i_u 的波形。其波形特点是当 $\alpha\leqslant60°$时,即电流连续时,为正负对称的波形,即在 VT_1 导通的 120°期间,电流是由 u 相绕组流出的,故 i_u 为正,且 i_u 的波形与同时段的 u_d 的波形相同,而在 VT_4 导通的 120°期间,电流是由 u 相绕组流入的,所以 i_u 为负,此时 i_u 波形的形状与 VT_1 导通时的电流波形的形状一样,只是为负值。

③ $\alpha=90°$时的工作情况。当 $\alpha>60°$时,例如图 4-14 的 $\alpha=90°$时,输出电压 u_d 的波形就出现了断续,每个线电压不再输出 60°,而是有了 30°的等于零的情况,这是由于当 u_d 减小到零时,电流 i_d 也减小到了零,晶闸管就会关断,输出电压为零,不会有负值输出。α 角越大,电压、电流断续的区间就越大,至 $\alpha=120°$时,整流后的输出电压 u_d 的波形全为零,其平均值 U_d 也为零。所以三相桥式全控整流电路带电阻性负载时,α 角的移相范围是 0°~120°。

而当 $\alpha>60°$时,即电流断续时,如图 4-14 所示,i_u 的波形仍然是由正负对称的两部分组成,只是每一部分不再是连续的 120°了,而是断续的,导通的区间也不到 120°。流过变压器二次侧的其他两相电流 i_v、i_w 的波形与 i_u 波形的形状一致,只是相位依次相差 120°。此三相电流均可统一用 i_2 来表示。

2）电感性负载

三相桥式全控整流电路一般多用于电感性负载及反电动势负载。而对于反电动势负载,常是指直流电动机或要求能实现有源逆变的负载,对于此类负载,为了改善电流波形,有利于直流

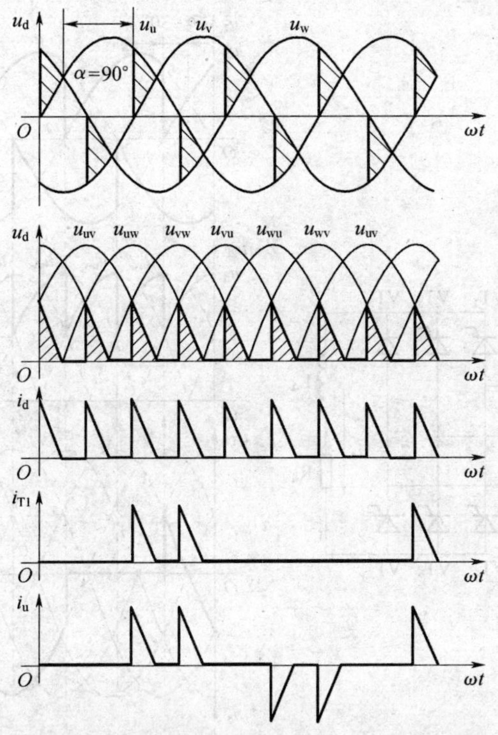

图 4-14　三相桥式全控整流电路带电阻性负载 $\alpha=90°$时的波形

电动机换向及减小火花，一般都要串入电感量足够大的平波电抗器，分析时等同于电感性负载。

电路工作原理如下。

① $\alpha\leqslant30°$时的工作情况。分析方法同电阻性负载时一样，工作情况与电阻性负载时很相似，整流输出电压 u_d 波形、晶闸管的导通情况、晶闸管两端承受的电压 u_T 的波形都是一样的。

两种负载时的区别在于：流过负载的电流 i_d 的波形不同，电阻性负载时，i_d 的波形的形状与输出电压 u_d 的波形相同，而电感性负载时，由于电感有阻碍电流变化的作用，因此得到的负载电流的波形比较平直，特别是当电感足够大时，可以认为负载电流 i_d 的波形是一条水平的直线。图 4-15(b) 给出了三相桥式电感性负载 $\alpha=30°$时的波形。由图 4-15(b) 中可以看出，输出电压 u_d、电流 i_d 波形都是连续的，整流输出电压 u_d 的波形仍由 6 个线电压组成，在距离相应的自然换相点 30°的位置，要同时保证两只晶闸管都有触发脉冲，使其形成通路，例如在距离自然换相点 1 点 30°的位置，同时给 VT_1 和 VT_6 门极加窄脉冲，使两只管子同时导通，输出线电压 u_{uv}，至距离 2 点 30°的地方，又触发了晶闸管 VT_2，输出线电压 u_{uw}，依次类推，分别输出线电压 u_{vw}、u_{vu}、u_{wu}和 u_{wv}，且每一线电压都输出了 60°。晶闸管承受的电压的波形同电阻性负载时是一样的。由流过晶闸管的电流 i_{T1}波形可以看出，每只晶闸管都是导通了 120°，且 i_{T1}波形为方波，其形状由负载电流 i_d 的形状决定，不再由 u_d 波形决定。

② $\alpha=60°$时的工作情况。图 4-16 是 $\alpha=60°$时的波形，由输出线电压波形可以看到，相电压中的自然换相点对应于线电压正半周的交点。在距离电源线电压 u_{wv}和 u_{uv} 的交点即 1 点 60°的时刻，给 VT_1 和 VT_6 的门极送出脉冲，此时线电压 u_{uv}为正，于是 VT_1 和 VT_6 同时被触发导通，输出电压 $u_d=u_{uv}$。过 60°后的波形已降到零，而此时又是距离 2 点 60°的时刻，即触发电路又给 VT_2 送出了脉冲，VT_2 的导通使 VT_6 承受反向线电压而关断了，输出电压为 $u_d=u_{uw}$。其余依此类推。其他波形分析同前面的分析类似。由 $\alpha=60°$时的波形可以看出，$\alpha=60°$时是一临界情

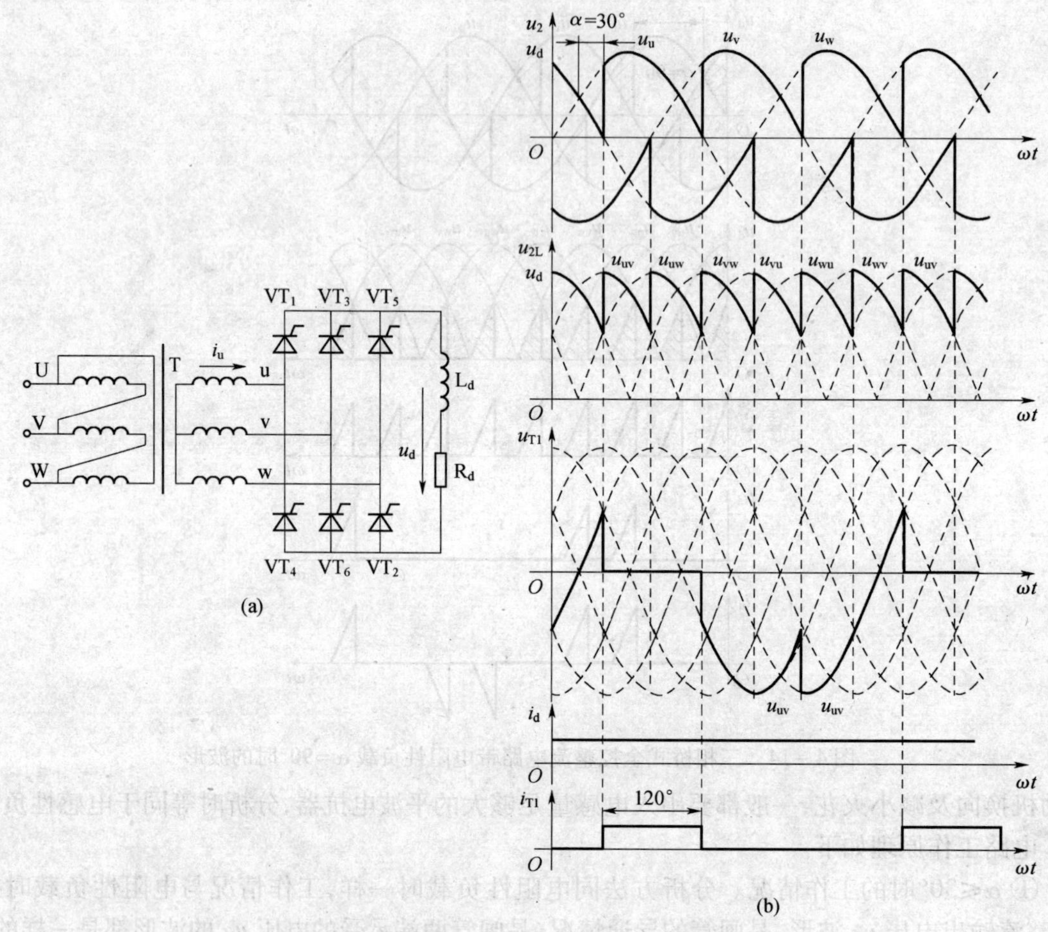

图 4-15　三相桥式全控整流电路带电感性负载

(a) 电路图；(b) $\alpha=30°$时的波形。

况，即输出电压 u_d 正好没有负电压的输出。

③ $\alpha=90°$时的工作情况。当 $\alpha>60°$时，输出电压 u_d 的波形将会出现负值，但由于是大电感负载，只要输出电压 u_d 的平均值不为零，则每只晶闸管就仍能维持导通 120°。图 4-17 示出了 $\alpha=90°$时的情况，可以看到，此时输出电压 u_d 的波形正负面积相等，因此其平均值为零，所以三相桥式全控整流电路带电感性负载时的有效移相范围是 0°~90°。

3）基本的物理量计算

（1）整流电路输出直流平均电压

由上面的分析可以知道，当 $0°\leqslant\alpha\leqslant90°$时，整流输出电压和电流都是连续的，若以相应的线电压由负到正的过零点作坐标原点，则可以很容易推导出

$$U_d=\frac{6}{2\pi}\int_{\frac{\pi}{3}+\alpha}^{\frac{2\pi}{3}+\alpha}\sqrt{6}U_2\sin\omega t\,d(\omega t)=\frac{3\sqrt{6}}{\pi}U_2\cos\alpha=2.34U_2\cos\alpha=1.35U_{2l}\cos\alpha \quad (4-23)$$

式中：U_2 仍是变压器二次侧绕组的相电压的有效值，U_{2l}是变压器二次侧绕组的线电压的有效值。

（2）直流输出电流的平均值 I_d

$$I_d=\frac{U_d}{R_d} \quad (4-24)$$

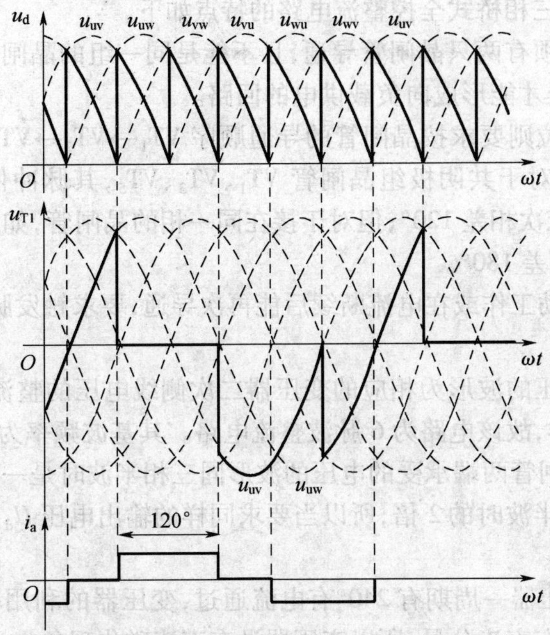

图 4－16　三相桥式全控整流电路带电感性负载 $\alpha=60°$ 时的波形

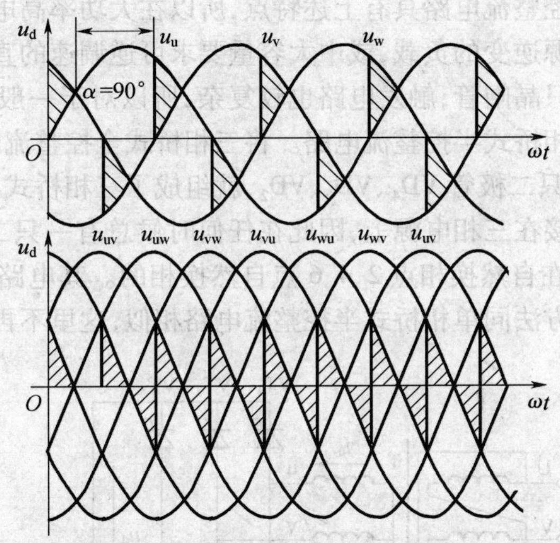

图 4－17　三相桥式全控整流电路带电感性负载 $\alpha=90°$ 时的波形

（3）流过一只晶闸管的电流的平均值和有效值

由于每组晶闸管都是轮流导通 120°，所以

$$I_{dT}=\frac{1}{3}I_d \quad I_T=\sqrt{\frac{1}{3}}I_d=0.577I_d \tag{4-25}$$

（4）变压器二次侧绕组的电流有效值 I_2

由图 4－16 的 i_u 的波形可以看出，变压器二次侧相电流的波形为正负对称的方波，正负各 120°，即变压器的二次侧绕组在一周期内有 2/3 的时间在工作，所以

$$I_2=\sqrt{\frac{2}{3}}I_d=0.817I_d \tag{4-26}$$

另外，晶闸管两端承受的最大的正反向电压仍是 $\sqrt{6}U_2$。

综上所述，可以总结三相桥式全控整流电路的特点如下。

① 在任何时刻都必须有两只晶闸管导通，且不能是同一组的晶闸管，必须是共阴极组的一只，共阳极组的一只，这样才能形成向负载供电的回路。

② 对触发脉冲的相位则要求按晶闸管的导通顺序 $VT_1 \rightarrow VT_2 \rightarrow VT_3 \rightarrow VT_4 \rightarrow VT_5 \rightarrow VT_6$ 依次送出，相位依次相差60°；对于共阴极组晶闸管 VT_1、VT_3、VT_5，其脉冲依次相差120°，共阳极组 VT_4、VT_6、VT_2 的脉冲也依次相差120°；但对于接在同一相的晶闸管，如 VT_1 和 VT_4、VT_3 和 VT_6、VT_5 和 VT_2 之间的相位相差180°。

③ 为保证电路能启动工作或在电流断续后能再次导通，要求触发脉冲为单宽脉冲或是双窄脉冲。

④ 整流后的输出电压的波形为相应的变压器二次侧线电压的整流电压，一周期脉动6次，每次脉动的波形也都一样，故该电路为6脉波整流电路。其基波频率为300Hz。

⑤ 电感性负载时晶闸管两端承受的电压的波形同三相半波时是一样的，但其整流后的输出电压的平均值 U_d 是三相半波时的2倍，所以当要求同样的输出电压 U_d 时，三相桥式电路对管子的电压要求降低了一半。

⑥ 电感性负载时变压器一周期有240°有电流通过，变压器的利用率高，且由于流过变压器的电流是正负对称的，没有直流分量，所以变压器没有直流磁化现象。

正是由于三相桥式全控整流电路具有上述特点，所以在大功率高电压的场合应用较为广泛，特别对一些要求能进行有源逆变的负载，或中大容量要求可逆调速的直流电动机负载应用较多。但是由于此电路必须用6只晶闸管，触发电路也较复杂，所以对于一般的电阻性负载，或不可逆直流调速系统可以选用三相桥式半控整流电路。将三相桥式全控整流电路中共阳极组的3只晶闸管 VT_4、VT_6、VT_2 换成3只二极管 VD_4、VD_6、VD_2，就组成了三相桥式半控整流电路。由于共阳极组的二极管的阴极分别接在三相电源上，因此在任何时候总有一只二极管的阴极电位最低而导通，即 VD_2、VD_4、VD_6 是在自然换相点2、4、6点自然换相的。其电路及波形如图4－18所示。此电路的工作原理和分析方法同单相桥式半控整流电路相似，这里不再赘述。

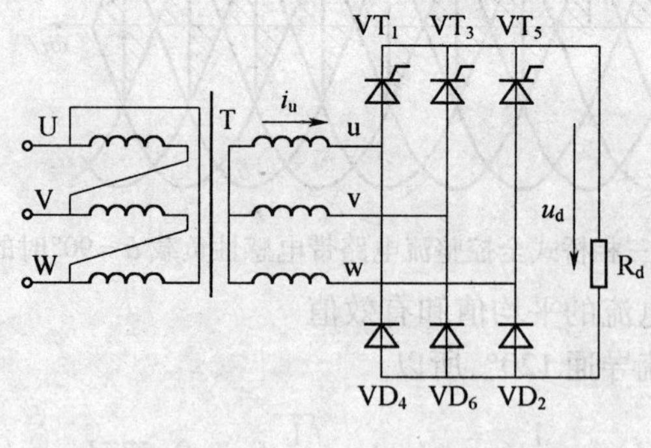

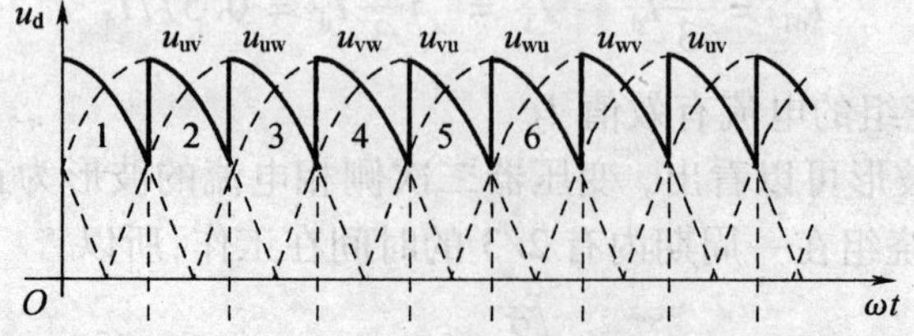

图4－18　三相桥式半控整流电路及波形

3. 六相半波可控整流电路

从上面对三相桥式全控整流电路的分析可以看出，三相桥式全控整流电路是两组三相半波的串联，适合在高电压、电流不大的场合使用。在实际的工业生产中，有些场合如电解、电镀要求直流电流高达几千甚至几万安培，但对电压要求却较低，仅几伏到十几伏。此种情况下若采用三相半波可控整流电路，将会有很大的电流流过中线，整流变压器铁心直流磁化将很严重，所以此电路是不可取的；若采用三相桥式全控整流电路，虽然克服了半波电路的缺点，但大电流要经过两个晶闸管，增加了管耗，降低了整流装置的效率。下面要介绍的双反星形整流电路实际上是两组独立的三相半波整流电路并联运行。

六相半波可控整流电路如图 4－19(a) 所示，其整流变压器具有两组二次侧绕组，都接成星形，但同名端相反，其目的是为了消除变压器铁心直流磁化问题。变压器二次侧双反星形绕组 u 和 u′、v 和 v′、w 和 w′分别安装在变压器的 3 个铁心上，u 和 u′、v 和 v′、w 和 w′的同名端相反，所以每对绕组上的电压存在 180°的相位差，其六相电压的矢量图是两个相反的星形，如图 4－19(b) 所示，故称"双反星形"。由图中可以看出，6 个相电压彼此相差 60°，顺序为 u_u、$u_{w'}$、u_v、$u_{u'}$、u_w、$u_{v'}$，六相绕组并联且各有一只晶闸管，按其导通顺序给晶闸管编号为 VT_1、VT_2、VT_3、VT_4、VT_5、VT_6。

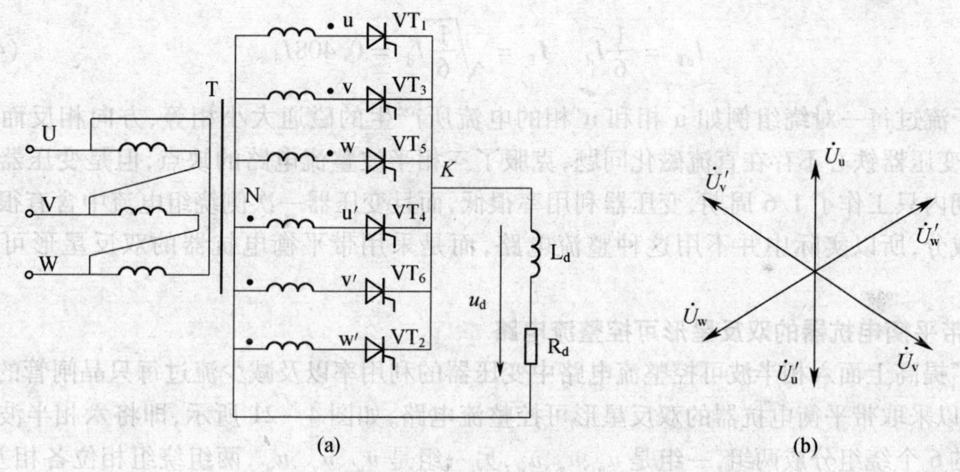

图 4－19　六相半波整流电路

(a) 电路图；(b) 矢量图。

当 $\alpha = 0°$时，此电路的电压、电流波形如图 4－4 所示。其中 6 个相电压的交点就是 6 只晶闸管控制角 α 的起始点，即图中的 1、2、3、4、5 和 6 点。每间隔 60°给相应晶闸管送出触发脉冲 $u_{g1} \sim u_{g6}$，这样一个周期内，6 只晶闸管轮流导通，每只管子导通 60°，整流输出电压 u_d 的波形就是 6 个相电压的包络线，如图 4－20 中的粗实线所示，在一个周期内脉动 6 次，比三相半波时的输出电压脉动小了。

在不同的 α 角下，电感性负载时的输出电压的平均值计算如下：

$$U_d = \frac{6}{2\pi}\int_{\frac{\pi}{3}+\alpha}^{\frac{2\pi}{3}+\alpha} \sqrt{2}U_2\sin\omega t\,\mathrm{d}(\omega t) = \frac{3\sqrt{2}}{\pi}U_2\cos\alpha = 1.35U_2\cos\alpha \qquad (4-27)$$

负载电流为一水平线，大小为 $I_d = \frac{U_d}{R_d}$。图 4－20 给出了流过与 u 和 u′两相相连的晶闸管 VT_1 和 VT_4 的电流波形，可以看出每只管子只导通了 60°，所以流过一只晶闸管的电流平均值和

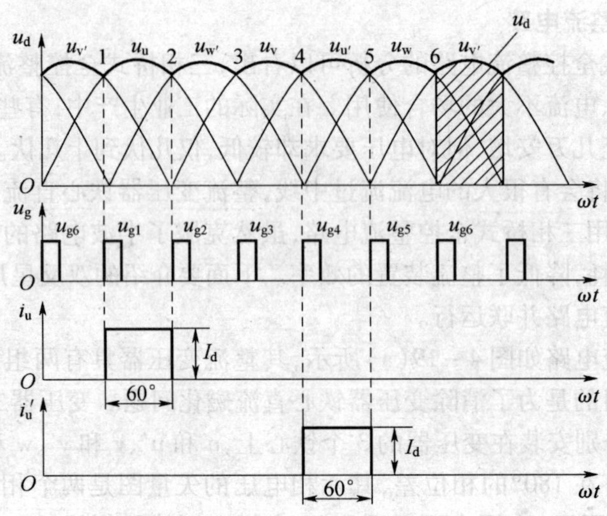

图 4-20 六相半波可控整流电路电感性负载 $\alpha=0°$时的波形

有效值分别为

$$I_{dT}=\frac{1}{6}I_d \quad I_T=\sqrt{\frac{1}{6}}I_d=0.408I_d \tag{4-28}$$

由于流过每一对绕组例如 u 相和 u′相的电流所产生的磁通大小相等、方向相反而相互抵消,所以变压器铁心不存在直流磁化问题,克服了三相半波整流电路的缺点,但是变压器每相绕组一周期内只工作了 1/6 周期,变压器利用率很低,而且变压器一次侧绕组电流中含有很大的三次谐波成分,所以实际中并不用这种整流电路,而是采用带平衡电抗器的双反星形可控整流电路。

4. 带平衡电抗器的双反星形可控整流电路

为了提高上面六相半波可控整流电路中变压器的利用率以及减少流过每只晶闸管的电流有效值,可以采取带平衡电抗器的双反星形可控整流电路,如图 4-21 所示,即将六相半波可控整流电路的 6 个绕组分成两组,一组是 u_u、u_v、u_w,另一组是 $u_{u'}$、$u_{v'}$、$u_{w'}$,两组绕组相位各相差 180°,相当于两组独立的三相半波可控整流电路并联,并在两组绕组的星形中点 N 和 N'之间串接一只平衡电抗器 L_b,负载接于平衡电抗器的中心抽头和晶闸管的共阴极之间。

由于平衡电抗器 L_b 抽头两侧匝数相等,且又是绕在同一个铁心上的,因此线圈中任一侧有变化的电流流过时,其抽头的两侧均会有大小相等、方向一致的感应电动势产生,这样将会使电路不再是六相轮流向负载供电,而是两组中各有一只晶闸管导通,并联向负载供电,每只晶闸管各承受负载电流的一半。

图 4-21 分别画出了电感性负载在 $\alpha=0°$时两组晶闸管工作时的电压、电流波形以及电路的输出电压 u_d 波形。取任一时刻如 ωt_1,同时触发晶闸管 VT_1 和 VT_2,虽然在 $\omega t_1\sim\omega t_2$ 区间,相电压 u_u 和 $u_{w'}$均为正值,但 $u_u>u_{w'}$,如果没有平衡电抗器 L_b,则只有 VT_1 会被触发导通,VT_2 由于 VT_1 的导通而承受反压关断。在加了 L_b 后,由于 VT_1 的导通使得 u 相绕组中的电流 i_u 从零开始增加,因此就会在 L_b 的上半部产生感应电动势$\frac{e_b}{2}$,以阻碍电流 i_u 的变化,如图 4-20 所示 ,它与相电压 u_u 的方向相反,使 VT_1 的正向电压被压低了。同时绕在同一铁心上的 L_b 的下半部也会

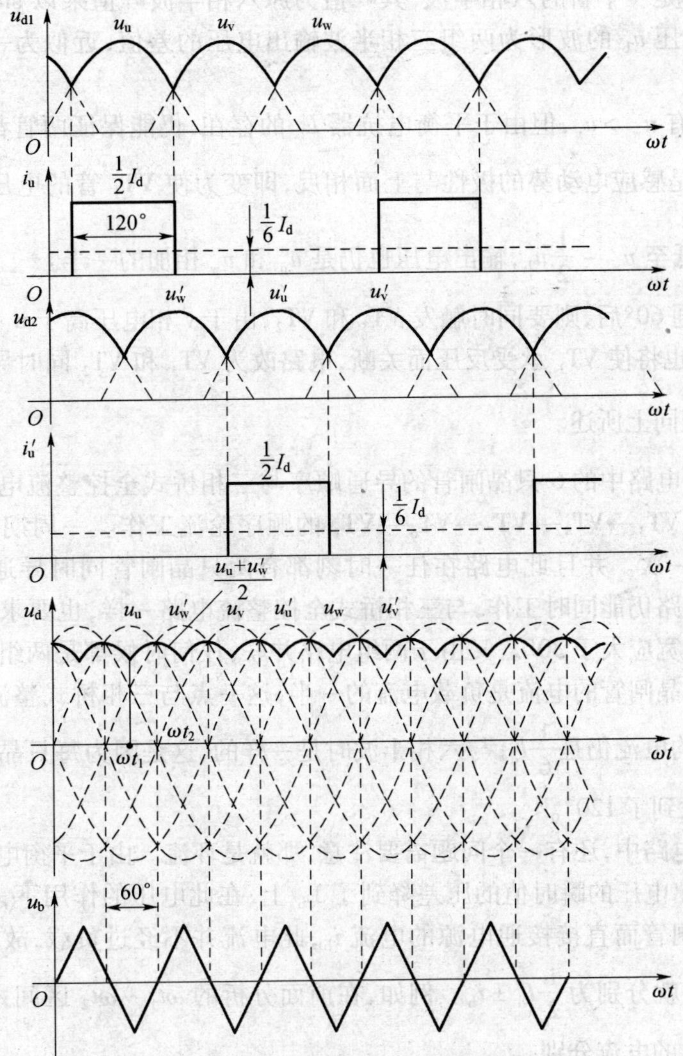

图 4－21　带平衡电抗器的双反星形电路 $\alpha=0°$ 的波形

产生大小相等、方向一致的感应电动势，而此电动势的方向与相电压 $u_{w'}$ 一致，使 VT_2 的正向电压被抬高了，这样就会促使晶闸管 VT_1 和 VT_2 都能被触发导通。因此电抗器 L_b 起到使两相导通的平衡作用，故称平衡电抗器。

下面再来分析 VT_1 和 VT_2 同时导通后的输出电压 u_d 的情况。由图 4－21 可知，平衡电抗器两端的电动势 e_b 用来补偿了 N 和 N' 间的电位差，也就是 L_b 两端的电压 u_b 等于相电压 u_u 和 $u_{w'}$ 的差值，即有

$$u_b = u_{NN'} = u_u - u_{w'} \tag{4-29}$$

所以此时有

$$u_d = u_u - \frac{u_b}{2} = u_{w'} + \frac{u_b}{2} = \frac{u_u + u_{w'}}{2} \tag{4-30}$$

由式(4－30)可以看出，以平衡电抗器 L_b 的中点作为整流电路输出电压的负端，此时输出电压 u_d 的大小是导通的两相相电压瞬时值的平均值，其波形就是图 4－21 中用实线表示的相应

部分，它可以被看作是一个新的六相半波，其峰值为原六相半波峰值乘以 $\sin 60° = 0.866$。而平衡电抗器 L_b 上的电压 u_b 的波形为两组三相半波输出电压的差值，近似为一个三角波，其频率为150Hz。

ωt_2 以后，虽然有 $u_{w'} > u_u$，但由于平衡电抗器 L_b 的存在，仍能保证两管都导通，工作情况与上面类似。不同的是感应电动势的极性与上面相反，即变为使 VT_1 管的电压抬至 $u_u + \frac{1}{2}u_b$，而 VT_2 管的电压被压低至 $u_{w'} - \frac{1}{2}u_b$，输出电压也仍是 u_u 和 $u_{w'}$ 相加的一半。

VT_1 和 VT_2 导通60°后，则要同时触发 VT_3 和 VT_2，由于 v 相电压高于 u 相，故 VT_1 将换流给 VT_3，而 VT_3 的导通也将使 VT_1 承受反压而关断，电路改为 VT_3 和 VT_2 同时导通，输出电压为 $u_d = \frac{u_v + u_{w'}}{2}$，工作原理同上所述。

因此，可以看出电路中的6只晶闸管的导通顺序与三相桥式全控整流电路时是一样的。也是按照 $VT_1 \to VT_2 \to VT_3 \to VT_4 \to VT_5 \to VT_6 \to VT_1$ 的顺序轮流工作。一周期内每只晶闸管导通120°，电路60°换流一次。并且此电路在任一时刻都有两只晶闸管同时导通，为保证电流断续后，两组三相半波电路仍能同时工作，与三相桥式全控整流电路一样，也要求单宽脉冲或双窄脉冲触发，窄脉冲的脉宽应大于30°。又由于两组电路并联，任何时候都是两组中各有一只晶闸管导通，所以流过一只晶闸管的电流是负载电流的一半，这一点与三相桥式整流电路不一样，但流过每只晶闸管的平均电流仍是 $\frac{1}{6}I_d$，与六相半波时是一样的，这是因为每只晶闸管的导通角由六相半波时的60°增大到了120°。

在这种并联的电路中，还有一个问题需要注意，那就是环流。由于平衡电抗器 L_b 的存在，使得两组三相半波输出电压的瞬时值的压差降到了 L_b 上，在此电压的作用下，就会产生只经过两组中分别导通的晶闸管而直接接通电源的电流 i_b，此电流并不经过负载，故称环流。考虑环流后，每组流过的电流就分别为 $\frac{1}{2}I_d \pm i_b$。例如，在前面分析的 $\omega t_1 \sim \omega t_2$ 区间，VT_1 和 VT_2 同时导通，流过 VT_1 和 VT_2 的电流分别

$$i_{T1} = i_u = \frac{1}{2}I_b + i_b \qquad (4-31)$$

$$i_{T2} = i_{w'} = \frac{1}{2}I_d - i_b \qquad (4-32)$$

因此，为使两组电流尽可能平均分配，一般使平衡电抗器 L_b 的电感值足够大，以使环流 i_b 被抑制到小于最小负载电流的一半。否则会有一只晶闸管无法导通，例如 $\omega t_1 \sim \omega t_2$ 区间的 VT_2 管。一般限制环流在负载电流的1%～2%。

图4-22为 $\alpha = 30°$、$\alpha = 60°$ 和 $\alpha = 90°$ 时带电感性负载的输出电压 u_d 的波形以及 $\alpha = 90°$ 时带电阻性负载的 u_d 波形。可以看出要想画出 u_d 的波形，先要画两组三相半波即六相半波的相电压波形，然后求出相邻两相的平均值的轨迹，在导通的两相相应区间的相电压平均值的波形就是 u_d 的波形。由图4-22(a)可知，电路带电感性负载时，$\alpha = 90°$ 时的输出电压 u_d 的波形为正负对称，即输出电压的平均值为零，故电感性负载时的有效移相范围是0°～90°。由图4-22(b)可以看出若是电阻性负载，则 u_d 的波形不会出现负值，当 $\alpha > 60°$ 时，u_d 的波形将会出现断续，图中画出了 $\alpha = 90°$ 时的波形，不难分析出带电阻性负载时此电路的移相范围是0°～120°。

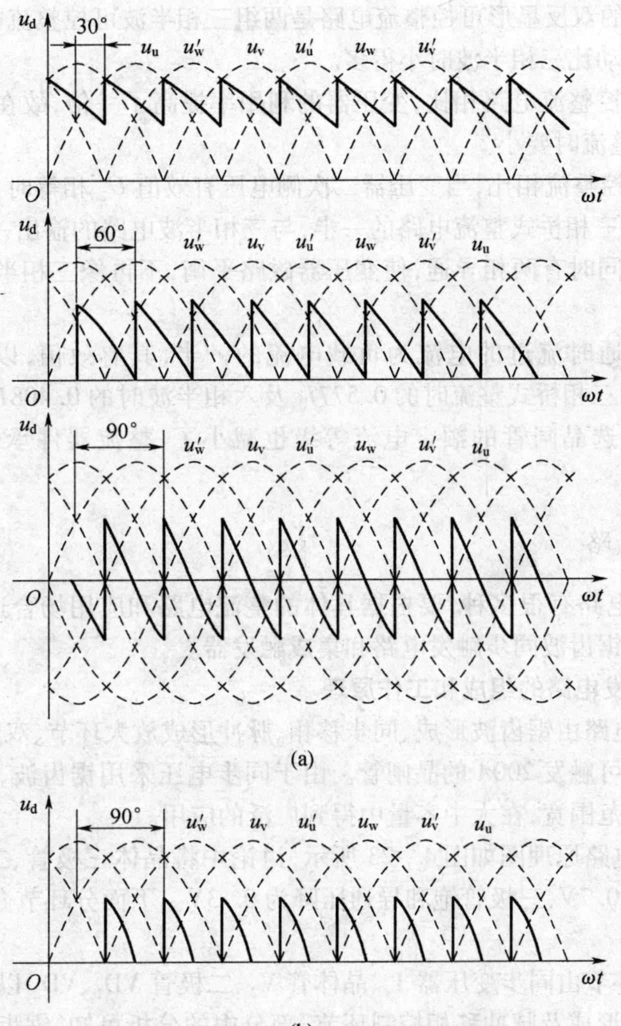

图 4-22 带平衡电抗器的双反星形电路的波形

(a) 电感性负载 $\alpha=30°$、$\alpha=60°$、$\alpha=90°$；(b) 电阻性负载 $\alpha=90°$。

双反星形电路是两组三相半波电路的并联，故负载上得到的输出电压平均值 U_d 与三相半波可控整流电路的输出电压平均值相等，当为电感性负载时，有

$$U_d = \frac{3\sqrt{3}}{2\pi}\sqrt{2}U_2\cos\alpha = 1.17U_2\cos\alpha \tag{4-33}$$

在此电路中，由于每组三相半波整流电路的输出电流是负载电流的一半，且每只晶闸管在一个周期内导通了120°，所以流过一只晶闸管的电流的平均值和有效值分别为

$$I_{dT} = \frac{120°}{360°}\times\frac{1}{2}I_d = \frac{1}{6}I_d \tag{4-34}$$

$$I_T = \sqrt{\frac{120°}{360°}}\times\frac{1}{2}I_d = \frac{1}{2\sqrt{3}}I_d = 0.289I_d \tag{4-35}$$

晶闸管承受的最大电压仍为二次绕组线电压的峰值，即$\sqrt{6}U_2$。

带平衡电抗器的双反星形可控整流电路与前面电路相比，有如下特点。

① 带平衡电抗器的双反星形可控整流电路是两组三相半波可控整流电路的并联，输出电压一周期内脉动6次，脉动比三相半波时小得多。

② 与六相半波可控整流电路相比，变压器的利用率提高了一倍，故在输出电流相同时变压器的容量比六相半波整流时要小。

③ 与三相桥式全控整流相比，当变压器二次侧电压有效值 U_2 相等时，双反星形电路的直流输出电压平均值 U_d 是三相桥式整流电路的一半，与三相半波电路的输出一样。

④ 双反星形电路同时有两相导通，使变压器磁路平衡，不再像三相半波整流一样存在直流磁化问题。

⑤ 每只晶闸管导通时流过的电流为负载电流的一半，其有效值，以电感性负载为例，为 $0.289I_d$，比三相半波和三相桥式整流时的 $0.577I_d$ 及六相半波时的 $0.408I_d$ 都要小，因此在相同负载电流的情况下，所选晶闸管的额定电流等级也减小了，整流器件承受负载的能力相对提高了。

三、整流触发电路

整流电路的触发电路有很多种，要根据具体的整流电路和应用场合选择不同的触发电路。实际中，大多情况选用锯齿波同步触发电路和集成触发器。

1. 锯齿波同步触发电路的组成和工作原理

锯齿波同步触发电路由锯齿波形成、同步移相、脉冲形成放大环节、双脉冲、脉冲封锁等环节和强触发环节等组成，可触发200A的晶闸管。由于同步电压采用锯齿波，不直接受电网波动与波形畸变的影响，移相范围宽，在大中容量中得到广泛的应用。

锯齿波同步触发电路原理图如图4－23所示，讨论中将晶体三极管、二极管均按硅管考虑，PN结正向导通压降为0.7V，三极管饱和导通压降为0.3V。下面分环节介绍。

（1）同步环节

图4－23中同步环节由同步变压器 T_s、晶体管 V_2、二极管 VD_1、VD_2 以及 R_1、C_1 组成。由后面第二个问题“锯齿波形成及脉冲移相控制环节”部分中的分析可知，锯齿波的产生过程是通过三极管 V_2 的周期性通断来控制电容 C_2 的充电与放电的，从而在 C_2 两端产生锯齿波电压。V_2 在由截止变导通期间产生锯齿波，V_2 的截止持续时间就是锯齿波的宽度，V_2 开关的频率就是锯齿波的频率。因此，要使触发脉冲与主回路电源同步，就是使 V_2 开关的频率与主回路电源频率同步。图4－23中，同步变压器 T_s 与整流变压器接在同一电源上，并用同步变压器的二次电压控制 V_2 的通断，因而可以保证锯齿波触发脉冲与主回路电源同步。

同步变压器 T_s 的二次侧电压 u_s 经 VD_1、VD_2、C_1 加在了 V_2 的基极上。在 u_s 为负半周的下降段时，VD_1 导通，电容 C_1 被迅速（正向）充电，图中②点电位为负值，V_2 截止。在 u_s 负半周的上升段，由于 C_1 已充至负半周的最大值，故 VD_1 反偏截止，+15V电源通过 R_1 给电容 C_1 反向充电，使②点电位 $v_{②}$ 升高。当 $v_{②}$ 升至1.4V时 V_2 导通，并使 $v_{②}$ 钳位于1.4V。直到 u_s 的下一个负半周到来时，VD_1 重新导通，C_1 迅速放电后又被正向充电，V_2 又被截止，如此重复。可见，在电源电压一个正弦波周期内，V_2 经历截止与导通两个状态，对应的锯齿波形恰为一个周期，从而实现了锯齿波与主回路电源的同步。还可看出，$v_{②}$ 从 u_s 负半周上升段开始时刻到达1.4V的时间越长，V_2 截止时间就越长。这就是说，V_2 截止的时间长短与 C_1 反充电的时间常数 R_1C_1 有关。

（2）锯齿波形成及脉冲移相控制环节

形成锯齿波电压的方案很多，图4－23中为恒流源电路方案，主要元件有 V_1、V_9、V_3、RP_1、

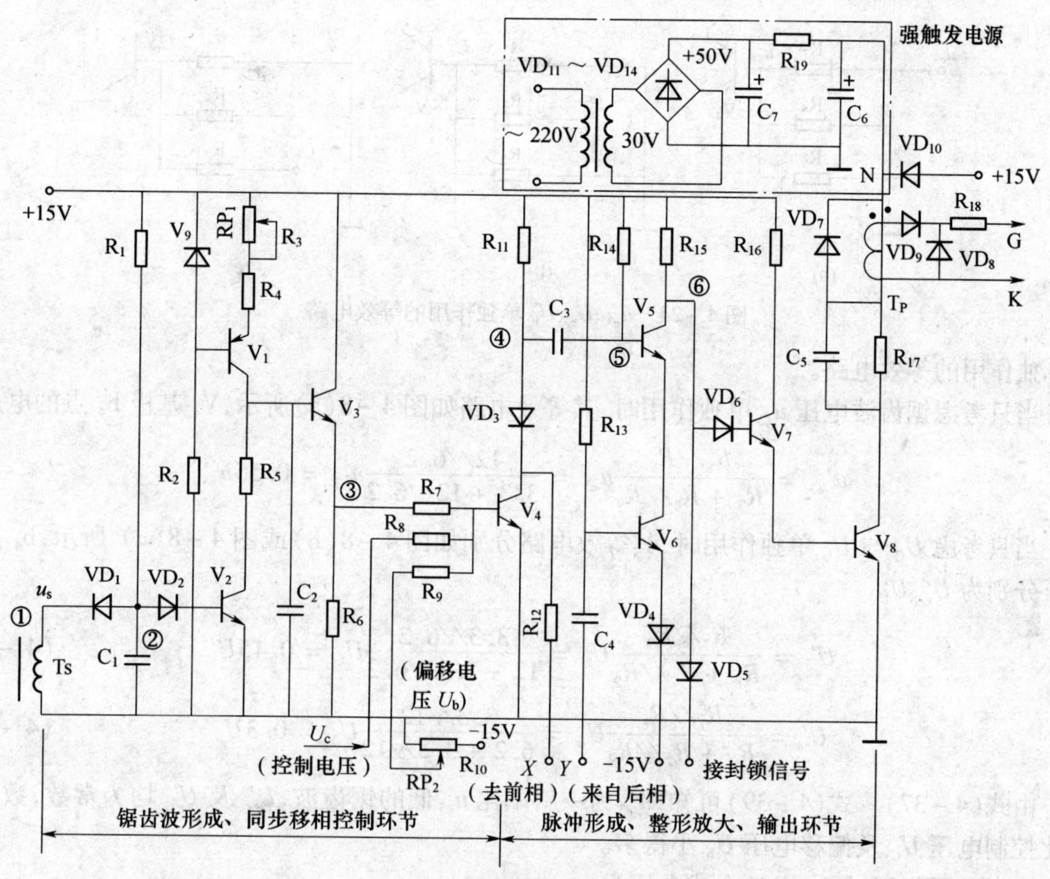

图4-23 锯齿波同步触发电路原理图

R_1、R_6—10kΩ；R_2、R_6—4.7kΩ；R_5—200Ω；R_7—3.3kΩ；R_{13}、R_{14}—30kΩ；R_8—12kΩ；R_9、R_{11}—6.2kΩ；R_{12}—1kΩ；R_{15}—6.2kΩ；R_{16}—200Ω；R_{17}—30Ω；R_{18}—20Ω；R_{19}—300Ω；R_3、R_{10}—1.5kΩ；C_7—2000μF；C_1、C_2、C_6—1μF；C_3、C_4—0.1μF；C_5—0.47μF；V_1—3CG1D；V_2～V_7—3DG12B；V_8—3DA1B；V_9—2CW12；VD_1～VD_9—2CP12；VD_{10}～VD_{14}—2CZ11A。

R_2、R_4、C_2 等，其中 V_1、V_9、RP_1、R_4 为恒流源，恒流源电流为 V_1 的集电极电流 I_{C1}。V_2 作为同步开关控制 C_2 的充放电转换。V_3 为射极跟随器，起阻抗变换和前后级隔离作用，以减小后级对锯齿波的影响。

当 V_2 截止时，恒流源以恒流 I_{c1} 对电容 C_2 充电，C_2 两端电压 u_{C2} 为

$$u_{C2} = \frac{1}{C_2}\int I_{c1}\,dt = \frac{I_{c1}}{C_2}t \tag{4-36}$$

可见，由于采用恒流源充电，u_{C2} 随时间 t 作线性增加，充电斜率为 I_{c1}/C_2。调节 RP_1 可改变恒流源电流 I_{c1}，从而改变锯齿波的斜率。

当 V_2 导通时，C_2 经电阻 R_5、V_2 放电，由于 R_5 阻值很小，放电很快，使 u_{c2} 迅速下降为零。如此，只要控制 V_2 使其周期性地截止导通，就可使电容 C_2 周期性地充电放电，就可在 C_2 两端得到周期性的锯齿波电压 u_{c2}。u_{c2} 经 V_3 组成的射极跟随器输出后，与外加控制电压 U_C、偏移电压 U_b，分别通过 R_7、R_8、R_9 加至晶体管 V_4 的基极。引入射极跟随器 V_3 的目的是防止 U_C、U_b 对锯齿波的线性造成影响。

根据电工学中的叠加原理，射极跟随器输出的锯齿波电压 u_{e3}、控制电压 U_C（正值）及偏移电压 U_b（负值）三者对 V_4 的共同作用，可以分解为三者单独对 V_4 作用的叠加。图4-24 给出了三

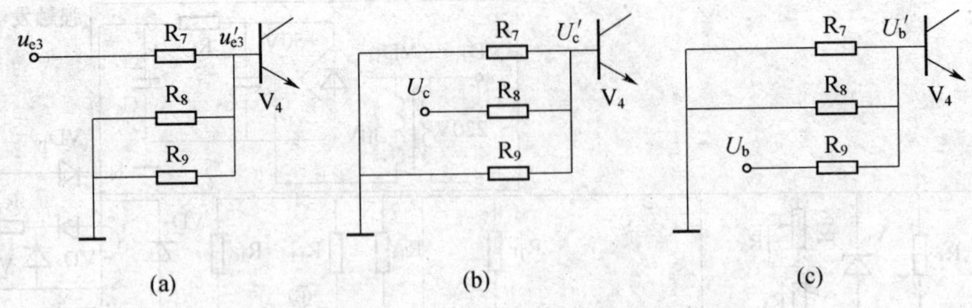

图 4-24 u_{e3}、U_c、U_b 单独作用的等效电路

者单独作用的等效电路。

当只考虑锯齿波电压 u_{e3} 单独作用时，其等效电路如图 4-8(a)所示，V_4 基极 b_4 点的电压为

$$u'_{e3} = \frac{R_8//R_9}{R_7 + R_8//R_9}u_{e3} = \frac{12//6.2}{3.3 + 12//6.2}u_{e3} = 0.55u_{e3} \tag{4-37}$$

当只考虑 U_C 与 U_b 单独作用时，其等效电路分别如图 4-8(b)或图 4-8(c) 所示，b_4 点的电压分别为 U'_c、U'_b。

$$U'_c = \frac{R_7//R_9}{R_8 + R_7//R_9}U_c = \frac{3.3//6.2}{12 + 3.3//6.2}U_c = 0.15U_c \tag{4-38}$$

$$U'_b = \frac{R_7//R_8}{R_9 + R_7//R_8}U_b = \frac{3.3//12}{6.2 + 3.3//12}U_b = 0.3U_b \tag{4-39}$$

由式(4-37)~式(4-39)可知，u'_{e3} 为一斜率比 u_{e3} 低的锯齿波，U'_c 及 U'_b 均为常数，数值分别比控制电压 U_C 及偏移电压 U_b 小得多。

三者共同作用时，b_4 点的合成电压为

$$u_{b4} = u'_{e3} + U'_C - U'_b \tag{4-40}$$

当 u_{b4} 为负时，V_4 截止；当 u_{b4} 由负过零变正时，V_4 由截止变为导通，u_{b4} 被钳位到 0.7V。如将晶体管发射结及二极管的正向压降均以 0.7V 计，晶体管饱和压降以 0.3V 计，图 4-23 电路中各点的电压波形如图 4-25 所示。

触发电路工作时，常将偏移电压 U_b 调整为某一负固定值。设置负偏移电压的目的是为了使控制电压 U_C 为正，以实现单极性调节。当 U_b 固定后，改变 U_C，可改变 u_{b4} 波形与时间横轴的交点，即改变了 V_4 由截止转为导通的时刻，从而改变了触发脉冲产生的时刻，也就是改变控制角 α，实现移相控制。通常设置 $U_C=0$ 对应 α 角的最大值，U_C 增大时，α 角随之减小。

(3) 脉冲形成、放大和输出环节

这部分电路位于图 4-23 中右部。其中晶体管 V_4、V_5、V_6 组成脉冲形成环节，V_7、V_8 组成脉冲放大和输出环节，脉冲变压器 T_P 的一次侧接在 V_8 集电极回路中，T_P 的二次侧输出触发脉冲。

如前所述，晶体管 V_4 的基极电压 u_{b4} 受锯齿波电压 u_{e3}、控制电压 U_C 及偏移电压 U_b 的共同作用，使 V_4 周期性地导通与截止。当 V_4 截止时，+15V 电源分别经 R_{14}、R_{13} 给晶体管 V_5、V_6 提供足够的基极电流，使之饱和导通，故⑥点电位为 -13.7V(= -15 + 0.7 + 0.3 × 2)，V_7、V_8 截止，脉冲变压器一次侧无电流流过，二次侧无脉冲输出。此时，+15V 电源经 $R_{11} \to C_3 \to V_5 \to V_6 \to VD_4 \to -15V$ 给电容 C_3 充电，充电极性为左正右负，充电后电容左端④点电位约为 15V，电容右端⑤点电位约为 -13.3V。

当 V_4 在 u_{b4} 控制下由截止转为饱和导通时，④点电位由 +15V 突降为约 1V，但因电容 C_3 两

端电压不能突变，故使 V_5 的基极⑤点电位随之突降至约 -27.3V，从而使 V_5 因发射结反偏而立即截止，⑥点电位则迅速升高，导致 V_7、V_8 导通，T_P 输出触发脉冲，⑥点电位则被钳位于 +2.1V（VD_6、V_7、V_8 这 3 个 PN 结导通压降之和）。与此同时，电容 C_3 经 +15V 电源→R_{14}→C_3→VD_3→V_4 放电并反向充电，导致⑤点电位逐渐升高。当⑤点电位升至 -13.3V 时，V_5 因发射结正偏又重新导通，使⑥点电位从 2.1V 又降至 -13.7V，导致 V_7、V_8 管又截止，输出脉冲结束。由此可见，电路是在 V_4 导通的瞬间，也就是 V_5 转为截止的瞬间开始产生输出脉冲的。V_5 截止的持续时间即为输出脉冲的宽度，可见，输出脉宽可由 C_3 反充电的时间常数 C_3R_{14} 来设定。

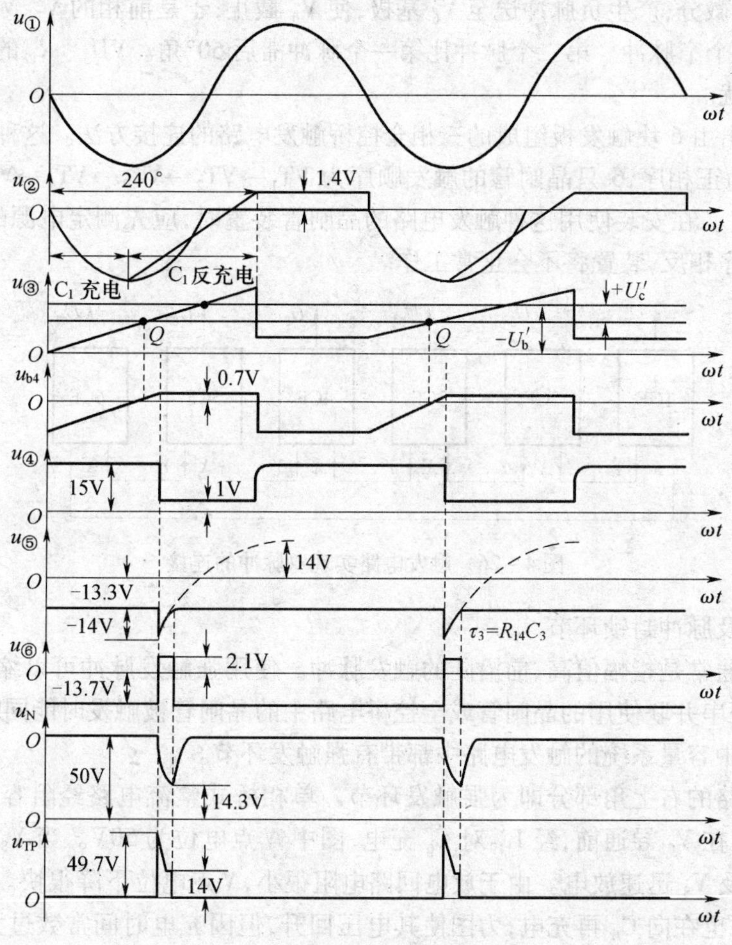

图 4-25　锯齿波触发电路各点的电压波形

电路中，VD_6 是为提高 V_7、V_8 的导通阈值、增强抗干扰能力而设置的；电容 C_5 的作用是改善输出脉冲的前沿陡度；VD_7 为保护二极管，它可防止在 V_7、V_8 截止时，脉冲变压器 T_P 一次侧的感应电动势击穿 V_8 管；R_{16}、R_{17}分别为 V_7、V_8 管的限流电阻；接于 T_P 二次侧的二极管 VD_8、VD_9 可使输出脉冲只能正向加在被触发晶闸管的门、阴极之间。

（4）双脉冲环节

由前述三相可控整流电路的内容可知，三相全控桥式整流电路中，6 个晶闸管需要依次轮流触发，每个管的触发脉冲都要求是双窄脉冲，相邻两个脉冲的间隔为 60°。将图 4-23 所示的 6 个触发电路加以组合就可产生这种双脉冲。

在图4-23中，V_5、V_6两个晶体管都导通时，V_7、V_8截止，脉冲变压器T_P无脉冲输出。但在V_5、V_6两个管中只要有一个截止，V_7、V_8就会导通，就有脉冲输出。可见，欲产生双脉冲输出，可以让V_5、V_6先后分别截止。为此，在每个触发电路上引出X、Y两个连接端，并顺序将后相的X端与前相的Y端相连。这里设第一块触发板为前相，第二块触发板为后相。工作时，先由前相的同步移相环节向其电路中V_5基极送出负脉冲信号使其截止，V_7、V_8导通一次，T_P输出第一个窄脉冲；而后由滞后60°的后相触发电路（第二块触发板）在其产生本相第一个窄脉冲的同时，将信号由该触发板中V_4管的集电极经R_{12}的X端送到与之相连的前相触发电路的Y端，使前相触发电路中电容C_4微分，产生负脉冲送至V_6基极，使V_6截止，于是前相的V_7、V_8又导通一次，前相的T_P输出第二个窄脉冲。第二个脉冲比第一个脉冲滞后60°角。VD_3、R_{12}的作用是防止双脉冲信号的相互干扰。

图4-26示出由6块触发板组成的三相全控桥触发电路的连接方法。这种连接只适用于三相电源U、V、W为正相序，6只晶闸管的触发顺序为$VT_1 \to VT_2 \to VT_3 \to VT_4 \to VT_5 \to VT_6$，彼此间隔60°的触发方式。在安装使用这种触发电路的晶闸管装置时，应先测定电源的相序，再正确连接。如果电源相序相反，装置将不会正常工作。

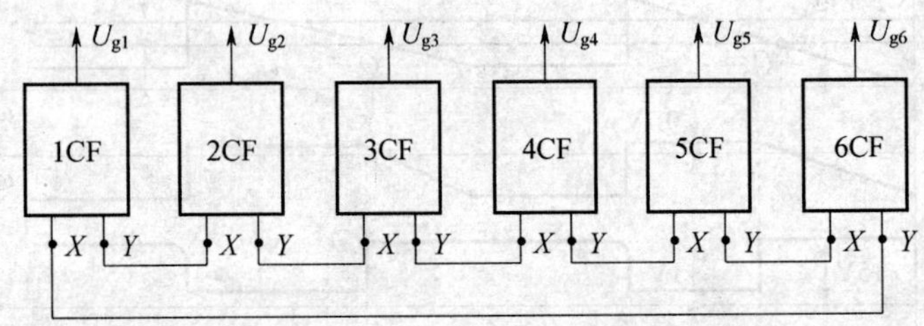

图4-26　触发电路实现双脉冲的连接

(5) 强触发及脉冲封锁环节

强触发脉冲通常是指幅值高、前沿陡的触发脉冲。使用强触发脉冲可以缩短晶闸管的开通时间，有利于保证串并联使用的晶闸管或全控桥电路中的晶闸管被触发时能同时导通，提高触发的可靠性。在大中容量系统的触发电路中都带有强触发环节。

图4-23电路的右上角部分即为强触发环节。单相桥式整流电路经阻容π型滤波得到近50V的直流电压，在V_8导通前，经R_{19}对C_6充电，图中N点电位为50V。当V_8导通时，C_6经T_P的一次侧、R_{17}以及V_8迅速放电。由于放电回路电阻很小，N点电位下降很快。在C_6放电期间，一方面，50V电源也在向C_6再充电，力图使其电压回升，但因充电时间常数过大，因而不能阻止因放电引起的N点电位的下降；另一方面，当N点电位降至14.3V时，VD_{10}导通，与VD_{10}相连的+15V电源成为脉冲变压器一次侧的供电电源，并使N点电位不能低于14.3V。因此，在V_8导通以后，N点电位由50V迅速降至14.3V，并被钳位于14.3V。当V_8再次截止后，C_6被50V电源充电，N点电位重新回升至50V，为下一次强触发作准备。C_5的作用是提高强触发脉冲前沿陡度。加强触发后，脉冲变压器一次侧电压u_{TP}波形如图4-25所示。

在事故情况下，或是逻辑无环流可逆系统中，要求一组晶闸管桥路工作而另一组桥路封锁，此时可对欲封锁的触发电路引入封锁信号，即将VD_5的下端接零电位或负电位，使V_7、V_8无法导通，则脉冲变压器无法输出脉冲。二极管VD_5的作用是防止封锁端接地时，经V_5、V_6和VD_4到-15V之间产生大电流通路。

本节介绍了同步电压为锯齿波的触发电路。这种触发电路的抗干扰能力强，不受电网电压波动与波形畸变的直接影响,移相范围宽。缺点是控制电压 U_C 与整流输出电压 U_d 之间不呈线性关系,电路也比较复杂。

2. 集成触发器

电力电子技术的重要发展方向之一就是电力电子器件及其门控电路的集成化和模块化。集成触发器具有体积小、功耗低、调试接线方便、性能稳定可靠等优点。本节简要介绍 KC 系列中的 KC04 与 KC41C 及由其组成的三相全控桥触发电路。

1) KC04 移相集成触发器

KC04 移相集成触发器具有 16 个引脚的双列直插式集成元件,此触发电路为正极性电路,即控制电压增加,晶闸管输出电压也增加,主要用于单相或三相全控桥装置。KC04 集成电路由同步电压、锯齿波形成、脉冲移相、脉冲形成、脉冲分配和放大输出环节组成。

图 4-27 为 KC04 电路原理图,虚线框内为集成电路部分,该电路可分为同步电源、锯齿波形成、脉冲移相、脉冲形成、脉冲分选与放大输出这 5 个环节。下面分析各环节的工作原理。

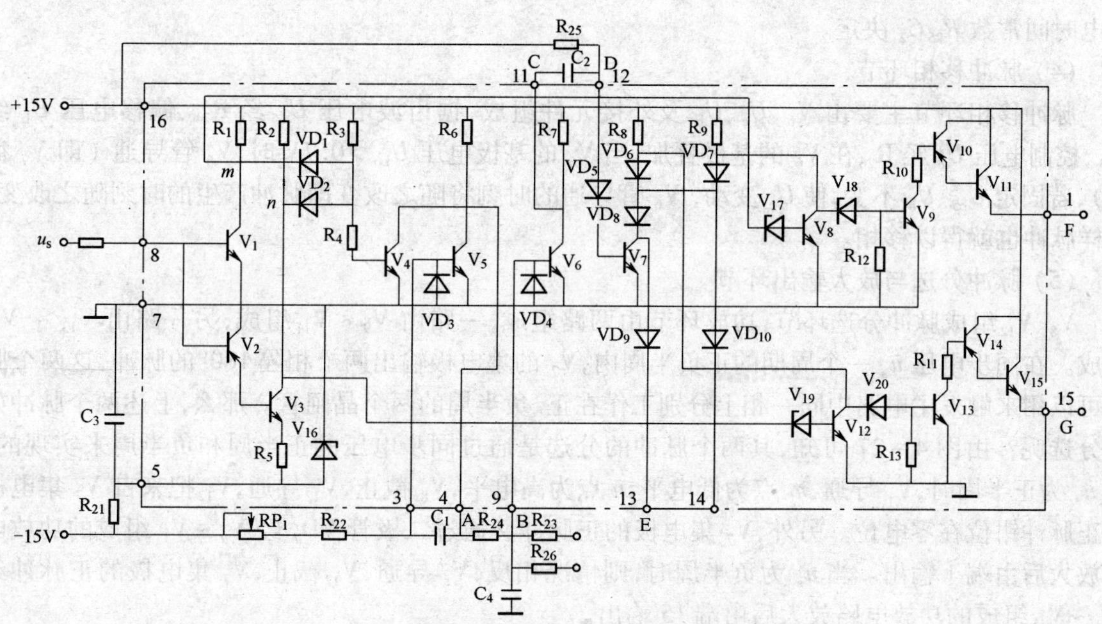

图 4-27 KC04 电路原理图

KC04 主要技术数据如下。电源电压:DC ±15V。电源电流:正电流小于 15mA,负电流小于 8mA。移相范围:170°。脉冲宽度:15°~35°。脉冲幅度:大于 13V。最大输出能力:100mA。

KC09 是 KC04 的改进型,二者可互换使用。

(1) 同步电源环节

同步电源环节主要由 $V_1 \sim V_4$ 等元件组成,同步电压 u_s 经限流电阻 R_{20} 加到 V_1、V_2 基极。当 u_s 在正半周时,V_1 导通,V_2、V_3 截止,m 点为低电平,n 点为高电平。当 u_s 在负半周时,V_2、V_3 导通,V_1 截止,n 点为低电平,m 点为高电平。VD_1、VD_2 组成与门电路,只要 m、n 两点有一处是低电平,就将 U_{b4} 钳位在低电平,V_4 截止,只有在同步电压 $|u_s| < 0.7V$ 时,$V_1 \sim V_3$ 都截止,m、n 两点都是高电平,V_4 才饱和导通。所以,每周内 V_4 从截止到导通变化两次,锯齿波形成环节在同步电压 u_s 的正、负半周内均有相同的锯齿波产生,且两者有固定的相位关系。

(2) 锯齿波形成环节

锯齿波形成环节主要由 V_5、C_1 等元件组成,电容 C_1 接在 V_5 的基极和集电极之间,组成一个电容负反馈的锯齿波发生器。V_4 截止时,+15V 电源经 R_6、R_{22}、RP、-15V 电源给 C_1 充电,V_5 的集电极电位 U_{C5} 逐渐升高,锯齿波的上升段开始形成,当 V_4 导通时,C_1 经 V_4、VD_3 迅速放电,形成锯齿波的回程电压。所以,当 V_4 周期性地导通、截止时,在端 4 即 U_{C5} 就形成了一系列线性增长的锯齿波,锯齿波的斜率是由 C_1 的充电时间常数 $(R_6+R_{22}+RP)C_1$ 决定的。

(3) 锯齿波形成环节

脉冲形成环节主要由 V_7、VD_5、C_2、R_7 等元件组成,当 V_6 截止时,+15V 电源通过 R_{25} 给 V_7,提供一个基极电流,使 V_7 饱和导通。同时 +15V 电源经 R_7、VD_5、V_7、接地点给 C_2 充电,充电结束时,C_2 左端电位 u_{c6} = +15V,C_2 右端电位约为 +1.4V,当 V_6 由截止转为导通时,u_{c6} 从 +15V 迅速跳变到 +0.3V,由于电容两端电压不能突变,C_2 右端电位从 +1.4V 亦迅速下跳到 -13.3V,这时 V_7 立刻截止。此后 +15V 电源经 R_{25}、V_6、接地点给 C_2 反向充电,当充电到 C_2 右端电压大于 1.4V 时,V_7 又重新导通,这样,在 V_7 的集电极就得到了固定宽度的脉冲,其宽度由 C_2 的反向充电时间常数 $R_{25}C_2$ 决定。

(4) 脉冲移相环节

脉冲移相环节主要由 V_6、U_c、U_b 及外接元件组成,锯齿波电压 U_{C5} 经 R_{24}、偏移电压 U_b 经 R_{23}、控制电压 U_c 经 R_{26} 在 V_6 的基极叠加,当 V_6 的基极电压 $U_{b6}>0.7V$ 时,V_6 管导通(即 V_7 截止),若固定 U_{c5}、U_b 不变,使 U_c 变动,V_6 管导通的时刻将随之改变即脉冲产生的时刻随之改变,这样脉冲也就得以移相。

(5) 脉冲分选与放大输出环节

V_8、V_{12} 组成脉冲分选环节,功放环节由两路组成,一路由 V_9 ~ V_{11} 组成,另一路由 V_{13} ~ V_{15} 组成。在同步电压 u_s 一个周期的正负半周内,V_7 的集电极输出两个相隔 180°的脉冲,这两个脉冲可以用来触发主电路中同一相上分别工作在正、负半周的两个晶闸管。那么,上述两个脉冲如何分选呢?由图 4-27 可知,其两个脉冲的分选是通过同步电压的正半周和负半周来实现的。当 u_s 为正半周时,V_1 导通,m 点为低电平,n 点为高电平,V_8 截止,V_{12} 导通,V_{12} 把来自 V_7 集电极的正脉冲钳位在零电位。另外,V_7 集电极的正脉冲又通过二极管 VD_7 经 V_9 ~ V_{11} 组成的功放电路放大后由端 1 输出。当 u_s 为负半周时,则情况相反,V_8 导通,V_{12} 截止,V_7 集电极的正脉冲经 V_{13} ~ V_{15} 组成的功放电路放大后由端 15 输出。

电路中 V_{11} ~ V_{20} 是为了增强电路的抗干扰能力而设置的,用来提高 V_8、V_9、V_{12}、V_{13} 的门坎电压,二极管 VD_1 ~ VD_2、VD_6 ~ VD_8 起隔离作用,端子 13、14 是提供脉冲列调制和封锁脉冲的控制端。该集成触发电路脉冲的移相范围小于 180°,当 u_s = 30V,其有效的移相范围为 150°。

(6) 输出波形

KC04 电路波形图如图 4-28 所示。

2) KC41C 六路双脉冲形成器

KC41C 是一种六路双脉冲形成器件,用一块 KC41C 与三块 KC04(或 KC09)可组成三相全控桥双脉冲触发电路,输出六路双脉冲触发信号。KC41C 的内部电路如图 4-29 所示。

KC41C 与 KC04 组成的三相全控桥双脉冲触发电路如图 4-30 所示。3 块 KC04 移相触发器的 1 端与 15 端产生的 6 个主脉冲分别接到 KC41C 的 1 ~ 6 端,经内部集成二极管电路形成双窄脉冲,再由内部集成三极管电路放大后经 10 ~ 15 端输出。输出的脉冲信号接到 6 个外部晶体管 V_1 ~ V_6 的基极进行功率放大,可得到 800mA 的触发脉冲电流,以触发大功率的晶闸管。

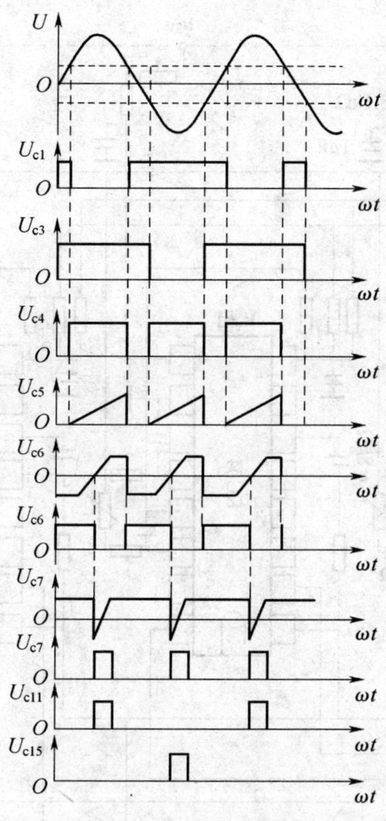

图 4－28 KC04 电路波形图

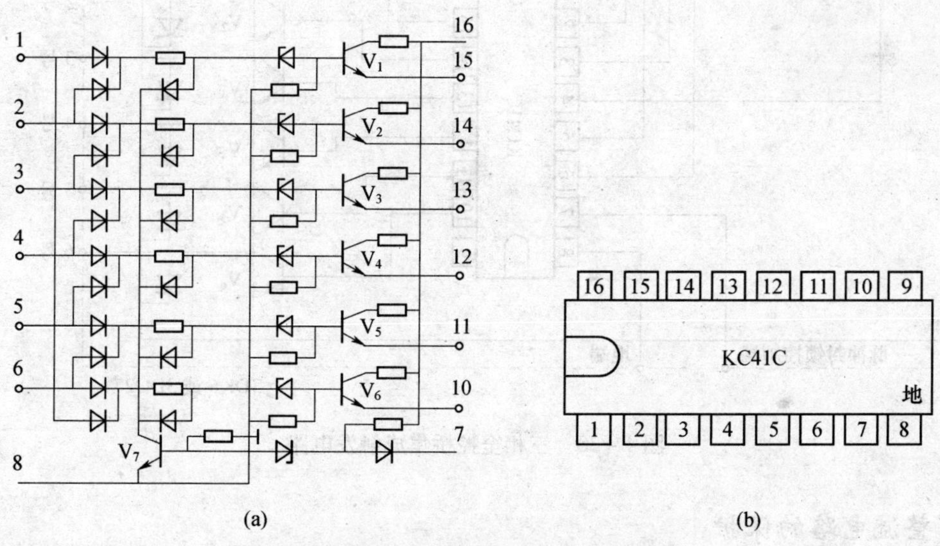

图 4－29 KC41C 六路双窄脉冲形成器

（a）内部原理电路；（b）外形端子排列。

KC41C 不仅具有双窄脉冲形成功能，而且具有电子开关封锁控制功能。KC41C 集成块内部 V_7 管为电子开关，当引脚 7 接地或处于低电位时，V_7 截止，各路可正常输出触发脉冲；当引脚 7 置高电位时，V_7 导通，各路无输出脉冲。

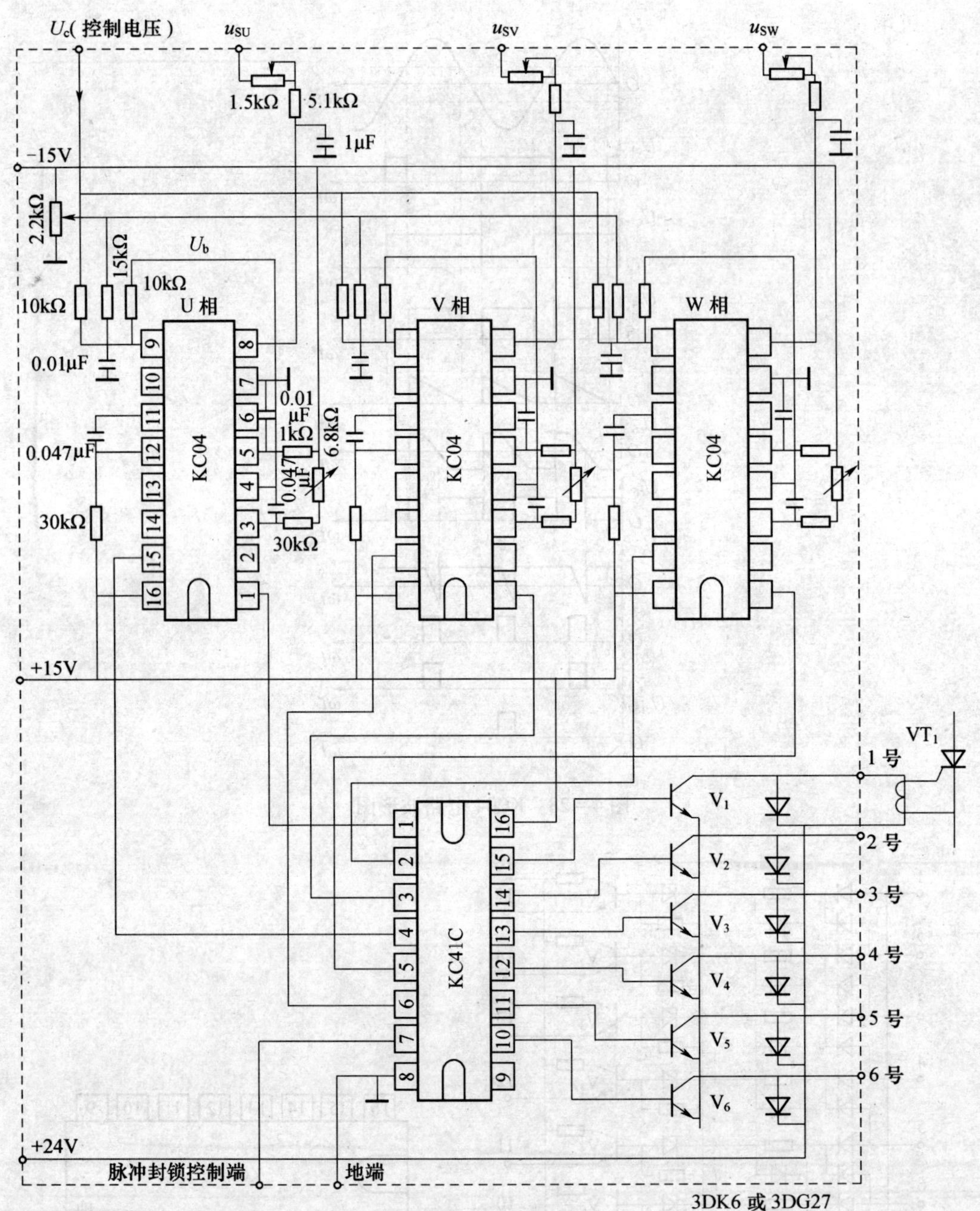

图 4-30　三相全控桥集成触发电路

四、整流电路的保护

整流电路的保护主要是晶闸管的保护,因为晶闸管元件虽然有许多优点,但与其他电气设备相比,过电压、过电流能力差能承受的电压上升率 du/dt、电流上升率 di/dt 也不高。在实际应用时,由于各种原因,总可能会发生过电压、过电流甚至短路等现象,若无保护措施,势必会损坏电力电子器件,或者损坏电路。因此,为了避免器件及线路出现损坏,除元器件的选择必须合理外,还需要采取必要的保护措施。

1. 过电流保护

当线路发生超载或短路等情况时，晶闸管的工作电流会超过允许值，形成过电流。此时，由于流过管内 PN 结的电流过大，热量来不及散发，会使结温迅速升高，最后烧毁结层，造成晶闸管永久损坏。产生过电流的原因常见有以下几个方面。

① 电网电压波动过大，使流过晶闸管的电流随电源增加而超过额定值。

② 内部管子损坏或触发电路故障，造成相邻桥臂上的晶闸管导通，引起两相电源短路。

③ 整流电路直流输出侧短路、逆变电路因换流失败而引起逆变失败，均可引起很大的短路电流。

④ 可逆传动环流过大、控制系统故障，可使晶闸管过电流。

过电流保护就是要在出现过电流尚未造成晶闸管损坏之前，快速切断相应电路消除过电流，或对电流加以限制。常用的过电流保护措施如图 4－31 所示。这些措施包括如下几种。

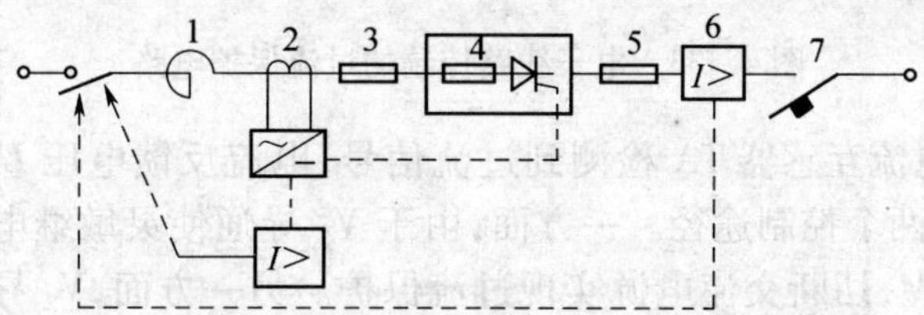

图 4－31　晶闸管装置可采用的过电流保护措施

1—进线电抗限流；2—电流检测和过流继电器；3、4、5—快速熔断器；6—过流继电器；7—直流快速开关。

（1）快速熔断器保护

快速熔断器简称为快熔。使用快熔是最简单有效的过电流保护措施。快熔的熔体是一定形状的银质熔丝，埋于石英砂中。快熔具有快速熔断的特征，且所通过的电流越大，其熔断时间越短。当通以短路电流时，其熔断时间可小于 10ms，因此，可在晶闸管损坏之前快速切断短路故障。

快熔一般有图 4－32 所示的 3 种接法。图 4－32(a) 中快熔串接于桥臂，保护效果最好，但使用的熔断器较多。图 4－32(b) 接在交流一侧，图 4－32(c) 接在直流一侧，均比图 4－32(a) 使用快熔的个数少，但保护效果较差。快熔一旦熔断，则需更换，造价较高，因此，在多种过电流保护措施同时使用的大容量电力变流系统中，快熔一般都作为最后一道保护来使用。

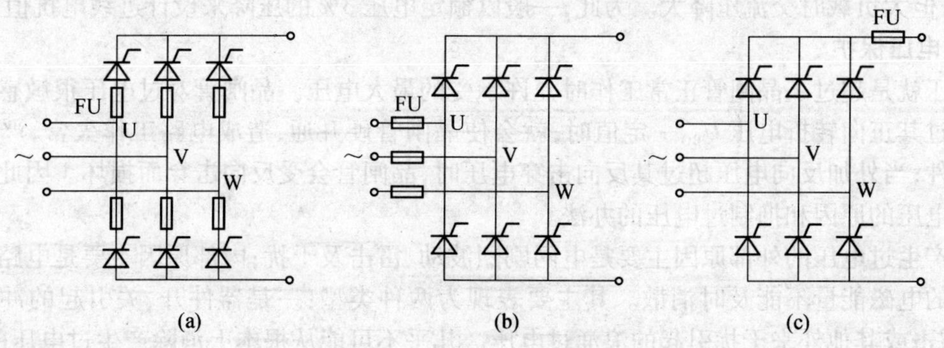

图 4－32　快速熔断器的接法

（2）电子线路控制保护

利用电子线路组成的保护电路所实施的过电流保护称为电子线路控制保护。这种保护电路一般由检测、比较和执行等环节组成。其执行保护的途径可以是继电控制保护，也可以是脉冲移相保护。图 4－33 即为电子线路控制保护的实用电路。

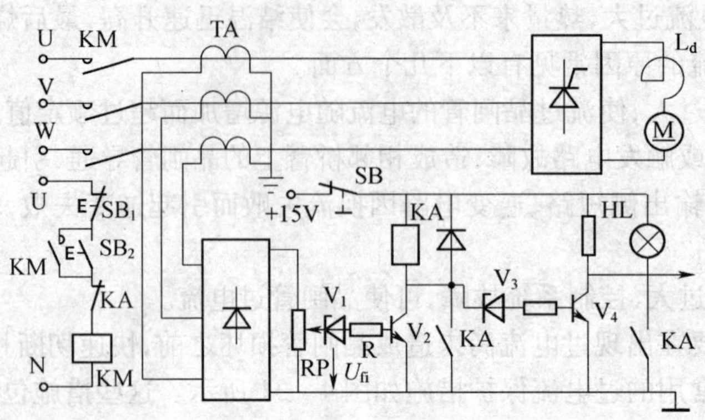

图 4－33　电子线路控制的过流保护电路

当主电路过流时，电流互感器 TA 检测到过流信号，电流反馈电压 U_{fi} 增大，稳压管 V_1 被击穿，使 V_2 导通。此后有两个控制途径。一方面，由于 V_2 导通使灵敏继电器 KA 得电并自锁，同时断开主电路接触器 KM，切断交流电源实现过流保护。另一方面，V_2 导通导致 V_4 截止，V_4 集电极输出高电平控制晶闸管触发电路，使触发脉冲迅速往 α 增大方向移动，使主电路输出电压迅速下降，负载电流迅速减小，达到限流保护的目的。当过流故障严重时，上述限流控制可能来不及发挥作用，为了尽快消除故障电流，此时可控制晶闸管触发脉冲快速移至整流状态的移相范围之外，即进入逆变状态，使输出端瞬时出现负电压，迫使故障电流迅速下降至零。此法也称为拉逆变保护。HL 为过流指示灯。调节电位器 RP 可改变被限制电流的大小。SB 为恢复按钮，故障排除后，按下 SB，系统恢复等待状态。

(3) 直流快速开关保护

这是一种开关动作时间只有 2ms、全部断弧时间只有 25ms～30ms 的开关器件。它可先于快熔而起保护作用，可用于功率大、短路可能性大的系统，但其价格昂贵，结构复杂，因而使用较少。

(4) 进线电抗限制保护

在交流侧串接交流进线电抗器，或采用漏感较大的整流变压器来限制短路电流。此法具有限流效果，但大负载时交流压降大。为此，一般以额定电压 3% 的压降来设计进线电抗值。

2. 过电压保护

过电压就是超过了晶闸管正常工作时允许承受的最大电压。晶闸管对过电压很敏感。当正向电压超过其正向转折电压 U_{BO} 一定值时，就会使晶闸管硬开通，造成电路工作失常，严重时甚至损坏器件；当外加反向电压超过其反向击穿电压时，晶闸管会受反向击穿而损坏。因此必须研究产生过电压的原因和抑制过电压的办法。

电路产生过电压的外部原因主要是电网剧烈波动、雷击及干扰；内部原因主要是电路状态变化时积聚的电磁能量不能及时消散。其主要表现为两种类型：一是器件开、关引起的冲击过电压；二是雷击或其他外来干扰引起的浪涌过电压。几乎不可能从根本上消除产生过电压的根源，而只能设法将过电压的幅度抑制到安全限度之内，这是过电压保护的基本思想。

(1) 晶闸管的关断过电压及其保护

晶闸管关断引起的过电压，峰值可达工作电压峰值的 5 倍～6 倍，针对这种尖峰状瞬时过电压，最常用的方法是在晶闸管两端并接电容，利用电容两端电压不能突变的特性来吸收尖峰电压。为了限制晶闸管开通损耗和电流上升率,并防止电路产生振荡,还要在电容上串接电阻 R。由于 C 与 R 起的作用是吸收或消耗过电压的能量,因此这种电路称为阻容吸收电路,如图 4-34 所示。阻容吸收电路要尽量靠近晶闸管,引线要尽量短。

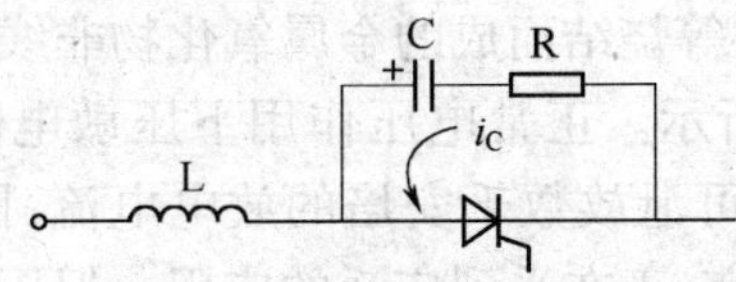

图 4-34 用阻容吸收抑止晶闸管关断过电压

(2) 交流侧过电压保护

交流侧过电压是指在接通或断开晶闸管整流电路的交流侧相关电路时所产生的过电压,也称为交流侧操作过电压。这种过电压常发生于下列几种情况:①高压电源供电的整流变压器,由于一次、二次绕组间存在分布电容,在一次侧合闸瞬间,一次侧的高压可通过分布电容耦合到二次侧,使二次侧出现过电压。对于低压整流变压器,一次侧合闸时,变压器的漏电感和分布电容可能发生谐振而在二次侧产生过电压。②整流变压器空载或负载阻抗较高时,若断开一次侧开关,由于电流突变,一次侧会产生很大的感应电动势,二次侧也会感应出很高的瞬时过电压。若这种断开操作发生在励磁电流峰值时刻,则过电压最高。③与晶闸管设备共享一台供电变压器的其他用电设备分断时,变压器漏感和线路分布电感也将释放储能而形成过电压,与电源电压叠加施加于晶闸管设备上。

交流侧操作过电压都是瞬时的尖峰电压,一般来说,抑制这种过电压最有效的方法是并联阻容吸收电路,接法如图 4-35 所示。其中图 4-35(d)是整流式阻容吸收电路,与其他三相电路相比,这种电路只用了一个电容,而且电容只承受直流电压,故可采用体积小得多的电解电容。在晶闸管导通时,电容的放电电流也不流过晶闸管。

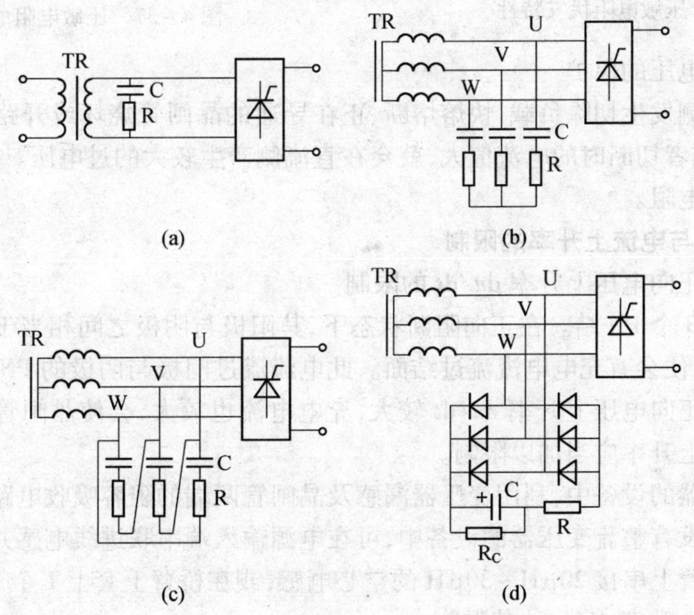

图 4-35 交流侧阻容吸收电路

因雷击或从电网侵入高电压干扰引起的过电压称为浪涌过电压，上述阻容吸收电路抑制浪涌过电压的效果较差。因此，一般可采用阀型避雷器或具有稳压特性的非线性电阻器件（如硒堆、压敏电阻）来抑制浪涌过电压。

压敏电阻是由氧化锌、氧化铋等烧结而成的金属氧化物非线性电阻，具有正反向都很陡的稳压特性，其伏安特性如图 4－36 所示。正常电压作用下压敏电阻没有击穿，漏电流极小（微安级），故损耗很小；遇到过电压时，可泄放数千安培的放电电流，因而抑制过电压能力强。此外，压敏电阻反应快、体积小、价格便宜，正在受到广泛的应用。但压敏电阻本身热容量小，一旦工作电压超过其额定电压，很快就会烧毁，而且每次通过大电流之后，其标称电压都有所下降，因此不宜用于频繁出现过电压的场合。图 4－37 为压敏电阻的几种接法。压敏电阻还可并联于整流输出端作为直流侧过电压保护。

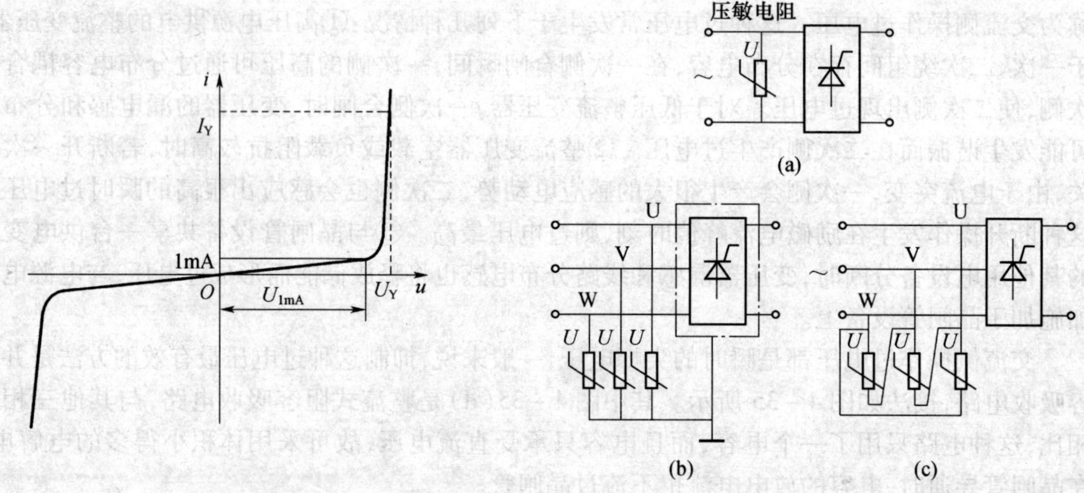

图 4－36　压敏电阻伏安特性

图 4－37　压敏电阻的几种接法

（3）直流侧过电压的保护

整流电路直流侧发生切除负载、快熔熔断、正在导通的晶闸管烧坏或开路等情况时，若直流侧为大电感负载，或者切断时的电流值大，就会在直流侧产生较大的过电压。抑制的办法是在整流输出端并联压敏电阻。

3. 电压上升率与电流上升率的限制

（1）晶闸管的正向电压上升率 du/dt 的限制

晶闸管内含有 3 个 PN 结。在正向阻断状态下，其阳极与阴极之间相当于一个电容，若突然加上正向阳极电压，便会有充电电流流过结面。此电流流过门极与阴极的 PN 结时，相当于门极有触发电流。如果正向电压上升率 du/dt 较大，充电电流也较大，会使晶闸管误导通。因此，对晶闸管的正向电压上升率应当加以限制。

在有整流变压器的设备中，利用变压器漏感及晶闸管两端的阻容吸收电路，可以限制晶闸管的电压上升率。在没有整流变压器的设备中，可在电源输入端串联进线电感并加阻容吸收电路，也可在每个整流桥臂上串接 20μH～30μH 的空心电感，或在桥臂上套上 1 个～2 个铁淦氧磁环。

（2）正向电流上升率 di/dt 的其限制

晶闸管开始导通时，主电流集中在门极附近，随着时间增加，导通区逐渐扩大，直至全部 PN 结面导通。若阳极电流上升太快，电流来不及扩展到全部结面，则可能引起门极附近电流密度过大而过热，使晶闸管损坏。因此，必须抑制 di/dt。

串接进线电感或桥臂电感，或采用图 4－35(d)所示整流式阻容电路，使电容放电电流不经过晶闸管，都可抑制 di/dt。应当说明，在桥臂上串接电感，对功率较大或频率较高的逆变电路，可能使换流时间变长而影响电路正常工作。为此，有的桥臂电感采用几只铁淦氧磁环，套在桥臂导线上。在管子刚刚导通时电流小，磁环不饱和，桥臂电感量大，恰能抑制 di/dt 值；到电流变大时，磁环饱和，桥臂电感量减小，阳极电流快速上升（此时电流已在晶闸管 PN 结面上扩散，已允许电流上升率为较大值），以不使换流时间延长。

【项目扩展】

一、三相有源逆变电路

常用的有源逆变电路，除单相全控桥电路外，还有三相半波和三相全控桥电路等。三相有源逆变电路中，变流装置的输出电压与控制角 α 之间的关系仍与整流状态时相同，即

$$U_d = U_{d0}\cos\alpha$$

只是逆变时 $90° < \alpha < 180°$，使 $U_d < 0$。

1. 三相半波有源逆变电路

图 4－38(a)所示为三相半波有源逆变电路。电路中电动机产生的电动势 E 为上负下正，令控制角 $\alpha > 90°$ 即 $\beta < 90°$，以使 U_d 为上负下正，且满足 $|E| > |U_d|$，则电路符合有源逆变的条件，可实现有源逆变。逆变器输出直流电压 U_d（U_d 的方向仍按整流状态时的规定，从上至下为 U_d 的正方向）的计算式为

$$U_d = U_{d0}\cos\alpha = -U_{d0}\cos\beta = -1.17U_2\cos\beta \quad (\alpha > 90°) \tag{4-41}$$

式中：U_d 为负值，意味着 U_d 的极性与整流状态时相反。输出直流电流平均值为

$$I_d = \frac{E - U_d}{R_\Sigma} \tag{4-42}$$

式中：R_Σ 为回路的总电阻。电流从 E 的正极流出，流入 U_d 的正端，即 E 输出电能，经过晶闸管装置将电能送给电网。

下面以 $\beta = 60°$ 为例对其工作过程作一分析。在 $\beta = 60°$ 时，即 ωt_1 时刻触发脉冲 U_{g1} 触发晶闸管 VT_1 导通。即使 u_U 相电压为零或为负值，但由于有电动势 E 的作用，VT_1 仍可能承受正压而导通。由电动势 E 提供能量，有电流 I_d 流过晶闸管 VT_1，输出电压波形 $u_d = u_U$。然后，与整流时一样，按电源相序每隔 120°依次轮流触发相应的晶闸管使之导通，同时关断前面导通的晶闸管，实现依次换相，每个晶闸管导通 120°。输出电压 U_d 的波形如图 4－38(b)中阴影部分所示，其直流平均电压 U_d 为负值，数值小于电动势 E。

图 4－38(c)画出了晶闸管 VT_1 两端电压 u_{T1} 的波形，其画法与整流时的画法相同。在一个电源周期内，VT_1 导通 120°角，导通期间其端电压为零，随后的 120°内是 VT_2 导通，VT_1 关断，VT_1 承受线电压 u_{UV}，再后的 120°内是 VT_3 导通，VT_1 承受线电压 u_{UW}。由端电压波形可见，逆变时晶闸管两端电压波形的正面积总是大于负面积，而整流时则相反，正面积总是小于负面积。只有 $\alpha = \beta$ 时，正负面积才相等。

下面以 VT_1 换相到 VT_2 为例，简单说明图 4－38 中晶闸管换相的过程。在 VT_1 导通时，到 ωt_2 时刻触发 VT_2，则 VT_2 导通，与此同时使 VT_1 承受 U、V 两相间的线电压 u_{UV}。由于 $u_{UV} < 0$，故

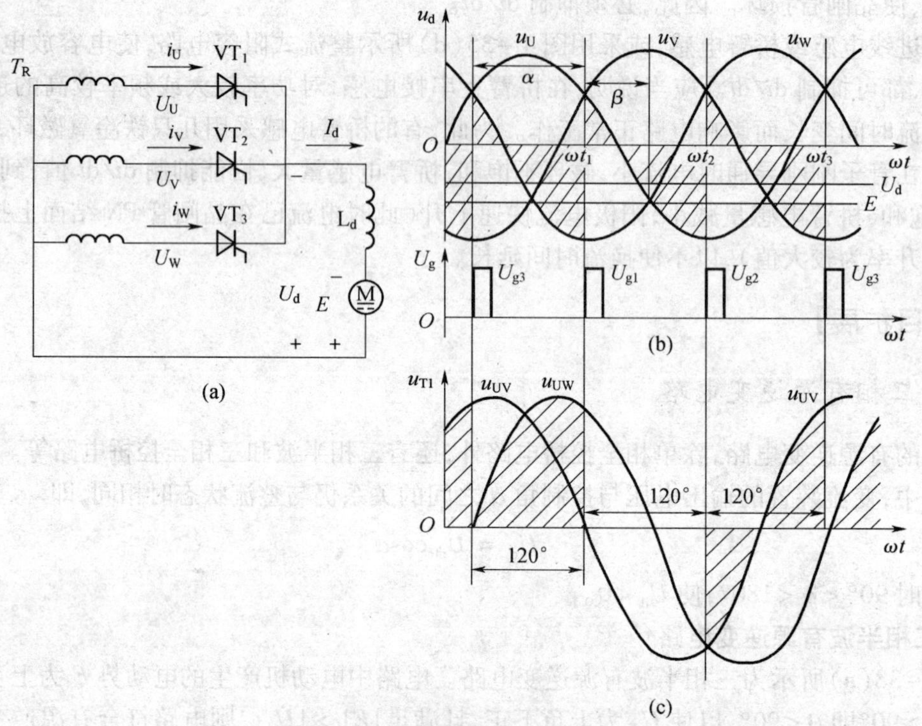

图 4－38　三相半波有源逆变电路

（a）电路；（b）输出电压波形；（c）晶闸管两端电压波形。

VT_1 承受反向电压而被迫关断，完成了 VT_1 向 VT_2 的换相过程。其他管的换相可由此类推。可见，逆变电路与整流电路的换相是一样的，晶闸管也是靠阳极承受反压或电压过零来实现关断的。

2. 三相全控桥有源逆变电路

图 4－39(a)所示为三相全控桥带电动机负载的电路，当 $\alpha<90°$ 时，其工作在整流状态，当 $\alpha>90°$ 时，其工作在逆变状态。两种状态除 α 角的范围不同外，晶闸管的控制过程是一样的，即都要求每隔 60°依次轮流触发晶闸管使其导通 120°，触发脉冲都必须是宽脉冲或双窄脉冲。逆变时输出直流电压的计算式为

$$U_d = U_{20}\cos\alpha = 2.34U_{2\varphi}\cos\alpha = -2.34U_{2\varphi}\cos\beta \quad (\alpha > 90°) \tag{4-43}$$

图 4－39(b)为 $\beta=30°(\alpha=150°)$ 时三相全控桥直流输出电压 U_d 的波形。共阴极组晶闸管 VT_1、VT_3、VT_5 分别在脉冲 U_{g1}、U_{g3}、U_{g5} 触发时换流，由阳极电位低的管子导通换到阳极电位高的管子导通，因此相电压波形在触发时上跳；共阳极组晶闸管 VT_2、VT_4、VT_6 分别在脉冲 U_{g2}、U_{g4}、U_{g6} 触发时换流，由阴极电位高的管子导通换到阴极电位低的管子导通，因此在触发时相电压波形下跳。晶闸管两端电压波形与三相半波有源逆变电路相同，读者可自行画出。

下面再分析一下晶闸管的换流过程。设触发方式为双窄脉冲方式。在 VT_5、VT_6 导通期间，发 U_{g1}、U_{g6} 脉冲，则 VT_6 继续导通，而 VT_1 在被触发之前，由于 VT_5 处于导通状态，已使其承受正向电压 u_{UW}，所以一旦触发，VT_1 即可导通。若不考虑换相重叠角的影响，当 VT_1 导通之后，VT_5 就会因承受反向电压 u_{WU}（为负值）而关断，从而完成了从 VT_5 到 VT_1 的换流过程。其他各管的换流过程可由此类推。

应当指出，传统的有源逆变电路开关元件通常采用普通晶闸管，但近年来出现的可关断晶闸

管既具有普通晶闸管的优点，又具有自关断能力，工作频率也高，因此在逆变电路中很有可能取代普通晶闸管。

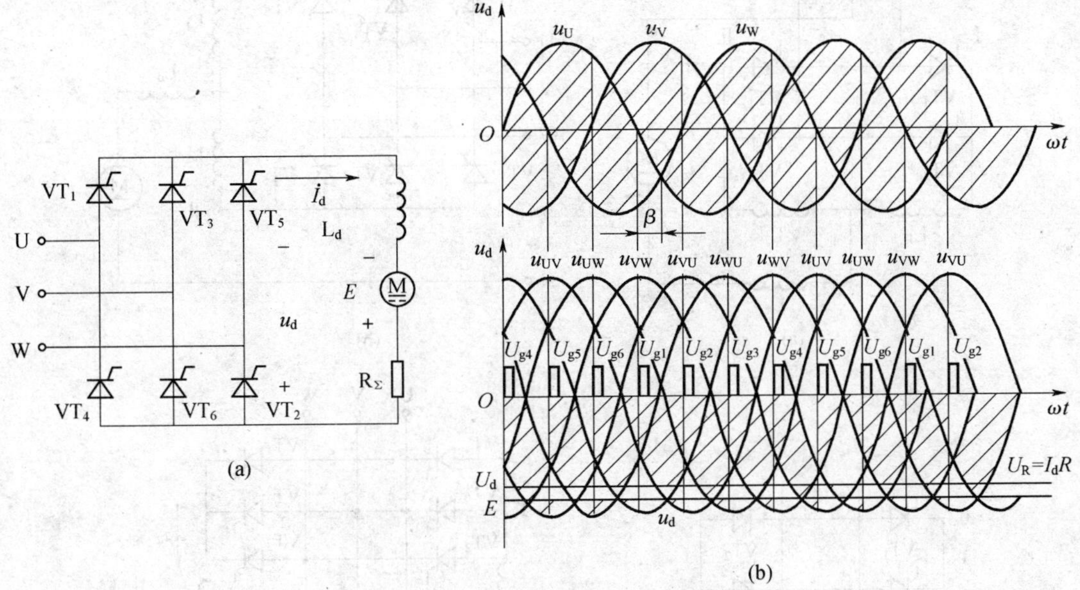

图 4-39　三相全控桥式有源逆变电路

(a) 电路；(b) $\beta=30°$时三相全控桥直流输出电压波形。

二、有源逆变电路的应用

有源逆变电路有较多的应用领域，常见的有直流电动机可逆拖动、绕线式交流异步电动机串级调速以及高压直流输电等方面。在这里对此加以介绍。

1. 晶闸管直流电动机可逆拖动系统

晶闸管直流电动机可逆拖动系统是指用晶闸管变流装置控制直流电动机正反运转的控制系统。很多生产设备如起重提升设备、电梯、轧钢机轧辊等均要求电动机能够正反双向运转，这就是可逆拖动问题。对于直流他励电动机来说，改变电枢两端电压的极性或改变励磁绕组两端电压的极性均可改变其运转方向，这可根据应用场合和设备容量的不同要求加以选用。本节重点介绍采用两组晶闸管变流桥反并联组成的直流电动机可逆拖动系统。

另外，按照所用晶闸管变流装置组数的不同，一般又可通过两种方法实现电动机的正反转控制：一种是采用一组晶闸管变流器给电动机供电、用接触器控制电枢电压极性的电路；另一种是采用两组晶闸管变流器反极性连接组成的可逆电路。前者虽然线路简单，价格便宜，但仅适用于要求不高、容量不大的场合；后者则可用于容量大、要求过渡过程快、动作频繁的设备。本节重点介绍后者，即采用两组晶闸管变流器的可逆电路。

两组晶闸管变流器反极性连接，有两种供电方式：一种是两组变流器由一个交流电源或一个整流变压器供电，称为反并联连接；另一种是两个变流器分别由一个整流变压器的两个二次绕组供电，或由两个整流变压器供电，称为交叉连接。两种连接方式的原理相似。本节只以反并联连接的可逆电路为例加以介绍。图 4-40 所示为几种常用的反并联可逆电路。

为了分析直流电动机可逆系统的运转状态及其与变流器工作状态之间的关系，这里首先介绍一下电动机的四象限运行图。四象限运行图是根据直流电动机的转矩（或电流）与转速之间

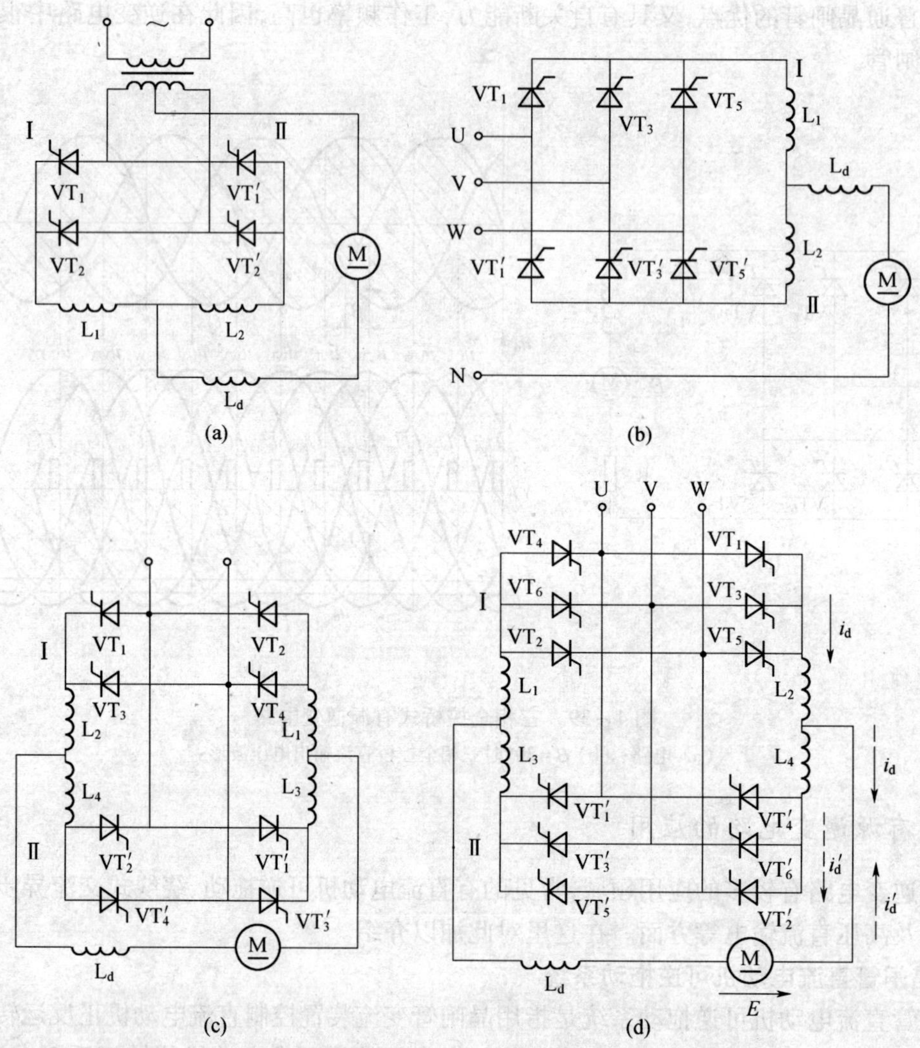

图4-40　两组晶闸管反并联的可逆电路

的关系,在平面4个象限上作出的表示电动机运行状态的图。图4-41所示即为反并联可逆系统的四象限运行图。从图4-41中可以看出,第Ⅰ和第Ⅲ象限内电动机的转速与转矩同号,电动机在第Ⅰ和第Ⅲ象限分别运行在“正转电动”和“反转电动”状态,第Ⅱ和第Ⅳ象限内电动机的转速与转矩异号,电动机分别运行在“正转发电”和“反转发电”状态。电动机究竟能在几个象限上运行,这与其控制方式和电路结构有关。如果电动机在4个象限上都能运行,则说明电动机的控制系统功能较强。

根据对环流的处理方法不同,反并联可逆电路又可分为几种不同的工作方式:逻辑控制无环流、配合控制有环流以及错位控制无环流工作方式等。下面对前两种方式分别加以介绍。

(1) 逻辑控制无环流可逆电路

在图4-40各反并联可逆电路中,在电动机励磁磁场方向不变的前提下,由Ⅰ组桥整流供电电动机正转,由Ⅱ组桥整流供电电动机反转。可见,采用反并联供电可使直流电动机如图4-41所示运行在4个象限内。

然而必须注意,在反并联供电时,如果两组整流桥同时工作在整流状态,就会在电路中产生

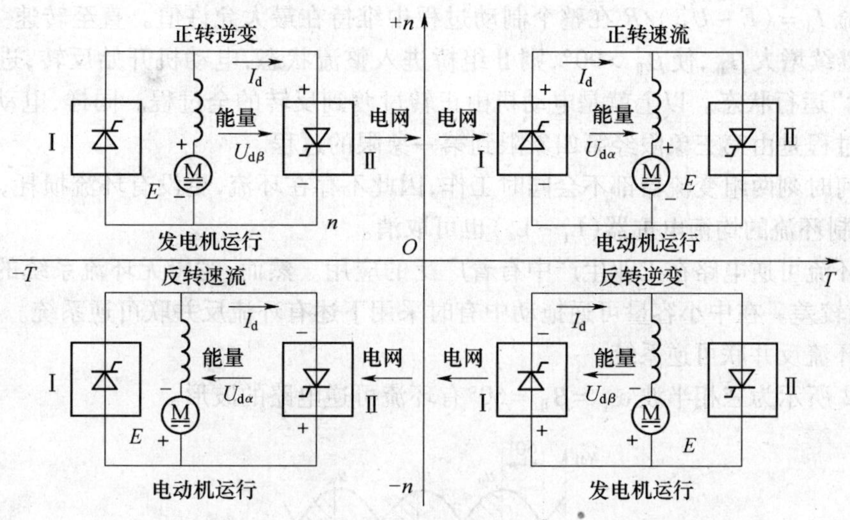

图 4-41　反并联可逆系统的四象限运行图

很大的环流。环流是只在整流变压器和两组晶闸管变流桥之间流动而不流经电动机的电流。环流一般不做有用功，环流产生的损耗可使电器元件发热，甚至还会造成短路事故，因此必须设法使变流装置不产生环流。

逻辑控制无环流可逆电路就是利用逻辑单元来控制变流器之间的切换过程，使电路在任何时间内只允许两组桥路中的一组桥路工作而另一组桥路处于阻断状态，这样在任何瞬间都不会出现两组变流桥同时导通的情况，也就不会产生环流。比如，当电动机正向运行时，Ⅰ组桥处于工作状态，将Ⅱ组桥的触发脉冲封锁，使其处于阻断状态。反之，反向运行时，则Ⅱ组桥工作，Ⅰ组桥被阻断。现对其工作过程作详细分析。

电动机正转：给Ⅰ组变流桥加触发脉冲，$\alpha_{\mathrm{I}}<90°$，为整流状态；Ⅱ组桥封锁阻断。电动机为“正转电动”运行，工作在第一象限。

电动机由正转过渡到反转：在此过程中，系统应能实现回馈制动，把电动机轴上的机械能变为电能回送到电网中去，此时电动机的电磁转矩变成制动转矩。在正转运行中的电动机需要反转时，应先使电动机迅速制动，因此就必须改变电枢电流的方向，但对Ⅰ组桥来说，电流不能反向流动，需要切换到Ⅱ组桥。但这种切换并不是把原来工作着的Ⅰ组桥触发脉冲封锁后，立即开通原来封锁着的Ⅱ组桥。因为已导通的晶闸管不可能在封锁的那一瞬间立即关断，而必须等到阳极电压降到零以后、主回路电流小于维持电流才能开始关断。因此，切换过程是这样进行的：开始切换时，将Ⅰ组桥的触发脉冲后移到 $\alpha_{\mathrm{I}}>90°$，$\beta_{\mathrm{I}}<90°$。由于存在机械惯性，反电动势 E 暂时未变。这时，Ⅰ组桥的晶闸管在 E 的作用下本应关断，但由于 I_d 迅速减小，电抗器 L_d 中会产生下正上负的感应电动势，其值大于 E，因此电路进入有源逆变状态，电抗器 L_d 中的一部分储能经Ⅰ组桥逆变反送回电网。注意，此间电动机仍处于电动工作状态，消耗 L_d 的另一部分储能。由于逆变发生在原本工作着的变流桥中，故称为“本桥逆变”。当电流 I_d 下降到零后（I_d 通过系统中装设的零电流检测环节检测），经Ⅰ组桥封锁，并延时 3ms～10ms，待确保Ⅰ组桥恢复阻断后，再开放Ⅱ组桥的触发脉冲，使其进入有源逆变状态。此时电动机作“正转发电”运行，工作在第二象限，电磁转矩变成制动转矩，电动机轴上的机械能经Ⅱ组变流桥变为交流电能回馈至电网。此间为了保持电动机在制动过程中有足够的转矩，使电动机快速减速，还应随着电动机转速的下降，不断地增加逆变角 β_{II}，使Ⅱ组桥路输出电压 $U_{d\beta}$ 随电动势 E 的减小而同步减小，则流过电动

机的制动电流 $I_d=(E-U_{d\beta})/R$ 在整个制动过程中维持在最大允许值。直至转速为零时，$\beta_{Ⅱ}=90°$。此后，继续增大 $\beta_{Ⅱ}$，使 $\beta_{Ⅱ}>90°$，则Ⅱ组桥进入整流状态，电动机开始反转，进入第三象限的“反转电动”运行状态。以上就是电动机由正转过渡到反转的全过程。同样，电动机从反转过渡到正转的过程是由第三象限经第四象限到第一象限的过程。

由于任何时刻两组变流器都不会同时工作，因此不存在环流，更没有环流损耗，因此，图 4-40 中用来限制环流的均衡电抗器（$L_1\sim L_4$）也可取消。

逻辑无环流可逆电路在工业生产中有着广泛的应用。然而，逻辑无环流系统的控制比较复杂，动态性能较差。在中小容量可逆拖动中有时采用下述有环流反并联可逆系统。

（2）有环流反并联可逆系统

图 4-42 所示为三相半波 $\alpha_{Ⅰ}=\beta_{Ⅱ}=60°$ 有环流可逆电路的波形。

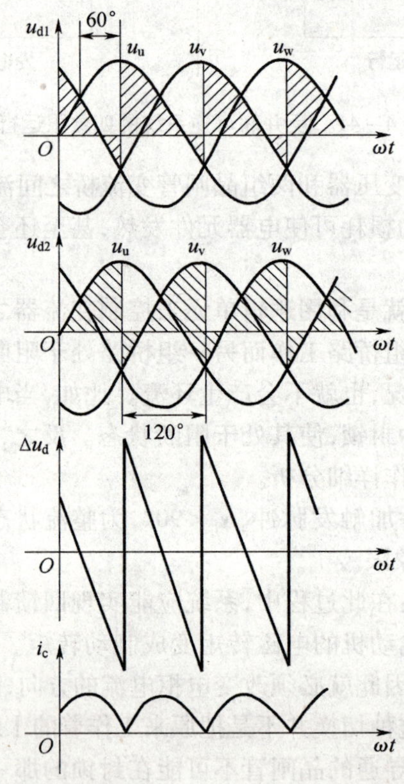

图 4-42 三相半波 $\alpha_{Ⅰ}=\beta_{Ⅱ}=60°$ 时有环流可逆电路的波形

有环流反并联可逆系统是反并联的两组变流桥同时都有触发脉冲，在工作中两组桥都能保持连续导通状态，负载电流 I_d 的反向也是连续变化的过程，不必像逻辑无环流系统那样依据检测 I_d 的方向来确定变流桥的阻断与开通，因而动态性能较好。但由于两组桥都参与工作，因而需要防止在两组桥之间出现直流环流。这就要求当一组桥工作在整流状态时，另一组桥必须工作在逆变状态，并严格保持 $\alpha_{Ⅰ}=\beta_{Ⅱ}$ 或 $\alpha_{Ⅱ}=\beta_1$，也就是 $\alpha_{Ⅰ}+\alpha_{Ⅱ}=180°$。这样才能使两组桥的直流侧电压大小相等，极性逆串，不会产生直流环流。这种运行方式也称为 $\alpha=\beta$ 工作制的配合控制。

$\alpha=\beta$ 工作制触发脉冲的具体实施如下：用一个控制电压 U_c 控制Ⅰ、Ⅱ两组变流桥的控制角，使它们同步地向相反的方向变化。

① 当 $U_c=0$ 时，两组桥的控制角相等，均为 90°，则 $\alpha_{Ⅰ}=\alpha_{Ⅱ}(=\beta_{Ⅱ})=90°$，电动机转速为零。

② 当 U_c 增大时，Ⅰ组桥的触发脉冲左移，使 $\alpha_{\mathrm{I}}<90°$，进入整流状态，交流电源通过Ⅰ组桥向电动机提供能量，电动机处于正转电动状态；Ⅱ组桥的触发脉冲右移相同角度，使 $\beta_{\mathrm{II}}<90°$（且 $\beta_{\mathrm{II}}=\alpha_{\mathrm{I}}$），此时Ⅱ组桥虽有输出电压 U_d，但因不满足 $|E|>|U_d|$ 而没有逆变电流，称这种状态为待逆变状态。

③ 欲使电动机反转，只要使 U_c 减小，可使 α_{I} 与 β_{II} 同步增大，两组桥的直流输出电压值 $U_{d\mathrm{I}}$、$U_{d\mathrm{II}}$ 立即同步减小。但由于机械惯性的作用，E 并未变化，因而有 $E>U_{d\mathrm{I}}=U_{d\mathrm{II}}$，$E$ 给Ⅱ组桥施以正向电压，使Ⅱ组桥满足了有源逆变条件而导通，产生逆变电流，该桥从待逆变状态转为逆变状态，电动机电流反向，产生制动转矩，使电动机降速；Ⅰ组桥则受到 E 的反向电压作用，但不能满足 $U_d>E$，因而没有直流电流输出，称这种状态为待整流状态。继续增大 α_{I} 及 β_{II}，并保持 E 稍大于 U_d，则电动机在整个减速过程中能够始终产生制动转矩，从而实现快速制动。

④ 当 α_{I} 与 β_{II} 增至 90°时，两组变流桥的输出直流电压开始改变极性，此时电动机转速也减至零，$E=0$，此后Ⅰ组桥因 $\beta_{\mathrm{I}}<90°$ 进入待逆变状态，Ⅱ组桥因 $\alpha_{\mathrm{II}}<90°$ 进入整流状态，交流电源通过Ⅱ组桥向电动机供电，电动机处于反转电动状态。

同样，也可分析由反转到正转的转变过程。可见，在 $\alpha=\beta$ 工作制中，改变两组变流装置的控制角可以实现电动机的四象限运行。

严格保持 $\alpha_{\mathrm{I}}=\beta_{\mathrm{II}}$，虽然可使两组桥的输出电压平均值相等，即 $U_{d\mathrm{I}}=U_{d\mathrm{II}}$，避免了两组桥的直流环流，但是两组桥输出端的瞬时值 $u_{d\mathrm{I}}$ 与 $u_{d\mathrm{II}}$ 并不相等，因而会出现瞬时电压差 $\Delta u_d=u_{d\mathrm{I}}-u_{d\mathrm{II}}$，称为均衡电压或环流电压，因此在两组桥之间会引起不经过负载的脉动的环流 i_c。α 角不同，i_c 值也不同。在三相半波和三相桥的反并联电路中，$\alpha=\beta=60°$ 时环流最大，图 4-42 给出了三相半波 $\alpha_{\mathrm{I}}=\beta_{\mathrm{II}}=60°$ 时的波形情况。为了限制环流，必须串接均衡电抗器，如图 4-40 所示的 $L_1 \sim L_4$。在可逆系统中通常限制环流值在额定直流输出电流的 3%～10%。

2. 绕线转子异步电动机的晶闸管串级调速

（1）串级调速的原理

绕线转子异步电动机可采用改变串接于转子回路附加电阻的方法进行调速。这种调速方法简单、投资少，但其调速不平滑、附加电阻耗能大。串级调速是在转子回路中引入附加电动势来实现调速的。这种方法不仅可对异步电动机进行无级调速，而且具有节能、机械特性较硬等特点。

下面分析串级调速的原理。假定异步电动机在自然机械特性上（即转子电路无附加电动势）稳定运行，电源电压和负载转矩均不变。转子电动势为 sE_{20}，转子电流值为

$$I_2=\frac{sE_{20}}{\sqrt{R^2+(sx_{20})^2}} \tag{4-44}$$

式中：E_{20} 为 $s=1$ 时转子开路相电动势；x_{20} 为 $s=1$ 时每相转子绕组的漏抗。

当在转子中串入与转子感应电动势 sE_{20} 同频率、反相的附加电动势 E_f 时，转子合成电动势减小为 $sE_{20}-E_f$，转子电流减小为

$$I_2=\frac{sE_{20}-E_f}{\sqrt{R^2+(sx_{20})^2}} \tag{4-45}$$

由于电动机定子电压、气隙磁通恒定，故电动机的电磁转矩 T 将随转子电流 I_2 的减小而减小，使电动机的输出转矩小于负载转矩，迫使电动机降低转速，转差率 s 增加，从而又使转子电流 I_2 增加，转矩也随之回升，直至电磁转矩与负载转矩重新达到平衡，电动机便稳定运行在低于原

值的某一转速上。调整 E_f 值就可调节电动机的转速。这是低于同步转速的串级调速。

当在转子中串入与 sE_{20} 同频率、同相的 E_f 时，转子合成电动势增大为 $sE_{20}+E_f$，转子电流增大为

$$I_2 = \frac{sE_{20} + E_f}{\sqrt{R^2 + (sx_{20})^2}} \tag{4-46}$$

电磁转矩也随之增加，电动机升速，s 减小。直至电磁转矩与负载转矩重新达到平衡，电动机稳定运行在高于原值的某一转速上。若串入的 E_f 足够大，会使电动机稳定运行在高于同步转速的某一转速上。这是高于同步转速的串级调速。

下面主要介绍低于同步转速的串级调速——低同步晶闸管串级调速。

(2) 低同步晶闸管串级调速

绕线转子异步电动机的转子电动势的大小与频率都随电动机转速而变，因此，在转子回路中串入与转子电动势频率一致、相位相反的交流附加电动势，就可改变电动机转速。附加电动势越大，电动机转速越低。可见，实现串级调速的核心环节是要有一套产生附加电动势的装置，其所产生的附加电动势既要大小可调，又要使其频率保持与转子频率一致。这在技术上是非常复杂的。目前广泛采用的办法是把转子电动势整流为直流，再通过晶闸管有源逆变电路变换为三相工频交流电返送电网。图 4-43 即为运用这种办法的晶闸管串级调速主电路原理图。

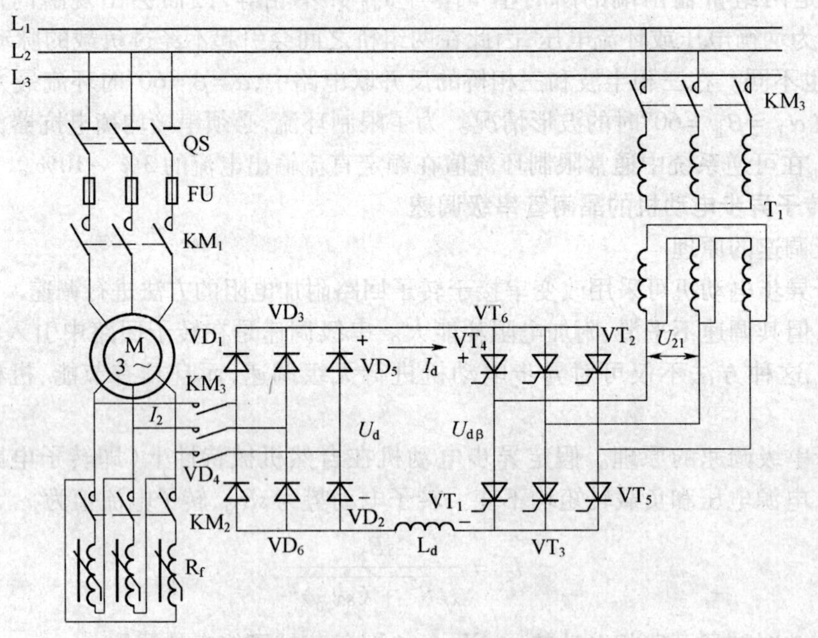

图 4-43　晶闸管串级调速主电路原理图

图 4-43 中，转子回路经三相桥式整流后输出的直流电压 U_d 为

$$U_d = 1.35sE_{21} \tag{4-47}$$

式中：E_{21} 为转子开路线电动势的有效值（$n=0$ 或 $s=1$）；s 为电动机转差率。

串极调速系统运行时，由晶闸管组成的有源逆变器一直处于逆变工作状态，将转子能量反馈给电网，逆变电压 $U_{d\beta}$ 即为引入转子电路的反电动势。当电动机稳定运行并忽略直流回路电阻时，整流电压 U_d 与逆变电压 $U_{d\beta}$ 大小相等、方向相反，即 $U_d=U_{d\beta}$。设逆变变压器 T_1 的二次侧线

电压为 U_{21},则有

$$U_{d\beta} = 1.35U_{21}\cos\beta = U_d = 1.35sE_{21}$$

故有

$$s = \frac{U_{21}}{E_{21}}\cos\beta \tag{4-48}$$

由式(4-44)可以看出,改变逆变角 β 的数值即可改变电动机的转差率,从而达到调速的目的。逆变角的变化范围一般为 30°~90°。

上述调速方法的核心是将逆变电压 $U_{d\beta}$ 引入转子电路,作为转子的反电动势。而逆变电压又受逆变角 β 的控制,因而改变 β 的大小便可改变反电动势的大小,从而改变反送交流电网的功率,同时改变了转子的转速。其具体调节过程为:首先启动电动机。对于水泵、风机类负载,接通 KM_1、KM_2 接触器,利用频敏变阻器启动,以限制启动电流。对于传输带、矿井提升等设备则可直接启动。电动机启动之后,断开 KM_2,接通 KM_3,电动机转入串级调速。当电动机稳定运行在某一转速时,有 $U_d = U_{d\beta}$。欲提高转速,可增大 β 角,则 $U_{d\beta}$ 减小,转子电流 I_2 增大,使电磁转矩增大,转速提高,转差率 s 减小,sE_{21} 减小,U_d 减小,到 $U_d = U_{d\beta}$ 时电动机稳定运行在较原来高的转速上。反之,欲降低转速则减小 β 角。若要停车,可先断开 KM_1,延时断开 KM_3,电机即停车。

3. 高压直流输电

前面所述晶闸管串级调速系统的不足之处是功率因数低、产生高次谐波而影响供电质量。目前已开始应用的斩波式逆变器串级调速则较好地克服了上述不足,不仅功率因数高、高次谐波分量小,而且无功损耗低,线路也比较简单。

图 4-44 为斩波式逆变器串级调速原理框图。图 4-44 中,电动机转子整流电路经斩波器与晶闸管逆变器相连。逆变器的控制角通常不需要调节,而是固定在最小逆变角处。整流输出直流电流 I_d 被斩波器斩成图 4-44(b)所示波形。在 τ 时间段内,斩波器开关闭合,整流桥被短路;在 $T-\tau$ 时间段内,斩波器开关断开。$U_{d\beta}$ 经斩波器输入整流桥输出端的电压为 $U_{d\beta}(T-\tau)/T$,它应与整流桥输出电压平衡,即有

$$U_d = \frac{T-\tau}{T}U_{d\beta}$$

又根据 $U_d = 1.35sE_{21}$,$U_{d\beta} = 1.35U_{21}\cos\beta_{min}$,所以

$$s = \left(1-\frac{\tau}{T}\right)\frac{U_{21}}{E_{21}}\cos\beta_{min} \tag{4-49}$$

可见,不必调节逆变角 β,只要改变斩波器开关闭合的时间 τ 的大小,就可调节电动机的转速。作为两个特例,当 $\tau = T$ 时,斩波器开关持续闭合,电动机转子短接,电动机运行在自然特性状态;当 $\tau = 0$ 时,斩波器开关持续断开,电动机调到了最低转速状态。

高压直流输电在跨越江河、海峡的输电,大容量远距离输电,联系两个不同频率的交流电网,同频率两个相邻交流电网的非同步并联等方面,发挥着非常重要的作用。与其他输电方式相比,高压直流输电能减少输电线的能量损耗,增加电网稳定性,提高输电效益,因而得到了迅速的发展。图 4-44 中,中间的直流环节未接负载,起传输功率的作用,通过分别控制两侧变流桥的工作状态就可控制电功率的流向。如左边变流桥工作于整流状态、右边变流桥工作于有源逆变状态,则系统由左边电网向右边电网输送电功率。变流桥均采用三相桥式全控电路,每个桥臂由多只光控大功率晶闸管串联组成。由于光控晶闸管光脉冲只需 0.1ms,因此,用光脉冲可以同时触

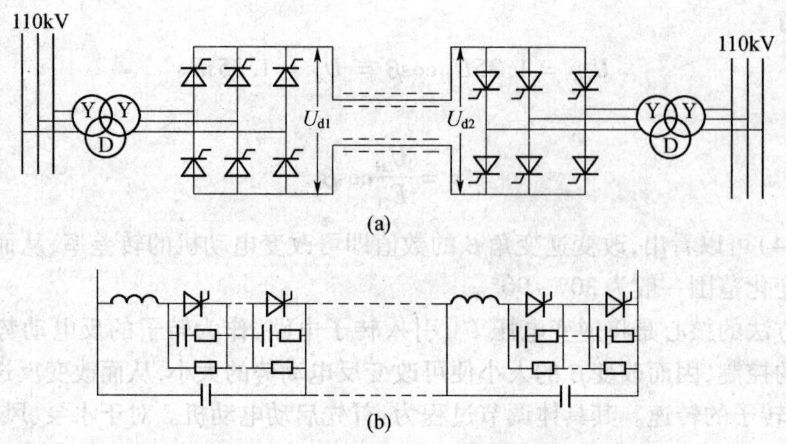

图 4－44　高压直流输电系统原理图

(a) 原理图；(b) 桥臂中晶闸管串联方式。

发桥臂中这些处于不同电位的多只串联晶闸管。

三、晶闸管串级调速装置的结构与原理

1. 晶闸管串级调速装置的结构组成

(1) 电路组成

晶闸管串级调速装置可作为直流电动机可调电源对其电枢供电，也可作为可调直流电源使用。其主电路采用三相全控桥式整流电路，使用交流电流互感器检测负载电流。由整流变压器、给定环节、给定积分放大器、零速封锁电路、集成脉冲触发器、电流截止负反馈、电压负反馈、滤波型调节器、电压隔离电路、过流保护电路、缺相保护电路、继电电路组成自动稳压的无级调速系统，并设有保护报警电路。独立的励磁电源向直流电动机提供励磁电流。

(2) 结构组成

晶闸管串级调速装置采用功能模块化设计、立柜式结构。柜内最下层安装整流变压器；柜内前面上半部分装有电源板、调节板、触发板和隔离板；下半部分装有继电线路和保护线路配电盘；柜内后面装有晶闸管门极电路、保护电路、电流截止信号取样电路和电压反馈信号取样电路；晶闸管安装在前后板之间；指示器件和操作器件安装在左前门的上部。

设备内装有保护报警电路，当快速熔断器熔断，直流输出过流或短路，保护电路发出指令，可自动切除主电路电源，同时故障指示灯亮，直至操作人员切断控制装置电源，故障指示灯才可熄灭。保护电路的设置提高了设备运行的安全性。

本装置线路系统方框图如图 4－45 和图 4－46 所示。线路各部分原理简单叙述如下。

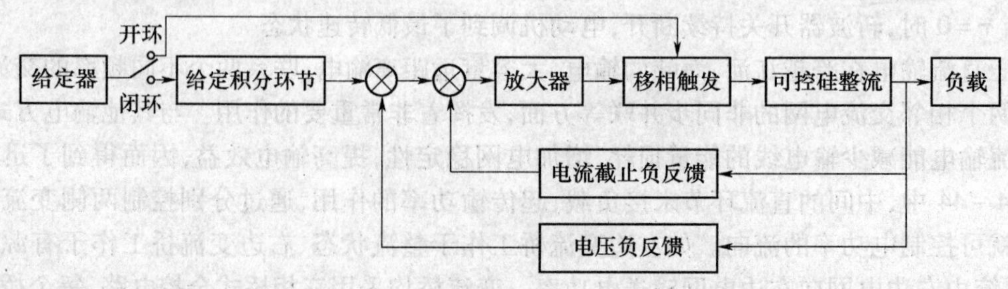

图 4－45　单闭环系统框图

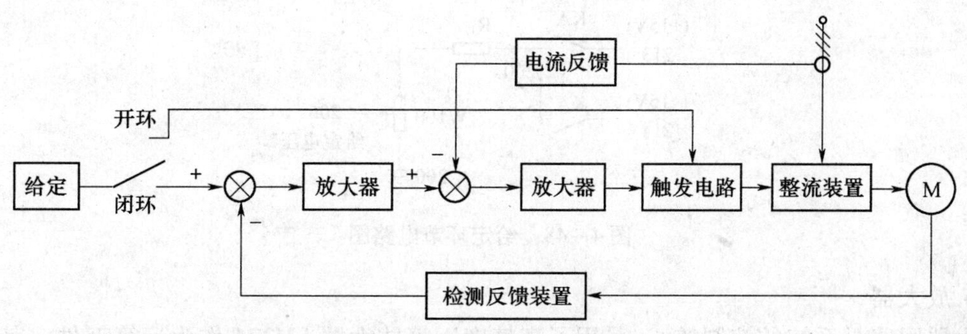

图 4-46 双闭环系统框图

2. 晶闸管串级调速装置各部件的作用

(1) 整流变压器

整流变压器用于电源电压的变换。为了减少对电网波形的影响,整流变压器接线采用△/Y_0-11 方式。

(2) 晶闸管可控整流部分

主电路采用三相桥式整流电路,三相交流电经交流接触器 KM_1 引至整流变压器 B_1 原边,经电压变换后过快速熔断器 RS_0 引至三相桥式可控整流电路,经整流后,输出直流电源,向被控电动机电枢馈送电能。通过控制晶闸管整流元件的导通角度,就可以调节整流电路的输出直流电压。电路图如图 4-47 所示。

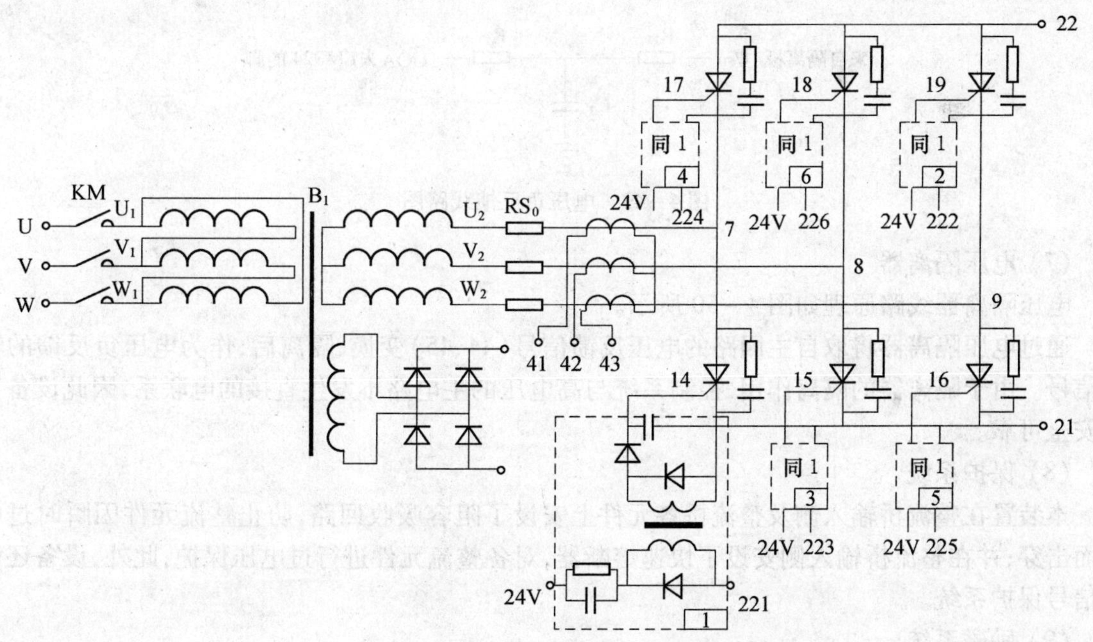

图 4-47 晶闸管可控整流电路图

(3) 给定环节

由中间继电器 KA 控制的给定电源通过一个电阻 R_{112} 加到控制盘上的给定电位器,调节此电位器可得到 0V ~ +10V 的直流给定电压。给定电路图如图 4-48 所示。

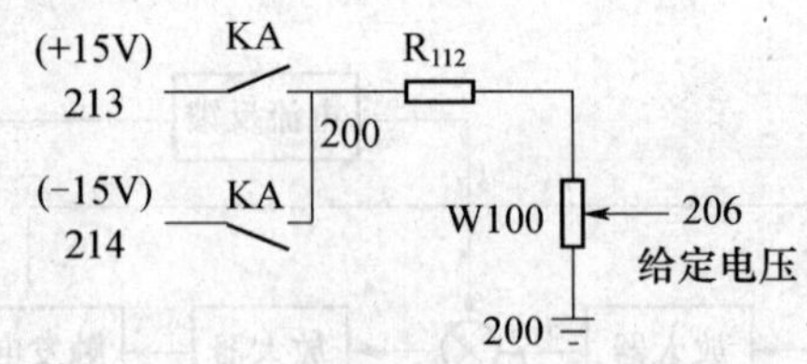

图 4－48　给定环节电路图

（4）放大器

放大器回路是系统的控制核心，采用了高精度运算放大器 LM324 作为运算部件。其线路原理见附图一。

（5）集成脉冲触发器

采用专用的集成脉冲产生芯片 KC04 作为系统的脉冲产生电路。该芯片的性能稳定可靠、移相范围宽、外围控制元件简单，是目前国内采用较多的晶闸管触发电路。集成脉冲触发器线路原理见附图二。

（6）电压负反馈

采用并联反馈方式，电压、电流反馈量均与给定电压并联综合。从晶闸管输出端按一定比例反馈过来的直流电压，该电压经电压隔离器隔离后加到调节放大单元。由于给定电压和反馈电压是反极性连接的，所以构成电压负反馈，加到运算放大器输入端的电压为给定电压与反馈电压的差值 ΔU，其值经 PI 调节运算后，加到触发器的输入端作为触发器的控制电压。电压负反馈线路原理如图 4－49 所示。

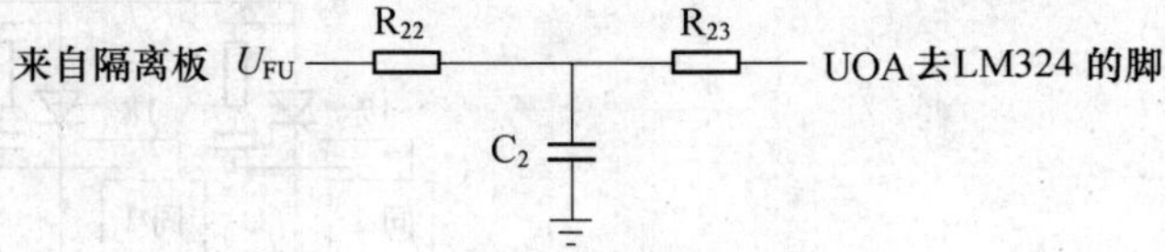

图 4－49　电压负反馈线路图

（7）电压隔离器

电压隔离器线路原理如图 4－50 所示。

通过电压隔离器将取自主回路的电压反馈信号（44、45）变换、隔离后，作为电压负反馈的输入信号。由于隔离器的隔离作用，控制系统与高电压的主电路不发生直接的电联系，因此设备工作安全可靠。

（8）保护系统

本装置在整流桥输入侧及整流桥各元件上安设了阻容吸收回路，防止整流元件因瞬时过电压而击穿；并在整流桥输入侧安设了快速熔断器，对各整流元件进行过电压保护；此外，设备还设有信号保护系统。

（9）励磁系统

由整流变压器 B_1 副边输出交流（245V），经单相桥式整流电路后变为 220V 直流电，作为电动机的励磁电源。

3. 继电保护电路工作原理

继电保护原理图如图 4－51 所示。

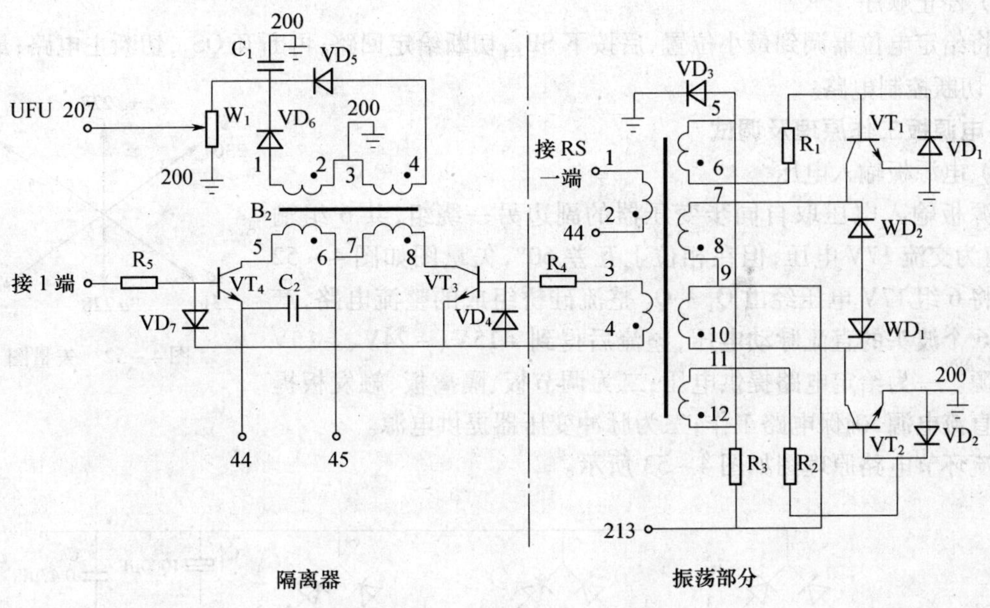

图 4-50 电压隔离器线路原理图

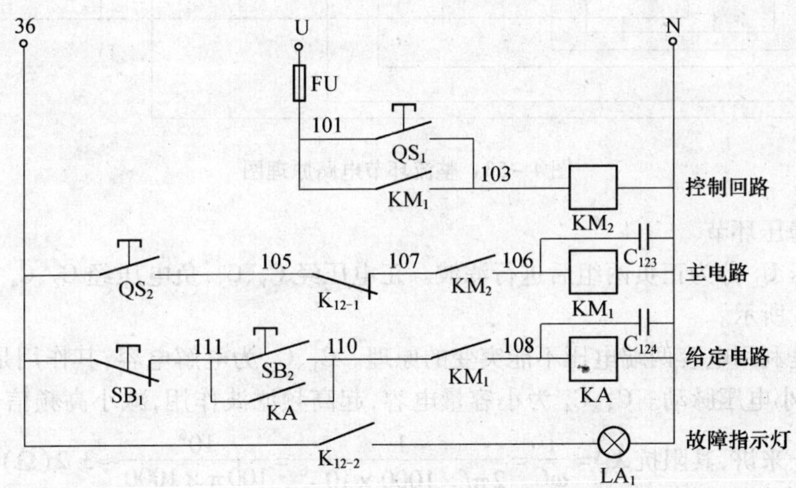

图 4-51 继电保护原理图

（1）启动控制回路和主回路

闭合 QS_1（本身带自锁），控制电路接触器 KM_2 线圈得电，主触头闭合，将 U、V、W 和 36、37、38 接通，使同步电源变压器、控制电路得电，控制电路开始工作。36#线得电和 KM_2 辅助常开触头的闭合，为主电路、给定电路的接通做好准备。

闭合 QS_2（本身带自锁），主电路接触器 KM_1 线圈得电。主触点接通三相电源，整流变压器得电，KM_1 的辅助常开触点闭合有两个作用：①使控制电路接触器 KM_2 线圈始终接通，保证主电路得电时，控制电路不能被切断。②为给定回路的接通做好准备。

（2）启动给定回路

按下 SB_2，给定回路接通，KA 得电自锁，启动完成。

（3）停止顺序

先将给定电位器调到最小位置，后按下 SB_1，切断给定回路；再断开 QS_2，切断主电路；最后断开 QS_1，切断控制电路。

4. 电源板工作原理及调试

（1）电源板输入电压

电源板输入电压取自同步变压器的副边另一绕组，共 6 组输入，其值为交流 17V 电压，但在相位上互差 60°，矢量图如图 4－52 所示。将 6 组 17V 电压经由 $Q_1 \sim Q_3$ 整流硅桥组成的整流电路，产生具有 6 个波头的直流脉动电压，整流后得到 +15V、+24V、－15V 三组电源。一为给定电路提供电压；二为调节板、隔离板、触发板提供工作直流电源，确保电路工作；三为脉冲变压器提供电源。

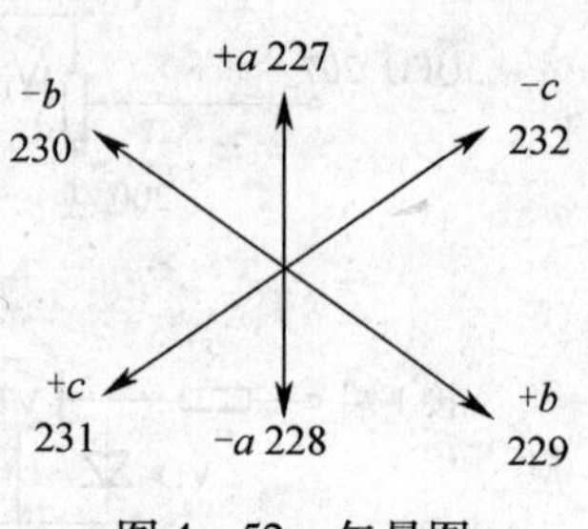

图 4－52　矢量图

整流环节电路原理图如图 4－53 所示。

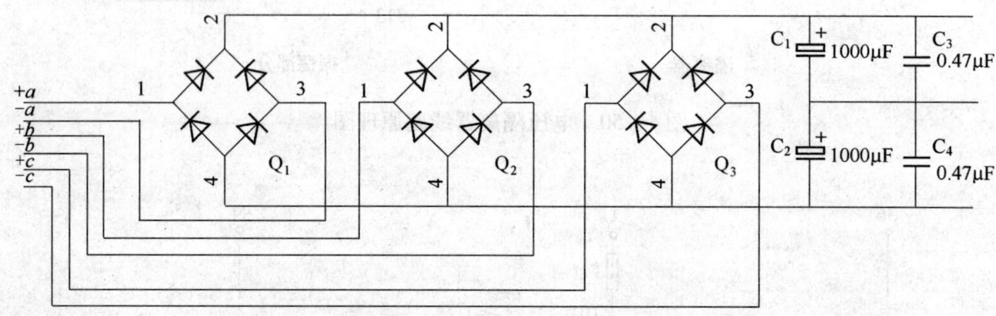

图 4－53　整流环节电路原理图

（2）滤波稳压环节

将输出电压 U_1 分为正负两组后进行滤波。正电压经 C_1、C_3，负电压经 C_2、C_4 滤波。稳压电路图如图 4－54 所示。

滤波原理是利用电容两端电压不能突变的原理。C_1、C_2 为电解电容，其作用是工频滤波，提高输出电压，减小电压脉动。C_3、C_4 为小容量电容，起高频滤波作用，减小高频信号对电路的影响。对于 C_1、C_2 来讲，其阻抗 $X_C = \dfrac{1}{\omega C} = \dfrac{1}{2\pi f \times 1000 \times 10^{-6}} = \dfrac{10^6}{100\pi \times 1000} \approx 3.2(\Omega)$，对于 C_3、C_4，其阻抗 $X_C = \dfrac{1}{\omega C} = \dfrac{1}{2\pi f \times 0.47 \times 10^{-6}} = \dfrac{10^6}{100\pi \times 0.47} = 6776(\Omega)$。所以 C_3、C_4 对于工频信号相当于开路状态。

（3）稳压环节

采用输出电压固定的三端集成稳压器 7815 和 7915。正常工作时输出电压为 +15V 和 －15V。C_3、C_4、C_5、C_6 的作用是实现频率补偿，防止稳压器产生高频自激振荡和抑制电路引入高频干扰。C_7、C_8 的作用是为了减小稳压电路输出端由输入端引入的低频干扰。VD_{13}、VD_{14} 的作用是保护二极管，当输入短路时，给 C_7、C_8 一个放电回路。

（4）指示环节

由 R_1、R_2、R_3、LD_1、LD_2、LD_3 组成，R_1、R_2、R_3 为限流电阻。其电路图如图 4－55 所示。

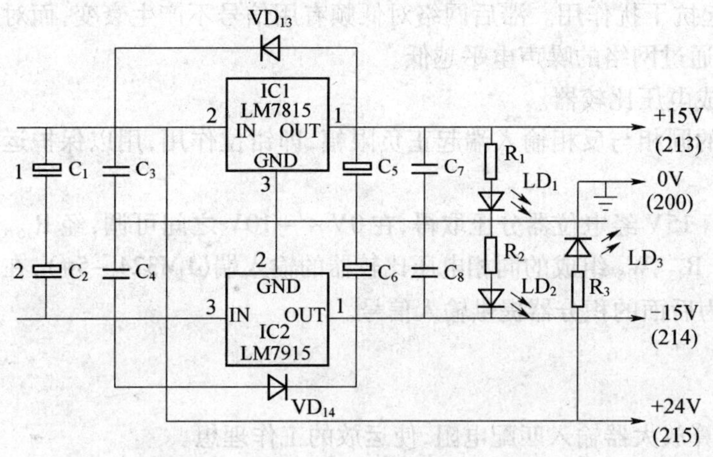

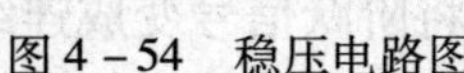
图 4－54　稳压电路图

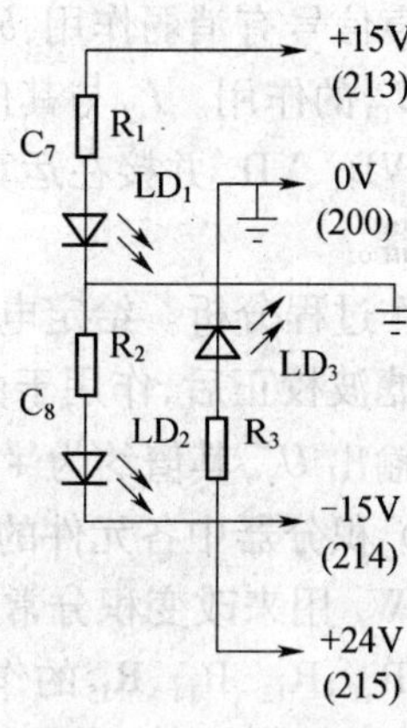

图 4－55　稳压环节

5. 调节板电路组成及其工作过程

调节板的电路可划分为：低压/低速封锁电路、给定积分调节器、积分先行放大调节器、正负限幅电路、电压反馈电路、电流截止负反馈电路、缺相保护电路、滞环电压比较器、过电流保护电路、限流整定和设定电路。下面对各电路的工作过程进行分析。

1）给定积分电路

给定电路的电路图如图 4－56 所示。

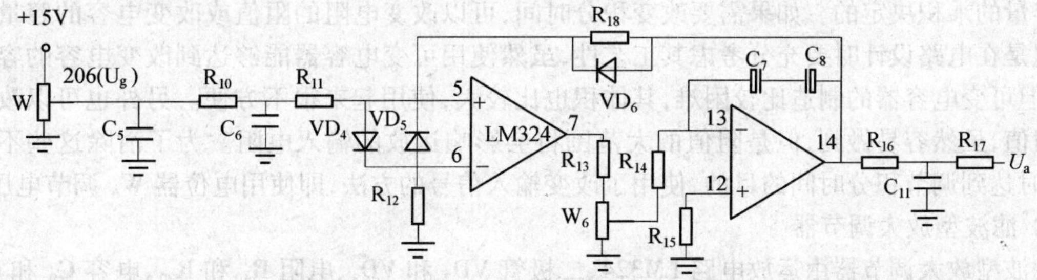

图 4－56　给定积分电路原理图

在实际控制系统中，当给系统突加一个阶跃给定信号时，系统会产生冲击效果。这是不希望的。为此必须使用能把阶跃信号变换为缓变信号的电路，而积分调节器能满足这一要求。因此积分器在给定电路中，故称为给定积分器。

在使用晶闸管整流电路作为直流电机的电枢电源时，为什么要限制突加给定呢？下面先分析一下当突加给定时会产生什么结果。在直流电机调压调速系统中，首先，启动时突加给定时，电机此时的转速为零，电枢内没有反电动势形成，此时将会产生很大的负载电流，该电流可能会使晶闸管损坏；其次，因为晶闸管的导通是一个过程，过大的电流也会使其局部击穿；最后，电流的上升率太快，可能会导致晶闸管的门极击穿。基于此 3 种可能后果的产生，在设计时要考虑将阶跃给定信号变为缓变信号。

此给定积分器有两部分组成，一是前级的电压比较器，二是后级的积分器。

（1）电压比较器中各元件的作用

① 电容 C_5 起滤波的作用。当 U_g 中含有交流成分时，由于 C_5 的作用可以消除交流成份的影响。

② R_{10}与 C_6 组成无源滞后网络起抗干扰作用。滞后网络对低频有用信号不产生衰变，而对高频噪声信号有消弱作用，b 值越小，通过网络的噪声电平越低。

③ I_{C1}的作用。I_{C1}与其他元件组成电压比较器。

④ VD_4、VD_5 并接在运算放大器的同相与反相输入端起正负限幅，即钳位作用，用以保护运算放大器。

工作过程分析。给定电压 U_g 由 +15V 经电位器分压取得，在 0V ~ +10V 之间可调，经 R_{10}、R_{11}、C_6 滤波校正后，作用于由 LM324、R_{13}、W_6 组成的同相电压比较器的输入端(LM324 -5#)，在其 7#端输出 U_a，其值约为 +15V，U_a 为后面的积分器提供输入信号。

(2) 积分器中各元件的作用

① W_6 用来改变积分常数。

② R_{11}、R_{12}、R_{14}、R_{15}的作用：为运算放大器输入匹配电阻，使运放的工作理想。

③ W_6、IC_2 与 C_7、C_8 组成积分器起给定积分的作用：将阶跃信号变成连续缓慢变化的信号。

④ R_{18}的作用：反馈电阻保证运放输入端的输入信号在一定的数值范围内。

⑤ VD_6 的作用：限定积分方向。

⑥ C_7、C_8 位积分器的电容，两个有极性的电容统计串联使用是为了获取大容量无极性的电容。

工作过程分析：前级信号 U_a经电阻 R_{13}和电位器 W_6 分压后，作为积分器的输入信号，调节 W_6 可改变积分常数(即积分时间)，经由 IC2，C_7、C_8 等元件组成的积分输出，再经校正网络输出 U_a 与其他信号综合，作用于后面的放大器。

为什么调节 W_6 改变积分时间呢？可以知道，积分调节器的积分时间常数是由电阻阻值和电容容量的乘积决定的。如果需要改变积分时间，可以改变电阻的阻值或改变电容的容量来实现。但是在电路设计时要充分考虑其工艺性，虽然使用可变电容器能够达到改变电容的容量的目的，但可变电容器的制造比较困难，其体积也比较大，使用起来很不方便。另外也可以改变电阻的阻值，虽然容易做到，但是阻值的大范围将会影响运放的输入电阻。为了消除这些不利因素，同时达到调节积分时间的目的，使用了改变输入信号的方法，即使用电位器 W_6 调节电压。

2) 滤波型放大调节器

滤波型放大调节器由运放电路 LM324、二极管 VD_7 和 VD_8、电阻 R_{19}和 R_{20}、电容 C_9 和 C_{10}等元件组成。其电路原理如图 4 - 57 所示。

(1) C_9、C_{10}的反向串联的作用

C_9、C_{10}的反向串联使其电容值减小一半，而电压增大一倍，并且组成一无极性的电容起减小静差率，提高稳定性的作用。

(2) R_{19}为反馈比例系数的产生电阻

给定积分器的输出信号 U_a 加到运放的 5 脚作为输入。当给电的一瞬间，电容器两端的电压不能突变，电容器相当于短路，使运放输出端 8 脚的电位不能突变，只能随着电容器的充电逐渐上升，此时积分的效应明显，二电阻的作用变为次之，当电容器两端的电压达到一定值之后，电容相当于断路，电容器失去作用，此时电阻发挥作用。

该电路近似于积分调节器的惯性环节，可将信号成比例放大的同时，还具有减小静差率，提高稳定性的作用。放大倍数可靠放大，由于 C_9、C_{10}的作用，使输出信号不能突变，只能缓慢变化。

3) 正负限幅电路

限幅电路原理图如图 4 - 58 所示，工作原理分析如下。

① 正限幅。调节 W_1 中心插头的位置，可使 U_1 为一需要电压。当 U_b 值小于 U_1 时，U_k =

U_k，当 U_b 值小于 $U_c+0.7V$ 时，$U_k=U_b$。当 $U_b>U_1+0.7V$ 时，$U_k=U_1+0.7V$ 不变，VD_9 导通，使 U_k 在 $U_c+0.7V$ 以下变化。

② 负限幅。调节 W_2 中心插头的位置，可使 U_2 为一固定电压值（小于零）。当 U_b 值大于 U_2 时，$U_k=U_b$，当 U_b 值小于 $U_2-0.7V$ 时，$U_k=U_2-0.7V$，VD_{10}导通，使 U_k 在 $U_2-0.7V$ 以上变化。

限幅电路的作用。控制 U_k 值在 $U_2-0.7V \sim U_1+0.7V$ 之间变化，调节合理的 U_1 及 U_2 可以有效地控制 U_k 的变化范围，从而控制 a_{min}及 b_{min}的大小。

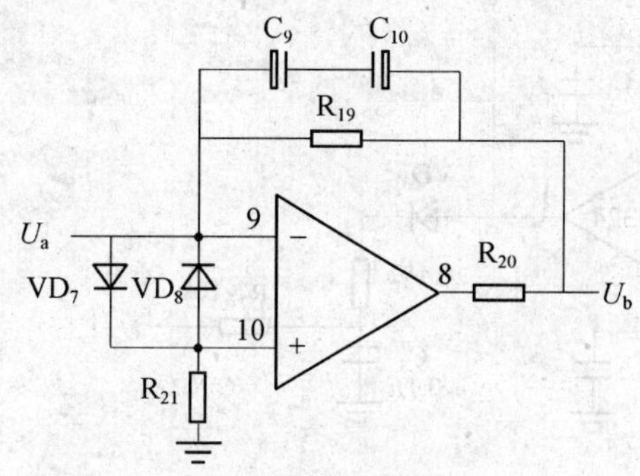

图 4－57 积分先行放大调节器电路原理图

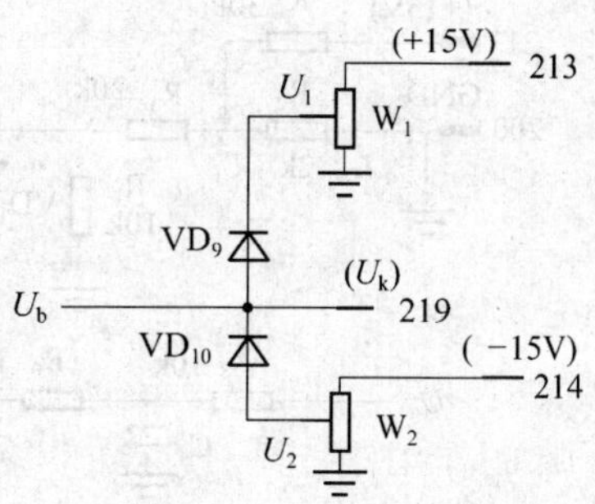

图 4－58 限幅电路原理图

4）电压负反馈电路

（1）反馈概念

将被控量变换成与输入量相同性质的物理量，并送回到输入端，用以与输入信号相叠加。

（2）比较环节

将输入信号和反馈信号在此处相比较。

（3）判别反馈环节信号的极性

判别可控硅调速系统反馈环节信号的极性可用如下方法：先用电压表测量反馈信号的极性，然后将反馈信号的一端与调节器输出端连接，另一端暂时空着，用手把反馈回路悬空的一端与调节器输入端碰触一下立即离开，观察在碰触的瞬间，调节器的输出量是增大还是减少，如果减少则表明反馈信号为负反馈；若增大则表明是正反馈。注意，必须经过检查判明极性后，才可将反馈信号线接好。

各种软反馈（如微分反馈等）环节，同样可用上述办法判别极性，但软反馈只有在输出或被调量发生变化时才有信号、输出稳定后，反馈信号消失。如果是负反馈环节，则在将反馈信号接通的瞬间，输出量应瞬时减小，然后又马上回复到原来的稳定值。同样，当反馈信号断开的瞬间，输出应当瞬时增大；反之，如果在反馈信号接通与断开的瞬时，输出量的变化与上述过程相反，则表明是正软反馈。

（4）电路工作过程

电压负反馈电路原理如图 4－59 所示。反馈电压信号由电枢两端经取样电路，在电阻 R_{108} 上由 45 和 45 线取出，送到隔离板上，经隔离电路和调制解调电路处理后，由电位器 W_1 的中心点输出给调节板的 207（u_{Fu}）。

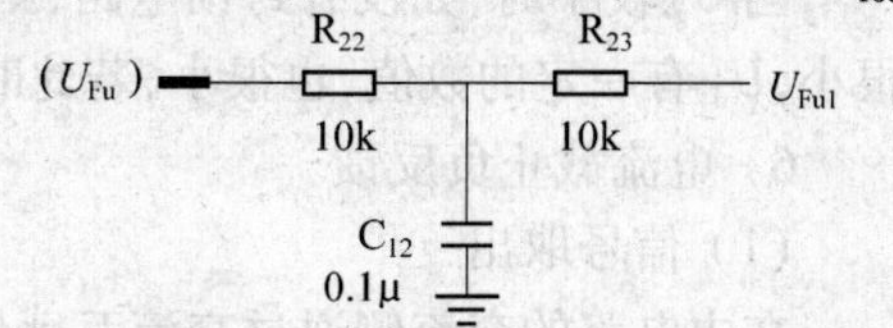

图 4－59 电压负反馈电路原理

反馈信号 U_{Fu}（大于零的正值），经校正环节后，输出 U_{Fu1}，加至 LM324 的 9 脚。U_g 经过给定积分环节输出 U_a，

U_a 与 U_{Fu1} 综合后作用于积分先行放大调节器，$U_a<0, U_{Fu1}>0$，U_a 与 U_{Fu1} 极性相反，因此为负反馈。其作用是稳定转速，提高机械特性，加快过渡过程。

5）零速封锁电路

为了防止系统电动机在给定信号很小的时候出现爬行现象，在设计时应考虑保护电路，零速封锁电路就能防止此现象的发生。零速封锁电路原理如图 4-60 所示。

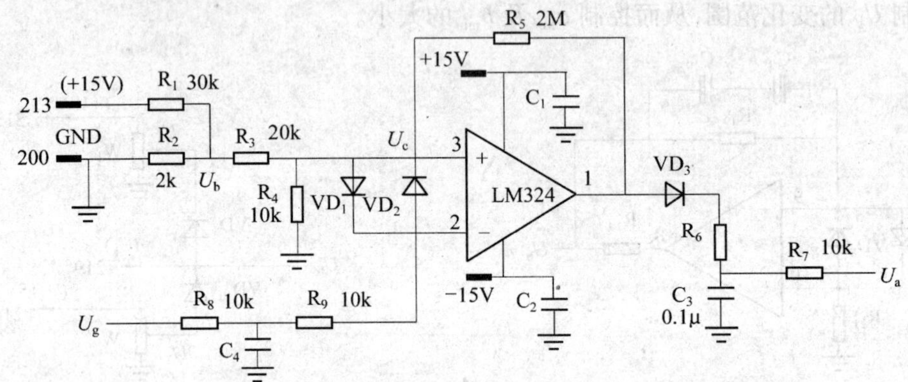

图 4-60　零速封锁电路原理

（1）电路的组成

零速封锁电路主要由运算放大器 LM324 及电阻和二极管等元件构成近似电压比较器。为防止放大倍数过大，取电阻 R_5 的阻值为 2M，电阻 R_1、R_2、R_3、R_4 为取得标准电压而设，二极管 VD_3 是为了防止负电压加到积分先行放大器的输入端，造成电动机转速失控而设计的。低速时的标准电压设定为 0.3V，当给定电压小于此值时，该电路起作用。

（2）原理分析

+15V 经电阻 R_1、R_2 分压后，使得 $U_b=15/(30+2)=0.95$V。U_b 再经电阻 R_3、R_4 分压，使得 $U_c=0.95\times10/30=0.31$V。即运算放大器同相输入为 0.31V。

运算放大器同相输入为 0.31V，反相器输入为 U_g，由于反馈电阻 $R_5=2\Omega$，所以该电路近似为电压比较器。

当 $U_c>U_g$ 时，即 $U_g<0.3$V 时，运算放大器输出端 1 为 +15V，二极管 VD_3 导通，$U_a=+15$V。

当 $U_c<U_g$时，即 $U_g>0.3$V 时，运算放大器输出端 1 为 -15V，二极管 VD_3 截止，$U_a=0$V。该电压 U_a 与给定积分器的输出信号及反馈电压信号综合叠加后作用于积分先行放大调节器输入端。当该放大器的输出端电压（U_k）大于 0V 时，可控硅电路输出电压，当该放大器的输出端电压（U_k）小于 0V 时，可控硅电路输出电压 $U_d=0$V。

当 $0<U_g<0.3$V 时，运算放大器输出端 1 为 +15V，二极管 VD_3 导通，$U_a=+15$V，放大器的输出端电压（U_k）小于 0V，可控硅电路输出电压 $U_d=0$。

当 U_g 较小时，如没有封锁电路，则产生积分先行放大调节器的输出端电压（U_k）大于 0V，但很小，U_d 有一定的数值，也很小，若此时电动机有负载则容易出现堵转现象，导致电动机损坏。

6）电流截止负反馈

（1）信号取出

在主电路的交流侧通过交流互感器将信号（41、42、43）取出，经三相桥式整流电路整流后，为 $+U_{fi}$和 $-U_{fi}$两个信号。$+U_{fi}$作为截流负反馈的监测信号。信号取样电路如图 4-61 所示。

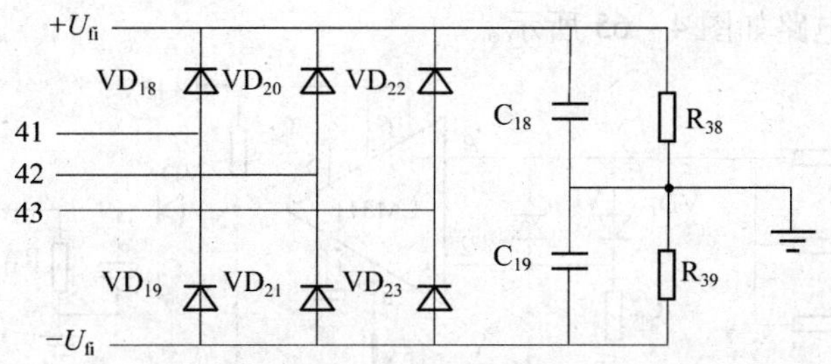

图 4-61　信号取样电路

(2) 电流截止负反馈电路分析

① 电流截止负反馈电路原理图如图 4-62 所示。

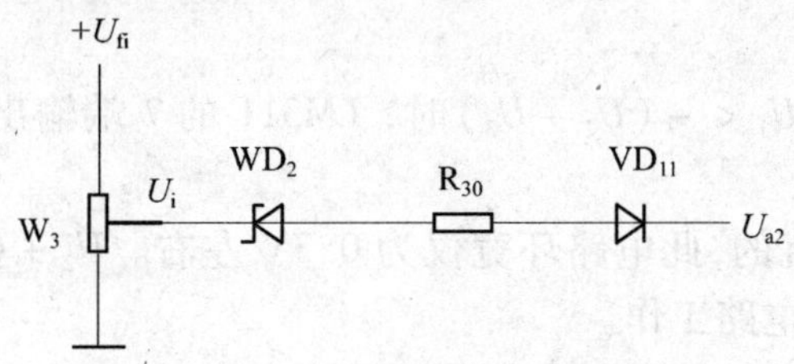

图 4-62　电流截止负反馈电路原理

② 原理分析。$+U_{fi}$ 经电位器 W_3 调节反馈强度后，整定值 U_i 为稳压二极管的稳压值，当主电路正常工作时，U_i 小于 WD_2 的稳压值，稳压管不会被击穿，$U_{a2}=0V$。此时电流反馈信号电压对电路没有任何影响；当 U_i 大于 $WD_2+0.7V$ 时，$U_{a2}>0V$，此信号与给定积分器的输出信号和低速封锁电路的输出信号，在积分先行电路的输入端叠加，使 U_k 值减小，从而使输出电压变低，负载电流不再上升。

③ 作用。使电动机获得挖土机特性，即当负载电流 $I<1.25I_e$ 时，电流截止负反馈不影响电路，当 $I>1.25I_e$ 时，由于反馈的作用使电动电枢两端电压下降，有效的进行过载保护，且当负载减小后还可以自动恢复正常进行。

7) 过电流保护电路

(1) 限流值设定电路（见图 4-63）。

该电路将 +15V 经调节限流设定电位器 W_5 可以获得一个合适的基准比较电压 U_1，且 $U_1\approx 3V$。

(2) 过流值整定电路

过流值整定电路如图 4-64 所示。将电流反馈信号 $-U_{fi}$ 通过 W_4 的调节可得到反馈信号 U_2 且 $U_2<0$。此信号与基准比较电压信号在 LM311 的正输入端叠加，两信号比较使滞环比较器输出翻转，保护电路起作用。

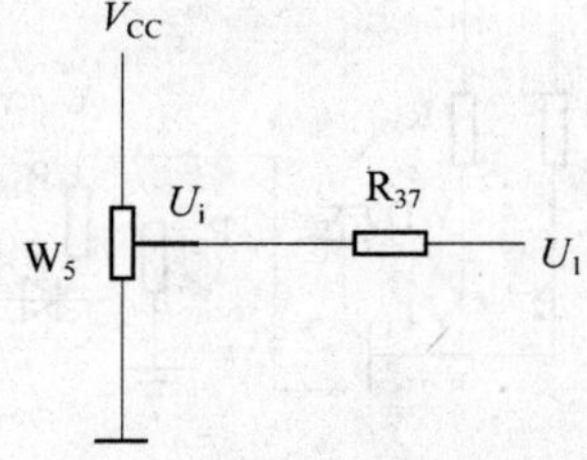

图 4-63　限流值设定电路

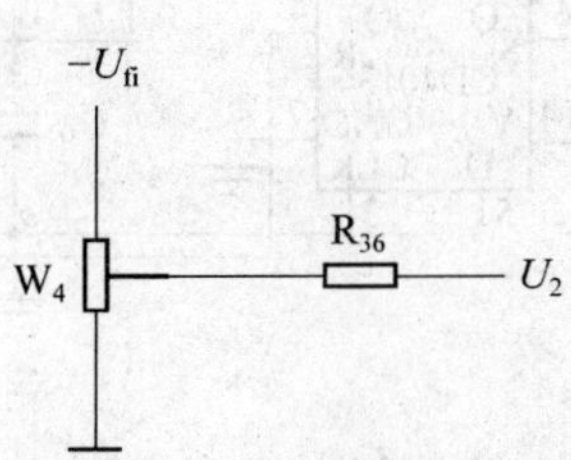

图 4-64　过流值整定电路

(3) 滞环比较器电路如图 4-65 所示。

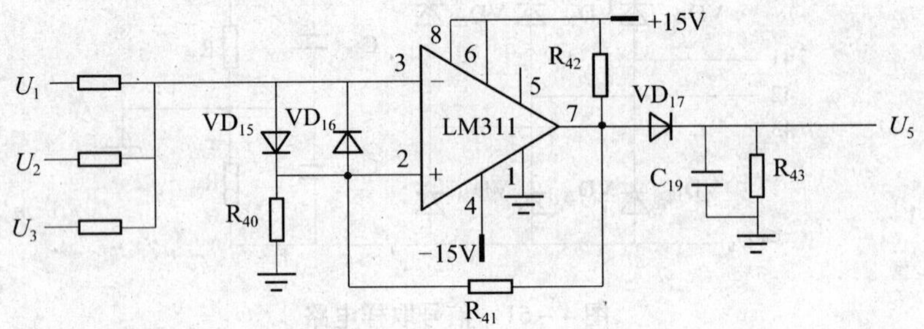

图 4-65　滞环比较器电路

当 $U_1+U_2+U_3>0$，即 $U_1>-(U_2+U_3)$ 时，LM311 的 7 端输出为 -15V，VD_{17} 截止，$U_5=0V$。

当 $U_1+U_2+U_3<0$，即 $U_1<-(U_2+U_3)$ 时，LM311 的 7 端输出为 +15V，VD_{17} 导通，$U_5=14.3V$。

迟滞环的作用是抗干扰的，此电路环宽仅为 0.3V 左右。U_2+U_3 为过流或缺相，当 $(U_2+U_3)>1V$ 时，电路中的保护电路工作。

8）缺相保护信号电路

缺相保护信号电路如图 4-66 所示。将缺相变压器的副边输出信号 Q_x 经二极管 VD_{14} 的半波整流后，由 C_{14}、R_{25} 滤波得到反馈信号 U_3，且 $U_3<0$。$U_3=-127/220\times65\times0.5=-14V$。此信号与基准比较电压信号在 LM311 的正输入端叠加。

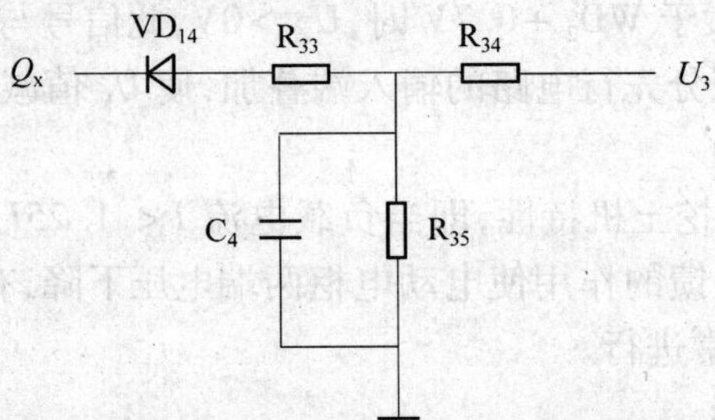

图 4-66　缺相保护信号电路

9）保护电路

保护电路如图 4-67 所示。上电时，$R=1$，$S=0$，$Q=0$，$/Q=1$；稳定时，$R=0$，$S=0$，$Q=0$，$/Q=1$。电路正常工作时 $U_5=0$，电路不工作，SCR 不导通。

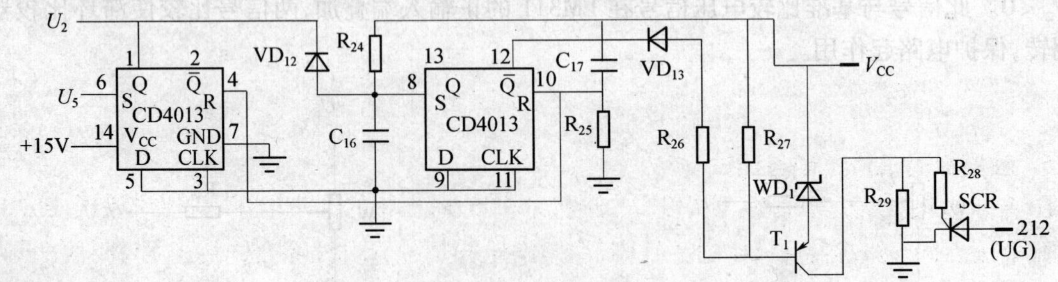

图 4-67　保护电路

当电路过流时，$U_5=14.3$V（1S = 1）时，VD_1 翻转，1Q = 1 即 15V，$U_2'=15$V，通过电阻 R_{44} 叠加在 LM324 的 9 端上，强反馈使 $U_k<0$。同时 VD_{12} 截止，V_{cc} 经 R_{24}、C_{16} 充电达到一定值时，2S = 1/2Q = 0，VD_{13} 导通，三极管导通产生脉冲使 SCR 导通，并保持。C_{17} 和 R_{25} 组成上电复位电路。

10）速度调节器 ASR

速度调节器是把给定电压信号 U_g 与反馈电压信号 U_{fn} 进行比例积分运算，通过运算放大器使输出按某种预定的规律变化。电路图如图 4－68 所示。

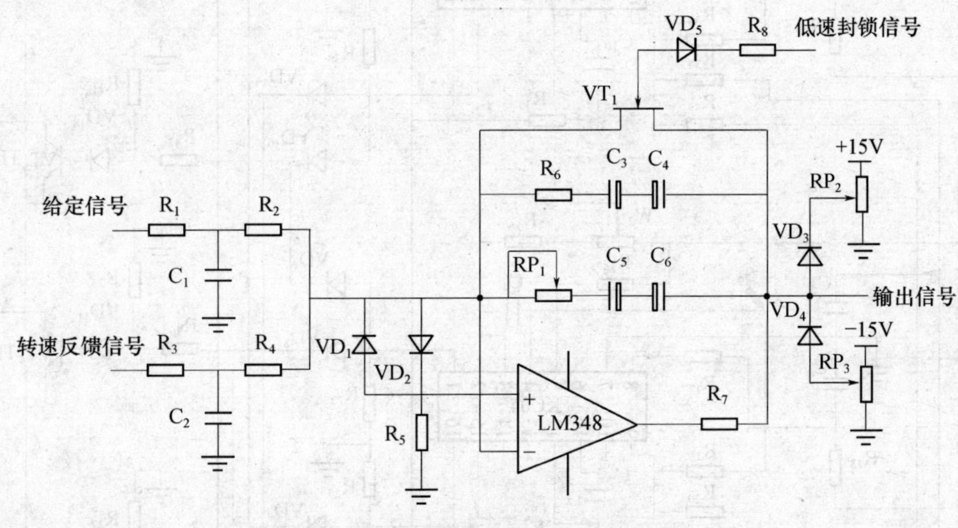

图 4－68　速度调节器电路图

11）电流调节器 ACR

电流调节器的作用与速度调节器的作用类似，它把速度调节器的输出信号与电流反馈信号进行比例积分运算。在系统中起到维持电流恒定的作用，并保证在过渡过程中维持最大电流不变，以缩短转速的调节过程。电流调节器电路图如图 4－69 所示。

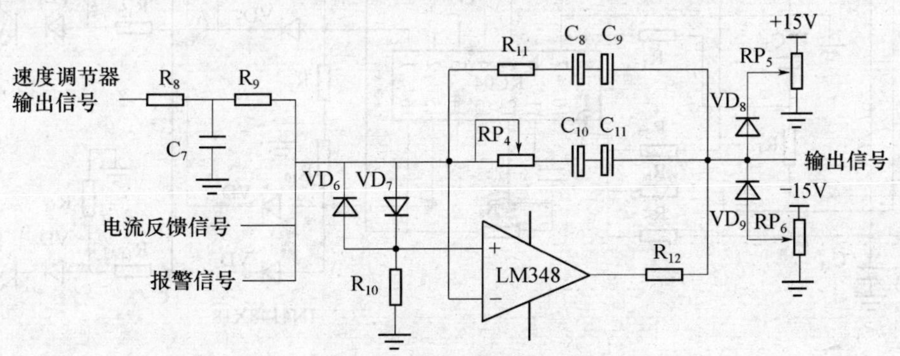

图 4－69　电流调节器电路图

6．触发板的工作原理与调试

图 4－70 是触发板原理图，V_{ta}、V_{tb}、V_{tc} 分别为 A、B、C 三相的同步电压，U_k 为控制电压，U_p 为负偏置电压。同步电压接 KC04 的 8 号脚，控制电压和负偏置电压综合作用于 KC04 的 9 号脚，在 KC04 的 1 号和 15 号脚输出正负脉冲加于二极管 VD_1 ～ VD_{12} 组成 6 个或门，可输出 6 路双窄脉冲，三极管 VT_1 ～ VT_6 起功率放大作用。在其集电极输出脉冲给脉冲变压器。当同步电压 u_s

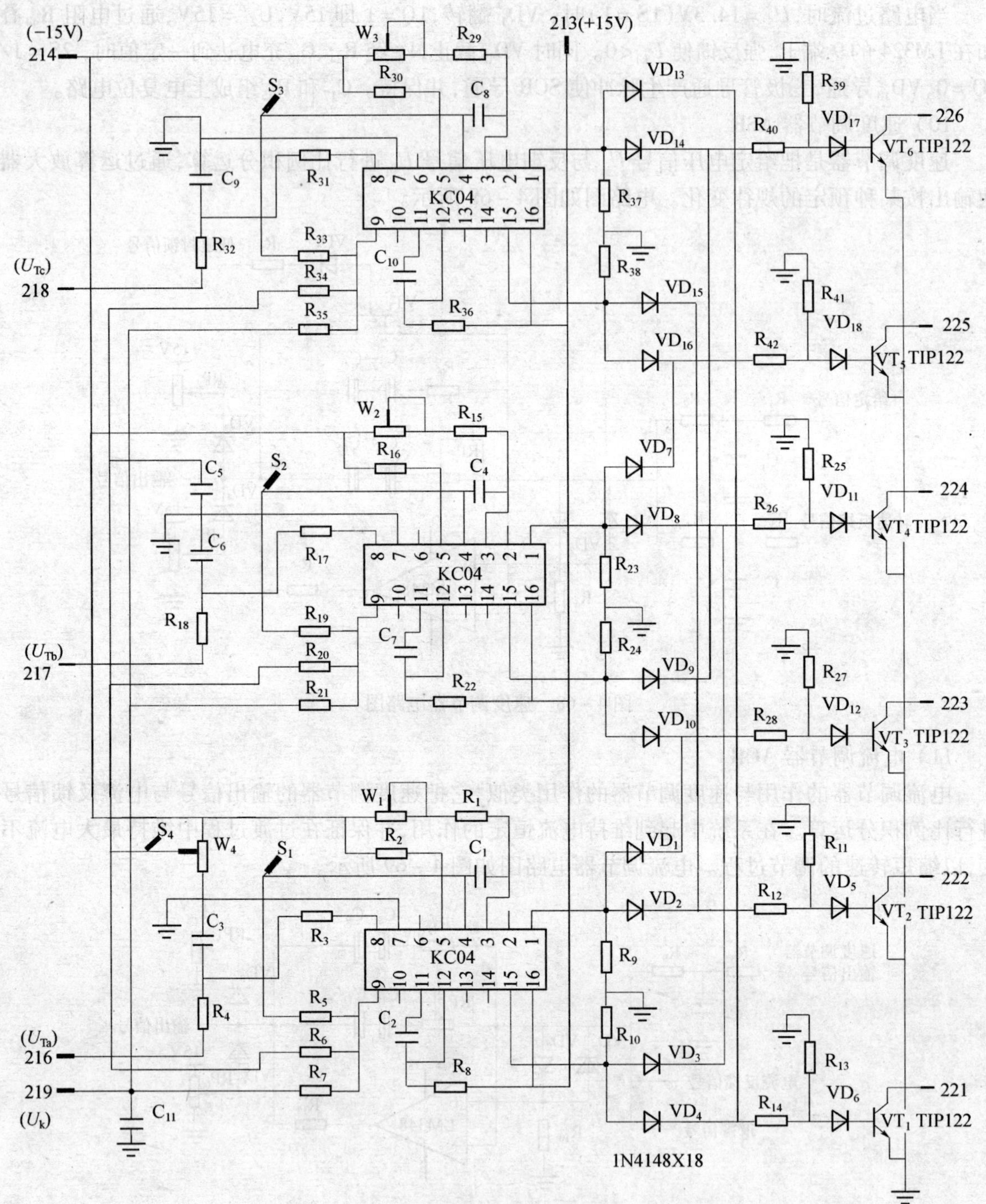

图 4-70　触发板原理图

$=30\text{V}$ 时其有效移相范围为 150°。所以在本电路中，V_{ta}、V_{tb}、V_{tc} 均为 30V，移相范围为 150°。同步电压使触发电路与主电路有一定相位关系。设置 U_p 的作用是当触发电路的控制电压 $U_c=0$ 时，使晶闸管整流装置输出电压 $U_d=0$，对应控制角 α_0 定义为初始相位角。整流电路的形式不同，负载的性质不同，初始相位角 α_0 不同。

触发板工作原理综述：由 KC04 与电阻和电容组成振荡电路。将由同步变压器提供的同步电压 U_{ta}、U_{tb}、U_{tc}分别接入 3 片 K_{co4}的第 8 脚，通过 W_1、W_2、W_3 可调节锯齿波斜率，最终由 1 脚得到触发信号，再经 VT_1、VT_3，VT_5 的功率放大加到可控硅的门极及阴极作为触发脉冲使用。$VD_1 \sim VD_{12}$组成 6 个或门，其中 VD_{12}与 VD_9、VD_7 与 VD_{10}、VD_3 与 VD_6、VD_1 与 VD_4、VD_{11}与 VD_2、VD_5 与 VD_8 各组成一个或门。可输出 6 路双窄脉冲；三极管 $VT_1 \sim VT_6$ 起功率放大作用。对图 4-71 矢量图分析如下。

U_{g1}为 VD_1 与 VD_4 或门输出，差 60°；U_{g2}为 VD_3 与 VD_6 或门输出，差 60°；U_{g3}为 VD_5 与 VD_8 或门输出，差 60°；U_{g4}为 VD_7 与 VD_{10}或门输出，差 60°；U_{g5}为 VD_9 与 VD_{12}或门输出，差 60°；U_{g6}为 VD_{11}与 VD_2 或门输出，差 60°。

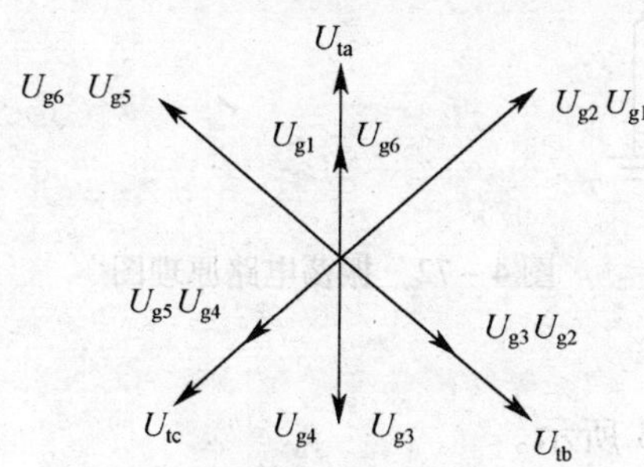

图 4-71 矢量图

参数调整方法如下。

(1) 调节三相触发电路中 KC04 锯齿波斜率（万用表、示波器，两种方法）

在触发板上，W_1、W_2、W_3 的作用是调整 KC04 锯齿波的斜率，在开环条件下，令 $U_g=0$ 调节 W_1、W_2、W_3，测量测试点 S_1、S_2、S_3 对地电压，当其值为 6.3V 时，理论分析 U_g 变化 1V，脉冲移相 20°。

(2) 设置调节偏移电压 U_b

设置 U_b 的作用是当触发电路的控制电压 $U_c=0$ 时，使晶闸管整流装置输出电压 $U_d=0$，对应控制角 α 的定义为初始相位角。整流电路的形式不同，负载的性质不同，初始相位角 α 不同。阻性负载时，三相半波 $\alpha=150°$，三相全控桥 $\alpha=120°$，三相半控桥 $\alpha=180°$。

7. 隔离版工作原理与调试

将取自主电路的电压反馈信号与控制电路进行隔离，以防止主电路的强电信号进入控制电路造成设备及人身伤害。

(1) 振荡电路工作原理

振荡电路原理图如图 4-72 所示。

+15V 的直流电源经振荡变压器的绕组 9、10 加于 VT_2 的集电极，经电阻 R_3，绕组 12、11、R_2 加于 VT_2 的基极，+15V 电源经绕组 8、7 加于 VT_1 集电极经电阻 R_3，绕组 5、6、R_1 加于 VT_1 的基极。此时，VT_1、VT_2 同时具备了导通条件，但由于 VT_1、VT_2 的参数不完全一致，导致了其中一个三极管优先导通工作。

以 VT_1 优先导通为例，VT_1 导通，导致 VT_2 集电极电位下降，VT_2 截止，当 VT_1 饱和时，由于 $U_{ce}=0.3V$，而 $U_{be}=0.7V$ 而使 VT_1 截止，VT_2 导通。

VT_1、VT_2 的轮流导通，使绕组 7、8 和 9、10 轮流流过电流。电流方向为 8 到 7、9 到 10，而 8 和 10 为同名端，所以在 1、2 和 3、4 产生互差 180°的信号，而且频率为 2kHz 左右。

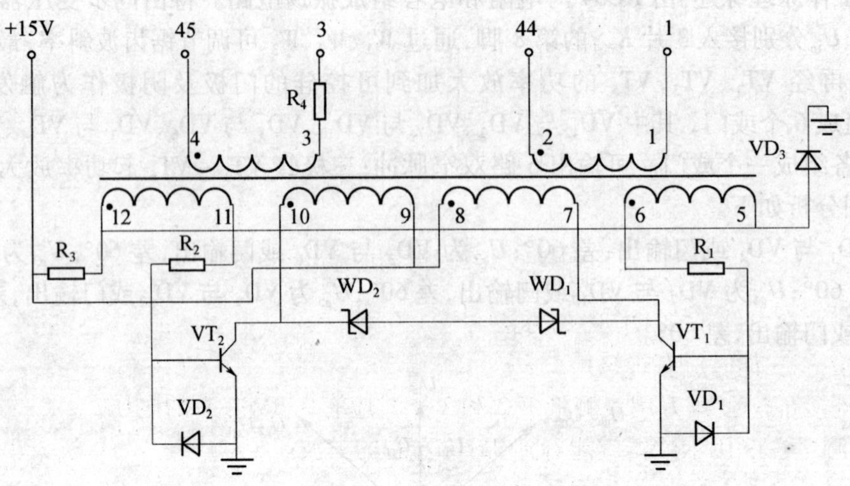

图 4－72　振荡电路原理图

（2）隔离电路工作原理

隔离电路原理图如图 4－73 所示。

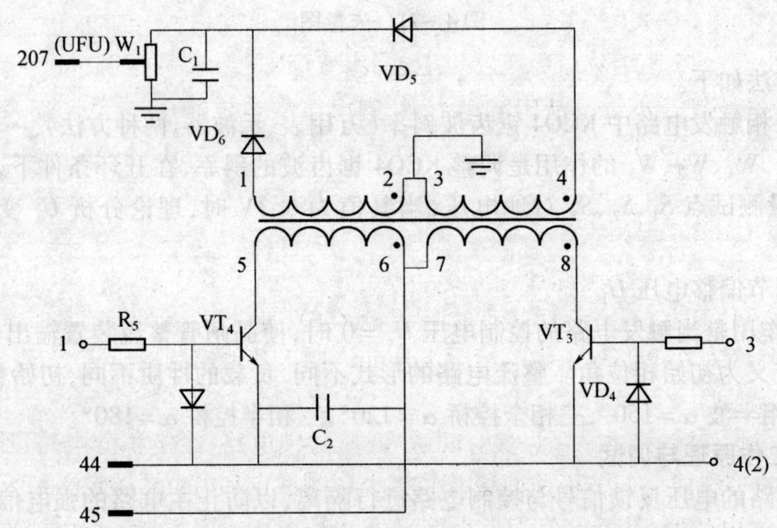

图 4－73　隔离电路原理图

将取自主电路的电压反馈信号 44、45，接为如图 4－73 所示，其中 45 电位高于 44 电位，即 45 为正、44 为负。当 2kHz 的方波产生以后，振荡变压器的输出波形为图 4－74。

① 当 1、2 输出时，VT_4 管饱和导通，此时隔离变压器的原边绕组 5、6 脚接通反馈电压，即 6 正 5 负，而副边 1、2 脚产生电压，2 正，1 负。

② 当 3、4 输出时，VT_3 管饱和导通，此时，隔离变压器的原边绕组 7、8 脚接通反馈电压，即 7 正，8 负，而副边 3、4 脚产生电压，3 正、4 负。

③ 经隔离变压器，产生 2kHz 的信号，波形如图 2－74 所示，即将 45 与 44 的直流信号调制成 2kHz 交流信号，再经由 VD_5、VD_6 组成的全波整流电路变为直流电压作为反馈信号使用。

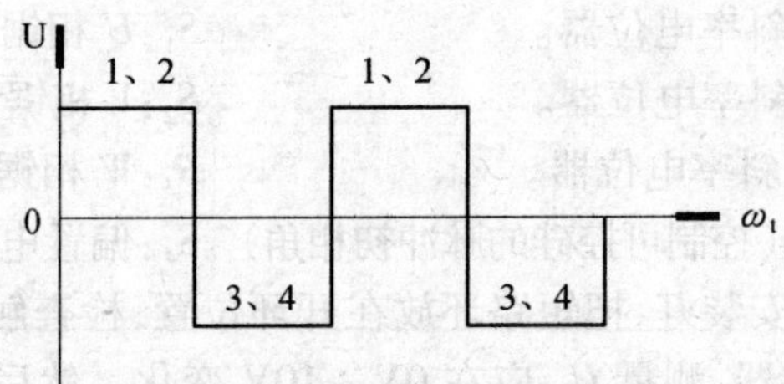

图 4－74　振荡变压器的输出波形图

（3）判断振荡电路正常工作时的方法

① 直观法。工作时应有蜂鸣声。

② 仪表测量法。使用万用表测量 1、2 和 3、4 时应有 3.3V 左右的电压。

③ 仪器测量法。用示波器应能看到 2kHz 左右的方波。

四、晶闸管串级调速装置的调试与整定

1. 单元电路板的调试

（1）电源板调试

电源板主要由 Q_1 ~ Q_3 这 3 个硅桥组成了桥式整流电路，对输入的交流电压整流，经电容滤波后输出未经稳压的 +24V 电压，给脉冲变压器和过流继电器 KI 供电；另外未稳压的直流电压还给 LM7815 和 LM7915 三端集成稳压器供电，输出 ±15V 电压给各控制板供电。电源板的面板上有 4 个测试点和 3 个指示灯。其中测试点 S_1 为电位参考点，测试点 S_2、S_3、S_4 分别为 +15V、-15V 和 +24V 的测试点，3 个指示灯由上至下为 +24V 、+15V 和 -15V 的电源指示。

调试电源板时，首先将电源板之外的控制板全部拔掉后再通电，参照电路原理图和控制盒后视图检查 200 号线对 227、228、229、230、231、232 号线的电压。用万用表测量时应为 17V 交流电压。使用万用表测量其面板测试点 S_2 对测试点 S_1 应为 +15V 直流电压，测试点 S_3 对测试点 S_1 应为 -15V 直流电压，测试点 S_4 对测试点 S_1 应为 +24V 直流电压，同时前面板的 3 个发光二极管应正常发亮。注意：在电源板正常的情况下才允许插入其他控制板。

（2）调节板调试

调节板是控制电路的核心，它主要由低压/低速封锁电路、给定积分电路、比例积分调节电路、保护延时电路等组成。调节板前面板及其板上各测试点和电位器的定义如下。

W_1：正向限幅电位器，其整定值为最小整流角。S_1：电压给定值测试点（+5V）。

W_2：负向限幅电位器，其整定值为最小逆变角。S_2：PI 调节器输出值测试点（-1V）。

W_3：电流截止负反馈截流点整定电位器。S_3：过流整定值测试点。

W_4：过流值大小整定电位器。S_4：电流截止负反馈测试点。

W_5：过流值大小设定电位器。

W_6：给定积分器积分时间整定电位器。

首先检查各输入量是否正常：-15V、+15V、U_g = 0 - 10V、U_{Fu} = 0V、Q_x = 0V，而后将调节板安装好，把短路环放在开环位置，调节给定电位器，测量 U_k 应在 0V ~ 10V 变化。

（3）触发板调试

触发板主要由 3 组相同的 KC04 集成触发电路组成，主要为可控硅提供触发的双窄脉冲。其工作原理在前面已经介绍过。触发板前面板上的各测试点和电位器的定义如下：

W_A:调整 U 相的锯齿波斜率电位器。 S_1:U 相锯齿波斜率测试点(+6.3V)。

W_B:调整 V 相的锯齿波斜率电位器。 S_2:V 相锯齿波斜率测试点(+6.3V)。

W_C:调整 W 相的锯齿波斜率电位器。 S_3:W 相锯齿波斜率测试点(+6.3V)。

W_p:调整偏置电压电位器(控制可控硅的脉冲初相角)。S_4:偏置电压值测试点(-9.6)。

首先,将电源板、调节板安装好,把短路环放在开环位置,检查触发板的各输入量是否正常:-15V、+15V,调节给定电位器,测量 U_k 应在 0V~10V 变化。然后闭合主回路和给定回路,调节给定电位器时,输出电压应从零伏连续变化,并能调到 300V,说明触发板正常。

(4) 隔离板调试

隔离板主要是使主电路与控制电路之间隔离,不存在电的联系,防止主电路的高电压串入控制电路引起危险。隔离板前面板上的各测试点和电位器的定义如下。

W_1:电压反馈值调整电位器。S_1:电压反馈值测试点。

首先检查各输入量是否正常,即 +15V 是否正常。而后插入电源板和隔离板,此时主电路尚未工作,所以 44# 与 45# 线均无电压。闭合控制电路应有蜂鸣声,则表示振荡变压器工作正常,2kHz 方波已经产生。

2. 整机统调

调压装置在运行的时候可以选择开环形式运行或闭环形式运行,两种形式下的系统运行结构是不同的。开环运行形式比较简单,系统的机械特性较软,本系统为调试方便而设计了开环运行方式。系统正常工作时应为闭环运行形式,闭环运行形式相对复杂,系统的机械特性较硬。

1) 开环下的调试

系统开环运行的时候控制形式比较简单,系统主要是需要调整三相触发电压平衡和脉冲的初始相位角,具体操作步骤如下。

(1) 确认系统电源的相序

确认系统的相序正确无误。因为三相全控桥式调压柜采用了双窄脉冲触发电路形式,所以辅助的补脉冲应该在主脉冲发出后 60°出现。如果电路相序连接不对,会造成补脉冲出现在主脉冲之前出现的情况。此时需要将调压柜的三相电源进线其中的任意两根对调,就可以改变这种情况。

(2) 三相锯齿波斜率平衡的调解

调节 CFD(触发板)上的 W_1、W_2 和 W_3 电位器,使可控硅开放对称,输出三相电压平衡。调节检测方法有 3 种。第一种,调节的时候可以用双踪示波器观测任意两相锯齿波的斜率,调节 W_1、W_2 和 W_3 电位器,使其斜率相等即可。第二种,使用示波器观测主电路输出直流电压,调节 W_1、W_2 和 W_3 电位器,直至输出电压波形对称,开放一致。第三种,使用万用表检测锯齿波斜率测试点的直流电压值,调节 W_1、W_2 和 W_3 电位器,使三相锯齿波测试点的直流电压值相等,因为触发电路选择的是 KC04 集成触发电路,所以此时三相可控硅开放也一定是对称的。根据本系统采用的参数,锯齿波测试点的直流电压调节到 6.3V 即可。

(3) 脉冲初相角调节

调节给定电位器,使给定电压 $U_g=0V$,此时控制电压 $U_k=0V$,调节偏置电位器 W_p,改变偏置电压值的大小。偏置电压减小,脉冲就会往 a 角增大的方向移动;偏置电压增大,脉冲就会往 a 角减小的方向移动。对于不同的主电路,所需要的脉冲初始相位角并不一样,三相全控桥式调压柜带电阻性负载时,其触发角 a 移相范围应为 0°~120°,所以需要调节偏置电压,使脉冲的初始位置在 $a=120°$或更大的位置上,此时主电路的输出电压应该为零。

(4) 主电路输出直流电压波形调整

缓慢增加给定电压 U_g,此时脉冲应该向 a 角减小的方向移动,主电路直流输出电压会缓慢上升。当增加 U_g 到一定电压值时,a 角应该等于0°,此时所有的可控硅全部完全导通,相当于6个二极管整流,输出直流电压应该在300V 左右,使用示波器观察主电路输出直流电压,应该是波形完整,无缺相现象。

(5) 在系统由开环形式转为闭环形式前,为闭环调试做准备

在开环情况下,确定所有的反馈信号(如电压反馈信号、电流反馈信号)的极性正确,幅值足够并且连续可调,对系统中的一些反馈信号需要提前作一些调整,以保证系统在闭环调试时候顺利进行,具体的有以下一些调整点需要注意。

隔离板(YGD)上 W_1 电位器:U_{fu}电压负反馈整定。对于电阻性负载,初始值 U_{fu} =0V。

调节板(TJB)上 W_3 电位器:U_{fi+},电流截止负反馈整定,初始值 U_{fi+} =0V。

调节板(TJB)上 W_4 电位器:U_{fi-},电流保护整定,初始值 U_{fi-} =0V。

调节板(TJB)上 W_5 电位器:电流保护设定,初始值为某一正电压,一般取2.5V~4V。

调节板(TJB)上 W_1 电位器:U_{kmax},最小整流角限定,具体电路具体要求,一般先取5V。

调节板(TJB)上 W_2 电位器:U_{kmin},最小逆变角限定,具体电路具体要求,一般先取-1V。

调节板(TJB)上 W_6 电位器:给定积分器积分时间整定,初始值为电位最大位置。

2) 闭环下的调试

(1) 首先调整系统最小整流角

原则是当给定电压 U_g 达到最大值 U_{gmax}时,调压柜的可控硅触发角 a 不小于0°,此时调压柜的输出直流电压达到最大值 U_{dmax}。调试时可以先将给定电位器调节到最大值,此时因为系统原来的 W_1 已经被限定在5V 左右,所以输出直流电压是达不到最大输出值的,也就是可控硅触发角 a 根本达不到0°。所以需要调节 TJB-W1 电位器,使输出电压升高,直到输出电压达到最大输出电压值为止(对于本系统 U_{dmax} =300V 左右)。

(2) 调整系统的电压负反馈深度

原则是当给定电压 U_g 达到最大值 U_{gmax}时,调压柜的输出直流电压达到负载需要的额定电压值 U_e。调试时可以先将给定电位器调节到最大值,此时因为系统没有电压负反馈作用,所以输出直流电压是最大输出值 U_{dmax},而负载需要的电压值一般是低于这个电压值的。所以需要调节 YGD-W1 电位器,使输出电压降低,直到输出电压降低到负载需要的额定电压值为止(对于本系统 U_e =220V)。

(3) 调整系统的过流保护整定

原则是当调压柜的负载电流超过负载额定电流的一定倍数(对于本系统为额定电流的1.5倍,即15A)时,使系统的过流保护电路动作,封锁可控硅的触发脉冲,延时一段时间后切断调压柜主电路。调试时先将输出电压调节到最大输出电压值,然后缓慢增加负载,使调压柜的输出电流上升到15A,然后缓慢调整 TJB-W4。当调节到某一个点时,系统输出电压突然降为0V,过一会儿过流指示灯亮起,同时主电路接触器断开,过流保护整定完成。注意,过流保护整定需要在高电压下进行,同时调整时间要尽量得短。

(4) 调整系统的电流截止负反馈值

原则是当调压柜的负载电流超过负载额定电流的一定倍数(对于本系统为额定电流的1.2倍,即12A)时,使系统的电流截止负反馈电路起作用,形成挖土机特性。调试时先将输出电压调节到最大输出电压值,然后缓慢增加负载,使调压柜的输出电流上升到12A,然后缓慢调整

TJB－W3。在开始调整时，输出电压应该保持不变，当调节到某一个点时，系统输出电压有所降低，说明此时电流截止负反馈电路中的稳压二极管已经被击穿，电流截止负反馈电路已经起作用，则电流截止负反馈整定完成。同样，整定需要在高电压下进行，同时调整时间要尽量得短。

（5）调整系统的给定积分时间

方法是调整调节板的 W_6，然后突加给定，观察系统输出电压的上升情况，直到达到理想的电压上升速度。

3. 系统一般故障处理

当系统发生故障时，应立即切断系统的电源。并报告有关人员。表4－1列出了系统常见故障现象和一般的处理方法，可供维修时参考。

表4－1 故障现象、故障点及排查方法

序号	故障现象	故障区域（点）	排查方法（或原因）
1	KM_1 不闭合	① U 相电压为零。 ② KM_2 主触头没有闭合。 ③ U 相保险及其处电路断开 ④ QS_2 无法闭合及接线断路 ⑤ KM_2 常开闭合不上，KM_1 线圈或外接线断路	测量方法：用万用表电压档测量 U 到 N 是否为 220V，正常，闭合 QS_1 测量 KM_2 闭合情况，36 到 N 是否为 220V，闭合 QS_2，测量 105、107、106 是否正常
2	KA 不闭合	①电源缺相 U 到 33。 ② KM_2 主触头闭合不上，33 到 36。 ③ SB_1 常闭按钮开始，36 到 110。 ④ SB_2 启动按钮无法闭合。 ⑤ KM_1 常开连锁触头无法闭合。 ⑥ KA 线圈或外部接线开始	
3	KA 不能自锁	停止按钮 SB1 无法断开或短路，36 到 110	
4	KM_1 闭合，KA 闭合，并不停地闭合打开	KA 的锁常开或常闭	
5	没有输出电压 $U_d=0V$	断开负载，晶闸管不能导通，电流 I_d 没有达到 I_h，可控硅不能导通	
6	电路保护启动	断开快熔，缺相保护	
7	没有 +15V 输出，其他正常	断开 7815 的输入或输出	检查 7815 的输入电压正常，输出为 0V，电阻法检查接线
8	没有 －15V 输出，灯不亮	断开 7915	
9	相序不正确，电压在小范围内可调波动	改变 U_{ta}、U_{tb}、U_{tc} 的顺序	
10	对应该相脉冲没有输出	11、KC04 损坏	根据 U_d 和 U_{vt} 的波形判断故障
11	开环正常，闭环没有 U_k 输出，$U_d=0$	断开 +15V 或 －15V	原因：LM324 没有电压，无法正常工作
12	上电，则保护电路工作	断开 W5 的 +15V 电源	比较电压过低
13	接通电源，电路保护	1、LM311 损坏	LM311 始终输出 +15V，保护电路上电工作

（续）

序号	故障现象	故障区域(点)	排查方法(或原因)
14	没有 U_k 输出	LM324 损坏	给定积分器，比例放大器均损坏 $U_k=0V$
15	振荡电路不工作，没有蜂鸣声	断开 +15V	
16	没有反馈电压，隔离电路不工作	断开，44 或 45	
17	没有反馈电压输出	断开 VD5 或 VD6	振荡电路及隔离电路正常

思考题与习题

4-1　三相半波可控整流电路，如果 3 只晶闸管共用一套触发电路，如图 4-75 所示，每隔 120°同时给 3 只晶闸管送出脉冲，电路能否正常工作？此时电路带电阻性负载时的移相范围是多少？

4-2　三相半波可控整流电路带电阻性负载时，如果触发脉冲出现在自然换相点之前 15°处，试分析当触发脉冲宽度分别为 10°和 20°时电路能否正常工作？并画出输出电压波形。

4-3　如图 4-76 所示，熔断器 FU 能否用普通的熔断器？R、C 吸收回路的作用是什么？电阻 R 的作用是什么？大小怎样选择？

4-4　图 4-77 为三相全控桥整流电路，试分析在控制角 $\alpha=60°$时发生如下故障的输出电压 U_d 的波形。

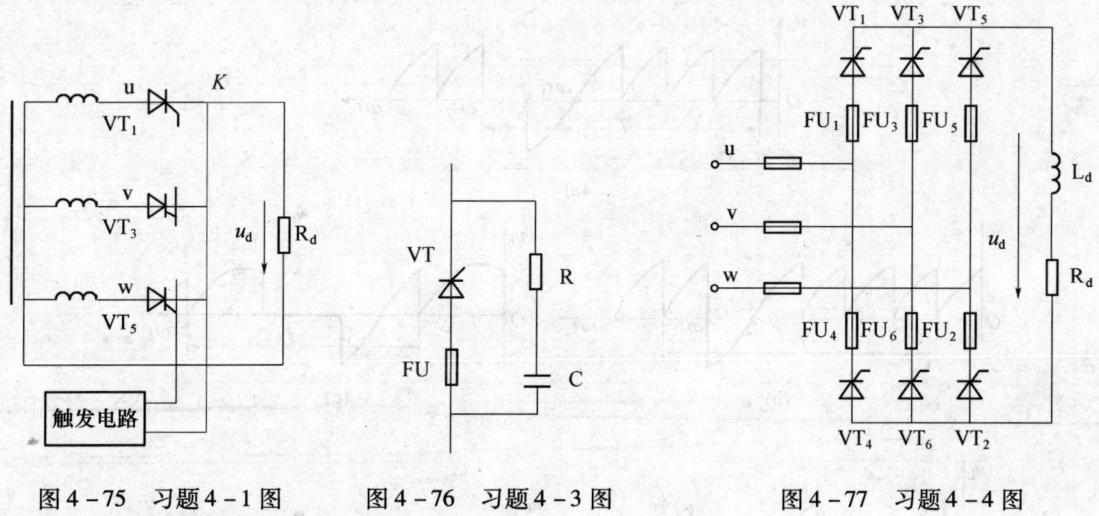

图 4-75　习题 4-1 图　　图 4-76　习题 4-3 图　　图 4-77　习题 4-4 图

（1）熔断器 FU_1 熔断。

（2）熔断器 FU_4 熔断。

（3）熔断器 FU_4、FU_5 熔断。

4-5　三相半波可控整流电路，电阻性负载，VT_1 管无触发脉冲，试画出 $\alpha=15°$、$\alpha=60°$两种情况下输出电压和 VT_2 两端电压波形。

4-6　图为两相零式可控整流电路，直接由三相交流电源供电

（1）画出控制角 $\alpha=0°$、$\alpha=60°$时输出电压波形。

（2）控制角 α 的移相范围多大？

（3）U_{dmax} = ?，U_{dmin} = ?

（4）推导 U_d 的计算公式。

4-7　三相全控桥式整流电路，$L_d = 0.2\text{H}$，$R_d = 4\Omega$，要求 U_d 从 0V ~ 220V 之间变化，试求：

（1）不考虑控制角裕量，整流变压器二次线电压是多少？

（2）计算晶闸管电压、电流值，如果电压、电流裕量取 2 倍，选择晶闸管型号。

（3）变压器二次电流有效值。

（4）计算整流变压器二次容量。

（5）$\alpha = 0°$时，电路功率因数。

（6）当触发脉冲距对应二次侧相电压波形原点为何处时，U_d 为零？

4-8　三相半波可控整流电路，负载为大电感负载，如果 U 相晶闸管脉冲丢失，试画出 $\alpha = 0°$时输出电压波形。

4-9　触发电路中设置的控制电压 U_c 与偏移电压 U_b 各起什么作用？在使用中如何调整？

4-10　锯齿波同步触发电路由哪些基本环节组成？锯齿波的底宽由什么参数决定？输出脉宽如何调整？输出脉冲的移相范围与哪些参数有关？

4-11　锯齿波触发电路是怎样发出双窄触发脉冲的？

4-12　如何确定控制电路和主电路相位是否一致？触发电路输出脉冲与其所对应控制的晶闸管怎样才能相一致？

4-13　若用示波器观察三相桥式全控整流电路波形分别如图 4-78(a)、4-78(b)、4-78(c)、4-78(d)、4-78(e)所示，试判断电路的故障。

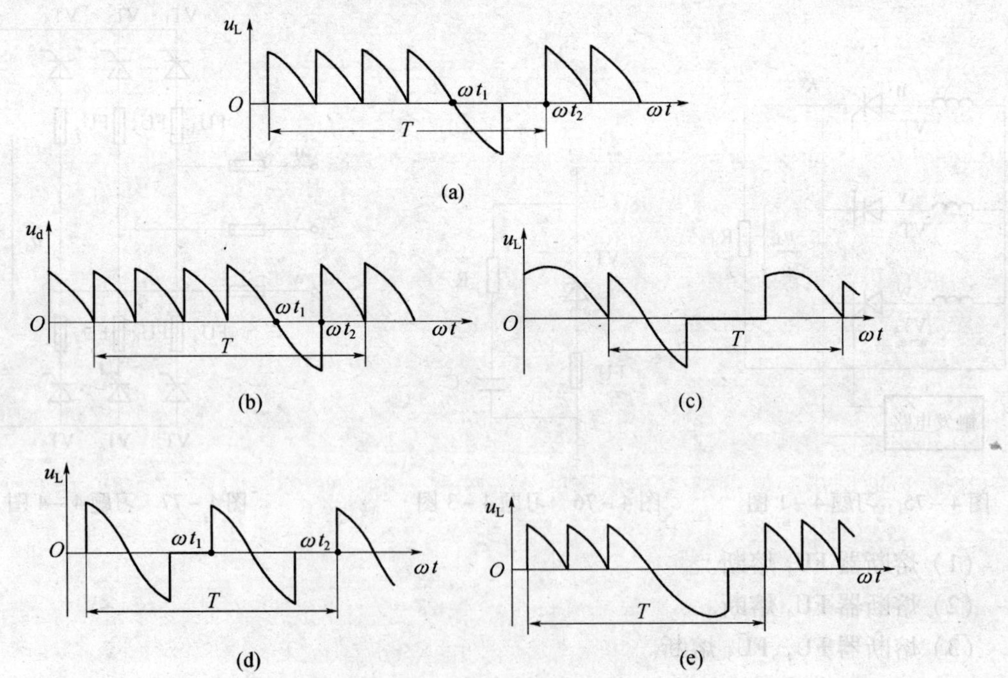

图 4-78　习题 4-13 波形

4-14　如果用示波器测出三相全控桥电感性负载输出电压波形如图 4-79 所示，试分析原因及如何解决。

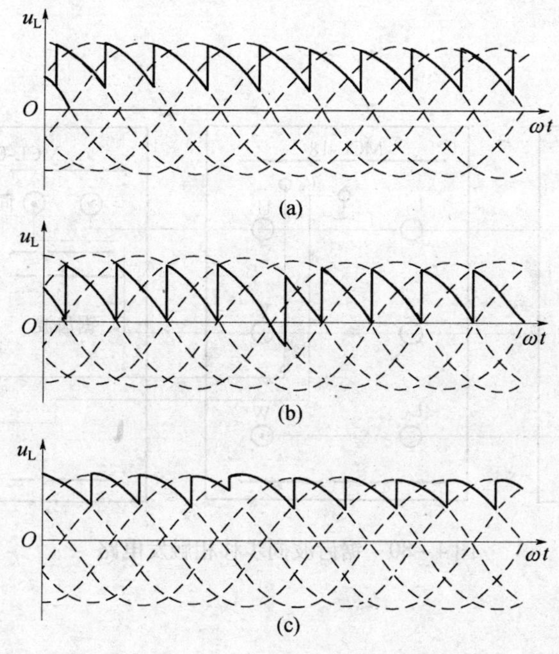

图 4－79　习题 4－13 图

4－15　同步电压为锯齿波的触发电路有何优缺点？这种电路一般由哪几部分组成？电路的输出脉冲宽度如何调整？

4－16　逆变电路常用的换流方式有哪几种？

4－17　试简述晶闸管调速装置的调试步骤和方法，以及调试过程中的注意事项。

实训五　锯齿波同步移相触发电路实验

一、实训目的

① 加深理解锯齿波同步移相触发电路的工作原理及各元件的作用。
② 掌握锯齿波同步触发电路的调试方法。

二、实训内容

① 锯齿波同步触发电路的调试。
② 锯齿波同步触发电路各点波形的观察，分析。

三、实训线路及原理

锯齿波同步移相触发电路主要由脉冲形成和放大、锯齿波形成、同步移相等环节组成，如图 4－80 所示，其工作原理可参见“电力电子技术”有关教材。

四、实训设备及仪器

1. MCL 系列教学实验台主控制屏
2. MCL－18 组件（适合 MCL－Ⅱ）或 MCL－31 组件（适合 MCL－Ⅲ）

3. MCL－05 组件

4. 双踪示波器

5. 万用表

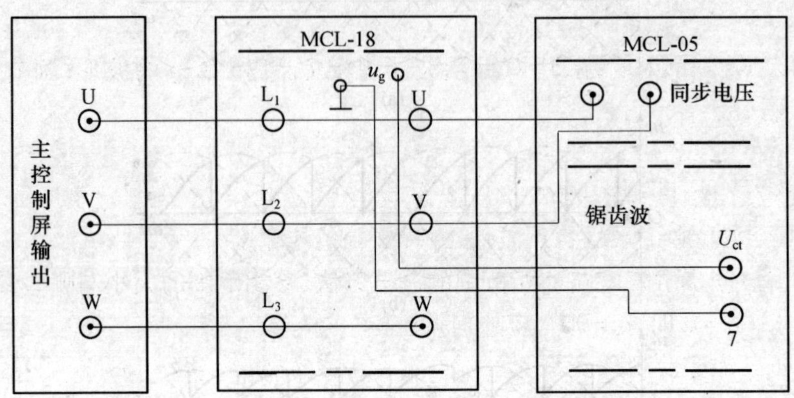

图 4－80　锯齿波同步移相触发电路

五、实训方法

① 将 MCL－05 面板上左上角的同步电压输入接 MCL－18 的 U、V 端，"触发电路选择"拨向"锯齿波"。

② 三相调压器逆时针调到底，合上主电路电源开关，调节主控制屏输出电压 $U_{uV}=200V$，并打开 MCL－05 面板右上角的电源开关。用示波器观察各观察孔的电压波形，示波器的地线接于"7"端。同时观察"1"、"2"孔的波形，了解锯齿波宽度和"1"点波形的关系。

观察"3"～"5"孔波形及输出电压 U_{G1K1} 的波形，调整电位器 RP_1，使"3"的锯齿波刚出现平顶，记下各波形的幅值与宽度，比较"3"孔电压 U_3 与 U_5 的对应关系。

③ 调节脉冲移相范围。将 MCL－18 的"G"输出电压调至 0V，即将控制电压 U_{ct} 调至零，用示波器观察 U_2 电压（即"2"孔）及 U_5 的波形，调节偏移电压 U_b（即调 RP），使 $\alpha=180°$，其波形如图 4－81 所示。

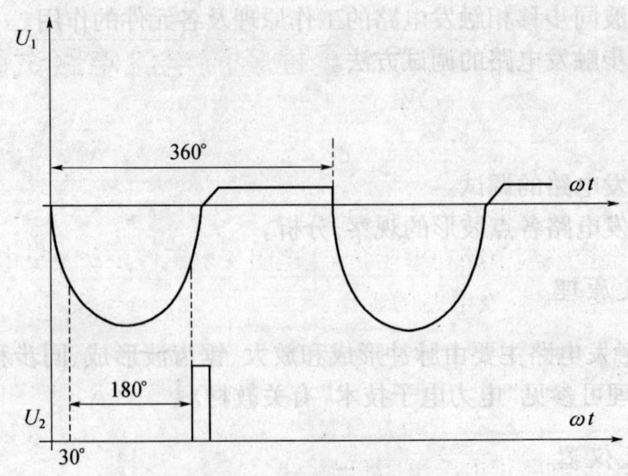

图 4－81　实验波形

调节 MCL－18 的给定电位器 RP_1，增加 U_{ct}，观察脉冲的移相情况，要求 $U_{ct}=0$ 时，$\alpha=180°$，$U_{ct}=U_{max}$时，$\alpha=30°$，与满足移相范围 $\alpha=30°\sim180°$的要求。

④ 调节 U_{ct}，使 $\alpha=60°$，观察并记录 $U_1\sim U_5$ 及输出脉冲电压 U_{G1K1}、U_{G2K2}的波形，并标出其幅值与宽度。

用导线连接“K1”和“K3”端，用双踪示波器观察 U_{G1K1} 和 U_{G3K3} 的波形，调节电位器 RP_3，使 U_{G1K1} 和 U_{G3K3} 间隔 180°。

六、实训报告

① 整理，描绘实验中记录的各点波形，并标出幅值与宽度。

② 总结锯齿波同步触发电路移相范围的调试方法，移相范围的大小与哪些参数有关？

③ 如果要求 $U_{ct}=0$ 时，$\alpha=90°$，应如何调整？

④ 讨论分析其他实验现象。

七、注意事项

① 双踪示波器有两个探头，可以同时测量两个信号，但这两个探头的地线都与示波器的外壳相连接，所以两个探头的地线不能同时接在某一电路的两点上，否则将使这两点通过示波器发生电气短路。为此，在实验中可将其中一根探头的地线取下或外包以绝缘，只使用其中一根地线。当需要同时观察两个信号时，必须在电路上找到这两个被测信号的公共点，将探头的地线接上，两个探头各接至信号处，即能在示波器上同时观察到两个信号，而不致发生意外。

② 为保护整流元件不受损坏，需注意实验步骤。

a. 在主电路不接通电源时，调试触发电路，使之正常工作。

b. 在控制电压 $U_{ct}=0$ 时，接通主电路电源，然后逐渐加大 U_{ct}，使整流电路投入工作。

c. 正确选择负载电阻或电感，须注意防止过流。在不能确定的情况下，尽可能选择较大的电阻或电感，然后根据电流值来调整。

d. 晶闸管具有一定的维持电流 I_H，只有流过晶闸管的电流大于 I_H，晶闸管才可靠导通。实验中，若负载电流太小，可能出现晶闸管时通时断，所以试验中，应保持负载电流不小于 100mA。

实训六　单相桥式全控整流电流电路试验

一、实训目的

① 了解单相桥式全控整流电路的工作原理。

② 研究单相桥式全控整流电路在电阻负载、电阻－电感性负载及反电势负载时的工作。

③ 熟悉 MCL－05 锯齿波触发电路的工作。

二、实训线路及原理(见图 4－82)

三、实训内容

① 单相桥式全控整流电路供电给电阻负载。

② 单相桥式全控整流电路供电给电阻－电感性负载。

③ 单相桥式全控整流电路供电给反电势负载。

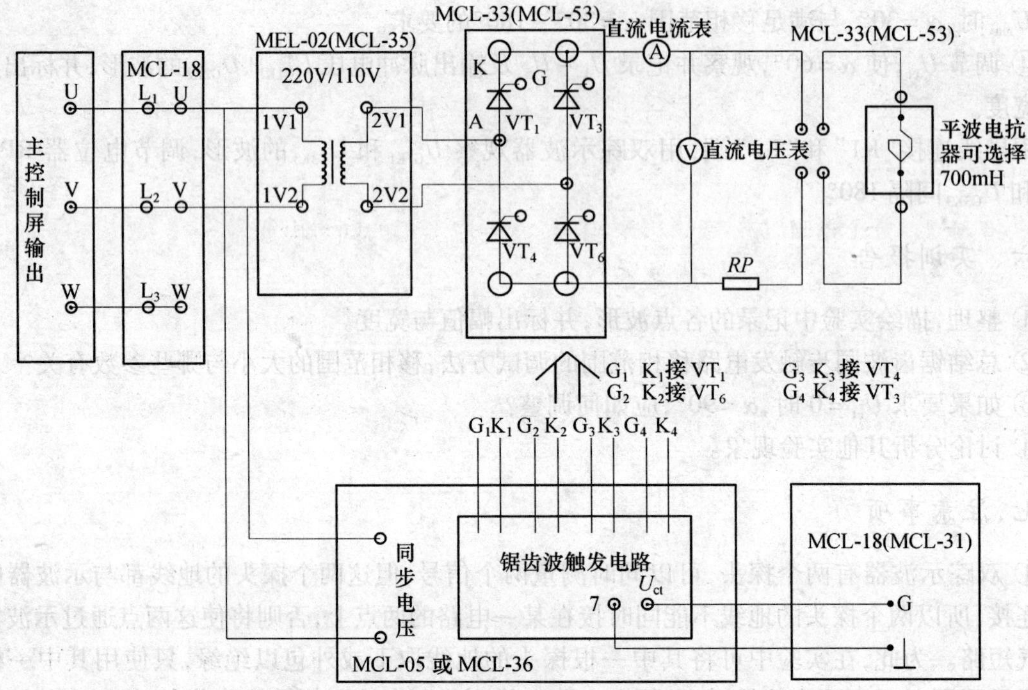

图 4-82　单相桥式全控整流电流电路

RP—或为 MEL-03 的 900 欧瓷盘电阻并联,或自配。

四、实训设备及仪器

1. MCL 系列教学实验台主控制屏
2. MCL-18 组件(适合 MCL-Ⅱ)或 MCL-31 组件(适合 MCL-Ⅲ)
3. MCL-33 组件或 MCL-53 组件(适合 MCL-Ⅱ、Ⅲ、Ⅴ)
4. MCL-05 组件或 MCL-05A 组件
5. MEL-03 三相可调电阻器或自配滑线变阻器
6. MEL-02 三相芯式变压器
7. 双踪示波器
8. 万用表

五、注意事项

① 本实验中触发可控硅的脉冲来自 MCL-05 挂箱,故 MCL-33(或 MCL-53,以下同)的内部脉冲需断开,以免造成误触发。

② 电阻 RP 的调节需注意。若电阻过小,会出现电流大造成过流保护动作(熔断丝烧断,或仪表告警):若电阻过大,则可能流过可控硅的电流小于其维持电流,造成可控硅时断时续。

③ 电感的值可根据需要选择,需防止过大的电感造成可控硅不能导通。

④ MCL-05 面板的锯齿波触发脉冲需用导线连到 MCL-33 面板,应注意连线不可接错,否则易造成损坏可控硅。同时,需要注意同步电压的相位,若出现可控硅移相范围太小(正常范围约 30°~180°),可尝试改变同步电压极性。

⑤ 逆变变压器采用 MEL－02 三相芯式变压器，原边为 220V，中压绕组为 110V，低压绕组不用。

⑥ 示波器的两根地线由于同外壳相连，必须注意需接等电位，否则易造成短路事故。

⑦ 带反电势负载时，需要注意直流电动机必须先加励磁。

六、实训方法

① 将 MCL－05（或 MCL－05A，以下均同）面板左上角的同步电压输入接 MCL－18 的 U、V 输出端，“触发电路选择”拨向“锯齿波”。

② 断开 MEL－02 和 MCL－33 的连接线，合上主电路电源，调节主控制屏输出电压 U_{uv} 至 220V，此时锯齿波触发电路应处于工作状态。

MCL－18 给定的电位器 RP_1 逆时针调到底，使 $U_{ct}=0$。调节偏移电压电位器 RP_2，使 $\alpha=90°$。

断开主电源，连接 MEL－02 和 MCL－33。

③ 单相桥式全空整流电路供电给电阻负载。

接上电阻负载（可采用两只 900Ω 电阻并联），并调节电阻负载至最大，短路平波电抗器。合上主电路电源，调节 U_{ct}。求取在不同 α 角（30°、60°、90°）时整流电路的输出电压 $U_d=f(t)$，晶闸管的端电压 $U_{VT}=f(t)$ 的波形，并记录相应 α 时的 U_{ct}、U_d 和交流输入电压 U_2 值。

若输出的电压的波形不对称，可分别调整锯齿波触发电路中 RP_1，RP_3 电位器。

④ 单相桥式全控整流电路供电给电阻－电感性负载。

断开平波电抗器短接线，求取在不同控制电压 U_{ct} 时的输出电压 $U_d=f(t)$，负载电流 $i_d=f(t)$ 以及晶闸管端电压 $U_{VT}=f(t)$ 波形并记录相应 U_{ct} 时的 U_2、U_d 值。

注意，负载电流不能过小，否则造成可控硅时断时续，可调节负载电阻 RP，但负载电流不能超过 0.8A，U_{ct} 从零起调。

改变电感值（L＝100mH），观察 $\alpha=90°$，$U_d=f(t)$、$i_d=f(t)$ 的波形，并加以分析。注意，增加 U_{ct} 使 α 前移时，若电流太大，可增加与 L 相串联的电阻加以限流。

⑤ 单相桥式全控整流电路供电给反电势负载。

把开关 S 合向左侧，接入直流电动机，短接平波电抗器，短接负载电阻 R_d。

调节 U_{ct}，在 $\alpha=90°$ 时，观察 $U_d=f(t)$，$i_d=f(t)$ 以及 $U_{VT}=f(t)$。注意，交流电压 U_{UV} 须从 0V 起调，同时直流电动机必须先加励磁。

直流电动机回路中串入平波电抗器（$L=700$mH），重复（a）的观察。

七、实验报告

① 绘出单相桥式晶闸管全控整流电路供电给电阻负载情况下，当 $\alpha=60°$，90°时的 U_d、U_{VT} 波形，并加以分析。

② 绘出单相桥式晶闸管全控整流电路供电给电阻－电感性负载情况下，当 $\alpha=90°$ 时的 U_d、U_{VT}、i_d 波形，并加以分析。

③ 作出实验整流电路的输入－输出特性 $U_d=f(t)$，触发电路特性 $U_{ct}=f(\alpha)$ 及 $U_d/U_2=f(\alpha)$。

④ 实训心得体会。

实训七　单相桥式有源逆变电路试验

一、实验目的

① 加深理解单相桥式有源逆变的工作原理,掌握有源逆变的条件。

② 了解产生逆变颠覆现象的原因。

二、实训线路及原理

MCL-33 的整流二极管 $VD_1 \sim VD_6$ 组成三相不控整流桥作为逆变桥的直流电源,逆变变压器采用 MEL-02 芯式变压器,回路中接入电感 L 及限流电阻 R_d。具体线路如图 4-83 所示。

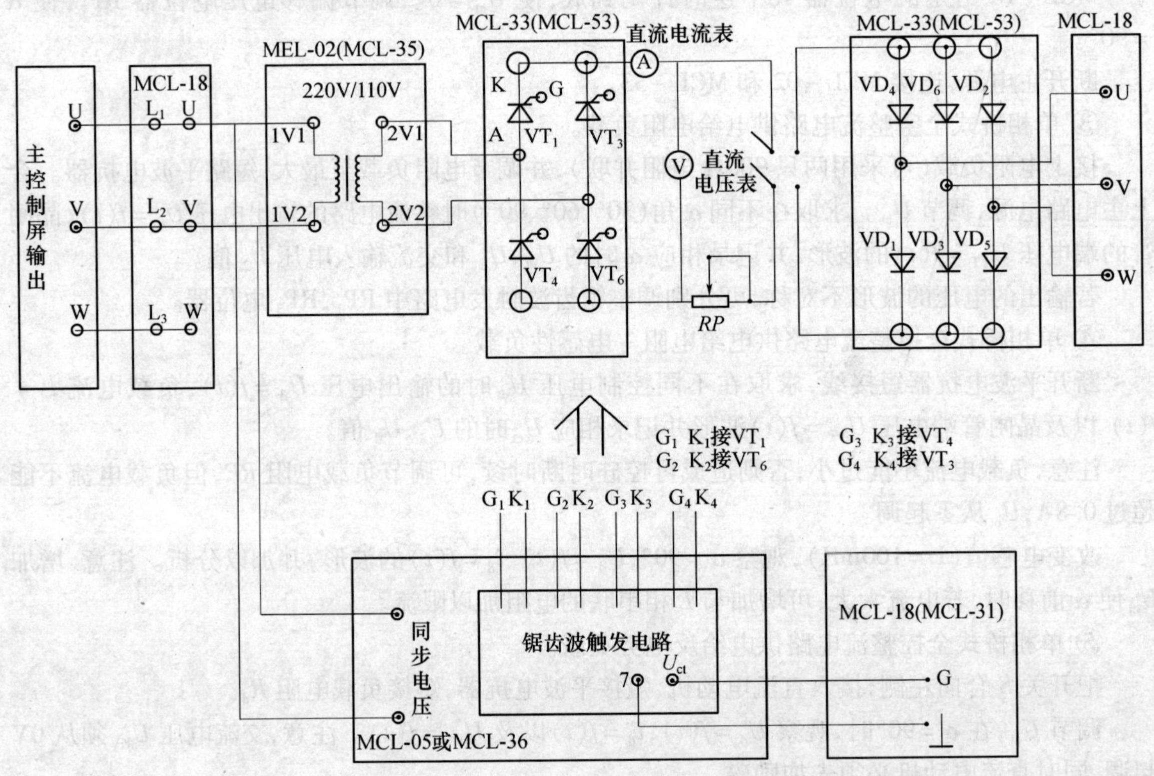

图 4-83　单相桥式有源逆变电路

RP—或为 MEL-03 的 900 欧瓷盘电阻并联,或自配。

三、实训内容

① 单相桥式有源逆变电路的波形观察。

② 有源逆变到整流过渡过程的观察。

③ 逆变颠覆现象的观察。

四、实训设备及仪表

1. MCL 系列教学实验台主控制屏

2. MCL－18 组件(适合 MCL－Ⅱ)或 MCL－31 组件(适合 MCL－Ⅲ)

3. MCL－33 组件或 MCL－53 组件(适合 MCL－Ⅱ、Ⅲ、Ⅴ)

4. MCL－05 组件或 MCL－05A 组件

5. MEL－03 三相可调电阻或自配滑线变阻器

6. MEL－02 三相芯式变压器

7. 双踪示波器

8. 万用表

五、注意事项

① 本实验中触发可控硅的脉冲来自 MCL－05 挂箱,故 MCL－33(或 MCL－53,以下同)的内部触发脉冲需断开,以免造成误触发。

② 电阻 RP 的调节需注意。若电阻过小,会出现电流大造成过流保护动作(熔断丝烧断,或仪表告警);若电阻过大,则可能流过可控硅的电流小于其维持电流,造成可控硅时断时续。

③ 电感的值可根据需要选择,需防止过大的电感造成可控硅不能导通。

④ MCL－05 面板的锯齿波触发脉冲需用导线连到 MCL－33 面板,应注意连线不可接错,否则易造成损坏可控硅。同时,需要注意同步电压的相位,若出现可控硅移相范围太小(正常范围约 30°～180°),可尝试改变同步电压极性。

⑤ 逆变变压器采用 MEL－02 三相芯式变压器,原边为 220V,中压绕组为 110V,低压绕组不用。

⑥ 示波器的两根地线由于同外壳相连,注意必须接等电位,否则易造成短路事故。⑦ 带反电势负载时,需要注意直流电动机必须先加励磁。

六、实训方法

① 将 MCL－05(或 MCL－05A,以下均同)面板左上角的同步电压输入接 MCL－18 的 U、V 输出端,“触发电路选择”拨向“锯齿波”。将 MCL－33 的Ⅰ组桥触发脉冲切断。

② 有源逆变实验。

将限流电阻 RP 调至最大(约 450Ω),先断开 MEL－02 和 MCL－33 的连接线。合上主电源,调节 $U_{uv}=220V$,用示波器观察锯齿波的“1”孔和“6”孔,调节偏移电位器 RP_2,使 $U_{ct}=0$ 时,$\beta=10°$,然后调节 U_{ct},使 β 在 30°附近。

连接 MEL－02 和 MCL－33,三相调压器逆时针调到低,合上主电源,调节主控制屏输出使 $U_{uv}=220V$。用示波器观察逆变电路输出电压 $U_d=f(t)$,晶闸管的端电压 $U_{VT}=f(t)$ 波形,并记录 U_d 和交流输入电压 U_2 的数值。

采用同样方法,给出 β 在分别等于 60°、90°时 U_d、U_{VT} 的波形。

③ 逆变到整流过程的观察。

当 β 大于 90 时,晶闸管有源逆变过渡到整流状态,此时输出电压极性改变,可用示波器观察此变化过程。注意:当晶闸管工作在整流时,有可能产生比较大的电流,需要注意监视。

④ 逆变颠覆的观察。

当 $\beta=30°$时,继续减小 U_{ct},此时可观察到逆变输出突然变为一个正弦波,表明逆变颠覆。关断 MCL－05 面板的电源开关,使脉冲消失,此时,也将产生逆变颠覆。

七、实验报告

① 画出β=30°、60°、90°时，U_d、U_{VT}的波形。

② 分析逆变颠覆的原因，逆变颠覆后会产生什么后果？

实训八　三相半波可控整流电路的研究

一、实训目的

了解三相半波可控整流电路的工作原理，研究可控整流电路在电阻性负载和电阻－电感性负载时的工作。

二、实训线路及原理

三相半波可控整流电路用3只晶闸管，与单向电路比较，输出电压脉动小，输出功率大，三相负载平衡。不足之处是晶闸管电流即变压器的二次电流在一个周期内只有1/3时间有电流通过，变压器利用率低。具体线路如图4－84所示。

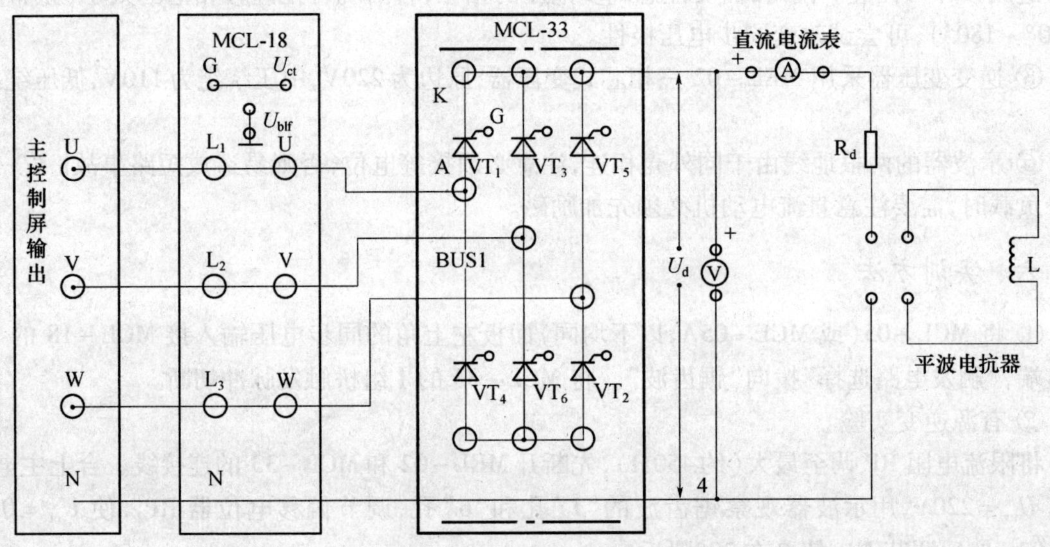

图4－84　三相半波可控整流电路

R_d—可选用MEL－03的900Ω瓷盘电阻并联，(I_{max}=0.8A)或自配。

三、实训内容

① 研究三相半波可控整流电路供电给电阻性负载时的工作。

② 研究三相半波可控整流电路供电给电阻－电感性负载时的工作。

四、实训设备及仪表

1. MCL系列教学实验台主控制屏
2. MCL－18组件(适合MCL－Ⅱ)或MCL－31组件(适合MCL－Ⅲ)
3. MCL －33(A)组件或MCL－53组件(适合MCL－Ⅱ、Ⅲ、Ⅴ)

4. MCL－03 组件(900Ω、0.41A)或自配滑线变阻器

5. 双踪示波器

6. 万用电表

五、注意事项

① 整流电路与三相电源连接时,一定要注意相序。

② 整流电路的负载电阻不宜过小,应使 I_d 不超过 0.8A,同时负载电阻不宜过大,保证 I_d 超过 0.1A,避免晶闸管时断时续。

③ 正确使用示波器,避免示波器的两根地线接在非等电位的端点上,造成短路事故。

六、试验方法

① 按图接线,未上主电源前,检查晶闸管的脉冲是否正常。

打开 MCL－18 电源开关,给定电压有电压显示。

用示波器观察 MCL－33(或 MCL－53,以下同)的双脉冲观察孔,应有间隔均匀、幅度相同的脉冲。

检查相序,用示波器观察"1"、"2"脉冲观察孔,"1"脉冲超前"2"脉冲 60°,则相序正确,否则应调整输入电源。

用示波器观察每只晶闸管的控制极、阴极,应有幅度为 1V～2V 的脉冲。

② 研究三相半波可控整流电路供电给电阻性负载时的工作。合上主电源,接上电阻性负载调节主控制屏输出电压 U_{uv}、U_{vw}、U_{wu},从 0V 调至 110V。

改变控制电压 U_{ct},观察在不同触发移相角 α 时,可控整流电路的输出电压 $U_d=f(t)$ 与输出电流波形 $U_i=f(t)$,并记录相应的 U_d、I_d、U_{ct} 值。

记录 $\alpha=90°$ 时的 $U_d=f(t)$ 及 $U_i=f(t)$ 的波形图。

求取三相半波可控整流电路的输入－输出特性 $U_d/U_2=f(\alpha)$。

求取三相半波可控整流电路的负载特性 $U_d=f(I_d)$。

注:如选购的产品为 MCL－Ⅲ、Ⅴ,无三相调压器,直接合上主电源。以下均同。

③ 研究三相半波可控整流电路供电给电阻－电感性负载时的工作。

接入 MCL－33 的电抗器 $L=700\text{mH}$,可把原负载电阻 R_d 调小,监视电流,不宜超过 0.8A(若超过 0.8A,可用导线把负载电阻短路),操作方法同上。

观察不同触发移相角 α 时的输出 $U_d=f(t)$、$U_i=f(t)$,并记录相应的 U_d、I_d 的值,记录 $\alpha=90°$时的 $U_d=f(t)$、$U_i=f(t)$,$U_{vt}=f(t)$ 波形图。

求取整流电路的输入－输出特性 $U_d/U_2=f(\alpha)$。

七、实验报告

① 绘出本整流电路供电给点阻性负载,电阻－电感性负载时的 $U_d=f(t)$、$U_i=f(t)$ 及 $U_{vt}=f(t)$($\alpha=90°$情况下)波形,并进行分析讨论。

② 根据实验数据,绘出整流电路的负载特性 $U_d=f(I_d)$,输入－输出特性 $U_d/U_2=f(\alpha)$。

八、思考

① 如何确定三相触发脉冲的相序?它们分别应有多大的相位差?

② 根据所用晶闸管的定额，如何确定整流电路允许的输出电流？

实训九　晶闸管三相半波有源逆变电路的研究

一、实训目的

① 研究三相半波有源逆变电路的工作，验证可控整流电路在有源逆变式的工作条件，并比较与整流工作时的区别。

② 测量整流与逆变工作状态时的电动机机械特性。

二、预习要求

① 在相应不同工作状态下的可控整流电路的工作波形。

② 可控整流电路在$\beta=60°$和$\beta=90°$时的输出电压。

三、实训线路

具体线路如图 4－85 所示。

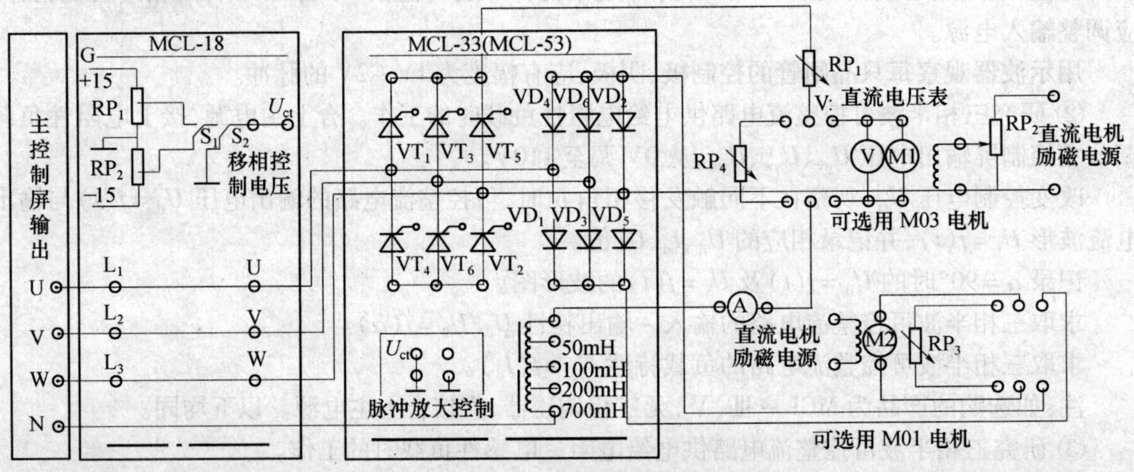

图 4－85　三相半波有源逆变电路

RP_1：电流取样电阻，要求最大允许电流大于 1.5A，电阻小于 5，可选用 MEL－04；RP_2：直流电机励磁调节电阻，要求阻值在 900Ω 以下，可选用 MEL－03 或自配；RP_3：直流发电机负载电阻，可选用 MEL－03（900Ω 并联）或自配，要求最大允许电流大于 0.8A；RP4：负载电阻，可选用 MEL－3（900Ω 并联）或自配，要求最大允许电流大于 0.8A，阻值大于 200Ω。

四、实训内容

① 三相半波整流电路在整流状态工作下供电给直流电动机的研究。

② 三相半波整流电路在与直流电动机相连接时的有源逆变工作的研究。

五、注意事项

① 本实验研究可控整流电路在整流工作状态与逆变工作状态时的静特性，所给出的实验线路不能连续地从整流状态进入逆变工作状态，必须分别予以实现，而对逆变工作一定要谨慎操作。

② 为防止逆变颠覆，逆变角必须安置在30°≤β≤90°范围内。即 $U_{ct}=0$ 时，$\beta=30°$，调整 U_{ct} 时，用直流电压表监视逆变电压，带逆变电压接近0时，必须慢慢操作。

③ 在供电给直流电动机时（整流状态），必须先向直流电动机提供励磁。

④ 示波器的使用须注意，两根地线必须接在等电位点，防止造成短路。

六、实训设备及仪器

1. MCL 系列教学实验台主控制屏
2. MCL－18 组件（适合 MCL－Ⅱ）或 MCL－31 组件（适合 MCL－Ⅲ）
3. MCL －33（A）组件或 MCL－53 组件（适合 MCL－Ⅱ、Ⅲ、Ⅴ）
4. 电机导轨及测速发电机
5. 直流发电机 M01
6. 直流发电机 M03
7. 三相可调电阻器 MEL－03 或自配滑线变阻器
8. 双踪示波器
9. 万用电表

七、实训步骤

① 按图接线，未上主电源之前，检查晶闸管的脉冲是否正常。

打开 MCL－18 电源开关，给定电压有电压显示。

用示波器观察 MCL－33（或 MCL－53，以下同）的双窄脉冲观察孔，应有间隔均匀、幅度相同的双脉冲。

检查相序，用示波器观察“1”、“2”脉冲观察孔，“1”脉冲超前“2”脉冲60°，则相序正确，否则应调整输入电源。

用示波器观察每只晶闸管的控制极、阴极，应有幅度为1V～2V的脉冲。

② 在电阻负载情况下，检查本实验所用可控整流的工作是否正常。

RP_4接入整流回路。

用示波器观察整流电路输出电压 U_d 波形，调节主控制屏电压调节旋钮，从0调至 $U_{uv}=110V$。调节给定电位器 RP_1，U_d 波形在一个周期内（20ms）应是较为平整的3个波头。

③ 研究晶闸管三相半波整流电路在整流状态下供电给直流电动机负载时的工作调节电机励磁电压电位器 RP_2，使 M_1 电机励磁电压接近220V左右。RP_3 电阻串入 M_2 电机电枢回路，RP_3 电阻调至最大。即 M_1 作为直流电动机，M_2 作为直流发电机，调节 RP_3 即可调节 M_1 的电枢电流。

求取 $\alpha=60°$ 与 $\alpha=30°$ 时的电动机机械特性。合上直流电机励磁电源，三相调压器逆时针调到底，合上主电源，调节主控制屏输出电压 U_{uv}、U_{vw}、U_{wu}，从0V调至110V，再调节 U_{ct}，使 $\alpha=60°$，改变电阻 RP_3，测量对应的直流电流 I 和转速 n，填入表4－2。

表4－2 测试数据一

I/A						
n/r·min						

用同样方法，测取 $\alpha=30°$ 时的电动机机械特性，填入表4－3。

表 4-3 测试数据二

I/A						
n/r·min						

分别观察 $\alpha=60°$ 与 $\alpha=30°$ 时整流输出电压波形 $U_d=f(t)$ 及晶闸管两端波形 $U_{VT}=f(t)$。

④ 研究晶闸管三相半波整流电路在与直流电动机相连接时的有源逆变工作把开关 S_2 打到右边，由三相不控整流桥提供 M2 直流电动机点数电压，S_1 打向左边，调节偏移电压电位器，使 $U_{ct}=0$ 时，$\beta=30°$；

开启直流励磁电源，三相调压变压器逆时针调到底，合上主电源，调节主控制屏电压输出 U_{uv}、U_{vw}、U_{wu}，从 0V 调至 110V，这时候 M2 电动机带动 M1 电动机转动，调节励磁电阻 RP_2，使 M1 输出与整流电路在 $\beta=60°$ 时的输出电压平衡，注意 M1 输出电压的极性，应为负值。

调节 U_{ct}，使 $\beta=60°$，把开关 S_1 拨向右边，观察并记录逆变电路输出电压 $U_d=f(t)$ 逆变电路输出电流 $i_d=f(t)$ 及晶闸管的端电压 $U_{VT}=f(t)$。

改变 M1 电动机励磁调节电阻 RP_2，即改变励磁电流 i_f，使可控整流电路在逆变状态下工作测取直流电动机的机械特性，填入表 4-4。

表 4-4 测试数据三

I/A						
n/r·min						

调节 RP_2，使 M_1 电动机励磁电流 i_f 最小，调节 U_{ct}，使 $\beta=90°$，重复上述步骤。

注意：i_f 调节要缓慢进行，以防止主电路电流过大，损坏晶闸管；在实验过程中调节 β，必须监视主电路电流，防止 β 的变化引起主电路电流过大。

八、实训报告

① 画出实验所得的各特性曲线与波形图。

② 对可控整流电路在整流状态与逆变状态工作特点的比较。

九、思考

① 可控整流电路在整流状态下与逆变状态的工作时，M1 电动机的电压极性是否相同？它们的转向一致否？如何实现？

② 可控整流电路在不同工作状态时，电动机 M1 分别在什么状态工作？此时主电路的能量传递关系如何？电动机 M1 的机械特性分别处于什么象限？

实训十 三相桥式全控整流及有源逆变电路实验

一、实训目的

① 熟悉 MCL-18、MCL-33 组件。

② 熟悉三相桥式全控整流及有源逆变电路的接线及工作原理。

③ 了解集成触发器的调整方法及各点波形。

二、实训内容

① 三相桥式全控整流电路。

② 三相桥式有源逆变电路。

③ 观察整流或逆变状态下，模拟电路故障现象时的波形。

三、实训线路及原理

实训线路如图 4－86 所示。主电路由三相全控变流电路及作为逆变直流电源的三相不可控整流桥组成。触发电路为数字集成电路，可输出经高频调制后的双窄脉冲链。三相桥式整流及有源逆变电路的工作原理可参见教材。

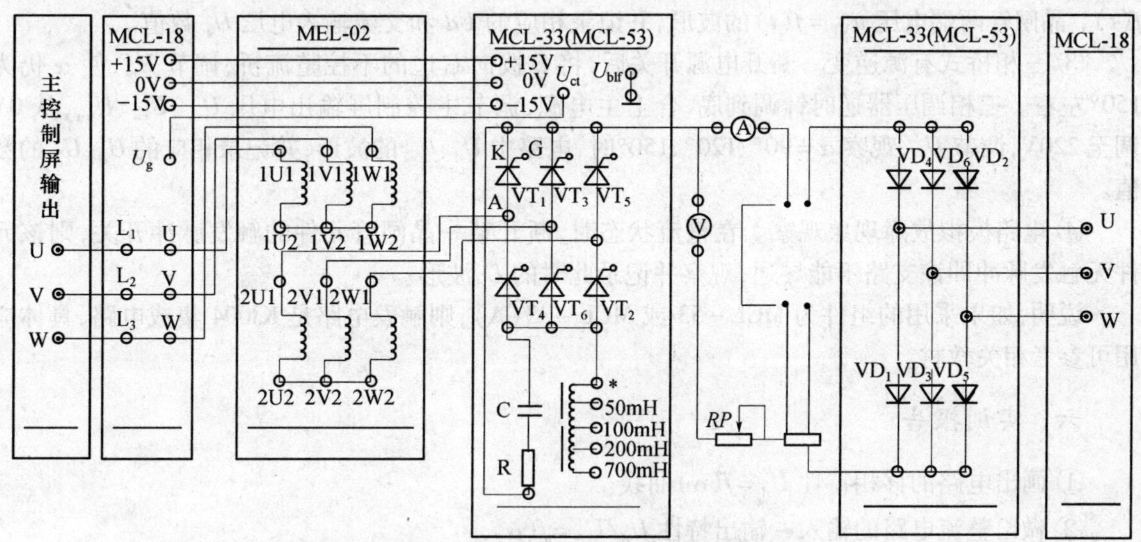

图 4－86　三相桥式全控整流及有源逆变电路

A—直流电流表；L—平波电抗器，可选择 700mH；RP—或为 MEL－03 的 900Ω 瓷盘电阻并联，或自配 19k、0.65A 双联滑线变阻器。

四、实验设备及仪器

1. MCL 系列教学实验台主控制屏
2. MCL－18 组件（适合 MCL－Ⅱ）或 MCL－31 组件（适合 MCL－Ⅲ）
3. MCL －33（A）组件或 MCL－53 组件（适合 MCL－Ⅱ、Ⅲ、Ⅴ）
4. MCL－03 可调电阻（或滑线变阻器 1.8k、0.65A）
5. MCL－02 芯式变压器
6. 双踪示波器
7. 万用表

五、实训步骤

① 按图接线，未上主电源之前，检查晶闸管脉冲是否正常。

打开 MCL－18 电源开关，给定电压有电压显示。

用示波器观察 MCL－33（或 MCL－53，以下同）的双窄脉冲观察孔，应有间隔均匀、相互间隔 60°的幅度相同的双脉冲。

检查相序，用示波器观察“1”、“2”脉冲观察孔，“1”脉冲超前“2”脉冲60°，则相序正确，否则应调整输入电源。

用示波器观察每只晶闸管的控制极、阴极，应有幅度为1V～2V的脉冲。

注：将面板上的 U_{blf}（当三相桥式全控变流电路使用Ⅰ组桥晶闸管 VT_1～VT6时）接地，将Ⅰ组桥式触发脉冲的6个开关均拨到“接通”。

将给定器输出 U_g 接至MCL－33面板的 U_{ct} 端，调节偏移电压 U_b，在 $U_{ct}=0$ 时，使 $\alpha=150°$。

② 三相桥式全控整流电路。按图接线，S拨向左边短接线端，将 R_d 调制最大（450Ω）。

三相调压器逆时针调到底，合上主电源，调节主控制屏输出电压 U_{uv}、U_{vw}、U_{wu}，从0V调至220V。

调节 U_{ct}，使 α 在30°～90°范围内，用示波器观察记录 $\alpha=30°$、60°、90°时，整流电压 $u_d=f(t)$，晶闸管两端电压 $u_{VT}=f(t)$ 的波形，并记录相应的 Ud 和交流输入电压 U_2 数值。

③ 三相桥式有源逆变。断开电源开关后，将S拨向右边的不控整流桥，调节 U_{ct}，使 α 仍为150°左右。三相调压器逆时针调到底，合上主电源，调节主控制屏输出电压 U_{uv}、U_{vw}、U_{wu}，从0V调至220V，调节 U_{ct}，观察 $\alpha=90°$、120°、150°时，电路中 U_d、U_{vT} 的波形，并记录相应的 U_d、U_2 的数值。

④ 电路模拟故障现象观察。在整流状态时，断开某一晶闸管元件的触发脉冲开关，则该元件无触发脉冲即该支路不能导通，观察并记录此时的 U_d 波形。

说明：如果采用的组件为MCL－53或MCL－33（A），则触发电路是KJ004集成电路，具体应用可参考相关教材。

六、实训报告

① 画出电路的移相特性 $U_d=f(\alpha)$ 曲线。

② 做出整流电路的输入－输出特性 $U_d/U_2=f(\alpha)$。

③ 画出三相桥式全控整流电路时，α 角为30°、60°、90°时的 u_d、u_{VT} 波形

④ 画出三相桥式有源逆变电路时，β 角为150°、120°、90°时的 u_d、u_{VT} 波形。

⑤ 简单分析模拟故障现象。

项目五　电风扇无级调速器的分析与检测

【学习目标】

1. 用万用表测试双向晶闸管的好坏。
2. 掌握双向晶闸管的工作原理。
3. 分析电风扇无级调速器各部分电路的作用及调速原理。
4. 了解交流开关、交流调功器、固态开关原理。
5. 掌握相关英文词汇。

【项目引入】

电风扇无级调速器在日常生活中随处可见。图 5－1(a)是常见的电风扇无级调速器。旋动旋钮便可以调节电风扇的速度。图 5－1(b)为电路原理图。

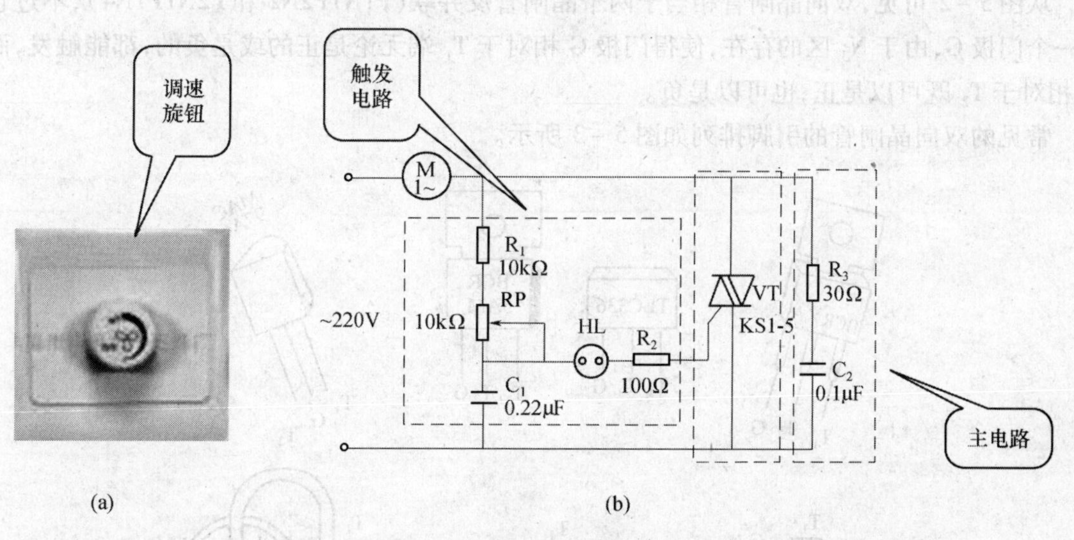

图 5－1　电风扇无级调速器

(a) 电风扇无级调速器；(b) 电风扇无级调速器电路原理图。

如图 5－1(b)所示，调速器电路由主电路和触发电路两部分构成，在双向晶闸管的两端并接 RC 元件，利用电容两端电压瞬时不能突变的性质，作为晶闸管关断过电压的保护措施。本项目通过对主电路及触发电路的分析使学生能够理解调速器电路的工作原理，进而掌握分析交流调压电路的方法。

【相关知识点】

一、双向晶闸管的工作原理

1. 双向晶闸管的结构

双向晶闸管的外形与普通晶闸管类似，有塑封式、螺栓式、平板式。但其内部是一种 NPNPN 五层结构的三端器件。有两个主电极 T_1、T_2，一个门极 G，双向晶闸管的内部结构、等效电路及图形符号如图 5－2 所示。

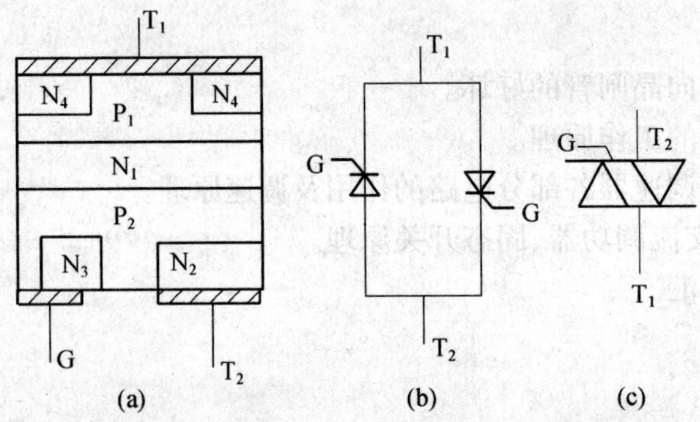

图 5－2　双向晶闸管内部结构、等效电路及图形符号

（a）内部结构；（b）等效电路；（c）图形符号。

从图 5－2 可见，双向晶闸管相当于两个晶闸管反并联（P1N1P2N2 和 P2N1P1N4），不过它只有一个门极 G，由于 N_3 区的存在，使得门极 G 相对于 T_1 端无论是正的或是负的，都能触发，而且 T_1 相对于 T_2 既可以是正，也可以是负。

常见的双向晶闸管的引脚排列如图 5－3 所示。

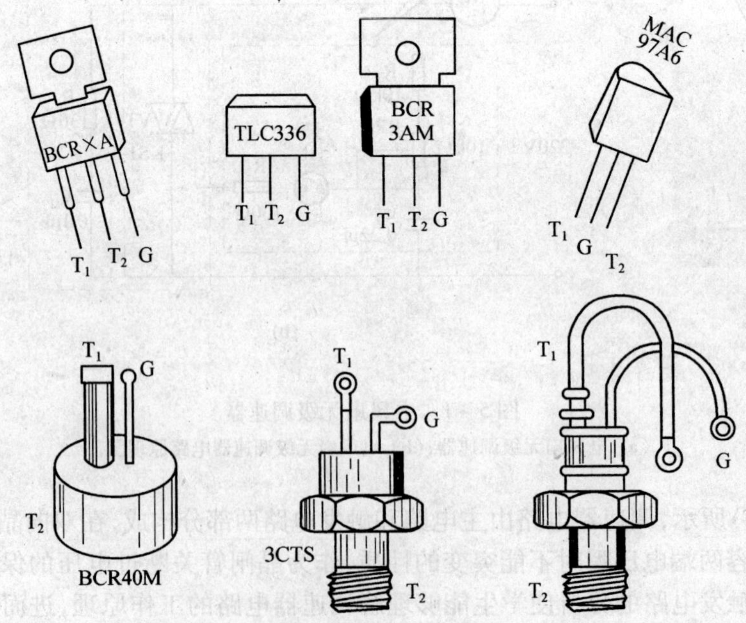

图 5－3　常见双向晶闸管引脚排列

2. 双向晶闸管的特性与参数

双向晶闸管有正反向对称的伏安特性曲线。正向部分位于第Ⅰ象限,反向部分位于第Ⅲ象限如图5-4所示。

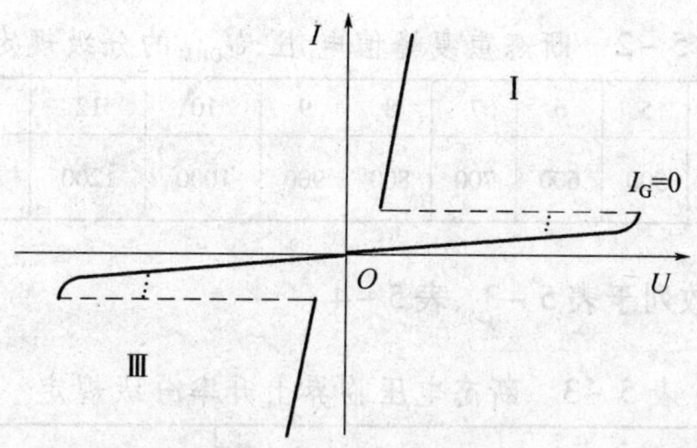

图5-4 双向晶闸管伏安特性

双向晶闸管在第Ⅰ和第Ⅲ象限有着对称的伏安特性,这一点与普通晶闸管是不同的。其中,规定双向晶闸管的 T_1 极为正,T_2 极为负时的特性为第Ⅰ象限特性;而 T_1 极为负,T_2 极为正时的特性为第Ⅲ象限特性。

双向晶闸管的门极对 T_2 极加正、负触发信号均能使管子触发导通,所以双向晶闸管有以下4种触发方式。

$Ⅰ_+$触发方式:T_1 极为正,T_2 极为负;门极为正,T_2 极为负。

$Ⅰ_-$触发方式:T_1 极为正,T_2 极为负;门极为负,T_2 极为正。

$Ⅲ_+$触发方式:T_1 极为负,T_2 极为正;门极为正,T_2 极为负。

$Ⅲ_-$触发方式:T_1 极为负,T_2 极为正;门极为负,T_2 极为正。

由于双向晶闸管的内部结构的原因,这4种触发方式的灵敏度各不相同,即所需触发电压、电流的大小不同。其中$Ⅲ_+$触发方式的灵敏度最低,所需的门极触发功率很大,所以在实际应用中一般不选此种触发方式。双向晶闸管常常用在交流调压等电路,因此触发方式常选($Ⅰ_-$、$Ⅲ_-$)或($Ⅰ_-$、$Ⅲ_-$)。

3. 双向晶闸管的参数及型号

双向晶闸管的参数的主要参数与普通晶闸管的参数基本一致。

(1) 额定通态电流 $I_{T(RSM)}$(额定电流)

表5-1中列出了部分电流系列。双向晶闸管的主要参数中只有额定电流与普通晶闸管有所不同,其他参数定义相似。由于双向晶闸管工作在交流电路中,正反向电流都可以流过,所以它的额定电流不用平均值而是用有效值来表示。定义为:在标准散热条件下,当器件的单向导通角大于170°时,允许流过器件的最大交流正弦电流的有效值用 $I_{T(RMS)}$ 表示。

表5-1 部分电流系列与额定电流(有效值)$I_{T(RMS)}$ 的规定

系 列	KS1	KS10	KS20	KS50	KS100	KS200	KS400	KS500
$I_{T(RMS)}$/A	1	10	20	50	100	200	400	500

双向晶闸管额定电流与普通晶闸管额定电流之间的换算关系式为

$$I_{T(AV)} = \frac{\sqrt{2}}{\pi} I_{T(RMS)} = 0.45 I_{T(RMS)}$$

以此推算,一个 100A 的双向晶闸管与两个反并联 45A 的普通晶闸管电流容量相等。

(2) 断态重复峰值电压 U_{DRM}(额定电压)

表 5-2 列出了分级规定。实际应用时电压通常取两倍的裕量。

表 5-2 断态重复峰值电压 U_{DRM} 的分级规定

等级	1	2	3	4	5	6	7	8	9	10	12	14	16	18	20
U_{DRM} / V	100	200	300	400	500	600	700	800	900	1000	1200	1400	1600	1800	2000

双向晶闸管的其他参数列于表 5-3、表 5-4。

表 5-3 断态电压临界上升率分级规定

等 级	0.2	0.5	2	5
du/dt/(V/μs)	≥20	≥50	≥200	≥500

表 5-4 换向电流临界下降率 $\left(\frac{di}{dt}\right)_C$ 的分级规定

等 级	0.2	0.5	1
di/dt/(A/μs)	≥0.2% $I_{T(RMS)}$	≥0.5% $I_{T(RMS)}$	≥1% $I_{T(RMS)}$

根据标准规定,双向晶闸管的型号定义如下。

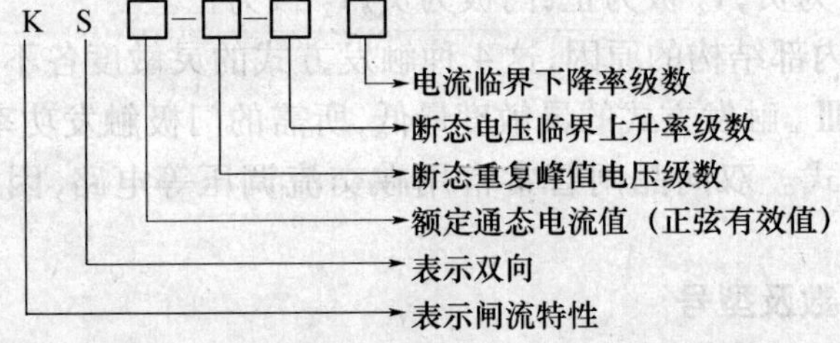

4. 双向晶闸管的触发电路

(1) 简易触发电路

图 5-5 为双向晶闸管简易触发电路。图 5-5(a)中当开关 S 拨至“2”时,双向晶闸管 VT 只在 I+触发,负载 R_L 上仅得到正半周电压;当 S 拨至“3”时,VT 在正、负半周分别在 I_+、$Ⅲ_-$ 触发,R_L 上得到正、负两个半周的电压,因而比置“2”时电压大。图 5-5(c)、图 5-5(d)中均引入了具有对称极性的触发二极管 VD,这种二极管两端电压达到击穿电压数值(通常为 30V 左右,不分极性)时被击穿导通,晶闸管便也触发导通。调节电位器 RP 改变控制角 α,实现调压。图 5-5(c)与图 5-5(b)的不同点在于图 5-5(c)中增设了 R_1、R_2、C_2。在图 5-5(b)中,当工作大于 α 值时,因 RP 阻值较大,使 C_1 充电缓慢,到 α 角时电源电压已经过峰值并降得过低,则 C_1 上充电电压过小不足以击穿双向触发二极管 VD;而图(c)在大于 α 时,C_2 上可获得滞后的电压 U_{C_2},给电容 C_1 增加一个充电电路,保证在大于 α 时 VT 能可靠触发。

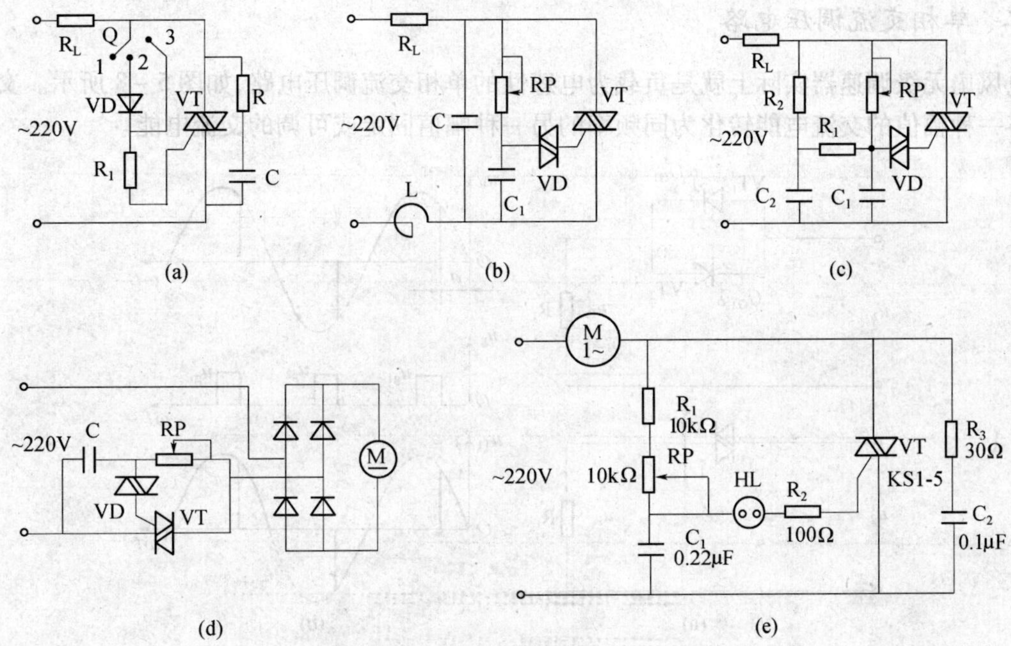

图 5-5　双向晶闸管的简易触发电路

图 5-5(e)就是电风扇无级调速电路图,接通电源后,电容 C_1 充电,当电容 C_1 两端电压的峰值达到氖管 HL 的阻断电压时,HL 亮,双向晶闸管 VT 被触发导通,电扇转动。改变电位器 RP 的阻值大小,即改变了 C_1 的充电时间常数,使 VT 的导通角发生变化,也就改变了电动机两端的电压,因此电扇的转速改变。由于 RP 是无级变化的,因此电扇的转速也是无级变化的。

(2) 单结晶体管触发

图 5-6 所示为单结晶体管触发的交流调压电路,调节 RP 阻值可改变负载 R_L 上电压的大小。

(3) 集成触发器

图 5-7 所示即为 KC06 组成的双向晶闸管移相交流调压电路。该电路主要适用于交流直接供电的双向晶闸管或反并联普通晶闸管的交流移相控制。RP_1 用于调节触发电路锯齿波斜率,R_4、C_3 用于调节脉冲宽度,RP_2 为移相控制电位器,用于调节输出电压的大小。

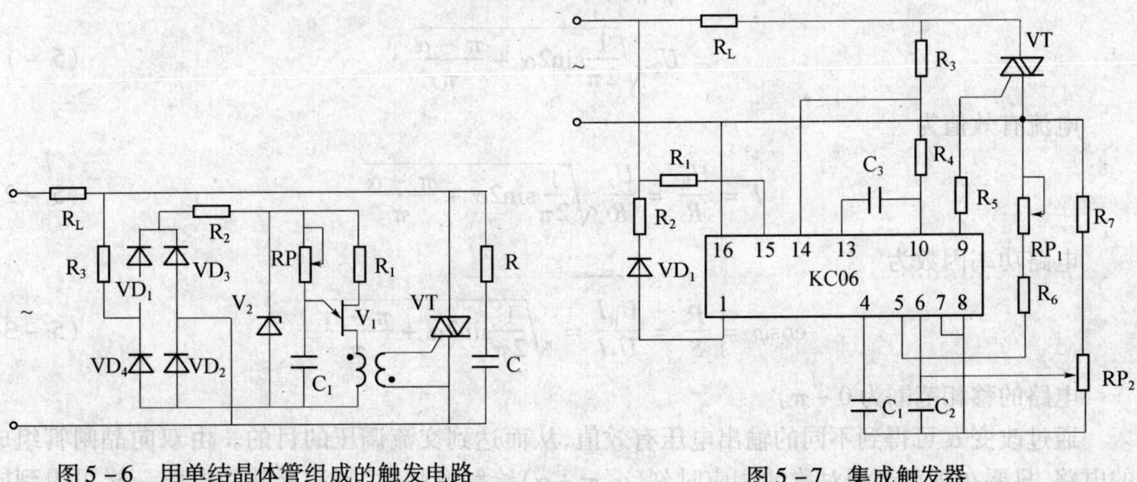

图 5-6　用单结晶体管组成的触发电路　　　图 5-7　集成触发器

二、单相交流调压电路

电风扇无级调速器实际上就是负载为电感性的单相交流调压电路，如图 5－8 所示。交流调压是将一种幅值的交流电能转化为同频率的另一种幅值固定或可调的交流电能。

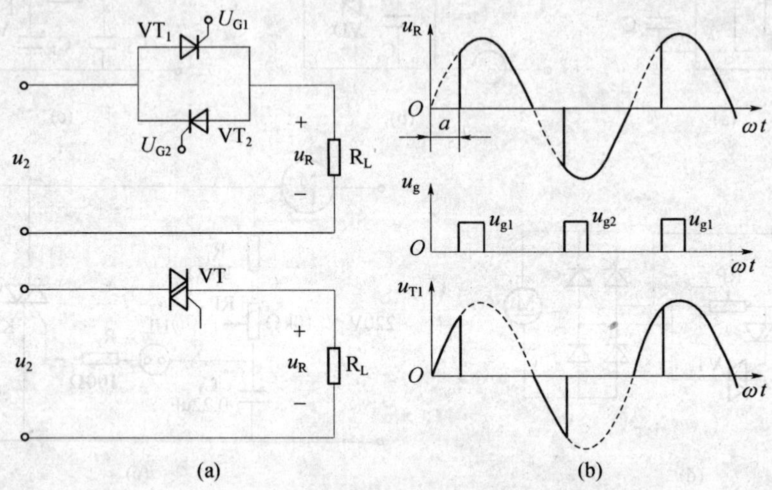

图 5－8　单相交流调压电路电阻负载电路及波形

(a) 电路图；(b) 波形图。

1. 电阻性负载

图 5－9(a) 所示为一双向晶闸管与电阻负载 R_L 组成的交流调压主电路，图中双向晶闸管也可改用两只反并联的普通晶闸管，但需要两组独立的触发电路分别控制两只晶闸管。在电源正半周 $\omega t=\alpha$ 时触发 VT 导通，有正向电流流过 R_L，负载端电压 u_{RL} 为正值，电流过零时 VT 自行关断；在电源负半周 $\omega t=\pi+\alpha$ 时，再触发 VT 导通，有反向电流流过 R_L，其端电压 u_{RL} 为负值，到电流过零时 VT 再次自行关断。然后重复上述过程。改变 α 角即可调节负载两端的输出电压有效值，达到交流调压的目的。电阻负载上交流电压有效值为

$$U_{R_L}=\sqrt{\frac{1}{\pi}\int_0^{\pi}(\sqrt{2}U_2\sin\omega t)^2\mathrm{d}(\omega t)}$$

$$=U_2\sqrt{\frac{1}{2\pi}\sin2\alpha+\frac{\pi-\alpha}{\pi}} \tag{5-1}$$

电流有效值为

$$I=\frac{U_R}{R}=\frac{U_2}{R}\sqrt{\frac{1}{2\pi}\sin2\alpha+\frac{\pi-\alpha}{\pi}} \tag{5-2}$$

电路功率因数为

$$\cos\varphi=\frac{P}{S}=\frac{U_RI}{U_2I}=\sqrt{\frac{1}{2\pi}\sin2\alpha+\frac{\pi-\alpha}{\pi}} \tag{5-3}$$

电路的移相范围为 $0\sim\pi$。

通过改变 α 可得到不同的输出电压有效值，从而达到交流调压的目的。由双向晶闸管组成的电路，只要在正负半周对称的相应时刻（α、$\pi+\alpha$）给触发脉冲，则和反并联电路一样可得到同样的可调交流电压。

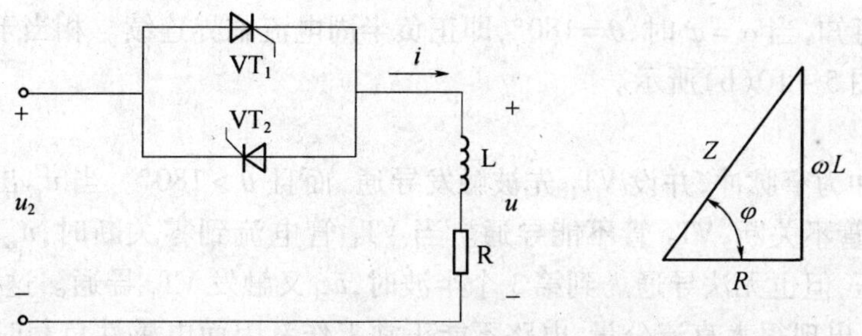

图 5-9　单相交流调压电感负载电路图

交流调压电路的触发电路完全可以套用整流移相触发电路，但是脉冲的输出必须通过脉冲变压器，其两个二次线圈之间要有足够的绝缘。

2. 电感性负载

图 5-9 所示为电感性负载的交流调压电路。由于电感的作用，在电源电压由正向负过零时，负载中电流要滞后一定 φ 角度才能到零，即管子要继续导通到电源电压的负半周才能关断。晶闸管的导通角 θ 不仅与控制角 α 有关，而且与负载的功率因数角 φ 有关。控制角越小则导通角越大；负载的功率因数角 φ 越大，表明负载感抗大，自感电动势使电流过零的时间越长，因而导通角 θ 越大。

下面分三种情况加以讨论。

(1) $\alpha>\varphi$

由图 5-10 可见，当 $\alpha>\varphi$ 时，$\theta<180°$，即正负半周电流断续，且 α 越大，θ 越小。可见，α 在 $\varphi\sim180°$ 范围内，交流电压连续可调。电流电压波形如图 5-10(a) 所示。

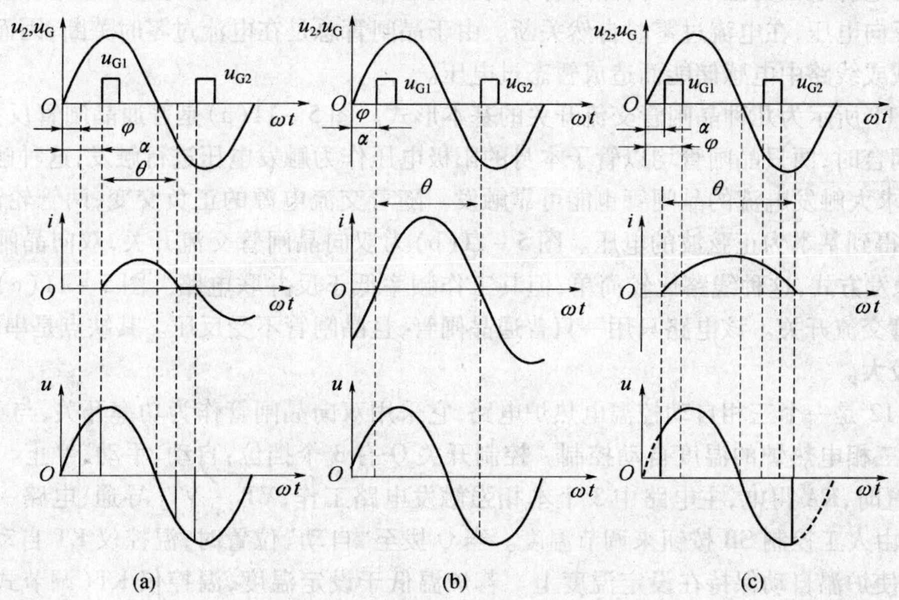

图 5-10　单相交流调压电感负载波形图

(a) $\alpha>\varphi$；(b) $\alpha=\varphi$；(c) $\alpha<\varphi$。

（2）$\alpha=\varphi$

由图5－10可知，当$\alpha=\varphi$时，$\theta=180°$，即正负半周电流临界连续。相当于晶闸管失去控制，电流电压波形如图5－10(b)所示。

（3）$\alpha<\varphi$

假设触发脉冲为窄脉冲，并设VT_1先被触发导通，而且$\theta>180°$。当u_{g2}出现时，VT_1管的电流还未到零，VT_1管不关断，VT_2管不能导通。当VT_1管电流到零关断时，u_{g2}脉冲已消失，此时VT_2管虽已受正压，但也无法导通。到第3个半波时，u_{g1}又触发VT_1导通。这样负载电流只有正（或负）半波部分，出现很大直流分量，电路不能正常工作。因而电感性负载时，晶闸管不能用窄脉冲触发，可采用宽脉冲或脉冲列触发，如图5－10(c)所示。

综上所述，单相交流调压有如下特点。

① 电阻负载时，负载电流波形与单相桥式可控整流交流侧电流一致。改变控制角α可以连续改变负载电压有效值，达到交流调压的目的。

② 电感性负载时，不能用窄脉冲触发。否则当$\alpha<\varphi$时，会出现一个晶闸管无法导通，产生很大直流分量电流，烧毁熔断器或晶闸管。

③ 电感性负载时，最小控制角$\alpha\min=\varphi$（阻抗角）。所以α的移相范围为$\varphi\sim180°$，电阻负载时移相范围为$0\sim180°$。

【项目扩展】

一、交流开关及其应用电路

1. 晶闸管交流开关的基本形式

晶闸管交流开关是以其门极中毫安级的触发电流来控制其阳极中几安至几百安大电流通断的装置。在电源电压为正半周时，晶闸管承受正向电压并触发导通，在电源电压过零或为负时晶闸管承受反向电压，在电流过零时自然关断。由于晶闸管总是在电流过零时关断，因而在关断时不会因负载或线路中电感储能而造成暂态过电压。

图5－11所示为几种晶闸管交流开关的基本形式。图5－11(a)是普通晶闸管反并联形式。当开关S闭合时，两只晶闸管均以管子本身的阳极电压作为触发电压进行触发，这种触发属于强触发，对要求大触发电流的晶闸管也能可靠触发。随着交流电源的正负交变，两管轮流导通，在负载R_L上得到基本为正弦波的电压。图5－11(b)为双向晶闸管交流开关，双向晶闸管工作于I_+、III_-触发方式，这种线路比较简单，但其工作频率低于反并联电路。图5－11(c)为带整流桥的晶闸管交流开关。该电路只用一只普通晶闸管，且晶闸管不受反压。其缺点是串联元件多，压降损耗较大。

图5－12是一个三相自动控温电热炉电路，它采用双向晶闸管作为功率开关，与KT温控仪配合，实现三相电热炉的温度自动控制。控制开关Q有3个挡位：自动、手动、停止。当Q拨至“手动”位置时，KA得电，主电路中3个本相强触发电路工作，$VT_1\sim VT_3$导通，电路一直处于加热状态，须由人工控制SB按钮来调节温度。当Q拨至“自动”位置时，温控仪KT自动控制晶闸管的通断，使炉温自动保持在设定温度上。若炉温低于设定温度，温控仪KT（调节式毫伏温度计）使常开触点KT闭合，晶闸管VT_4被触发，KA得电，使$VT_1\sim VT_3$导通，R_L发热使炉温升高。炉温升至设定温度时，温控仪控制触点KT断开，KA失电，$VT_1\sim VT_3$关断，停止加热。待炉温降至设定温度以下时，再次加热。如此反复，则炉温被控制在设定温度附近的小范围内。由于继电

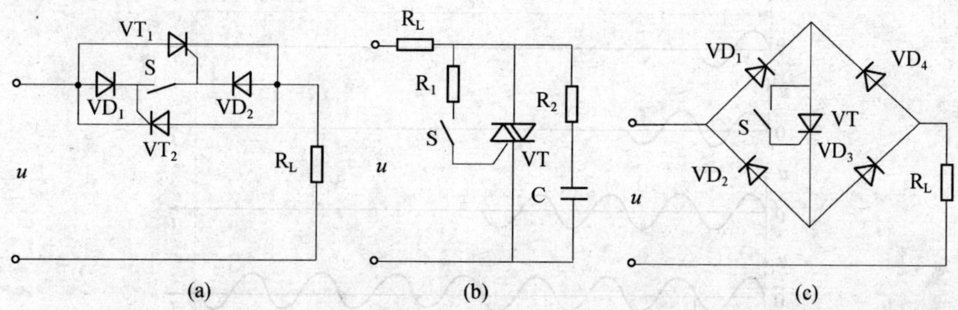

图 5-11　晶闸管交流开关的基本形式

器线圈 KA 导通电流不大，故 VT_4 采用小容量的双向晶闸管即可。各双向晶闸管的门极限流电阻（R_1^*、R_2^*）可由实验确定，其值以使双向晶闸管两端交流电压减到 2V ~ 5V 为宜，通常为 30Ω ~ 3kΩ。

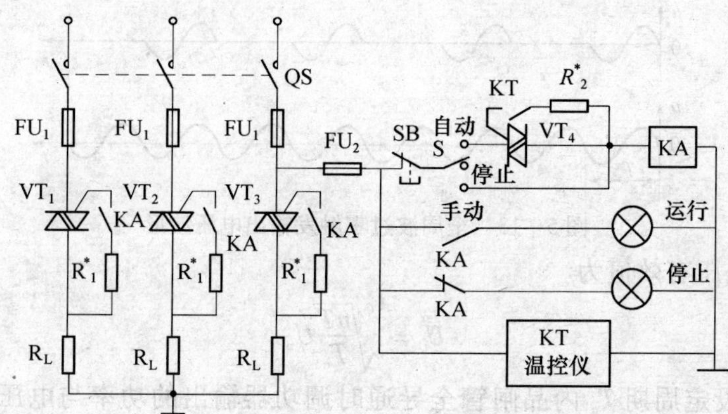

图 5-12　三相自动控温电热炉电路图

2. 交流调功器

前述各种晶闸管可控整流电路都是采用移相触发控制。这种触发方式的主要缺点是其所产生的缺角正弦波中包含较大的高次谐波，对电力系统形成干扰。过零触发（亦称零触发）方式则可克服这种缺点。晶闸管过零触发开关是在电源电压为零或接近零的瞬时给晶闸管以触发脉冲使之导通，利用管子电流小于维持电流使管子自行关断。这样，晶闸管的导通角是 2π 的整数倍，不再出现缺角正弦波，因而对外界的电磁干扰最小。

利用晶闸管的过零控制可以实现交流功率调节，这种装置称为调功器或周波控制器。其控制方式有全周波连续式和全周波断续式两种，如图 5-13 所示。如果在设定周期内，将电路接通几个周波，然后断开几个周波，通过改变晶闸管在设定周期内通断时间的比例，达到调节负载两端交流电压有效值即负载功率的目的。

如在设定周期 T_c 内导通的周波数为 n，每个周波的周期为 T（50Hz，$T = 20$ms），则调功器的输出功率为

$$p = \frac{nT}{T_c} P_n \tag{5-4}$$

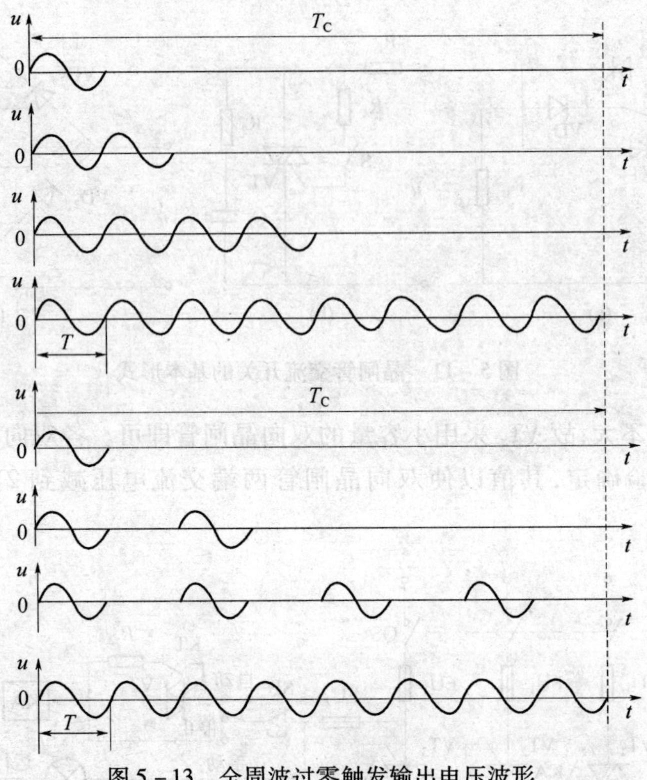

图 5-13 全周波过零触发输出电压波形

调功器输出电压有效值为

$$U = \sqrt{\frac{nT}{T_c}} U_n \qquad (5-5)$$

式中：P_n、U_n 为在设定周期 T_c 内晶闸管全导通时调功器输出的功率与电压有效值。显然，改变导通的周波数 n 就可改变输出电压或功率。

调功器可以用双向晶闸管，也可以用两只晶闸管反并联联结，其触发电路可以采用集成过零触发器，也可利用分立元件组成的过零触发电路。图 5-14 为全周波连续式的过零触发电路。电路由锯齿波发生、信号综合、直流开关、同步电压与过零脉冲输出 5 个环节组成。

① 锯齿波是由单结晶体管 V_6 和 R_1、R_2、R_3、RP_1 和 C_1 组成张弛振荡器产生的，经射极跟随器（V_1、R_4）输出。其波形如图 5-15(a)所示。锯齿波的底宽对应着一定的时间间隔（T_c）。调节电位器 RP_1 即可改变锯齿波的斜率。由于单结晶体管的分压比一定，故电容 C_1 放电电压一定，斜率的减小就意味着锯齿波底宽增大（T_c 增大），反之，底宽减小。

② 控制电压（U_c）与锯齿波电压进行叠加后送至 V_2 基极，合成电压为 u_s。当 $u_s > 0$（0.7V），则 V_2 导通；$u_s < 0$，则 V_2 截止，如图 5-15(b)所示。

③ 由 V_2、V_3 及 R_8、R_9、VD_6 组成一直流开关。当 V_2 基极电压 $U_{be2} > 0$（0.7V）时，V_2 管导通，U_{be3} 接近零电位，V_3 管截止，直流开关阻断。

当 $U_{be2} < 0$ 时，V_2 截止，由 R_8、VD_6 和 R_9 组成的分压电路使 V_3 导通，直流开关导通，输出 24V 直流电压，V_3 通断时刻如图 5-15(c)所示。VD_6 为 V_3 基极提供一阀值电压，使 V_2 导通时，V_3 更可靠地截止。

④ 过零脉冲输出。由同步变压器 T_S、整流桥 $VD_1 \sim VD_4$ 及 R_{10}、R_{11}、VD_5 组成一削波同步电源，如图 5-15(d)所示。它与直流开关输出电压共同去控制 V_4 和 V_5，只有当直流开关导通期

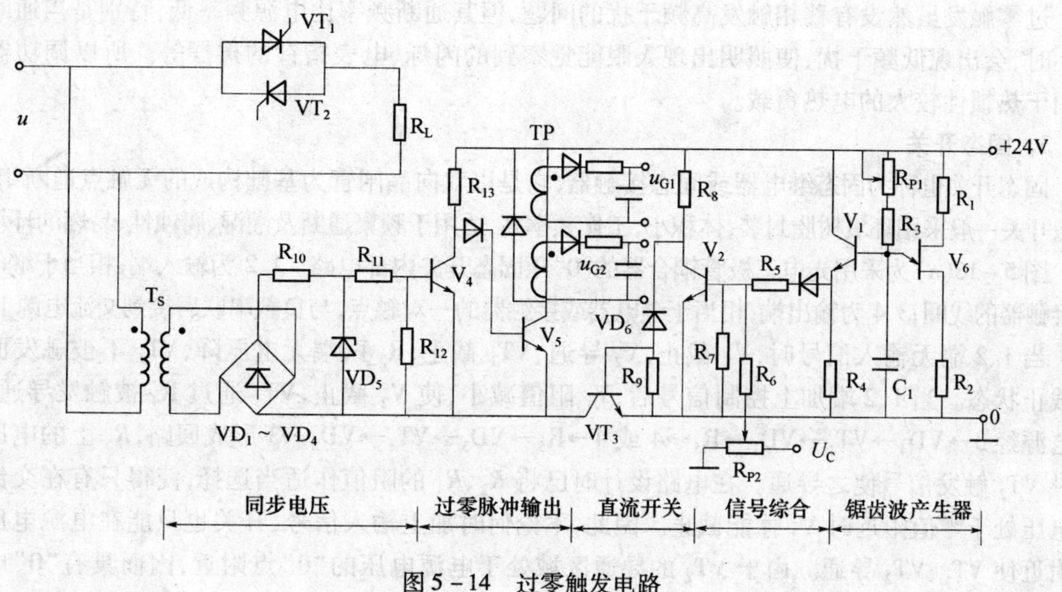

图 5-14 过零触发电路

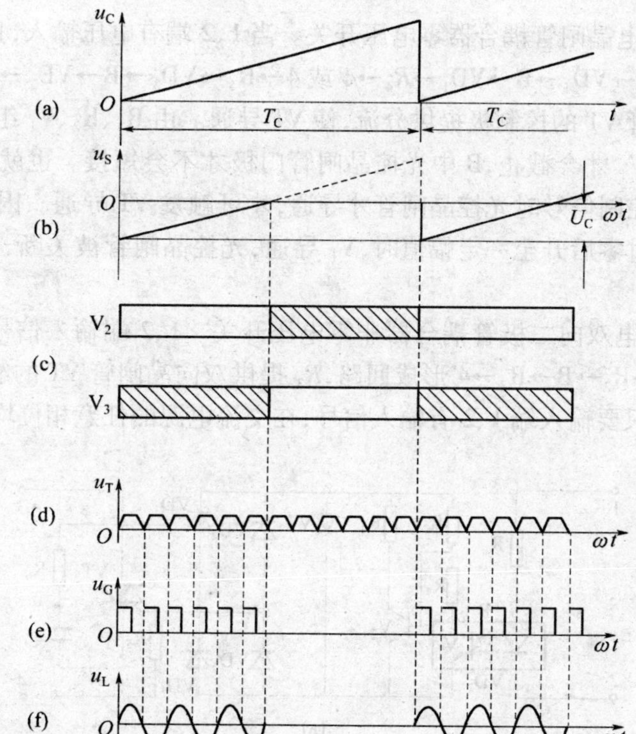

图 5-15 过零触发电路的电压波形

间，V_4 和 V_5 集电极和发射极之间才有工作电压，才能进行工作。在这期间，同步电压每次过零时，V_4 截止，其集电极输出一正电压，使 V_5 由截止转为导通，经脉冲变压器输出触发脉冲。此脉冲使晶闸管导通，如图 5-15(e)所示。于是在直流开关导通期间，便输出连续的正弦波，如图 5-15(f)所示。增大控制电压，便可加长开关导通的时间，也就增多了导通的周波数，从而增加了输出的平均功率。

过零触发虽然没有移相触发高频干扰的问题，但其通断频率比电源频率低，特别是当通断比较小时，会出现低频干扰，使照明出现人眼能觉察到的闪烁、电表指针的摇摆等。所以调功器通常用于热惯性较大的电热负载。

3. 固态开关

固态开关也称为固态继电器或固态接触器，它是以双向晶闸管为基础构成的无触点通断组件。固态开关一般采用环氧树脂封装，体积小，工作频率高，适用于频繁通断及潮湿、腐蚀性、易燃的环境。

图 5-16(a)为采用光电三极管耦合器的“0”压固态开关内部电路。1、2 为输入端，相当于继电器或接触器的线圈；3、4 为输出端，相当于继电器或接触器的一对触点，与负载串联后接到交流电源上。

当 1、2 端无输入信号时，V_1 截止，V_2 导通，VT_1 截止，R_5 两端无电压降，VT_2 不被触发而处于截止状态。当 1、2 端加上控制信号后，V_1 阻值减小，使 V_2 截止，VT_1 通过 R_4 被触发导通，交流电源经 $3 \rightarrow VD_4 \rightarrow VT_1 \rightarrow VD_1 \rightarrow R_5 \rightarrow 4$ 或 $4 \rightarrow R_5 \rightarrow VD_3 \rightarrow VT_1 \rightarrow VD_2 \rightarrow 3$ 形成回路，R_5 上的电压降提供 VT_2 触发信号使之导通。在电路设计时已将 R_2、R_3 的阻值作适当选择，使得只有在交流电源电压处于零值附近时 V_2 才能截止。因此，不论何时加上输入信号，开关也只能在电源电压过零附近使 VT_1、VT_2 导通。由于 VT_2 的导通区域处于电源电压的“0”点附近，因而具有“0”电压开关功能。

图 5-16(b)为光电晶闸管耦合器零电压开关。当 1、2 端有电压输入，且光控晶闸管门极不被短路时，B 导通，经 $3 \rightarrow VD_4 \rightarrow B \rightarrow VD_1 \rightarrow R_4 \rightarrow 4$ 或 $4 \rightarrow R_4 \rightarrow VD_3 \rightarrow B \rightarrow VD_2 \rightarrow 3$ 形成回路，借助 R_4 上的压降向双向晶闸管 VT 的控制极提供分流，使 VT 导通。由 R_3、R_2、V_1 组成的电路可以看出，只有电源电压过零时 V_1 才会截止，B 中光控晶闸管门极才不会短接。也就是说，只有当电源电压过零同时 1、2 端有控制信号时光控晶闸管才导通，才可触发 VT 导通。因此，这种开关是零电压开关。当电源电压过零后升至一定幅值时，V_1 导通，光控晶闸管被关断，使双向晶闸管 VT 零电流时关断。

图 5-16(c)为光电双向二极管耦合器非零电压开关。1、2 端输入信号时，耦合器 B 导通，输出端交流电源经 $3 \rightarrow R_2 \rightarrow B \rightarrow R_3 \rightarrow 4$ 形成回路，R_3 提供双向晶闸管 VT 的触发信号，以 I_+、III_- 方式触发。这种电路只要输入端 1、2 有输入信号，在交流电源的任意相位均可触发导通，称为非零电压开关。

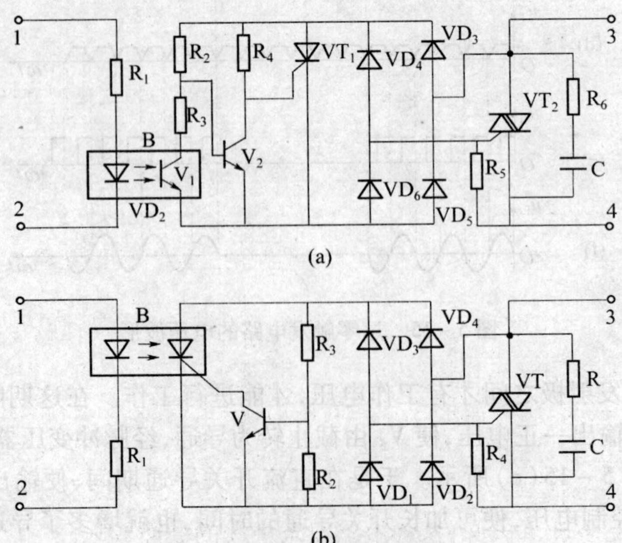

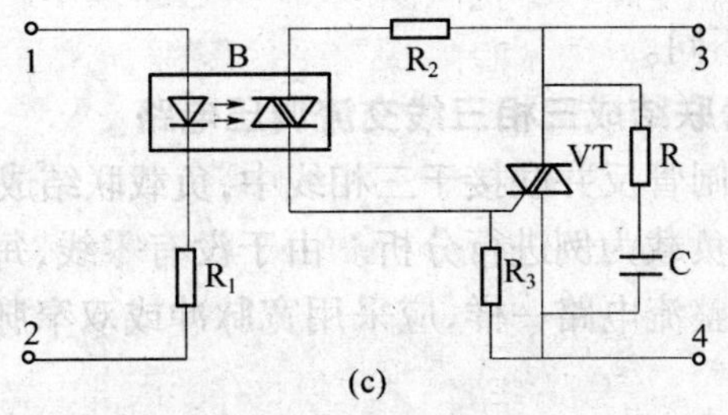

图 5－16　固态开关

二、三相交流调压

单相交流调压适用于单相容量小的负载，当交流功率调节容量较大时通常采用三相交流调压电路，如三相电热炉、电解与电镀等设备。三相交流调压的电路有多种形式，负载可连接成△或 Y 形。下面对常用接线方式加以介绍。

1. 星形联结带中性线的三相交流调压电路

图 5－17 所示为星形联结带中性线的三相交流调压电路，它实际上相当于 3 个单相反并联交流调压电路的组合，因而其工作原理与波形分析与单相交流调压相同。图 5－17(b) 中用双向晶闸管代替了图 5－17(a) 中的普通反并联晶闸管，其工作过程分析与图 5－17(a) 一样，不过由于所用元件少，触发电路简单，因而装置的成本和体积都有减小。另外，由于其有中性线，故不需要宽脉冲或双窄脉冲触发。

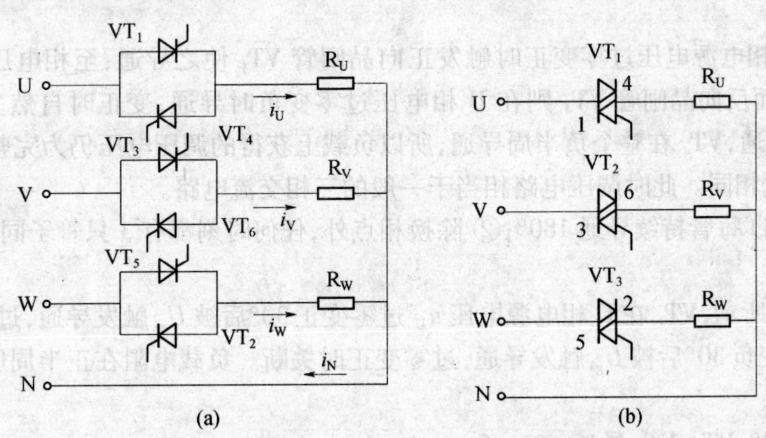

图 5－17　星形联结带中性线的三相交流调压电路

这里需要说明中性线中的高次谐波电流问题。如果各相正弦波均为完整波形，与一般的三相交流电路一样，由于各相电流相位互差 120°，中性线上电流为零。但在交流调压电路中，各相电流的波形为缺角正弦波，这种波形包含有高次谐波，主要是三次谐波电流，而且各相的三次谐波电流之间并没有相位差，因此，它们在中性线中叠加之后，在中性线中产生的电流是每相中三次谐波电流的三倍。特别是当 $\alpha = 90°$ 时三次谐波电流最大，中线电流近似为额定相电流。当三相不平衡时，中线电流更大。因此，这种电路要求中线的截面较大。

需要注意的是,不论单相还是三相调压电路,都是从相电压由负变正的零点处开始计算 α 的,这一点与三相整流电路不同。

2. 用3对反并联晶闸管联结成三相三线交流调压电路

这种道路电路是3对晶闸管反并联接于三相线中,负载联结成星形或三角形,如图5-18所示。下面以星形联结的电阻负载为例进行分析。由于没有零线,每相电流必须和另一相电流构成回路,因此,与三相全控桥整流电路一样,应采用宽脉冲或双窄脉冲触发。触发相位自 VT_1 至 VT_6 依次滞后60°。

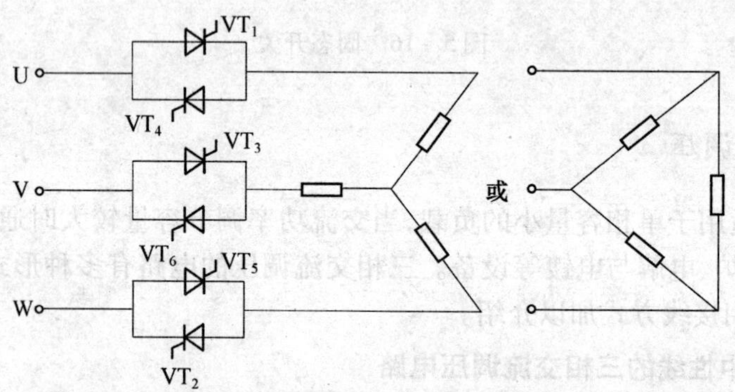

图5-18　三相三线交流调压电路

下面以U相为例,具体分析触发脉冲的相位与调压电路输出电压之间的关系。分析的基本思路是:相应于触发脉冲分配,确定各管的导通区间,再由导通区间判断负载所获得的电压,最后归纳出相应的导通特点。

(1) $\alpha=0°$

$\alpha=0°$即U相电源电压过零变正时触发正向晶闸管 VT_1 使之导通,至相电压过零变负时受反压自然关断,而反向晶闸管 VT_4 则在U相电压过零变负时导通,变正时自然关断。由于 VT_1 在整个正半周导通,VT_4 在整个负半周导通,所以负载上获得的调压电压仍为完整的正弦波。V、W两相情况与此相同。此时调压电路相当于一般的三相交流电路。

导通特点:① 每管持续导通180°;② 除换相点外,任何时刻都有3只管子同时导通。

(2) $\alpha=30°$

如图5-19所示,VT_1 在U相电源电压 u_U 过零变正30°后被 U_{g1} 触发导通,过零变负时关断,VT_4 在 u_U 过零变负30°后被 U_{g4} 触发导通,过零变正时关断。负载电阻在正半周所获得的调压电压 u_{RU} 情况如下。

$\omega t=0°\sim30°$,VT_5、VT_6 导通,$u_{RU}=0$;

$\omega t=30°\sim60°$,VT_1、VT_5、VT_6 导通,$u_{RU}=u_U$;

$\omega t=60°\sim90°$,VT_1、VT_6 导通,$u_{RU}=u_{UV}/2$;

$\omega t=90°\sim120°$,VT_1、VT_2、VT_6 导通,$u_{RU}=u_U$;

$\omega t=120°\sim150°$,VT_1、VT_2 导通,$u_{RU}=u_{UW}/2$;

$\omega t=150°\sim180°$,VT_1、VT_2、VT_3 导通,$u_{RU}=u_U$。

负半周各时段输出电压与正半周反向对称。

导通特点:① 每管持续导通150°;② 有的区间两个管子同时导通构成两相流通回路,有的区间3个管子同时导通构成三相流通回路。

(3) $\alpha=60°$

如图 5-20 所示，具体分析过程与 $\alpha=30°$时相似，读者可自行分析。

导通特点：① 每管持续导通 120°；② 每个区间均有两个管子导通构成两相流通回路。

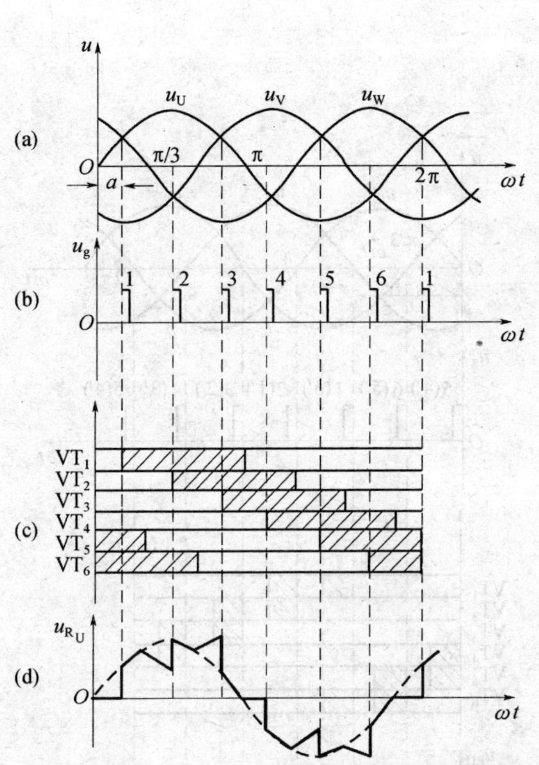

图 5-19 三相三线交流调压 $\alpha=30°$时的波形

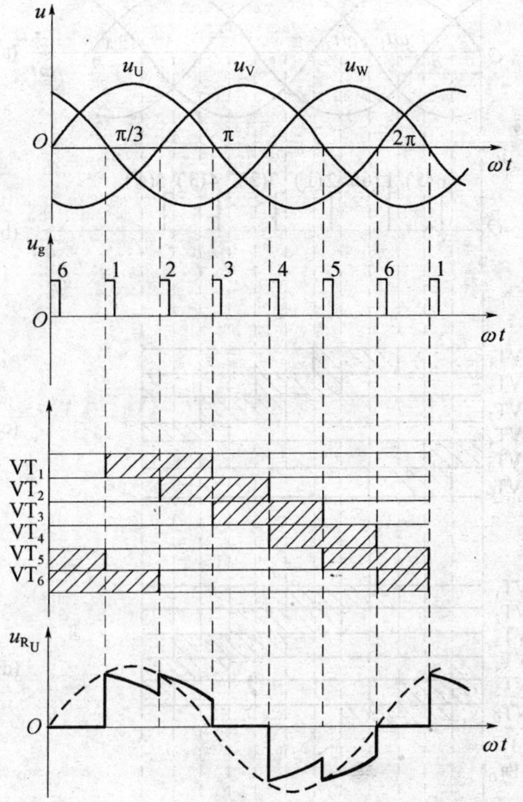

图 5-20 三相三线交流调压 $\alpha=60°$时的波形

(4) $\alpha=90°$

如图 5-21 所示，注意，如果认为正半周或负半周结束就意味着相应晶闸管的关断并得到图 5-21(c)所示导通区间图，那是错误的。因为这里出现了有的区间只有一个管子导通的情况，这是不可能的，因为一个管子不能构成回路。图 5-21(d)才是正确的导通区间图。下面进行分析。

设触发脉冲宽度大于 60°。在触发 VT_1 时，VT_6 还有触发脉冲，由于此时（ωt_1 时刻）$u_U>u_V$，因此，VT_6还可与 VT_1 一起导通，构成 U、V 两相回路，电流途径是：VT_1→U 相负载→V 相负载→VT_6。只要 $u_U>u_V$，VT_1、VT_6就能导通下去，直到开始 $u_U<u_V$时（ωt_2 时刻），VT_1、VT_6 才同时关断。同样，在 U_{g2}到来时，U_{g1}还存在，又因 $u_U>u_W$，所以使得 VT_2 与 VT_1 一起触发导通，构成 U、W 两相回路，……。如此可知，每个管子导通后，与前一个触发的管子一起构成回路，导通 60°后关断，然后又与新触发的下一个管子一起构成回路，再导通 60°后关断。

导通特点：① 每管导通 120°；② 每个区间有两个管子导通。

(5) $\alpha=120°$

如图 5-22 所示，触发 VT_1 时，VT_6 还有触发脉冲，而此时（ωt_1 时刻）$u_U>u_V$，故 VT_1 与 VT_6 一起导通，构成 U、V 回路，到 ωt_2 时刻开始 $u_U<u_V$时，两管同时关断。触发 VT_2时，由于 VT_1 的触发脉冲还存在，于是 VT_2与 VT_1 一起导通，又构成 U、W 两相回路，到 $u_U<u_W$ 时两管又同时关

断,……。由此可知,每个管子与前一个触发的管子一起导通30°后关断,关断30°后,下一个管子触发时再与之一起构成回路再导通30°。

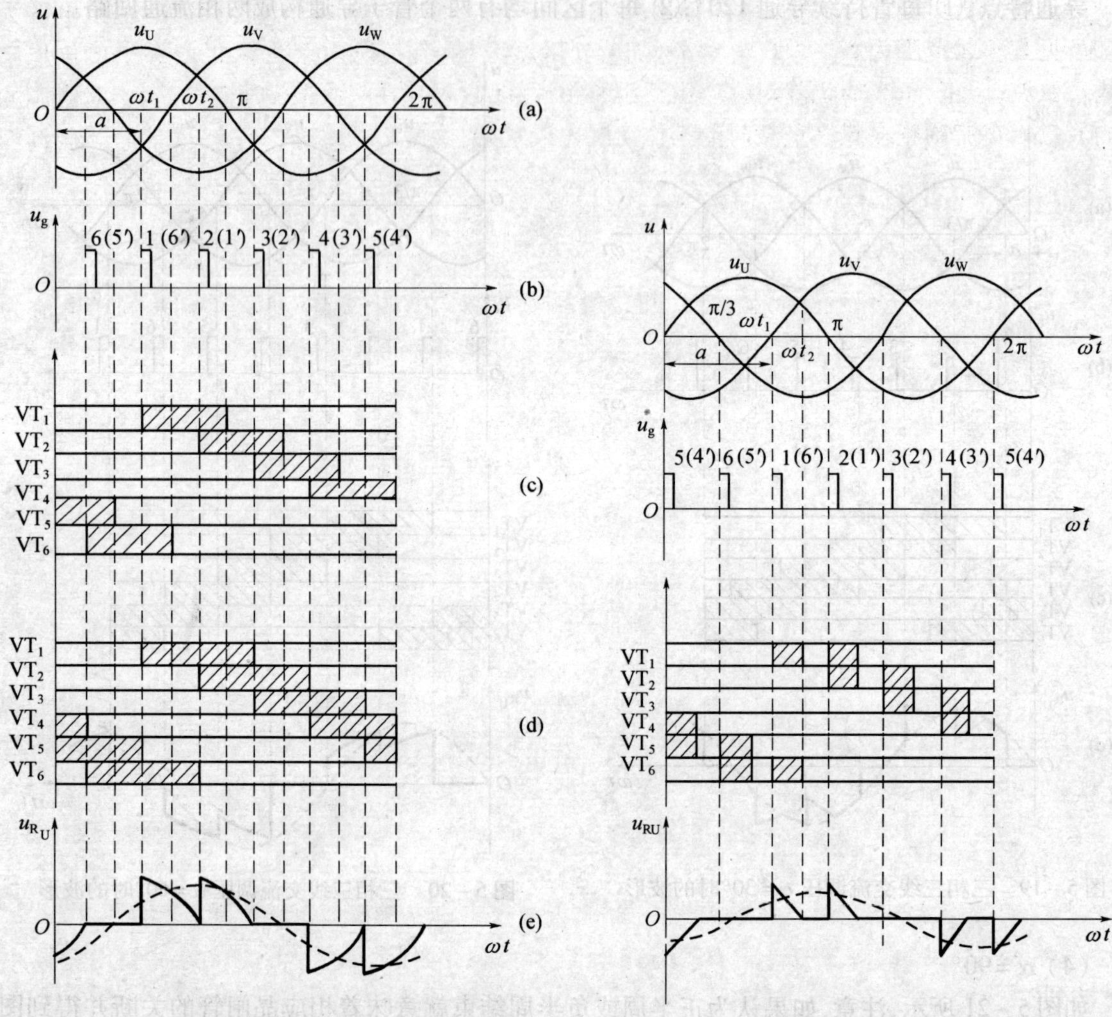

图5-21　三相三线交流调压 $\alpha=90°$ 时的波形　　图5-22　三相三线交流调压 $\alpha=120°$ 时的波形

负载在正半周获得的电压 u_{RU} 如下:

$\omega t=0°\sim30°$,VT_4、VT_5 导通,$u_{RU}=u_{UW}/2$;

$\omega t=30°\sim60°$,$VT_1\sim VT_6$ 均不通,$u_{RU}=0$;

$\omega t=60°\sim90°$,VT_5、VT_6 导通,$u_{RU}=0$;

$\omega t=90°\sim120°$,$VT_1\sim VT_6$ 均不通,$u_{RU}=0$;

$\omega t=120°\sim150°$,VT_1、VT_6 导通,$u_{RU}=u_{UV}/2$;

$\omega t=150°\sim180°$,$VT_1\sim VT_6$ 均不通,$u_{RU}=0$。

导通特点:① 每管触发后导通30°,关断30°,再触发导通30°;② 各区间有的是两个管子导通,有的是没有管子导通。

(6) $\alpha=150°$

当发出 U_{g1} 触发 VT_1 时,尽管 VT_6 的触发脉冲仍然存在,但相电压间已越过了 $u_U>u_V$ 区间,

故 VT_1、VT_6 即使有触发脉冲也没有正向电压，不能导通，别的管子又没有触发脉冲，更不能导通。因此，在 $\alpha \geqslant 150°$ 以后，从电源到负载构不成通路，没有交流电压输出。

由上述分析可知，$\alpha = 0°$ 时，电路输出全电压；α 增大，输出电压减小；$\alpha = 150°$ 时输出电压为零。可见其移相范围为 0°～150°。另外，随着 α 的增大，电流不连续程度增加，负载上的电压已不是正弦波，但正、负半周仍然对称。由于没有中性线，故不存在三次谐波通路，减少了对电源的影响。三相交流调压在感性负载时的工作情况比较复杂，这里不予讨论。

思考题与习题

5－1　双向晶闸管额定电流的定义和普通晶闸管额定电流的定义有何不同？额定电流为 100A 的两只普通晶闸管反并联可以用额定电流为多少的双向晶闸管代替？

5－2　双向晶闸管有哪几种触发方式？一般选用哪几种？

5－3　说明图 5－23 所示的电路，指出双向晶闸管的触发方式。

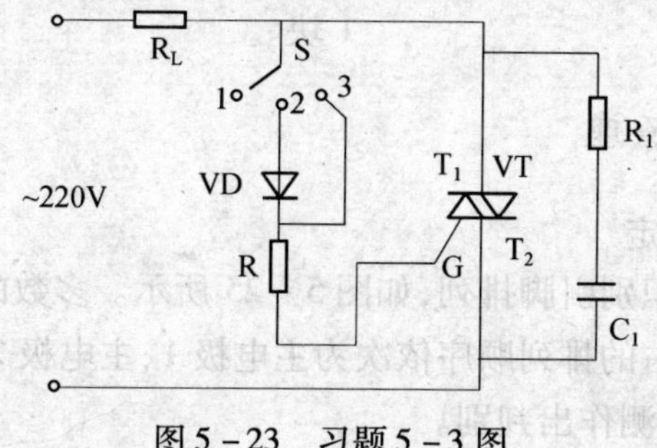

图 5－23　习题 5－3 图

5－4　在交流调压电路中，采用相位控制和通断控制各有何优缺点？为什么通断控制适用于大惯性负载？

5－5　单相交流调压电路，负载阻抗角为 30°，问控制角 α 的有效移相范围有多大？

5－6　单相交流调压主电路中，对于电阻—电感负载，为什么晶闸管的触发脉冲要用宽脉冲或脉冲列？

5－7　一台 220V/10kW 的电炉，采用单相交流调压电路，现使其工作在功率为 5kW 的电路中，试求电路的控制角 α、工作电流以及电源侧功率因数。

5－8　图 5－24 所示的单相交流调压电路，$U_2 = 220V$，$L = 5.516mH$，$R = 1\Omega$，试求：① 控制角 α 的移相范围；② 负载电流最大有效值；③ 最大输出功率和功率因数。

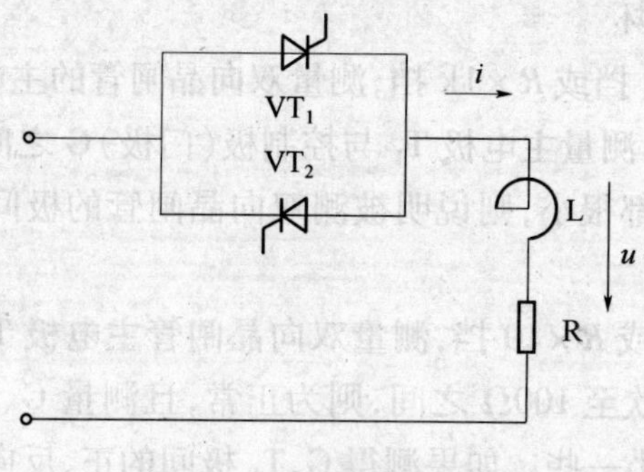

图 5－24　习题 5－8 图

5-9　采用双向晶闸管组成的单相调功电路采用过零触发，$U_2=220\text{V}$，负载电阻 $R=1\Omega$，在控制的设定周期 T_c 内，使晶闸管导通 0.3s，断开 0.2s。试计算：① 输出电压的有效值；② 负载上所得的平均功率与假定晶闸管一直导通时输出的功率；③ 选择双向晶闸管的型号。

实训十一　双向晶闸管电极的判定和简单测试

一、实训目的

观察双向晶闸管的结构，掌握测试双向晶闸管好坏的正确方法。

二、实验实训设备

双向晶闸管	1 个
双踪示波器	1 台
万用表	1 块

三、实验实训线路及原理

1）双向晶闸管电极的判定

一般可先从元器件外形识别引脚排列，如图 5-25 所示。多数的小型塑封双向晶闸管，面对印字面、引脚朝下，则从左向右的排列顺序依次为主电极 1、主电极 2、控制极（门极）。但是也有例外，所以有疑问时应通过检测作出判别。

用万用表的 $R\times100$ 挡或 $R\times1\text{k}$ 挡测量双向晶闸管的两个主电极之间的电阻，如图 5-25 所示。无论表笔的极性如何，读数均应近似无穷大（∞）。而控制极（门极）G 与主电极 T_1 之间的正、反向电阻只有几十欧至 100Ω。根据这一特性，很容易通过测量电极之间的电阻大小的方法，识别出双向晶闸管的主电极 T_2。同时黑表笔接主电极 T_1，红表笔接控制极（门极）G 所测得的正向电阻总是要比反向电阻小一些，据此也很容易通过测量电阻大小来识别主电极 T_1 和控制极 G。

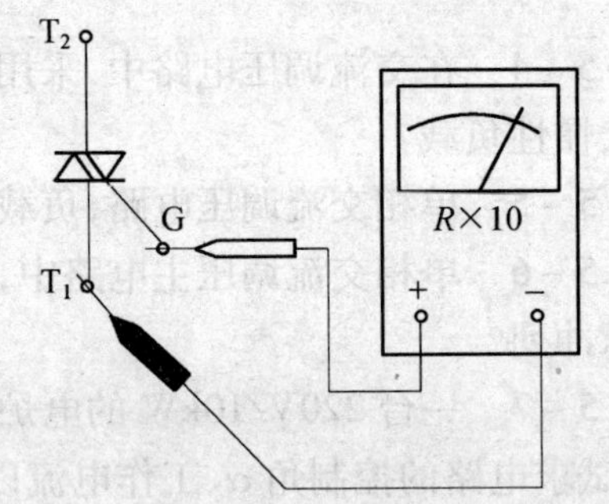

图 5-25　测量 G、T1 极间的正向电阻

2）判定双向晶闸管的好坏

① 将万用表置于 $R\times100$ 挡或 $R\times1\text{k}$ 挡，测量双向晶闸管的主电极 T_1、主电极 T_2 之间的正、反向电阻应近似无穷大（∞），测量主电极 T_1 与控制极（门极）G 之间的正、反向电阻也应近似无穷大（∞）。如果测得的电阻都很小，则说明被测双向晶闸管的极间已击穿或漏电短路，性能不良，不宜使用。

② 将万用表置于 $R\times$ 挡或 $R\times10$ 挡，测量双向晶闸管主电极 T_1 与控制极（门极）G 之间的正、反向电阻，若读数在几十欧至 100Ω 之间，则为正常，且测量 G、T_1 极间正向电阻（图 5-25）时的读数要比反向电阻稍微小一些。如果测得 G、T_1 极间的正、反向电阻均为无穷大（∞），则说明被测晶闸管已开路损坏。

3）双向晶闸管触发特性测试

（1）简易测试方法一

该测试方法无需外加电源，适宜对小功率双向晶闸管触发特性的测试，如图5-26所示。具体操作如下。

① 将万用表置于$R\times10$挡，取一只容量约为10μF的电解电容器，接上万用表内置电池(1.5V)充电数秒钟（注意黑表笔接电容的正极，红表笔接电容的负极），如图5-26(a)所示。这只充电的电容器将作为双向晶闸管的触发电源。

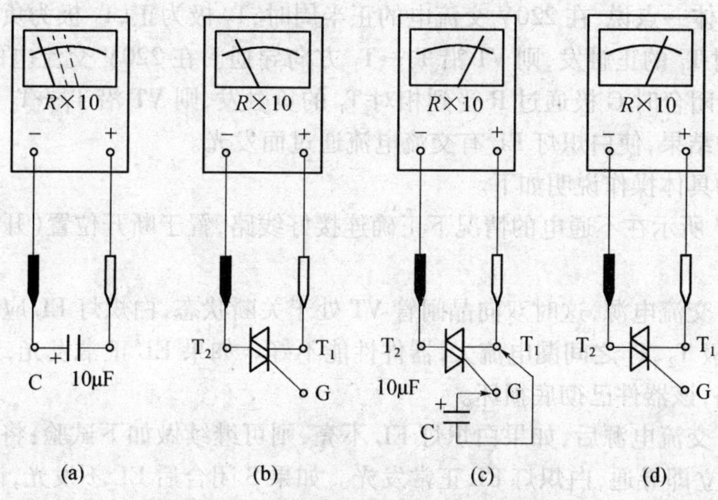

图5-26　双向晶闸管触发特性简易测试

② 把待测的双向晶闸管主电极T_1与万用表的红表笔相接，主电极T_2与黑表笔相接，如图5-26(b)所示。

③ 将充电的电容器负极接双向晶闸管的主电极T_1，电容器正极接触一下控制极（门极）G之后就立即断开，如万用表指针有较大幅度偏转并能停留在固定位置上，如图5-26(c)、(d)所示，说明被测双向晶闸管中的一只单向晶闸管工作正常。

用同样的方法，但要改变测试极性（T_1脚接黑表笔、T_2脚接红表笔、充电电容器正极接T_1脚而用其负极触碰G脚），则同样可判断双向晶闸管中另一只单向晶闸管工作正常与否。

（2）简易测试方法二

对于工作电流为8A以下的小功率双向晶闸管，也可以用更简单的方法测量其触发特性。具体操作如下。

① 将万用表置于$R\times1$挡，红表笔接主电极T_1，黑表笔接主T_2。然后用金属镊子将T_2极与G极短路一下，给G极输入正极性触发脉冲，如果此时万用表的指示值由∞（无穷大）变为10Ω左右，说明晶闸管被触发导通，导通方向为T_2至T_1。

② 万用表仍用$R\times1$挡。将黑表笔接主电极T_1，红表笔接主电极T_2，然后用金属镊子将T_2极与G极短路一下，即给G极输入负极性触发脉冲，这时万用表指示值应由∞（无穷大）变为10Ω左右，说明晶闸管被触发导通，导通方向为T_1至T_2。

③ 在晶闸管被触发导通后即使G极不再输入触发脉冲（如G极悬空），应仍能维持导通，这时导通方向为T_1至T_2。

④ 因为在正常情况下，万用表低阻测量挡的输出电流大于小功率晶闸管维持电流，所以晶闸管被触发导通后如果不能维持低阻导通状态，不是由于万用表输出电流太小，而是说明被测的

双向晶闸管性能不良或已经损坏。

⑤ 如果给双向晶闸管的 G 极一直加上适当的触发电压后仍不能导通,说明该双向晶闸管已损坏,无触发导通特性。

4）交流测试法

对于耐压 400V 以上的双向晶闸管,可以在 220V 工频交流条件下进行测试,测试电路如图 5－29所示。

在正常情况下,开关 S 闭合时晶闸管 VT 即被触发导通,白炽灯 EL 正常发光;S 断开时 VT 关断,EL 熄灭。具体一点说,在 220V 交流电的正半周时,T_2 极为正,T_1 极为负,S 闭合时 G 极通过电阻 R 受到相对 T_1 的正触发,则 VT 沿 $T_2 \rightarrow T_1$ 方向导通。在 220V 交流电的负半周时,T_1 极为正,T_2 极为负,S 闭合时 G 极通过 R 受到相对 T_1 的负触发,则 VT 沿 $T_1 \rightarrow T_2$ 方向导通。VT 如此交换方向导通的结果,使白炽灯 EL 有交流电流通过而发光。

交流测试法的具体操作说明如下。

① 按图 5－27 所示在不通电的情况下正确连接好线路,置于断开位置(开关耐压≥250V,绝缘良好)。

② 接入 220V 交流电源,这时双向晶闸管 VT 处于关断状态,白炽灯 EL 应不亮。如果 EL 轻微发光,说明主电极 T_2、T_1 之间漏电流大,器件性能不好。如果 EL 正常发光,说明主电极 T_2、T_1 之间已经击穿短路,该器件已彻底损坏。

③ 接入 220V 交流电源后,如果白炽灯 EL 不亮,则可继续做如下试验:将开关 S 闭合,这时双向晶闸管 VT 应立即导通,白炽灯 EL 正常发光。如果 S 闭合后 EL 不发光,说明被测双向晶闸管内部受损而断路,无触发导通能力。

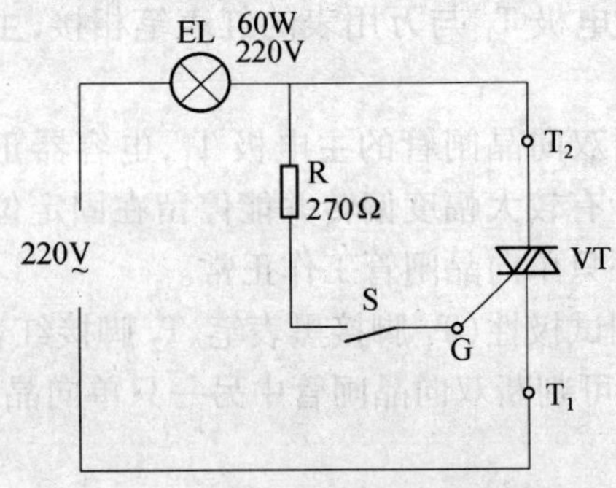

图 5－27　双向晶闸管交流测试电路

四、实验实训内容及步骤

(1) 判别双向晶闸管的电极并鉴别其好坏

将万用表置于 $R \times 100$ 挡或 $R \times 1\text{k}$ 挡,测量双向晶闸管的主电极 T_1、主电极 T_2 之间的正、反向电阻,再将万用表置于 $R \times 1$ 挡或 $R \times 10$ 挡,测量双向晶闸管主电极 T_1 与控制极(门极)G 之间的正、反向电阻,应并将所测数据填入表 5－5 中,以判断被测晶闸管的好坏。

表 5－5　所测数据值

被测晶闸管	$R_{T_1T_2}$	$R_{T_2T_1}$	R_{T_1G}	R_{GT_1}	结 论
VT					

(2) 双向晶闸管触发特性测试

根据双向晶闸管选择一种方法测试其触发特性,并判断其触发能力。

五、实验实训报告

① 根据实验记录判断被测双向晶闸管的好坏,写出简易判断的方法。
② 写出本次实验实训的心得与体会。

实训十二 单相交流调压电路

一、实训目的

① 加深理解单相交流调压电路的工作原理。
② 加深理解交流调压感性负载时对移相范围的要求。

二、实训内容

① 单相交流调压器带电阻性负载。
② 单相交流调压器带电阻—电感性负载。

三、实训线路及原理

本实验采用了锯齿波移相触发器。该触发器适用于双向晶闸管或两只反并联晶闸管电路的交流相位控制,具有控制方式简单的优点。

晶闸管交流调压器的主电路由两只反向晶闸管组成,如图 5-28 所示。

四、实训设备及仪器

1. MCL 系列教学实验台主控制屏
2. MCL-18 组件(适合 MCL-Ⅱ)或 MCL-31 组件(适合 MCL-Ⅲ)
3. MCL-33(A)组件或 MCL-53 组件(适合 MCL-Ⅱ、Ⅲ、Ⅴ)
4. MCL-05 组件或 MCL-05A 组件或 MCL-54 组件
5. MEL-03 组件(或自配滑线变阻器 450Ω,1A)
6. 双踪示波器
7. 万用表

五、注意事项

在电阻电感负载时,当 $\alpha<\varphi$ 时,若脉冲宽度不够,会使负载电流出圈套的直流分量,损坏元件。为此主电路可通过变压器降压供电,这样既可看到电流波形不对称图像,又不会损坏设备。

六、实训步骤

1. 单相交流调压器带电阻性负载

将 MCL-33(或 MCL-53)上的两只晶闸管 VT_1、VT_4 反并联而成交流电调压器,将触发的输出脉冲端 G_1、K_1、G_3、K_3 分别接至主电路相应 VT_1 和 VT_4 的门极和阴极。

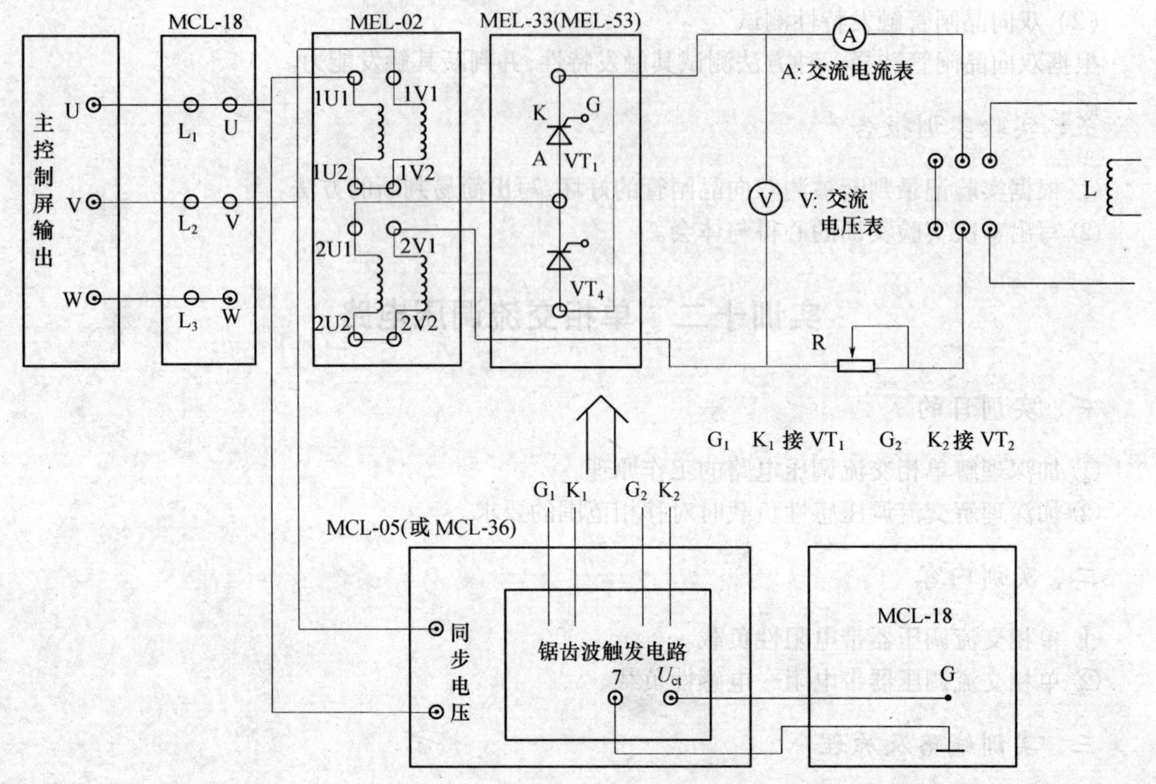

图 5-28 单相交流调压电路

L-平波电抗器,或选择 700mH;R-负载电阻,

或为 MEL-03 的 900Ω 瓷盘电阻并联,或自配 1.9k、0.65A 双联滑线变阻器。

把开关 S 打向左边,接上电阻性负载(可采用两只 900Ω 电阻并联),并调节负载电阻至最大。

MCL-18 的给定电位器 RP_1 逆时针调到底,使 $U_{ct}=0$。调节锯齿波同步移相触发电路偏移电压电位器 RP_2,使 $\alpha=150°$。

三相调压器逆时针调到底,合上主电源,调节主控制屏输出电压,使 $U_{uv}=220$。用示波器观察负载电压 $u=f(t)$,晶闸管两端电压 $u_{VT}=f(t)$ 的波形,调节 U_{ct},观察不同 α 角时各波形的变化,并记录 $\alpha=60°$、$90°$、$120°$时的波形。

2. 单相交流调压器接电阻—电感性负载

① 在做电阻—电感实验时需调节负载阻抗角的大小,因此须知道电抗器的内阻和电感量。可采用直流伏安法来测量内阻,电抗器的电阻为 $R_L=U_L/I$。

电抗器的电感量可用交流伏安法测量,由于电流大时对电抗器的电感量影响较大,采用自耦调压多测几次取平均值,从而可得交流阻抗。

$$Z_L = U_L/I$$

电抗器的电感量为

$$L_L = \sqrt{Z_L^2 - R_L^2}/(2\pi f)$$

这样即可求得负载阻抗角为

$$\varphi = \arctan \frac{\omega L_1}{R_d + R_L}$$

在实验过程中,欲改变阻抗角,只需改变电阻器的数值即可。

② 断开电源,接入电感($L = 700\text{mH}$)调节 U_{ct},使 $\alpha = 45°$。三相调压器逆时针调到底,合上主电源,调节主控制屏输出电压,使 $U_{uv} = 220\text{V}$。用二踪示波器同时观察负载电压 u 和负载电流 i 的波形。也可使阻抗角 Φ 为一定值,调节 α 观察波形。

注:调节电阻 R 时,需观察负载电流,不可大于0.8A。

七、实训报告

① 整理实验中记录下的各类波形。

② 分析电阻电感负载时,α 角与 φ 角相应关系的变化对调压器工作的影响。

③ 分析实验中出现的问题。

实训十三　三相交流调压电路实验

一、实训目的

① 加深理解三相交流调压电路的工作原理。

② 了解三相交流调压电路带不同负载时的工作情况。

③ 了解三相交流调压电路触发电路原理。

二、实训内容

① MCL－18 触发电路的调试。

② 三相交流调压电路带电阻负载。

③ 三相交流调压电路带电阻电感负载。

三、实训原理

本实验三相交流调压器为三相三线制,由于没有中线,每相电流必须从另一相构成回路。交流调压应采用宽脉冲或双窄脉冲进行触发。这里使用的是双窄脉冲。实验线路如图 5－29 所示。

四、实训设备及仪器

1. MCL 系列教学实验台主控制屏
2. MCL－18 组件(适合 MCL－Ⅱ)或 MCL－31 组件(适合 MCL－Ⅲ)
3. MCL－33 组件或 MCL－53 组件(适合 MCL－Ⅱ、Ⅲ、Ⅴ)
4. MCL－03 可调电阻器(或滑线变阻器 1.8k、0.65A)
5. 二踪示波器
6. 万用表
7. 电抗器(自备)

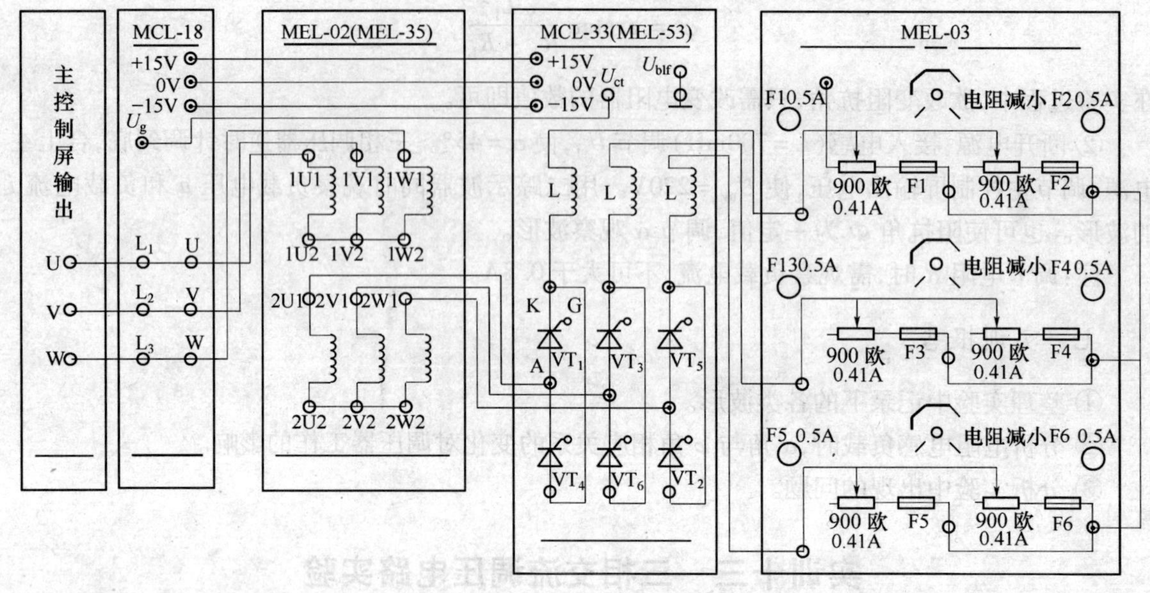

图 5－29　三相交流调压电路

五、实训步骤

1. 未上主电源之前,检查晶闸管的脉冲是否正常

① 打开 MCL－18 电源开关,给定电压有电压显示。

② 用示波器观察双窄脉冲观察孔。

③ 检查相序,用示波器观察"1"、"2"脉冲观察孔,"1"脉冲超前"2"脉冲 60°,则相序正确,否则应调整输入电源。

④ 用示波器观察每只晶闸管的控制极,阴极,应有幅度为 1V～2V 的脉冲。

2. 三相交流调压器带电阻性负载

按图构成调压器主电路,使用Ⅰ组晶闸管 VT_1～VT_6,其触发脉冲已通过内部连线接好,只要将Ⅰ组触发脉冲的 6 个开关拨至"接通"即可,接上三相电阻负载(每相可采用两只 900Ω 电阻并联),并调节电阻负载至最大。

三相调压器逆时针调到底,合上主电源,调节主控制屏输出电压,使 $U=220V$。用示波器观察并记录 $\alpha=30°$、90°、120°、150°时输出电压波形,并记录相应输出电压有效值 U。

3. 三相交流调压器带电阻电感负载

断开电源,改接电阻电感负载。接通电源,调节三相负载的阻抗角 $\varphi=60°$,用示波器观察 $\alpha=30°$、90°、120°时的波形,并记录输出电压 u、电流 i 的波形及输出电压有效值 U。

六、实训报告

① 整理记录下的波形,作不同负载时的 $U=f(\alpha)$的曲线。

② 讨论分析实验中出现的问题。

项目六　变频器的分析与检测

【学习目标】

1. 了解变频器的发展和应用。
2. 掌握变频器的基本工作原理。
3. 初步熟悉变频器的参数设置。
4. 掌握 IGBT 器件的基本原理及常用的驱动保护电路的原理。
5. 掌握脉宽调制(PWM)型逆变电路工作原理。
6. 掌握相关英文词汇。

【项目引入】

变频器是一种静止的频率变换器,可将电网电源的 50Hz 频率交流电变成频率可调的交流电,作为电动机的电源装置,目前在国内外使用广泛。使用变频器可以节能、提高产品质量和劳动生产率等。图 6-1 为工业用西门子变频器。下面具体介绍与变频器相关的知识:变频器的基本原理、变频器常用开关器件(IGBT)、脉宽调制(PWM)型逆变电路、变频调速的特点以及变频器的应用。

图 6-1　SIEMENS MICROMASTER 420 通用变频器

【相关知识点】

一、绝缘门极晶体管(IGBT)

1. IGBT的结构和基本工作原理

绝缘门极晶体管IGBT(Insulated Gate Bipolar Transistor)也称绝缘栅极双极型晶体管,是一种新发展起来的复合型电力电子器件。复合型电力电子器件是指双极型和单极型的集成混合。它一般是用普通晶闸管、GTR以及GTO作为主导元件,用MOSFET作为控制元件复合而成的,也称Bi-NOS器件。这一类器件既具有双极型器件电流密度高、导通压降低的优点,又具有单极型器件输入阻抗高、响应速度快的优点。IGBT结合了MOSFET和GTR的特点,既具有输入阻抗高、速度快、热稳定性好和驱动电路简单的优点,又具有输入通态电压低、耐压高和承受电流大的优点,这些都使IGBT比GTR有更大的吸引力。在变频器驱动电动机,中频和开关电源以及要求快速、低损耗的领域,IGBT占据着主导地位。

1) IGBT的基本结构与工作原理

(1) 基本结构

IGBT也是三端器件,它的的3个极为漏极(D)、栅极(G)和源极(S)。有时也将IGBT的漏极称为集电极(C),源极称为发射极(E)。图6-2(a)是一种由N沟道功率MOSFET与晶体管复合而成的IGBT的基本结构。与图6-2对照可以看出,IGBT比功率MOSFET多一层P^+注入区,因而形成了一个大面积的P^+N^+结J1,这样使得IGBT导通时由P^+注入区向N基区发射少数载流子,从而对漂移区电导率进行调制,使得IGBT具有很强的通流能力。其简化等值电路如图6-2(b)所示。可见,IGBT是以GTR为主导器件,MOSFET为驱动器件的复合管,图6-2(b)中R_N为晶体管基区内的调制电阻。图6-2(c)为IGBT的电气图形符号。

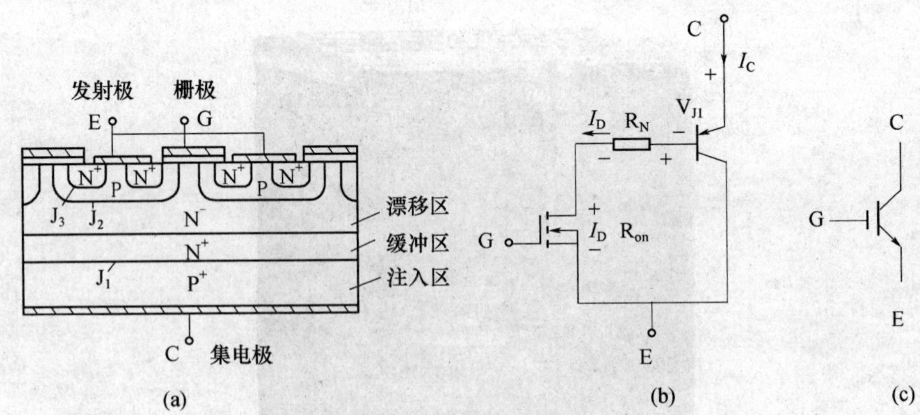

图6-2 IGBT的结构、简化等效电路和电气图形符号
(a)内部结构;(b) 简化等效电路;(c) 电气图形符号。

(2) 工作原理

IGBT的驱动原理与电力MOSFET基本相同,它是一种电压控型器件。其开通和关断是由栅极和发射极间的电压U_{GE}决定的,当U_{GE}为正且大于开启电压$U_{GE(th)}$时,MOSFET内形成沟道,并为晶体管提供基极电流使其导通。当栅极与发射极之间加反向电压或不加电压时,MOSFET内的沟道消失,晶体管无基极电流,IGBT关断。

上面介绍的 PNP 晶体管与 N 沟道 MOSFET 组合而成的 IGBT 称为 N 沟道 IGBT，记为 N - IGBT，其电气图形符号如图 6 - 2 所示。对应的还有 P 沟道 IGBT，记为 P - IGBT。N - IGBT 和 P - IGBT 统称为 IGBT。由于实际应用中以 N 沟道 IGBT 为多，因此下面仍以 N 沟道 IGBT 为例进行介绍。

2）IGBT 的基本特性与主要参数

（1）IGBT 的基本特性

① 静态特性。与功率 MOSFET 相似，IGBT 的转移特性和输出特性分别描述器件的控制能力和工作状态。图 6 - 3（a）为 IGBT 的转移特性，它描述的是集电极电流 I_C 与栅射电压 U_{GE} 之间的关系，与功率 MOSFET 的转移特性相似。开启电压 $U_{GE(th)}$ 是 IGBT 能实现电导调制而导通的最低栅射电压。$U_{GE(th)}$ 随温度升高而略有下降，温度升高 1℃，其值下降 5mV 左右。在 +25℃ 时，$U_{GE(th)}$ 的值一般为 2V ~ 6V。

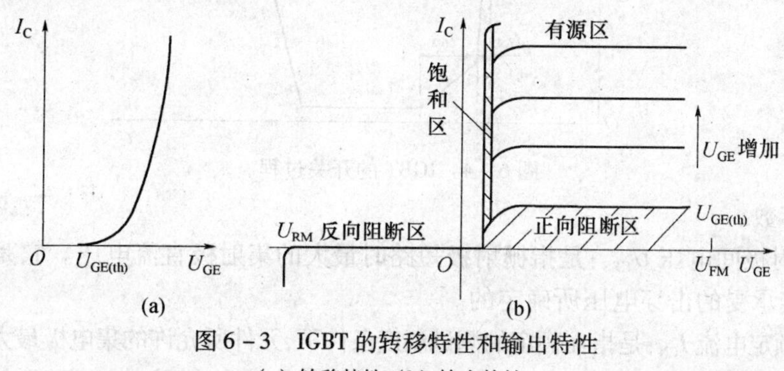

图 6 - 3 IGBT 的转移特性和输出特性

（a）转移特性；（b）输出特性。

图 6 - 3(b) 为 IGBT 的输出特性，也称伏安特性，它描述的是以栅射电压为参考变量时，集电极电流 I_C 与集射极间电压 U_{CE} 之间的关系。此特性与 GTR 的输出特性相似，不同的是参考变量，IGBT 为栅射电压 U_{GE}，GTR 为基极电流 I_B。IGBT 的输出特性也分为 3 个区域：正向阻断区、有源区和饱和区。这分别与 GTR 的截止区、放大区和饱和区相对应。此外，当 $u_{CE} < 0$，IGBT 为反向阻断工作状态。在电力电子电路中，IGBT 工作在开关状态，因而是在正向阻断区和饱和区之间来回转换。

② 动态特性。图 6 - 4 给出了 IGBT 开关过程的波形图。IGBT 在开通过程中的大部分时间是作为 MOSFET 管来运行的，因此其开通过程与功率 MOSFET 相似。只是在集射电压下降过程后期，PNP 晶体管由放大区至饱和区，又增加了一段延缓时间，使集射电压波形变为两段，t_{fv1} 段和 t_{fv2} 段。其开通时间 t_{on} 也由开通延迟时间 $t_{d(on)}$ 和上升时间 t_r 组成。其中开通延迟时间 $t_{d(on)}$ 是指从驱动电压 u_{GE} 的前沿上升至其幅值的 10% 的时刻起，到集电极电流 i_C 升高到其幅值的 10% 的时刻止的这段区间；而集电极电流 i_C 从其幅值的 10% 升高到其幅值的 90% 所需的时间为上升时间 t_r。IGBT 的关断时间也由关断延迟时间 $t_{d(off)}$ 和下降时间 t_f 组成，其中关断延迟时间 $t_{d(off)}$ 是指从驱动电压 u_{GE} 的后沿下降到其幅值的 90% 的时刻算起，到集电极电流 i_C 降低至其幅值的 90% 的时刻为止的这段区间；下降时间 t_f 是指集电极电流 i_C 从其幅值的 90% 降低到其幅值的 10% 所需的时间，而在集电极电流的下降过程中，又分为两段 t_{fi1} 和 t_{fi2}，因为 MOSFET 关断后，PNP 晶体管中的存储电荷难以迅速消除，造成集电极电流较长的尾部时间。

由上分析可知，IGBT 中双极型 PNP 晶体管的存在，虽然带来了电导调制效应的好处，但也引入了少子储存现象，因而 IGBT 的开关速度要低于功率 MOSFET。

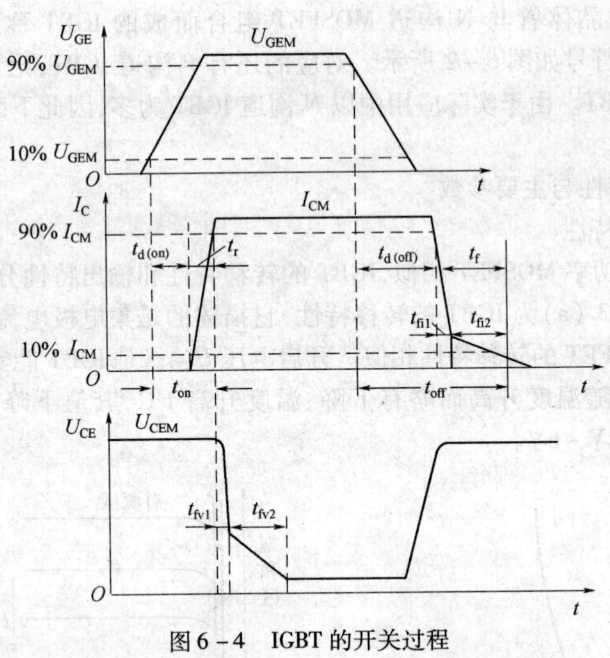

图 6-4 IGBT 的开关过程

（2）主要参数

① 最大集射极间电压 U_{CES}：是指栅射极短路时最大的集射极直流电压。它是由器件内部的 PNP 晶体管所能承受的击穿电压所确定的。

② 集电极额定电流 I_{CN}：是指在额定的测试温度条件下，元件所允许的集电极最大直流电流。

③ 集电极脉冲峰值电流 I_{CP}：指在一定脉冲宽度时（常指 1ms 脉冲），IGBT 的集电极所允许的最大脉冲峰值电流。

④ 最大集电极功耗 P_{CN}：指在额定的测试温度条件下，元件允许的最大耗散功率。

3）IGBT 的擎住效应和安全工作区

从图 6-2(a) IGBT 的结构可以发现，在 IGBT 内部寄生着一个 N^-PN^+ 晶体管和作为主开关器件的 P^+N^-P 晶体管组成的寄生晶体管。其中 NPN 晶体管基极与发射极之间存在体区短路电阻，P 形体区的横向空穴电流会在该电阻上产生压降，相当于对 J_3 结施加正偏压，在额定集电极电流范围内，这个偏压很小，不足以使 J_3 开通，然而一旦 J_3 开通，栅极就会失去对集电极电流的控制作用，导致集电极电流增大，造成器件功耗过高而损坏。这种电流失控的现象，就像普通晶闸管被触发以后，即使撤销触发信号，晶闸管仍然因进入正反馈过程而维持导通的机理一样，因此被称为擎住效应或自锁效应。引发擎住效应的原因，可能是集电极电流过大（静态擎住效应），也可能是最大允许电压上升率 du_{CE}/dt 过大（动态擎住效应），温度升高也会加重发生擎住效应的危险。

动态擎住效应比静态擎住效应所允许的集电极电流小，因此所允许的最大集电极电流实际上是根据动态擎住效应而确定的。

根据最大集电极电流、最大集电极间电压和最大集电极功耗可以确定 IGBT 在导通工作状态的参数极限范围，即正向偏置安全工作电压（FBSOA）；根据最大集电极电流、最大集射极间电压和最大允许电压上升率可以确定 IGBT 在阻断工作状态下的参数极限范围，即反向偏置安全工作电压（RBSOA）。

擎住效应曾经是限制 IGBT 电流容量进一步提高的主要因素之一，但经过多年的努力，自 20 世纪

90 年代中后期开始，这个问题已得到了极大的改善，促进了 IGBT 研究和制造水平的迅速提高。

此外，为满足实际电路中的要求，IGBT 往往与反并联的快速二极管封装在一起制成模块，成为逆导器件，选用时应加以注意。

2. IGBT 的驱动电路

1）对驱动电路的要求

① IGBT 是电压驱动的，具有一个 2.5V～5.0V 的阈值电压，有一个容性输入阻抗，因此 IGBT 对栅极电荷非常敏感，故驱动电路必须很可靠，保证有一条低阻抗值的放电回路，即驱动电路与 IGBT 的连线要尽量短。

② 要用内阻小的驱动源对栅极电容充放电，以保证栅极控制电压 U_{GE} 的前后沿足够陡峭，减少 IGBT 的开关损耗。栅极驱动源的功率也应足够，以使 IGBT 的开、关可靠，并避免在开通期间因退饱和而损坏。

③ 要提供大小适当的正反向驱动电压 U_{GE}。正向偏压 U_{GE} 增大时，IGBT 通态压降和开通损耗均下降，但若 U_{GE} 过大，则负载短路时其 I_C 随 U_{GE} 的增大而增大，使 IGBT 能承受短路电流的时间减小，不利于其本身的安全，为此，U_{GE} 也不宜选的过大，一般选 U_{GE} 为 12V～15V。对IGBT施加负向偏压（$-U_{GE}$）可防止因关断时浪涌电流过大而使 IGBT 误导通，但其值又受 C、E 间最大反向耐压限制，一般取 −5V～−10V。

④ 要提供合适的开关时间。快速开通和关断有利于提高工作频率，减小开关损耗，但在大电感负载情况下，开关时间过短会产生很高的尖峰电压，造成元器件击穿。

⑤ 要有较强的抗干扰能力及对 IGBT 的保护功能。

⑥ 驱动电路与信号控制电路在电位上应严格隔离。

2）驱动电路

（1）分立组件组成的驱动电路

因为 IGBT 的输入特性几乎与 MOSFET 相同，所以用于 MOSFET 的驱动电路同样可以用于 IGBT。在用于驱动电动机的逆变器电路中，为使 IGBT 能够稳定工作，要求 IGBT 的驱动电路采用正负偏压双电源的工作方式。为了使驱动电路与信号电隔离，应采用抗噪声能力强，信号传输时间端的光耦合器件。基极和发射极的引线应尽量短，基极驱动电路的输入线应为绞合线，其具体电路如图 6－5 所示。

图 6－5(a)为脉冲变压器组成的栅极驱动电路。来自脉冲发生器的脉冲信号经晶体管 V 放大后加至脉冲变压器 T_P 初级，经 T_P 耦合、反向串联双稳压管双向限幅后驱动 IGBT。该电路简单，工作频率较高，可达 100kHz，但存在漏感和趋肤效应，使绕组的绕制工艺复杂，并容易产生振

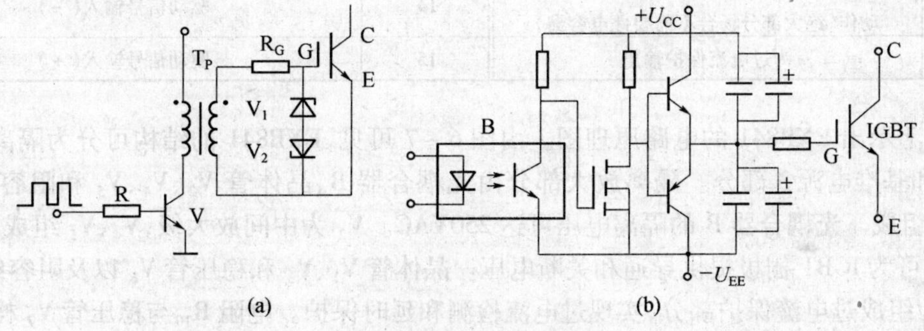

图 6－5　IGBT 基极驱动电路

（a）阻止滤波；（b）光电隔离。

荡。图 6-5(b) 为采用光电耦合器隔离的驱动电路。输入控制信号经光耦合器 B 引入，再经 MOS 管放大，由互补推挽电路输出至 IGBT，为其提供正、反向驱动电流。输出级采用互补型式的电路可降低驱动源的内阻，并加速 IGBT 的关断过程。

(2) 集成化驱动电路

目前，已研制出许多专用的 IGBT 集成驱动电路，这些集成化模块的抗干扰能力强、速度快、保护功能完善，可实现 IGBT 的最优驱动。本节只介绍日本富士公司的部分 EXB 系列驱动电路。

EXB 系列集成驱动电路分标准型和高速型两种，EXB850、EXB851 为标准型，最大开关频率为 10kHz；EXB840、EXB841 为高速型，最大开关频率为 40kHz。图 6-6 为 EXB841 的功能原理框图。

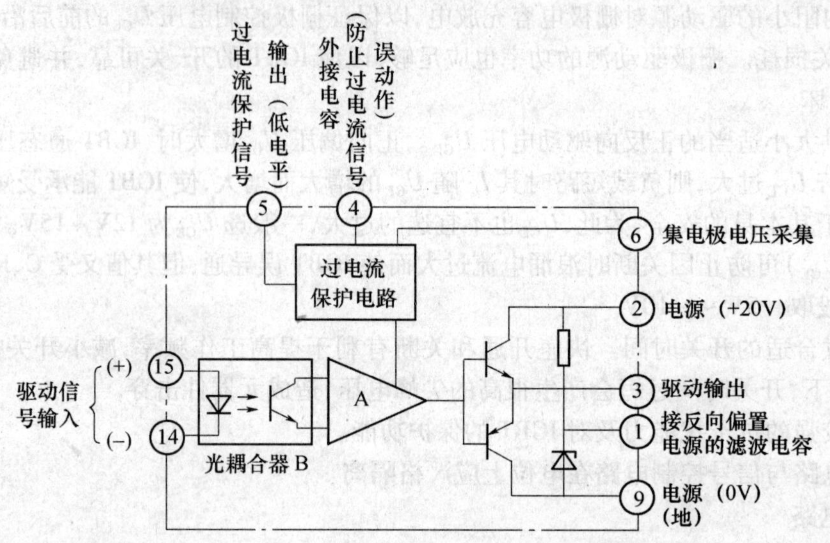

图 6-6 EXB841 功能原理框图

EXB841 为厚膜集成电路矩形扁片状封装，单列直插，端子功能如表 6-1 所列。

表 6-1 EXB840/841 的端子菜单

端子	功能	端子	功能
1	与用于反向偏置电源的滤波电容器相连接	6	集电极电压监视
2	供电电源(+20V)	7、8、10、11	为空端
3	驱动输入	9	电源地
4	用于外接电容器，以防止过电流保护电路误动作(绝大部分场合不需要此电容器)	14	驱动信号输入(-)
5	为过电流保护输出	15	驱动信号输入(+)

图 6-7 示出 EXB841 的电路原理图。由图 6-7 可见，EXB841 的结构可分为隔离放大、过电流保护和基准电源 3 部分。隔离放大部分由光耦合器 B、晶体管 V_2、V_4、V_5 和阻容组件 R_1、C_1、R_2、R_9 组成。光耦合器 B 的隔离电压可达 250VAC。V_2 为中间放大级，V_4、V_5 组成的互补式推挽输出，可为 IGBT 栅极提供导通和关断电压。晶体管 V_1、V_3 和稳压管 V_6 以及阻容组件 R_3 ~ R_8、C_2 ~ C_4 组成过电流保护部分，实现过电流检测和延时保护。电阻 R_{10} 与稳压管 V_7 构成 5V 基准电源，为 IGBT 的关断提供 -5V 反偏电压，同时也为光耦合器提供工作电源。芯片的 6 脚通过快速二极管 VD_2 连接 IGBT 的集电极 C，通过检测 U_{CE} 的大小来判断是否发生短路或集电极电流

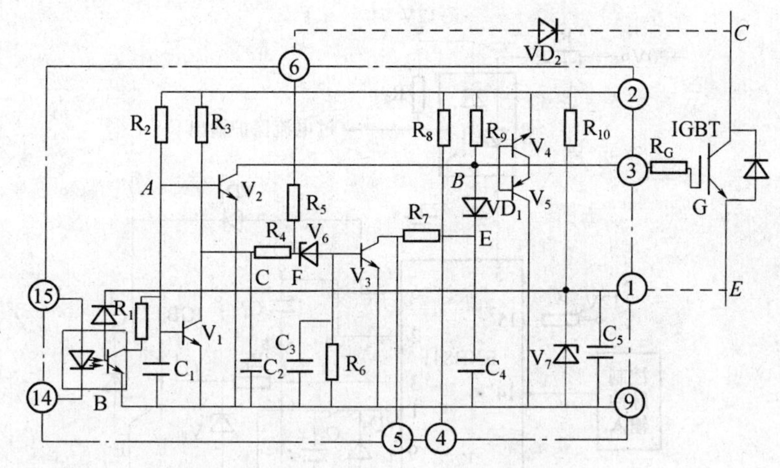

图 6－7　EXB841 电路原理图

过大。芯片的 5 脚为过电流保护信号输出端，输出信号供控制电路使用。

图 6－7 电路的工作过程如下。

① IGBT 的开通。当 14 与 15 两脚间通以 10mA 电流时，光耦合器 B 导通，图中 A 点电位下降使 V_1、V_2 截止。V_2 截止导致 B 点电位升高，V_4 导通，V_5 截止。2 脚电源经 V_4、3 脚及 R_G 驱动 IGBT 栅极，使 IGBT 迅速导通。

② IGBT 的关断。当 14 与 15 两脚间流过的电流为零时，B 截止，V_1、V_2 导通，使 B 点电位下降，V_4 截止，V_5 导通。IGBT 栅极电荷经 V_5 迅速放电，使 3 脚电位降至 0V，比 1 脚电位低 5V。因而 $U_{GS}=-5V$，此反偏电压可使 IGBT 可靠关断。

③ 保护过程。保护信号采自 IGBT 的集射极压降 U_{CE}。当 IGBT 正常导通时，U_{CE} 较小，隔离二极管 VD_2 导通，稳压管 V_6 不被击穿，V_3 截止，C_4 被充电，使 E 点电位为电源电压值（20V）并保持不变。一旦发生过流或短路，IGBT 因承受大电流而退饱和，导致 U_{CE} 上升，VD_2 截止，V_6 被击穿使 V_3 导通，C_4 经 R_7 和 V_3 放电，E 点及 B 点电位逐渐下降，V_4 截止，V_5 导通，使 IGBT 被慢慢关断从而得到保护。与此同时，5 脚输出低电平，将过电流保护信号送出。

图 6－8 为 EXB841 的实际应用电路。控制脉冲输入端 14 脚为高电平时，IGBT 截止，14 脚为低电平时，IGBT 导通。稳压管 V_1、V_2 用于栅射极间电压限幅保护。C_1、C_2 为电源滤波电容，VD_2 为外接钳位二极管。5 脚外接光耦合器 B，当 IGBT 过流时，5 脚输出低电平，B 导通，输出过电流保护执行信号。

使用 IGBT 专用驱动电路时应注意以下事项。

① 驱动电路与 IGBT 栅射极接线长度应小于 1m，并使用双绞线以提高抗干扰能力。

② 若集电极上有大的电压尖脉冲产生，可增加栅极串联电阻 R_G 使尖脉冲减小。R_G 值的选择可参考表 6－2 所给数值。

表 6－2　IGBT 栅极串接电阻 R_G 参考值

IGBT 额定值	500V	10A	15A	30A	50A	100A	150A	200A	300A	400A	
	1000V		5A	15A	25A	50A	75A	100A	150A	200A	300A
R_G/Ω		250	150	82	50	25	15	12	8.2	5	3.3

③ 两个外接电容 C_1、C_2 的作用是吸收由电源接线阻抗变化引起的电源电压波动。电容值可选 47μF。

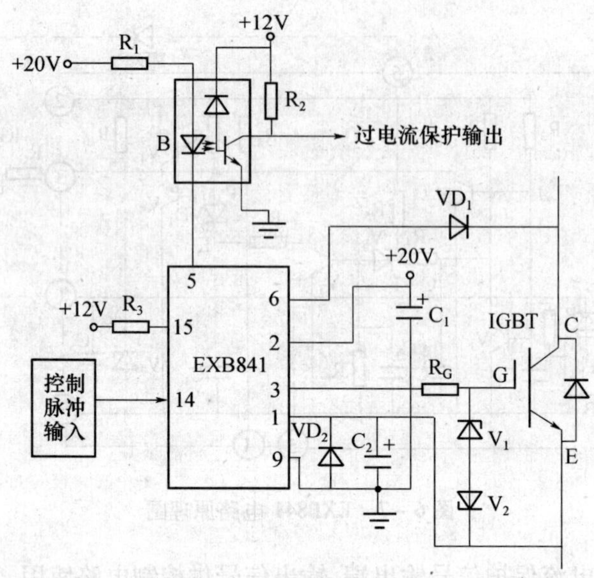

图6-8 EXB841 应用电路

3. IGBT 的保护电路

因为 IGBT 是由 MOSFET 和 GTR 复合而成的，所以 IGBT 的保护可按 GTR、MOSFET 保护电路来考虑，主要是栅源过电压保护、静电保护、采用 R－C－VD 缓冲电路等。另外，也应在 IGBT 电控系统中设置过压、欠压、过流和过热保护单元，以保证安全可靠工作。应该指出，必须保证 IGBT 不发生擎住效应。具体做法是：实际中 IGBT 使用的最大电流不超过其额定电流。

（1）缓冲电路

IGBT 在电力变换电路中始终工作于开关状态，其工作频率高达 20kHz～50kHz，很小的电路电感就可能引起很大的感应电动势，从而危及 IGBT 的安全，因此，IGBT 的缓冲电路功能更侧重于开关过程中过电压的吸收与抑制。图 6－9 给出了几种用于 IGBT 桥臂的典型缓冲电路。其中图 6－9(a)是最简单的单电容电路，适用于 50A 以下的小容量 IGBT 模块，由于电路无阻尼组件，易产生 LC 振荡，故应选择无感电容或串入阻尼电阻 R_S；图 6－9(b)是将 RCD 缓冲电路用于双桥臂的 IGBT 模块上，适用于 200A 以下的中等容量 IGBT；在图 6－9(c)中，将两个 RCD 缓冲电路分别用在两个桥臂上，该电路将电容上过冲的能量部分送回电源，因此损耗较小，广泛应用于 200A 以上的大容量 IGBT。

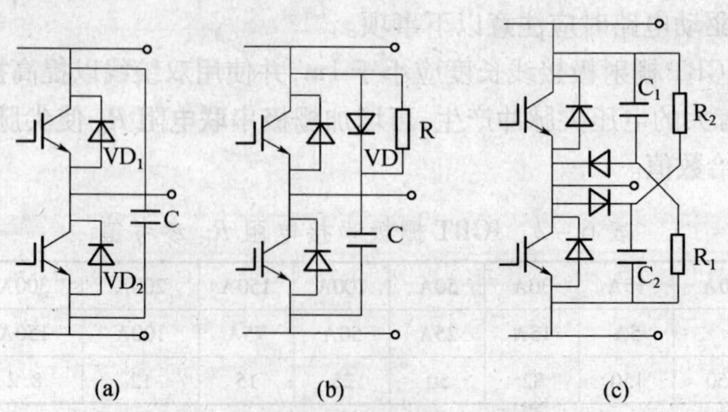

图6－9 IGBT 桥臂的典型缓冲电路

(a) 小容量；(b) 中容量；(c) 大容量。

（2）IGBT 的保护

IGBT 的过电压保护措施已在前面的缓冲电路部分作了介绍，这里只讨论 IGBT 的过电流保护措施。过电流保护措施主要是检测出过电流信号后迅速切断栅极控制信号来关断 IGBT。实际使用中，当出现负载电路接地、输出短路、桥臂某组件损坏、驱动电路故障等情况时，都可能使一桥臂的两个 IGBT 同时导通，使主电路短路，集电极电流过大，器件功耗增大。为此，就要求在检测到过电流后，通过控制电路产生负的栅极驱动信号来关断 IGBT。尽管检测和切断过电流需要一定的时间延迟，但只要 IGBT 的额定参数选择合理，10μs 内的过电流一般不会使之损坏。

图 6-10 为采用集电极电压识别方法的过流保护电路。IGBT 的集电极通态饱和压降 U_{CES} 与集电极电流 I_C 呈近似线性关系，I_C 越大，U_{CES} 越高，因此，可通过检测 U_{CES} 的大小来判断 I_C 的大小。图 6-10 中，脉冲变压器的①、②端输入开通驱动脉冲，③、④端输入关断信号脉冲。IGBT 正常导通时，U_{CE} 低，C 点电位低，VD 导通并将 M 点电位钳位于低电平，晶体管 V_2 处于截止状态。若 I_C 出现过电流，则 U_{CE} 升高，C 点电位升高，VD 反向关断，M 点电位便随电容 C_M 充电电压上升，很快达到稳压管 V_1 阈值使 V_1 导通，进而使 V_2 导通，封锁栅极驱动信号，同时光耦合器 B 也发出过流信号。

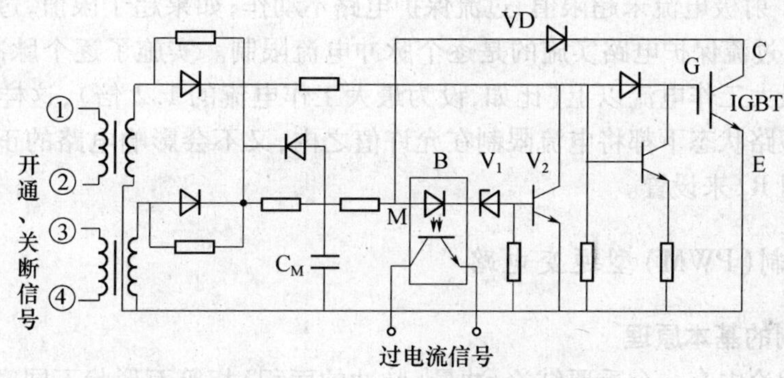

图 6-10 识别集电极电压的过电流保护电路

为了避免 IGBT 过电流的时间超过允许的短路过电流时间，保护电路应当采用快速光耦合器等快速传送组件及电路。不过，切断很大的 IGBT 集电极过电流时，速度不能过快，否则会由于 di/dt 值过大，在主电路分布电感中产生过高的感应电动势，损坏 IGBT。为此，应当在允许的短路时间之内，采取低速切断措施将 IGBT 集电极电流切断。

图 6-11 为检测发射极电流过流的保护电路。在 IGBT 的发射极电流未超过限流阈值时，比较器 LM311 的同相端电位低于反相端电位，其输出为低电平，V_1 截止，VD_1 导通，将 V_3 管关断。此时，IGBT 的导通与关断仅受驱动信号控制：当驱动信号为高电平时，V_2 导通，驱动信号使 IGBT 导通；当驱动信号变为低电平时，V_2 管的寄生二极管导通，驱动信号将 IGBT 关断。

在 IGBT 的发射极电流超过限流阈值时，电流互感器 TA 二次侧在电阻 R_5 上产生的电压降经 R_4 送到比较器 LM311 的同相端，使该端电位高于反相端，比较器输出翻转为高电平。VD_1 截止，V_1 导通。一方面，导通的 V_1 迅速泄放掉 V_2 管上的栅极电荷，使 V_2 迅速关断，驱动信号不能传送到 IGBT 的栅极；另一方面，导通的 V_1 还驱动 V_3 迅速导通，将 IGBT 的栅极电荷迅速泄放，使 IGBT 关断。为了确保关断的 IGBT 在本次开关周期内不再导通，比较器加有正反馈电阻 R_2，这样，在 IGBT 的过电流被关断后比较器仍保持输出高电平。然后，当驱动信号由高变低时，比较器输出端随之变低，同相端电位亦随之下降并低于反相端电位。此时整个过电流保护电路已

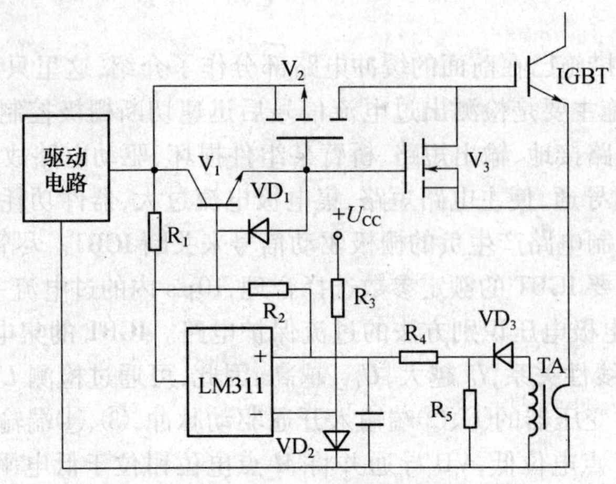

图 6-11　识别发射极过电流的保护电路

重新复位，IGBT 又仅受驱动信号控制：驱动信号再次变高（或变低）时，仍可驱动 IGBT 导通（或关断）。如果 IGBT 射极电流未超限值，过流保护电路不动作；如果超了限值，过流保护电路再次关断 IGBT。可见，过流保护电路实施的是逐个脉冲电流限制。实施了逐个脉冲电流限制，可将电流限值设置在最大工作电流以上（比如，设为最大工作电流的 1.2 倍），这样既可保证在任何负载状态甚至是短路状态下都将电流限制在允许值之内，又不会影响电路的正常工作。电流限值可通过调整电阻 R_5 来设置。

二、脉宽调制（PWM）型逆变电路

1. PWM 控制的基本原理

在采样控制理论中有一个重要结论：冲量（脉冲的面积）相等而形状不同窄脉冲（图 6-12）分别加在具有惯性环节的输入端，其输出响应波形基本相同，也就是说尽管脉冲形状不同，但只要脉冲的面积相等，其作用的效果基本相同。这就是 PWM 控制的重要理论依据。如图 6-13 所示，一个正弦半波完全可以用等幅不等宽的脉冲列来等效，但必须做到正弦半波所等分的 6 块阴影面积与相对应的 6 个脉冲列的阴影面积相等，其作用的效果就基本相同，对于正弦波的负半周，用同样的方法可得到 PWM 波形来取代正弦负半波。

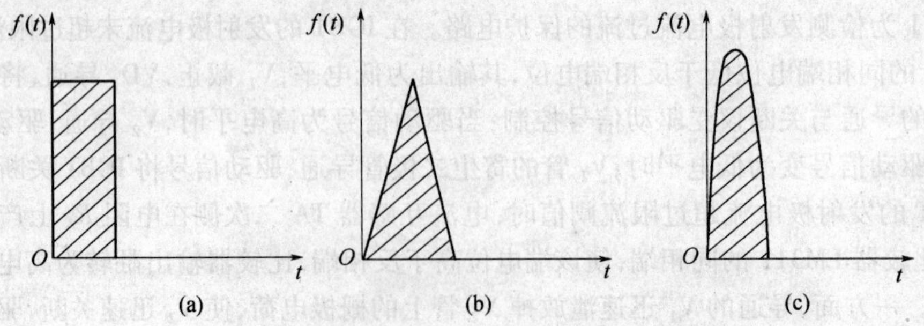

图 6-12　形状不同而冲量相同的各种窄脉冲

在 PWM 波形中，各脉冲的幅值是相等的，若要改变输出电压等效正弦波的幅值，只要按同一比例改变脉冲列中各脉冲的宽度即可。所以 U_d 直流电源采用不可控整流电路获得，不但使

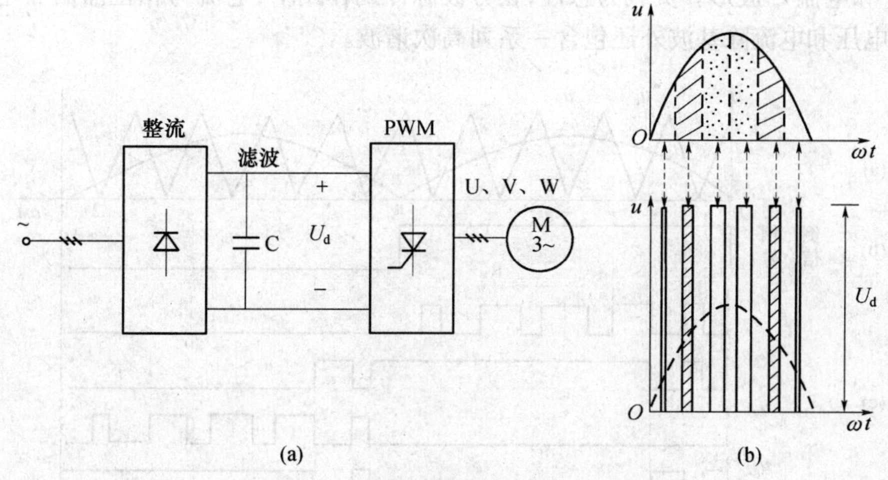

图 6-13　PWM 控制的基本原理示意图

电路输入功率因数接近于 1，而且整个装置控制简单，可靠性高。

下面分别介绍单相和三相 PWM 型变频电路的控制方法与工作原理。

1）单相桥式 PWM 变频电路工作原理

电路如图 6-14 所示，E 为恒值直流电压，$V_1 \sim V_4$ 为电力晶体管 GTR，$VD_1 \sim VD_4$ 为电压型逆变电路所需的反馈二极管。采用 GTR 作为逆变电路的自关断开关器件。设负载为电感性，控制方法可以有单极性与双极性两种。

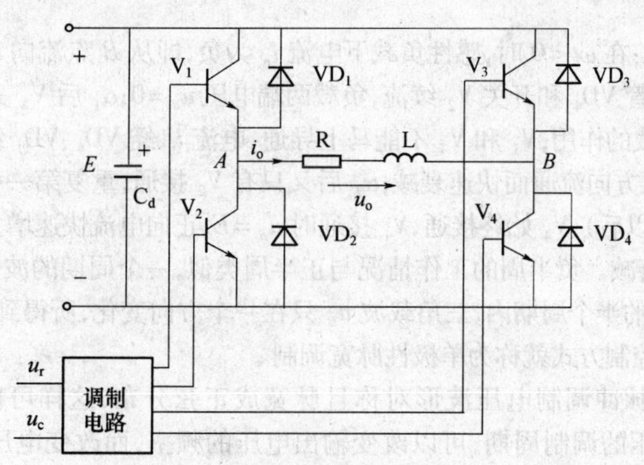

图 6-14　单相桥式 PWM 变频电路

（1）单极性 PWM 控制方式工作原理

按照 PWM 控制的基本原理，如果给定了正弦波频率、幅值和半个周期内的脉冲个数，PWM 波形各脉冲的宽度和间隔就可以准确地计算出来。依据计算结果来控制逆变电路中各开关器件的通断，就可以得到所需要的 PWM 波形，但是这种计算很繁琐，较为实用的方法是采用调制控制，图 6-15 给出了单极性脉宽调制控制波形。图 6-15 中 u_c 为载波三角波，u_r 为正弦调制信号，由 u_r 和 u_c 波形的交点形成控制脉冲。$u_{g1} \sim u_{g4}$ 分别为功率开关器件 $V_1 \sim V_4$ 的驱动信号，高电平使之接通，低电平使之断开。若 u_{g1} 和 u_{g3} 根据倒相信号分别在正半周和负半周进行脉冲调制，而 u_{g2} 和 u_{g4} 根据输出电流过零时刻作如图 6-15(c)所示安排，则可得如图6-15（d)所示的

输出电压 u_o 和电流 i_o 波形。负载为感性，在方波脉冲列作用下，电流为相位滞后于电压的齿状准正弦波。电压和电流除基波外还包含一系列高次谐波。

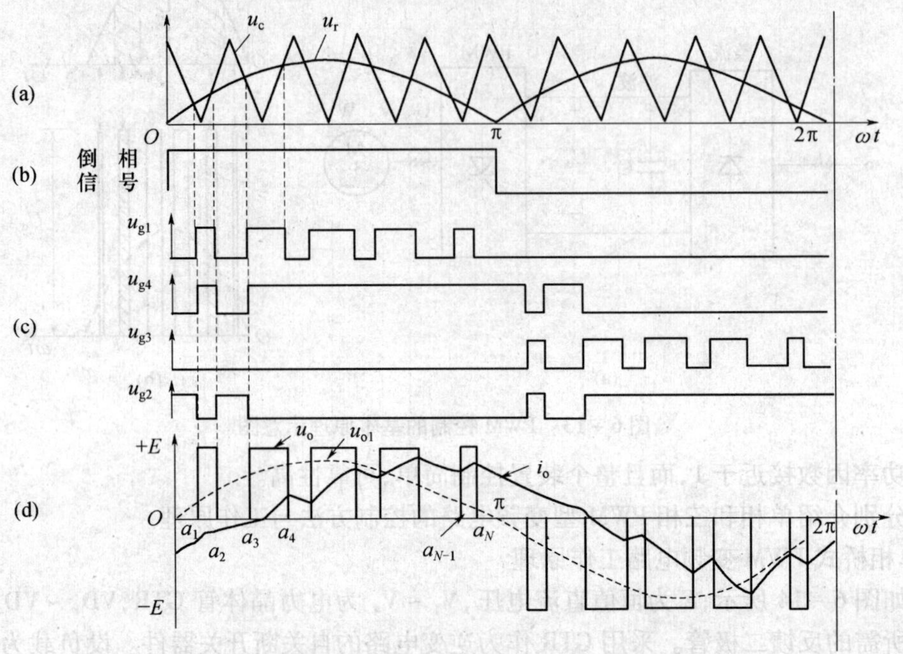

图 6－15　单极性脉宽调制波形

其基本工作原理是：在 $\omega t=0$ 时，感性负载下电流 i_o 为负，即从 B 点流向 A 点。而此时只有开关 V_2 接通，则电流由二极管 VD_4 和开关 V_2 续流，负载两端电压 $u_o=0$；α_1 后 V_2 关断，V_1 和 V_4 同时加接通信号，但由于感性负载的作用，V_1 和 V_4 不能马上导通，电流 i_o 经 VD_4、VD_1 续流。负载两端加上正向电压 $u_o=E$，i_o 反电压方向流通而快速衰减；α_2 后又只有 V_2 接通，重复第一种状态的过程。当电流 i_o 变为正向流通时（α_3 以后），V_4 始终接通，V_1 接通时 $u_o=E$，正向电流快速增大，V_1 关断时由 VD_2、V_4 续流，$u_o=0$，正向电流衰减。负半周的工作情况与正半周类似，一个周期的波形如图 6－15 所示。显然，在正弦调制信号 u_r 的半个周期内，三角载波 u_c 只在一个方向变化，所得到的 SPWM 波形 u_o 也只在一个方向变化，这种控制方式就称为单极性脉宽调制。

逆变电路输出的脉冲调制电压波形对称且脉宽成正弦分布，这样可以减小电压谐波含量。通过改变调制脉冲电压的调制周期，可以改变输出电压的频率，而改变电压的脉冲宽度可以改变输出基波电压的大小。也就是说，载波三角波峰值一定，改变参考信号 u_r 的频率和幅值，就可以控制逆变器输出基波电压频率的高低和电压的大小。

（2）双极性 PWM 控制方式工作原理

电路仍然如图 6－14 所示，调制信号 u_r 仍然是正弦波，而载波信号 u_c 改为正负两个方向变化的等腰三角形波，如图 6－16 所示。

其工作原理是：与单极性脉宽调制相同，仍然在调制信号 u_r 和载波信号 u_c 的交点时刻控制各开关器件的通与断。当 $u_r>u_c$ 时，给晶体管 V_1 和 V_4 以导通信号，给 V_2 和 V_3 以关断信号，输出电压 $u_o=E$。当 $u_r<u_c$ 时，给 V_2 和 V_3 以导通信号，给 V_1 和 V_4 以关断信号，输出电压 $u_o=-E$。可以看出，同一桥臂上下两个晶体管的驱动信号极性相反，处于互补工作方式。在电感性负载的情况下，当基波电压过零进入正半周（$\omega t=0$）时，电流 i_o 仍为负值，即从图 6－14 中的 B

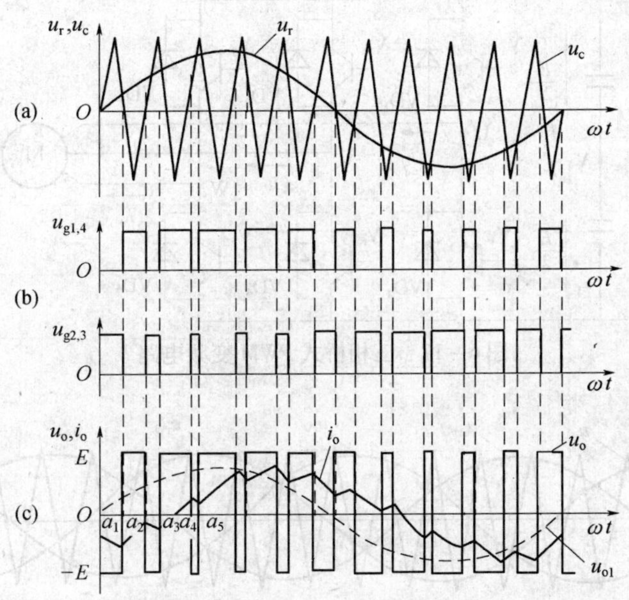

图 6-16　双极性脉宽调制波形

点流向 A 点。而此时若给 V_1 和 V_4 以导通信号，给 V_2 和 V_3 以关断信号（图 6-16α_1 处），则 V_2 和 V_3 立即关断，因感性负载电流不能突变，V_1 和 V_4 并不能立即导通，二极管 VD_1 和 VD_4 导通续流。当感性负载电流较大时，直到下一次 V_2 和 V_3 重新导通前（图 6-16 α_2 以前），负载电流方向始终未变，VD_1 和 VD_4 持续导通，而 V_1 和 V_4 始终未导通。在图 6-16α_3 以后，负载电流过零之前，VD_1 和 VD_4 续流。负载电流过零之后，V_1 和 V_4 导通，且负载电流反向，即从图6-14中的 A 点流向 B 点。不论 VD_1 和 VD_4 导通，还是 V_1 和 V_4 导通，负载电压都是 E。在基波电压的负半周，从 V_1 和 V_4 导通向 V_2 和 V_3 导通切换时，VD_2 和 VD_3 的续流情况和上述情况类似。

由此可见，在双极性控制方式中 u_r 的半个周期内，三角载波是在正负两个方向变化的，所得到的 SPWM 波形 u_o 也是在两个方向变化的。在 u_r 的一个周期内，输出的 SPWM 波形有 $\pm E$ 两种电平。在 u_r 的正负半周，对各开关器件的控制规律相同。

2）三相桥式 PWM 变频电路的工作原理

在 PWM 型逆变电路中，使用最多的是图 6-17 所示的三相桥式逆变电路，已被广泛地应用在异步电动机变频调速中。它由 6 只电力晶体管 $V_1 \sim V_6$（也可以采用其它快速功率开关器件）和 6 只快速续流二极管 $VD_1 \sim VD_6$ 组成。其控制方式多采用双极性脉宽调制，U、V、W 三相的 PWM 控制通常共用一个峰值一定的三角波载波 u_c，三相调制信号 u_{ru}、u_{rv}、u_{rw} 的相位依次相差 120°。若以直流电源电压中间电位作参考，则输出的三相 SPWM 电压波形如图 6-18 所示。

三相调制信号 u_{rU}、u_{rV} 和 u_{rW} 为相位依次相差 120°的正弦波，而三相载波信号是公用一个正负方向变化的三角形波 u_c，如图 6-18 所示。U、V 和 W 相自关断开关器件的控制方法相同，现以 U 相为例：在 $u_{rU} > u_c$ 的各区间，给上桥臂电力晶体管 V_1 以导通驱动信号，而给下桥臂 V_4 以关断信号，于是 U 相输出电压相对直流电源 U_d 中性点 N' 为 $u_{UN'} = U_d/2$。在 $u_{rU} < u_c$ 的各区间，给 V_1 以关断信号，V_4 为导通信号，输出电压 $u_{UN'} = -U_d/2$。图 6-18 所示的 $u_{UN'}$ 波型就是三相桥式 PWM 逆变电路，U 相输出的波形（相对 N′点）。

图 6-17 电路中 $VD_1 \sim VD_6$ 二极管是为电感性负载换流过程提供续流回路的，其他两相的控制原理与 U 相相同。三相桥式 PWM 变频电路的三相输出的 PWM 波形分别为 $u_{UN'}$、$u_{VN'}$ 和

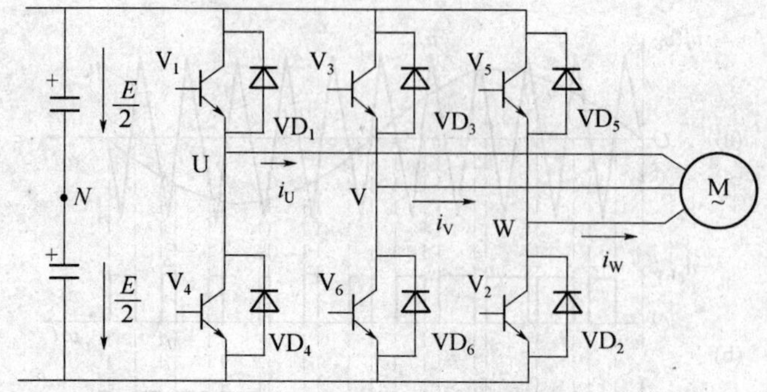

图 6-17　三相桥式 PWM 变频电路

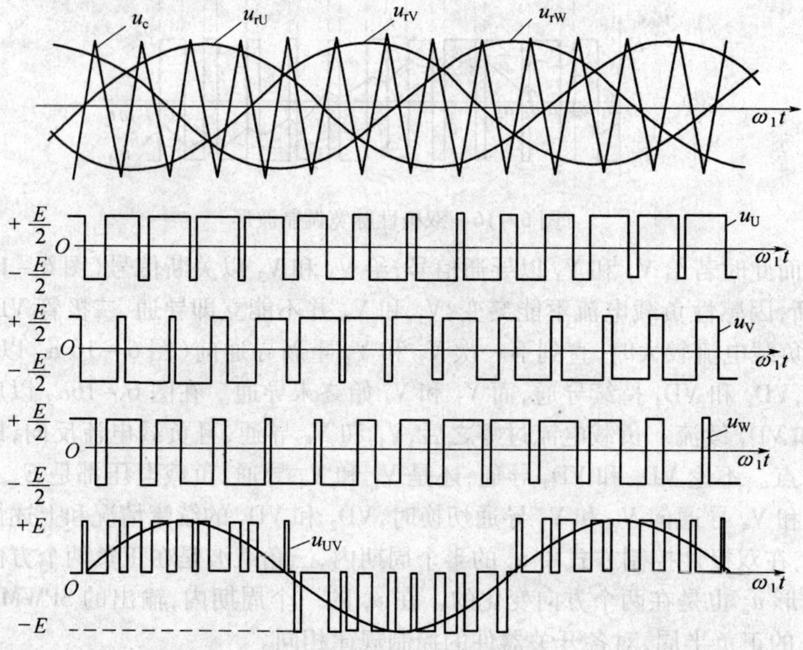

图 6-18　三相桥式 PWM 变频波形

$u_{WN'}$，如图 6-18 所示。U、V 和 W 三相之间的线电压 PWM 波形以及输出三相相对于负载中性点 N 的相电压 PWM 波形，读者可按下列计算式求得

$$\text{线电压}\begin{cases} u_{UV} = u_{UN'} - u_{VN'} \\ u_{VW} = u_{VN'} - u_{WN'} \\ u_{WU} = u_{WN'} - u_{UN'} \end{cases}$$

$$\text{相电压}\begin{cases} u_{UN} = u_{UN'} - \dfrac{1}{3}(u_{UN'} + u_{VN'} + u_{WN'}) \\ u_{VN} = u_{VN'} - \dfrac{1}{3}(u_{UN'} + u_{VN'} + u_{WN'}) \\ u_{WN} = u_{WN'} - \dfrac{1}{3}(u_{UN'} + u_{VN'} + u_{WN'}) \end{cases}$$

在双极性 PWM 控制方式中，理论上要求同一相上下两个桥臂的开关管驱动信号相反，但实际上，为了防止上下两个桥臂直通造成直流电源的短路，通常要求先施加关断信号，经过 Δt 的延时才给另一个施加导通信号。延时时间的长短主要由自关断功能率开关器件的关断时间决定。这个延时将会给输出 PWM 波形带来偏离正弦波的不利影响，所以在保证安全可靠换流前提下，延时时间应尽可能取小。

2. PWM 变频电路的调制控制方式

在 PWM 变频电路中，载波频率 f_c 与调制信号频率 f_r 之比称为载波比，即 $N = f_c/f_r$。根据载波和调制信号波是否同步，PWM 逆变电路有异步调制和同步调制两种控制方式，现分别介绍如下。

（1）同步调制

载波比 N 等于常数，并在变频时使载波信号和调制信号保持同步的调制方式称为同步调制。在基本同步调制方式中，调制信号频率变化时载波比 N 不变。调制信号半个周期内输出的脉冲数是固定的，脉冲相位也是固定的，如图 6－19(a)所示。在三相 PWM 逆变电路中，通常公用一个三角波载波信号，且取载波比 N 为 3 的整数倍，以使三相输出波形严格对称，而为了使一相的波形正负半周镜对称，N 应取为奇数。

当逆变电路输出频率很低时，因为在半个周期内输出脉冲的数目是固定的，所以由 PWM 调制而产生的 f_c 附近的谐波频率也相应降低。这种频率较低的谐波通常不易滤除，如果负载为电动机，就会产生较大的转矩脉动和噪声，给电动机的正常工作带来不利影响。

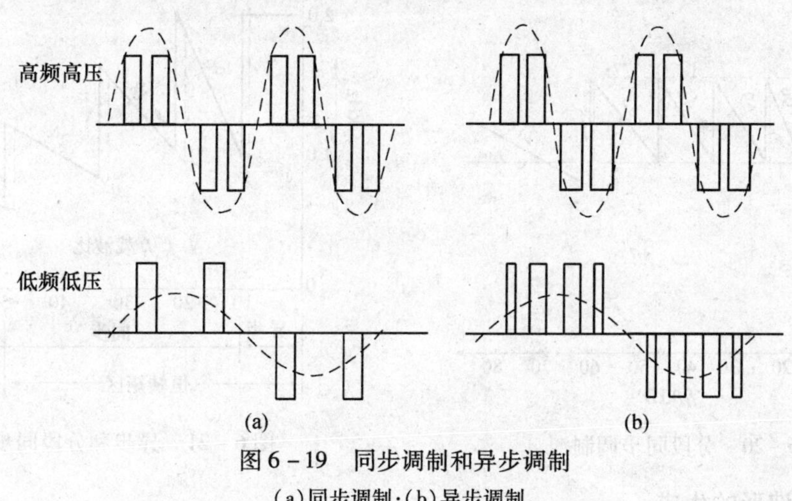

图 6－19　同步调制和异步调制

(a)同步调制；(b)异步调制。

（2）异步调制

载波信号和调制信号不保持同步关系的调制方式称为异步方式。在异步调制方式中，调制信号频率 f_r 变化时，通常保持载波频率 f_c 固定不变，因而载波比 N 是变化的，如图 6－19(b)所示。这样，在调制信号的半个周期内，输出脉冲的个数不固定，脉冲相位也不固定，正负半个周期的脉冲不对称。同时，半个周期内前后 1/4 周期的脉冲也不对称。

当调制信号频率较低时，载波比 N 较大，半个周期内的脉冲数较多，正负半个周期脉冲不对称和半个周期内前后 1/4 周期脉冲不对称的影响都较小，输出波形接近正弦波。当调制信号频率增高时，载波比 N 就减小，半个周期内的脉冲数减少，输出脉冲的不对称性影响就变大，还会出现脉冲的跳动。同时，输出波形和正弦波之间的差异也变大，电路输出特性变坏。对于三相

PWM 型逆变电路来说，三相输出的对称性也变差。因此，在采用异步调制方式时，希望尽量提高载波频率，以使在调制信号频率较高时仍能保持较大的载波比，来改善输出特性。

(3) 其他控制方式

为了克服上述缺点，通常都采用分段同步调制的方法，即把逆变电路的输出频率范围划分成若干个频段，每个频段内都保持载波比 N 为恒定，不同频段的载波比不同。在输出频率的高频段采用较低的载波比，以使载波频率不致过高，在功率开关器件所允许的频率范围内。在输出频率的低频段采用较高的载波比，以使载波频率不致过低而对负载产生不利影响。各频段的载波比应该都取 3 的整数倍且尽量为奇数。

图 6－20 给出了分段同步调制的一个例子，各频率段的载波比标在图中。为了防止频率在切换点附近时载波比来回跳动，在各频率切换点采用了滞后切换的方法。图 6－20 中切换点处的实线表示输出频率增高时的切换频率，虚线表示输出频率降低时的切换频率，前者略高于后者而形成滞后切换。在不同的频率段内，载波频率的变化范围基本一致，f_c 在 1.4kHz～2kHz 之间。提高载波频率可以使输出波形更接近正弦波，但载波频率的提高受到功率开关器件允许最高频率的限制。另外，在采用微机进行控制时，载波频率还受到微机计算速度和控制算法计算量的限制。

同步调制方式比异步调制方式复杂一些，但使用微机控制时还是容易实现的。也有的电路在低频输出时采用异步调制方式，而在高频输出时切换到同步调制方式，如图 6－21 所示。这种方式可把两者的优点结合起来，与分段同步调制方式的效果接近。

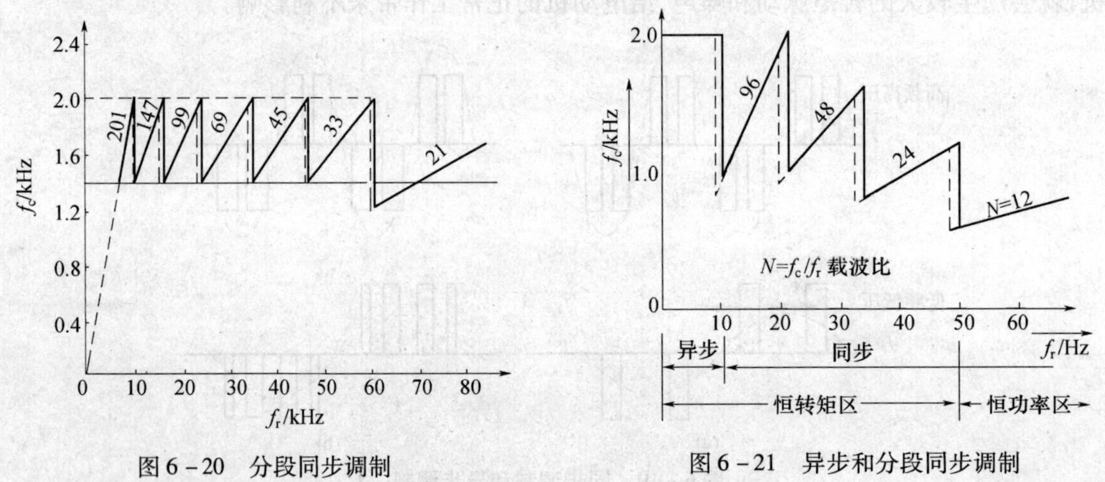

图 6－20　分段同步调制　　　　图 6－21　异步和分段同步调制

3. SPWM 波形的生成

SPWM 的控制就是根据三角波载波和正弦调制波用比较器来确定它们的交点，在交点时刻对功率开关器件的通断进行控制。这个任务可以用模拟电子电路、数字电路或专用的大规模集成电路芯片等硬件电路来完成，也可以用计算机通过软件生成 SPWM 波形。在计算机控制 SPWM 变频器中，SPWM 信号一般由软件加接口电路生成。这是 SPWM 信号生成中的一个难点，也是当前研究的一个热门课题。感兴趣的读者可参阅有关资料及专著。

三、变频器的基本原理

1. 变频器主电路工作原理

目前已被广泛地应用在交流电动机变频调速中的变频器是交—直—交变频器，它是先将恒压恒频(Constant Voltage Constant Frequecy,CVCF)的交流电通过整流器变成直流电,再经过逆变器将直流电变换成可控交流电的间接型变频电路。

一个典型的电压控制型通用变频器的原理框图如图6-22所示。

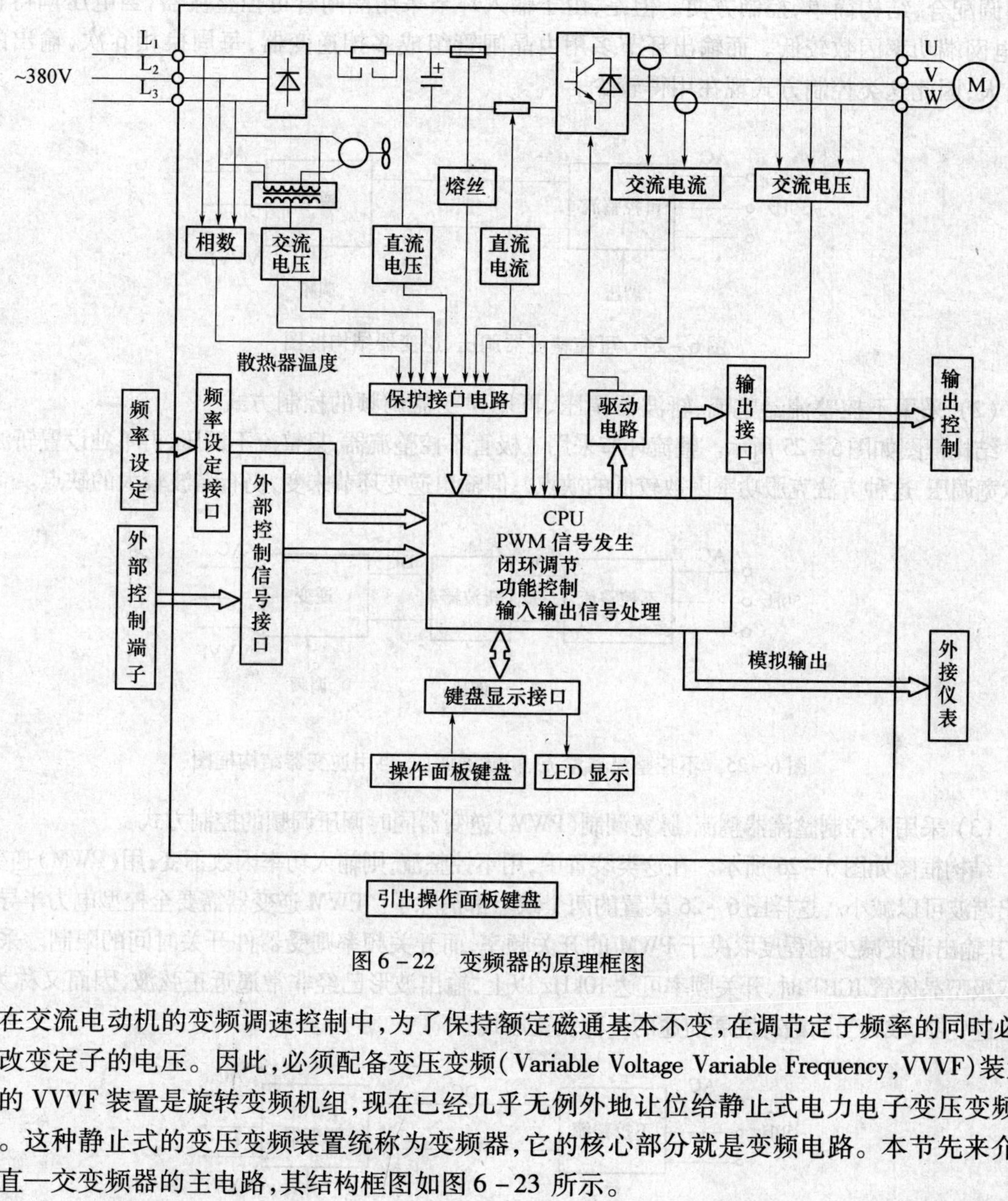

图6-22　变频器的原理框图

在交流电动机的变频调速控制中,为了保持额定磁通基本不变,在调节定子频率的同时必须同时改变定子的电压。因此,必须配备变压变频(Variable Voltage Variable Frequency,VVVF)装置。最早的VVVF装置是旋转变频机组,现在已经几乎无例外地让位给静止式电力电子变压变频装置了。这种静止式的变压变频装置统称为变频器,它的核心部分就是变频电路。本节先来介绍交—直—交变频器的主电路,其结构框图如图6-23所示。

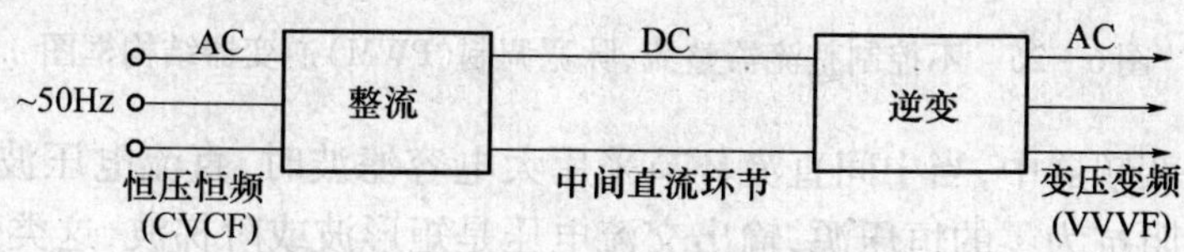

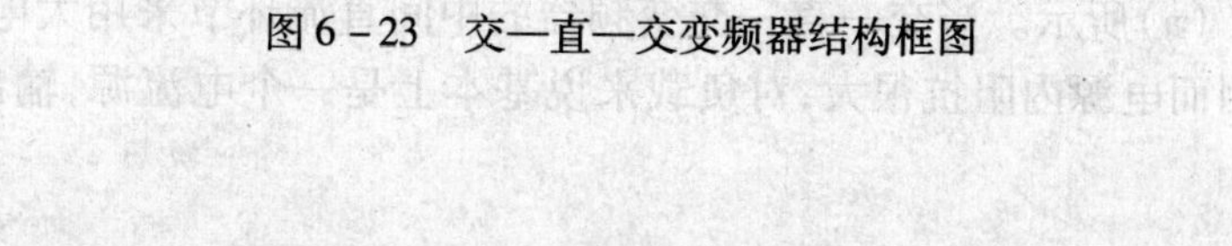

图6-23　交—直—交变频器结构框图

按照不同的控制方式，交—直—交变频器可分成以下 3 种方式。

(1) 采用可控整流器调压、逆变器调频的控制方式

结构框图如图 6-24 所示。在这种装置中，调压和调频在两个环节上分别进行，在控制电路上协调配合，结构简单，控制方便。但是，由于输入环节采用晶闸管可控整流器，当电压调得较低时，电网端功率因数较低。而输出环节多用由晶闸管组成多拍逆变器，每周换相 6 次，输出的谐波较大，因此这类控制方式现在用得较少。

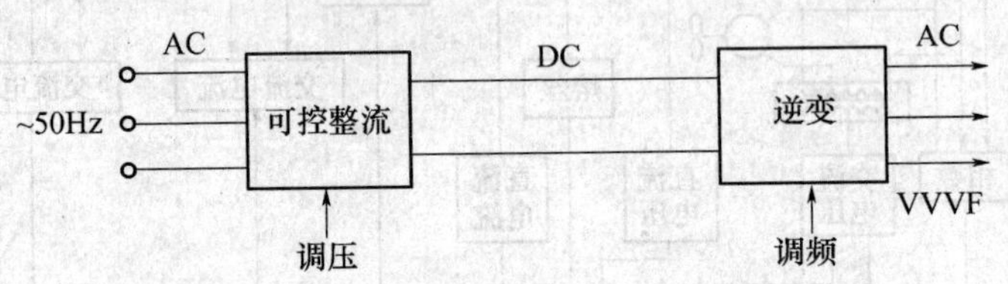

图 6-24 可控整流器调压、逆变器结构框图

(2) 采用不控整流器整流、斩波器调压、再用逆变器调频的控制方式

结构框图如图 6-25 所示。整流环节采用二极管不控整流器，只整流不调压，再单独设置斩波器，用脉宽调压，这种方法克服功率因数较低的缺点，；但输出逆变环节未变，仍有谐波较大的缺点。

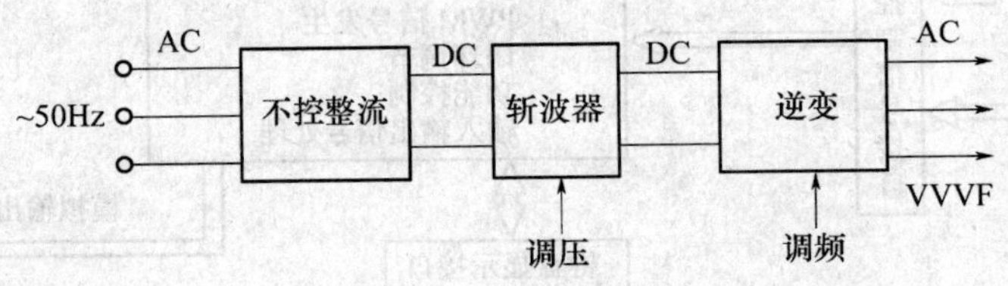

图 6-25 不控整流器整流、斩波器调压、再用逆变器结构框图

(3) 采用不控制整流器整流、脉宽调制(PWM)逆变器同时调压调频的控制方式

结构框图如图 6-26 所示。在这类装置中，用不控整流，则输入功率因数不变；用(PWM)逆变，则输出谐波可以减小。这样图 6-26 装置的两个缺点都消除了。PWM 逆变器需要全控型电力半导体器件，其输出谐波减少的程度取决于 PWM 的开关频率，而开关频率则受器件开关时间的限制。采用绝缘双极型晶体管 IGBT 时，开关频率可达 10kHz 以上，输出波形已经非常逼近正弦波，因而又称为 SPWM 逆变器，成为当前最有发展前途的一种装置形式。

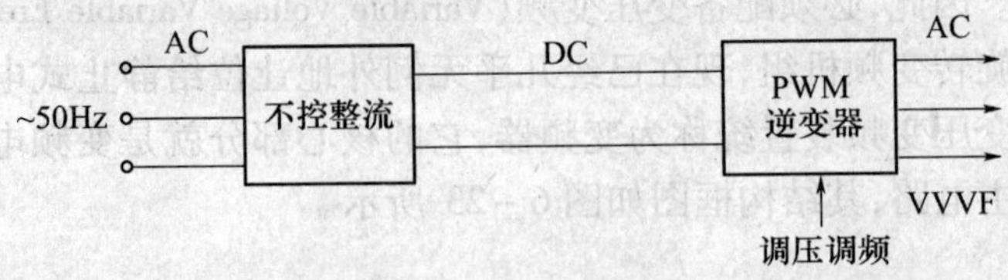

图 6-26 不控制整流器整流、脉宽调制(PWM)逆变器结构框图

在交—直—交变频器中，当中间直流环节采用大电容滤波时，直流电压波形比较平直，在理想情况下是一个内阻抗为零的恒压源，输出交流电压是矩形波或阶梯波，这类变频器叫做电压型变频器，如图 6-27 (a)所示。当交—直—交变频器的中间直流环节采用大电感滤波时，直流电流波形比较平直，因而电源内阻抗很大，对负载来说基本上是一个电流源，输出交流电流是矩形

波或阶梯波，这类变频器叫做电流型变频器，如图 6－27(b)所示。

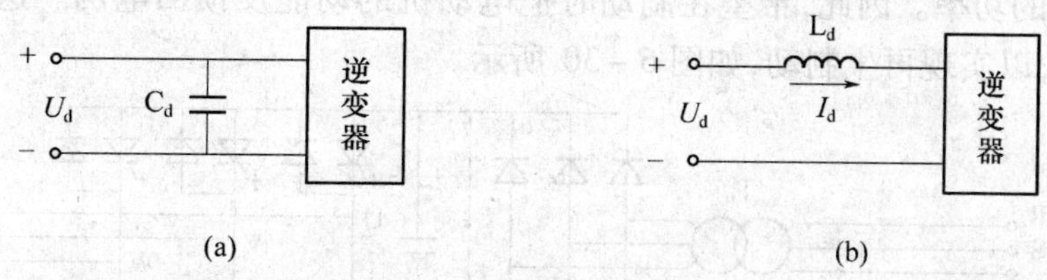

图 6－27　变频器结构框图

(a) 电压型变频器；(b) 电流型变频器。

2. 交—直—交变频器主电路

1) 交—直—交电压型变频电路

图 6－28 是一种常用的交—直—交电压型 PWM 变频电路。它采用二极管构成整流器，完成交流到直流的变换，其输出直流电压 U_d 是不可控的；中间直流环节用大电容 C 滤波；电力晶体管 $V_1 \sim V_6$ 构成 PWM 逆变器，完成直流到交流的变换，并能实现输出频率和电压的同时调节，$VD_1 \sim VD_6$ 是电压型逆变器所需的反馈二极管。

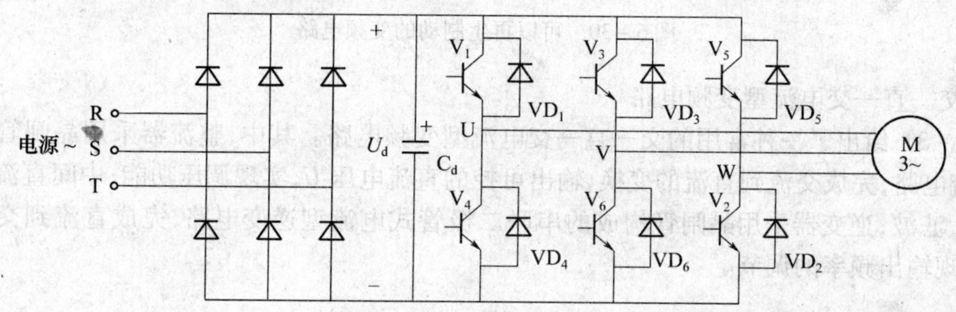

图 6－28　交—直—交电压型 PWM 变频电路

(a) 电压型变频器；(b) 电流型变频器。

从图 6－28 中可以看出，由于整流电路输出的电压和电流极性都不能改变，因此该电路只能从交流电源向中间直流电路传输功率，进而再向交流电动机传输功率，而不能从直流中间电路向交流电源反馈能量。当负载电动机由电动状态转入制动运行时，电动机变为发电状态，其能量通过逆变电路中的反馈二极管流入直流中间电路，使直流电压升高而产生过电压，这种过电压称为泵升电压。为了限制泵升电压，如图 6－29 所示，可给直流侧电容并联一个由电力晶体管 V_0 和能耗电阻 R 组成的泵升电压限制电路。当泵升电压超过一定数值时，使 V_0 导通，能量消耗在 R 上。这种电路可运用于对制动时间有一定要求的调速系统中。

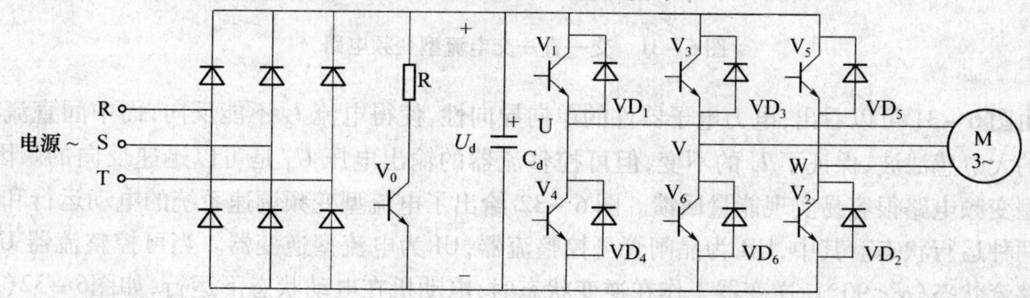

图 6－29　带有泵升电压限制电路的变频电路

在要求电动机频繁快速加减的场合，上述带有泵升电压限制电路的变频电路耗能较多，能耗电阻 R 也需较大的功率。因此，希望在制动时把电动机的动能反馈回电网。这时，需要增加一套有源逆变电路，以实现再生制动，如图 6-30 所示。

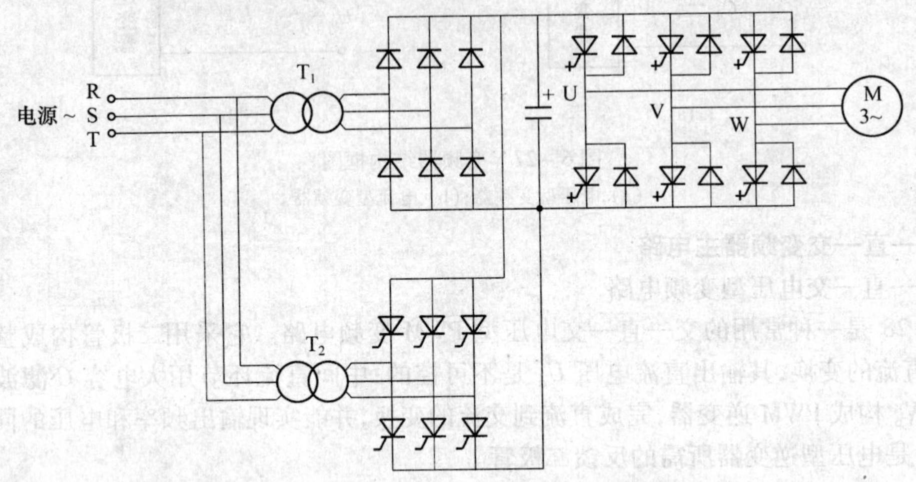

图 6-30　可以再生制动的变频电路

2）交—直—交电流型变频电路

图 6-31 给出了一种常用的交—直—交电流型变频电路。其中，整流器采用晶闸管构成的可控整流电路，完成交流到直流的变换，输出可控的直流电压 U，实现调压功能；中间直流环节用大电感 L 滤波；逆变器采用晶闸管构成的串联二极管式电流型逆变电路，完成直流到交流的变换，并实现输出频率的调节。

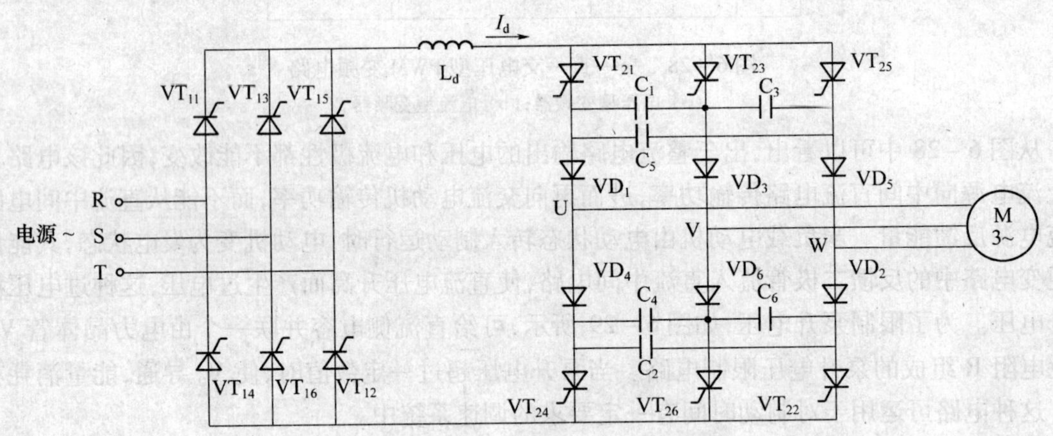

图 6-31　交—直—交电流型变频电路

由图 6-31 可以看出，电力电子器件的单向导向性，使得电流 I_d 不能反向，而中间直流环节采用的大电感滤波，保证了 I_d 的不变，但可控整流器的输出电压 U_d 是可以迅速反向的。因此，电流型变频电路很容易实现能量回馈。图 6-32 给出了电流型变频调速系统的电动运行和回馈制动两种运行状态。其中，UR 为晶闸管可控整流器，UI 为电流型逆变器。当可控整流器 UR 工作在整流状态（$\alpha<90°$）、逆变器工作在逆变状态时，电动机在电动状态下运行，如图6-32(a)所示。这时，直流回路电压 U_d的极性为上正下负，电流由 U_d的正端流入逆变器，电能由交流电网

经变频器传送给电动机，变频器的输出频率 $\omega_1>\omega$，电动机处于电动状态，如图6－32（b）所示。此时如果降低变频器的输出频率，或从机械上抬高电动机转速 ω，使 $\omega_1<\omega$，同时使可控整流器的控制角 $\alpha>90°$，则异步电动机进入发电状态，且直流回路电压 U_d 立即反向，而电流 I_d 方向不变。于是，逆变器 UI 变成整流器，而可控整流器 UR 转入有源逆变状态，电能由电动机回馈给交流电网。

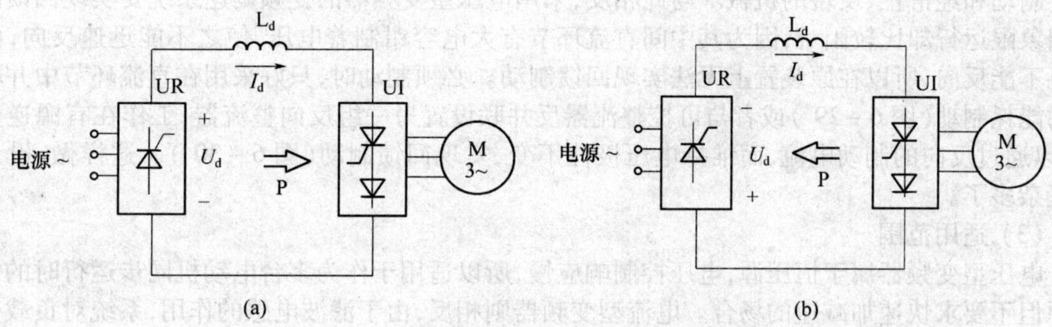

图6－32 电流型变频调速系统的两种运行状态

（a）电动状态；（b）发电状态。

图6－33 给出了一种交—直—交电流型 PWM 变频电路，负载为三相异步电动机。逆变器为采用 GTO 作为功率开关器件的电流型 PWM 逆变电路，图6－33 中的 GTO 用的是反向导电型器件，因此，给每个 GTO 串联了二极管以承受反向电压。逆变电路输出端的电容 C 是为吸收 GTO 关断时所产生的过电压而设置的，它也可以对输出的 PWM 电流波形而起滤波作用。整流电路采用晶闸管而不是二极管，这样在负载电动机需要制动时，可以使整流部分工作在有源逆变状态，把电动机的机械能反馈给交流电网，从而实现快速制动。

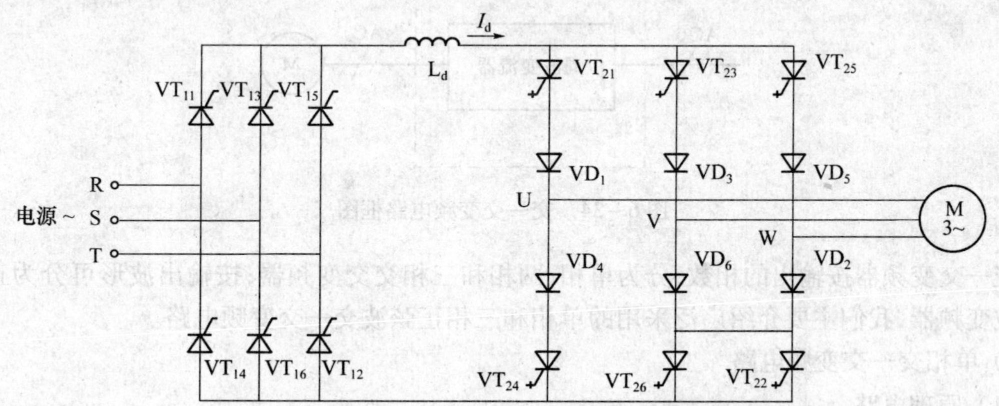

图6－33 交—直—交电流型 PWM 变频电路

3）交—直—交电压型变频器与电流型变频器的性能比较

从主电路上看，电压型变频器和电流型变频器的区别仅在于中间直流环节滤波器的形式不同，但是这样一来，却造成两类变频器在性能上相当大的差异，主要表现如下。

（1）无功能量的缓冲

对于变频调速系统来说，变频器的负载是异步电动机，属感性负载，在中间直流环节与电动机之间，除了有功功率的传送外，还存在无功功率的交换。逆变器中的电力电子开关器件无法储能，无功能量只能靠直流环节中作为滤波器的储能元件来缓冲，使它不致影响到交流电网。因此也可以说，两类变频器的主要区别在于用什么储能元件（电容器或电抗器）来缓冲无功能量。

（2）回馈制动

根据对交—直—交电压型与电流型变频电路的分析可知，用电流型变频器给异步电动机供电的变频调速系统，其显著特点是容易实现回馈制动（图 6－32），从而便于四象限运行，适用于需要制动和经常正、反转的机械。与此相反，采用电压型变频器的变频调速系统要实现回馈制动和四象限运行却比较困难，因为其中间直流环节有大电容钳制着电压，使之不能迅速反向，而电流也不能反向，所以在原装置上无法实现回馈制动。必须制动时，只好采用在直流环节中并联电阻的能耗制动（图 6－29）或者与可控整流器反并联设置另一组反向整流器，工作在有源逆变状态，以通过反向的制动电流，而维持电压极性不变，实现回馈制动（图 6－30）。这样做，设备就要复杂多了。

（3）适用范围

电压型变频器属于恒压源，电压控制响应慢，所以适用于作为多台电动机同步运行时的供电电源但不要求快速加减速的场合。电流型变频器则相反，由于滤波电感的作用，系统对负载变化的反应迟缓，不适用于多电动机传动，而更适合于一台变频器给一台电动机供电的单电动机传动，但可以满足快速起制动和可逆运行的要求。

3. 交—交变频电路

交—交变频电路是不通过中间直流环节而把电网频率的交流电直接交换成不同频率的交流电的变流电路。交—交变频电路也叫周波变流器，如图 6－34 所示。因为没有中间直流环节，仅用一次变换就实现了变频，所以效率较高。大功率交流电动机调速系统所用的变频器主要是交—交变频器。

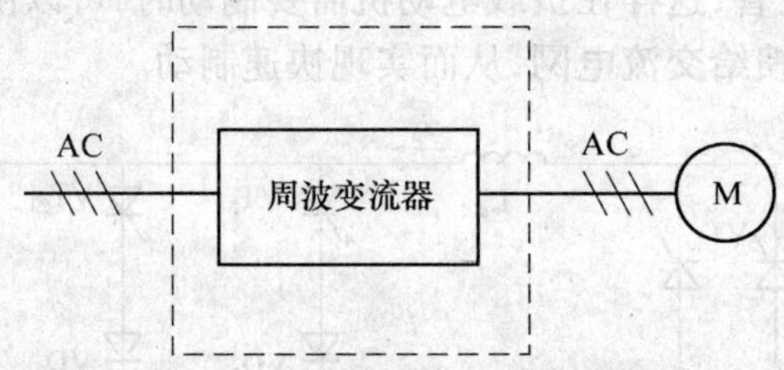

图 6－34　交—交变频电路框图

交—交变频器按输出的相数，分为单相、两相和三相交交变频器；按输出波形可分为正弦波和方波变频器，我们主要介绍广泛采用的单相和三相正弦波交—交变频电路。

1）单相交—交变频电路

（1）原理电路

单相交—交变频电路的原理电路如图 6－35（a）所示，它由正、反两组反并联的晶闸管整流电路组成。只要适当对正反组进行控制，在负载上就能获得交变的输出电压 u_0。u_0 的幅值决定于整流电路的控制角 α，u_0 的频率取决于两组整流电路的切换频率。变频和调压均由变频器本身完成。

图 6－35（b）为整半周工作方式的输出波形。设正反两组整流器为单相全波输出，则在输出的前半周期内（$T_0/2$），让正组变流器工作 3 个电源电压整半周，此期间反组变流器被封锁；然后在输出的后半周期内，让反组变流器工作 3 个电源电压整半周，此期间正组变流器停止工作。其输出交流电压频率为电源频率的 1/3，波形趋向方波。依此类推，当每个输出电压半周内包含

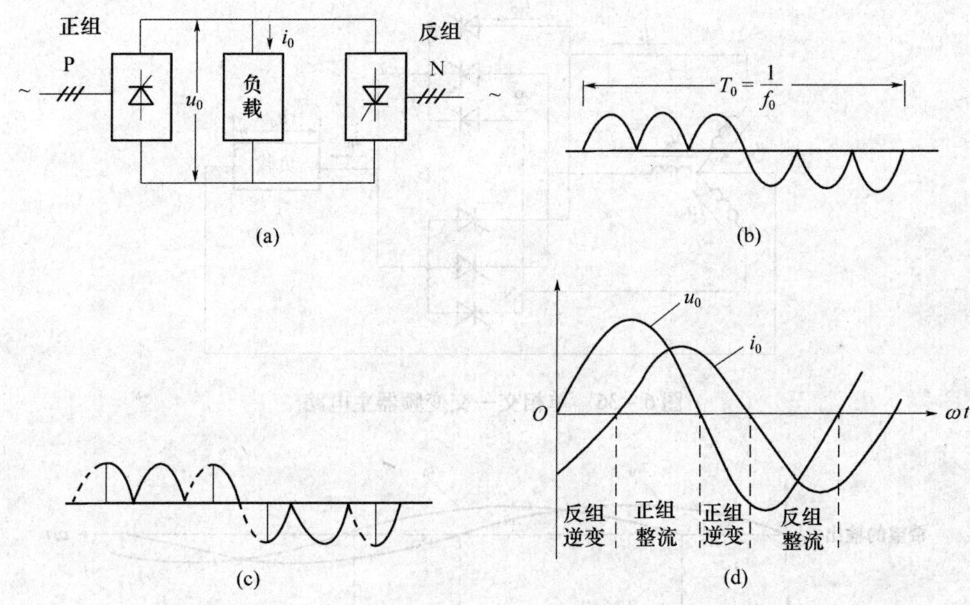

图 6 – 35　原理电路及波形

电源电压整半周个数为 n 时，则输出交流电压频率为电源频率的 $1/n$。

按整半周工作方式工作，其输出电压中包含有丰富的谐波。若每个电源电压半周内的控制角 α 不同，而且输出按理想的正弦波进行调制，则能获得如图 6 – 35（c）所示的波形。其输出交流电压的频率仍为电源频率的 1/3，其输出波形近似正弦波。这种工作方式称 α 调制工作方式，是实际正弦波交—交变频电路所采用的一种工作方式。

在正弦波交—交变频电路中，若负载为电阻性，则输出电流与电压同相，正反两组变流电路均工作在整流状态。若负载为电感性，则输出电流滞后于电压一个角度，波形如图 6 – 35（d）所示。两组变流电路，在 u_0、i_0 的极性相同时，工作在整流状态，变流器向负载送出电能；在 u_0、i_0 的极性相反时，工作在逆变状态，变流器吸收负载电能，回送到交流电网。

交—交变频器中如果正反两组同时导通，将经过晶闸管形成环流。为了避免这一情况，可以在两组之间接入限制环流的电抗器，或者合理安排触发电路，当一组有电流时，另一组不发触发脉冲，使两组间歇工作。这类似于直流可逆系统中的有环流和无环流控制。

（2）单相正弦波交—交变频电路

交—交变频器多由三相电网供电，图 6 – 36 是由两组三相半波可控整流电路接成反并联的形式供给单相负载的无环流单相交—交变频电路，其形式上与三相零式可逆整流电路完全一样。当分别以不同 α，即半周期内 α 由大变小，再由小变大，例如，由 90°变到接近 0°，再由 0°变到 90°去控制正反组的晶闸管时，只要电网频率相对输出频率高出许多倍，便可得到由低到高，再由高到低接近正弦规律变化的交流输出。图 6 – 37（a）是电感性负载有最大输出电压时的波形，其周期为电网周期的 5 倍，电流滞后电压，正反组均出现逆变状态。可以看出，输出电压波形是在每一电网周期的，控制相应晶闸管开关在适当时刻导通和阻断，以便从输入波形区段上建造起低频输出波形。或者通俗地说，输出电压是由交流电网电压若干线段“拼凑”起来的。而且，输出频率相对输入频率比愈低和相数愈多，则输出波形谐波含量就愈少。当改变控制角时，即可改变输出幅值，降低输出时的电压波形如图 6 – 37（b）所示。

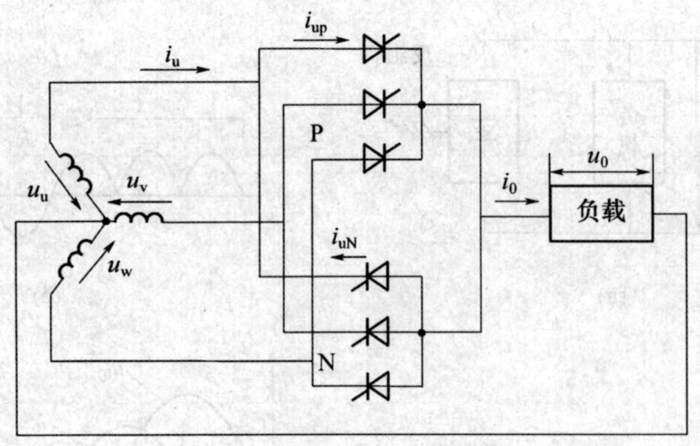

图 6-36　单相交—交变频器主电路

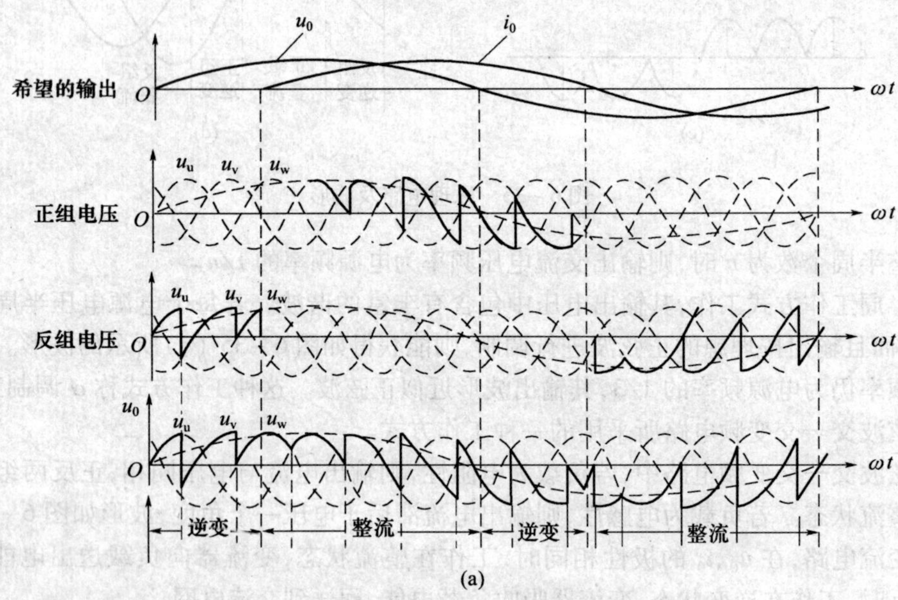

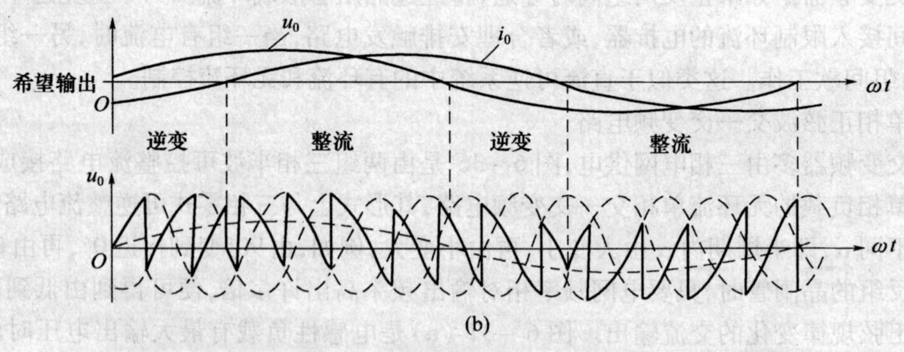

图 6-37　电感性负载时的输出波形

2）三相交—交变频电路

三相交—交变频电路由 3 套输出电压彼此互差 120°的单相输出交—交变频器组成，它实际上包括 3 套可逆电路。图 6-38 和图 6-39 、图 6-40 分别为由 3 套三相零式和三相桥式可逆

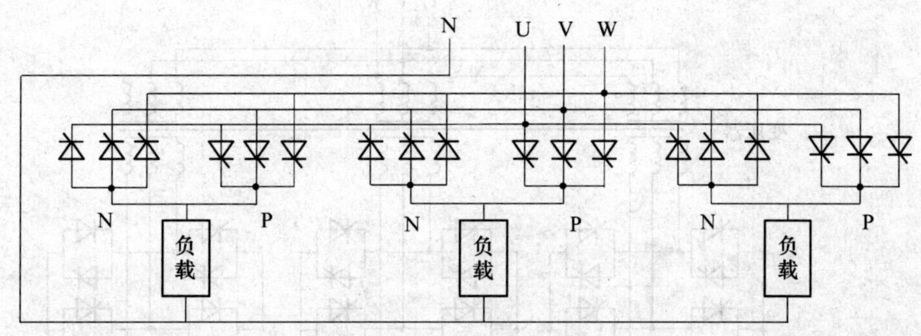

图 6－38 三相零式交—交变频主电路

电路组成的三相交—交变频主电路，每相由正反两组晶闸管反并联三相零式和三相桥式电路组成。它们分别需要 18 只和 36 只晶闸管元件。

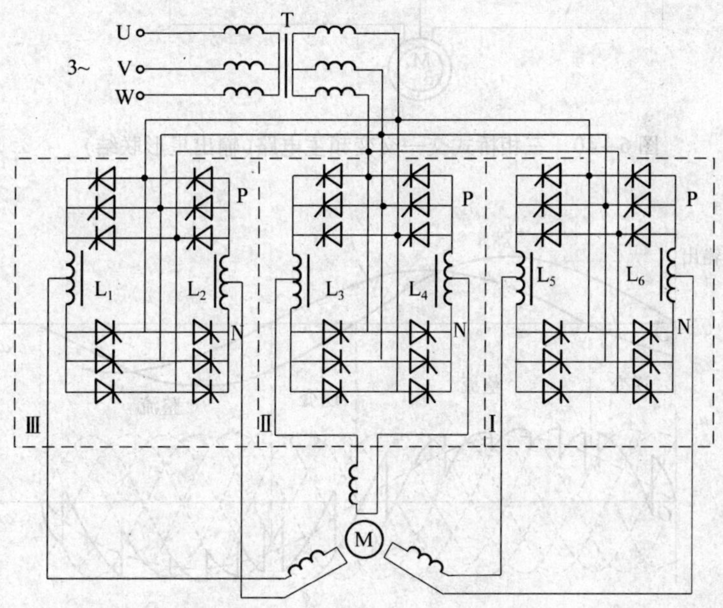

图 6－39 三相桥式交—交变频主电路（公共交流母线进线）

三相桥式交—交变频器主电路有公共交流母线进线和输出星形联结两种方式，分别用于中、大容量，如图 6－39 和图 6－40 所示。前者 3 套单相输出交－交变频器的电源进线接在公共母线上（图 6－39 设有公共变压器 T），3 个输出端必须互相隔离，电动机的 3 个绕组需拆开，引出 6 根线。后者 3 套单相输出交—交变频电路的输出端星形联结，电动机的 3 个绕组也是星形联结，电动机绕组的中点不与变频器中点接在一起，电动机只引出 3 根线即可。因为 3 套单相变频器连在一起，其电源进线就必须互相隔离，所以 3 套单相变频器分别用 3 个变压器供电。三相桥式交—交变频电路电感性负载时的 u 相输出波形如图 6－41 所示。

3）输出正弦波电压的调制方法

使交—交变频电路的输出电压波形为正弦波的调制方法有多种，下面介绍一种最基本的、广泛采用的余弦交点法。

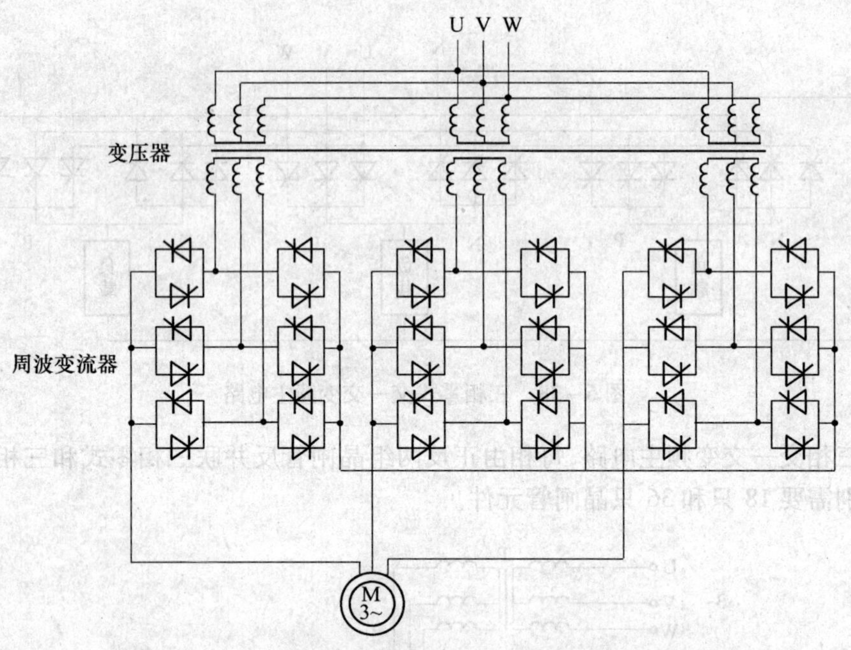

图 6－40　三相桥式交—交变频主电路(输出星形联结)

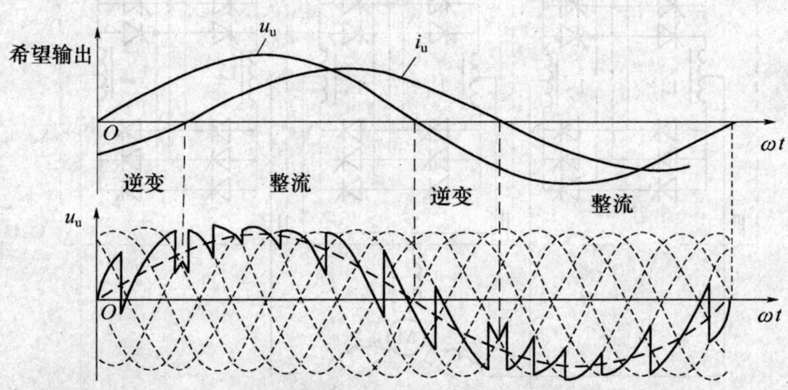

图 6－41　三相桥式交—交变频电路电感性负载 U 相输出波形

晶闸管变流电路的输出电压为

$$u_o = U_{do}\cos\alpha \tag{6-1}$$

式中:U_{do}为 $\alpha=0$ 时的理想空载整流电压。

对交—交变频电路来说,每次控制时 α 角都是不同的,式(6－1)中的 u_o 表示每次控制间隔内输出电压的平均值。

设要得到的正弦输出电压为

$$u_o = U_{om}\sin\omega_o t \tag{6-2}$$

则比较式(6－1)和式(6－2)可得

$$\cos\alpha = \frac{U_{om}}{U_{do}}\sin\omega_o t = \gamma\sin\omega_o t \tag{6-3}$$

式中：γ 称为输出电压比，$\gamma = U_{om}/U_{do}(0 \leqslant \gamma \leqslant 1)$。

因此

$$\alpha_P = \cos^{-1}(\gamma \sin\omega_o t) \tag{6-4}$$

$$\alpha_N = \cos^{-1}(-\gamma \sin\omega_o t) \tag{6-5}$$

式(6-4)和式(6-5)就是用余弦交点法求变流电路 α 角的基本公式。利用计算机在线计算或用正弦波移相的触发装置即可实现 α_p、α_N 的控制要求。

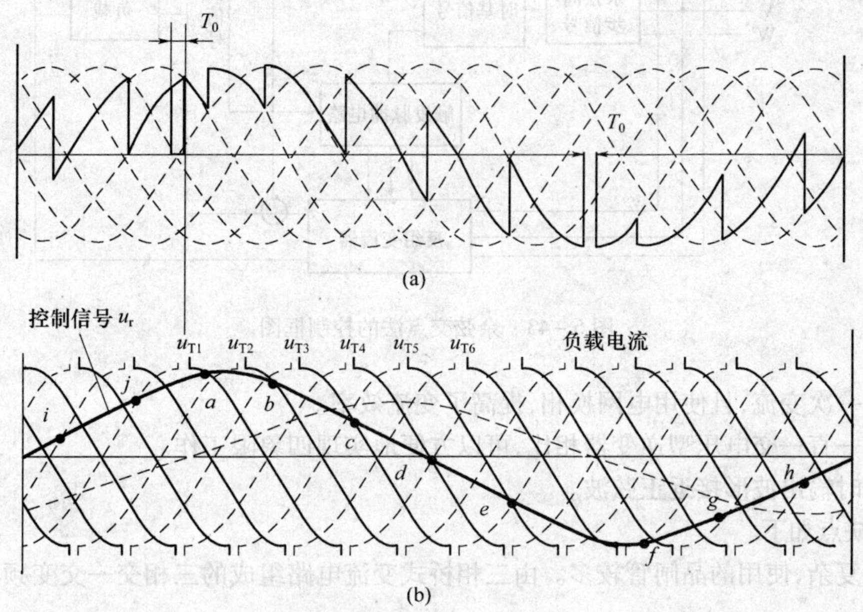

图 6-42　余弦交点法输出波形

图 6-42 是在感性负载下利用余弦交点法得到的三相桥式交—交变频电路的 U 相输出波形。其中，三相余弦同步信号 $u_{T1} \sim u_{T6}$ 比其相应的线电压超前 30°。也就是说，$u_{T1} \sim u_{T6}$ 的最大值正好和相应线电压 $\alpha=0$ 的时刻对应，如以 $\alpha=0$ 为零时刻，则正好为余弦信号。如图 6-42（b）所示，正组控制角 α_p 是由基准正弦波 u_r 与各余弦同步波的下降段交点 a、b、c、d、e 决定的。而反组控制角 α_N 是由基准正弦波 u_r 与各余弦同步波的上升段交点 f、g、h、i、j 决定的。图6-42（a）中的 T_0 表示采用无环流控制方式下必不可少的控制死区。

可以看出，当改变给定基准正弦波 u_r 的幅值和频率时，它与余弦同步信号的交点也改变，从而改变正、反组电源周期各相中的 α，达到调压和变频的目的。由于交—交变频器的输入为电网电压，晶闸管的换流为交流电网换流方式。电网换流不能在任意时刻进行，并且电压反向时最快也只能沿着电源电压的正弦波形变化，所以交—交变频电路的最高输出频率一般不超过电源频率的 1/3 ~ 1/2，即不宜超过 25Hz。否则，输出波形畸变太大，对电网干扰大，不能用于实际。

图 6-43 示出一种使正、反两组按间歇方式工作的控制框图。由期望输出正弦波与余弦同步信号的交点建立时基信号送到正反组触发电路。电流检测作禁止信号，即一组电流尚在流过时，另一组不得导通。

4）交—交变频器的特点

和交—直—交变频器相比，交—交变频器有以下优点。

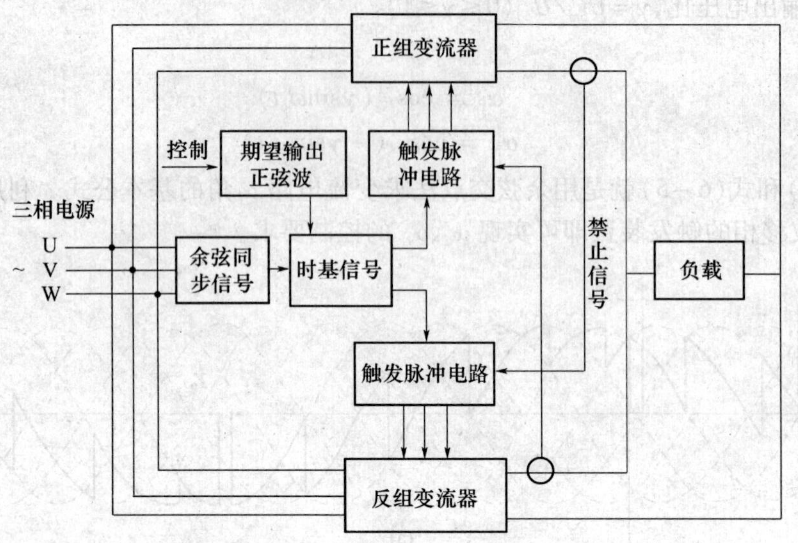

图6-43 余弦交点法的控制框图

① 只用一次变流,且使用电网换相,提高了变流效率。

② 和交—直—交电压型逆变器相比,可以方便地实现四象限工作。

③ 低频时输出波形接近正弦波。

其主要缺点如下。

① 接线复杂,使用的晶闸管较多。由三相桥式变流电路组成的三相交—交变频器至少需要36只晶闸管。

② 受电网频率和变流电路脉波数的限制,输出频率较低。

③ 采用相控方式,功率因数较低。

由于以上优缺点,交—交变频器主要用于500kW或1000kW以上,转速在600r/min以下的大功率、低转速的交流调速装置中。目前已在矿石破碎机、水泥球磨机、卷扬机、鼓风机及轧机主传动装置中获得了较多的应用。它既可用于异步电动机传动,也可用于同步电动机传动。

应当指出的是,交—交变频器也分为电压源型和电流源型两种,以上介绍的是异步电动机调速系统中常用的电压型交—交变频器,且采用的是电网换相方式。当使用负载谐振换相(感应加热电源用交—交变频电路)或器件换相(全控型器件构成的交—交变频电路)时,可以使输出频率高于输入电网频率。

四、变频器的控制方式

变频器的主电路基本上都是一样的(所用的开关器件有所不同),而控制方式却不一样,需要根据电动机的特性对供电电压、电流、频率进行适当的控制。

变频器具有调速功能,但采用不同的控制方式所得到的调速性能、特性以及用途是不同的。控制方式大体可分:V/F控制方式、转差频率控制、矢量控制。

1. V/F控制

V/F控制是一种比较简单的控制方式。它的基本特点是对变频器的输出电压和频率同时进行控制,通过提高U/f比来补偿频率下调时引起的最大转矩下降而得到所需的转矩特性。采用

V/F 控制方式的变频器控制电路成本较低,多用于对精度要求不太高的通用变频器。

1) U/f 的曲线种类

为了方便用户选择 U/f 比,变频器通常都是以 U/f 控制曲线的方式提供给用户的,让用户选择,如图 6-44 所示。

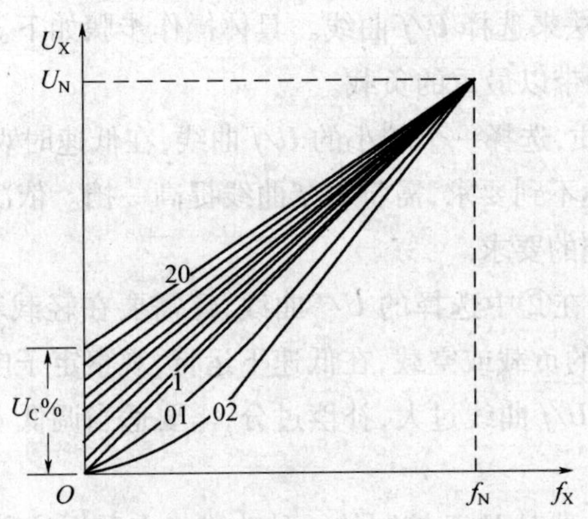

图 6-44 变频器的 U/f 控制曲线

(1) 基本 U/f 控制曲线

基本 U/f 控制曲线表明没有补偿时定子电压和频率的关系,它是进行 V/F 控制时的基准线。在基本 U/f 线上,与额定输出电压对应的频率称为基本频率,用 f_b 表示。基本 U/f 线如图 6-45所示。

(2) 转矩补偿的 U/f 曲线

特点:在 $f=0$ 时,不同的 U/f 曲线电压补偿值不同,如图 6-44 所示。

适用负载:经过补偿的 U/f 曲线适用于低速时需要较大转矩的负载,且根据低速时负载的大小来确定补偿程度,选择 U/f 线。

(3) 负补偿的 U/f 曲线

特点:低速时,U/f 线在基本 U/f 曲线的下方,如图 6-44 中的 01、02 线。

适用负载:主要适用于风机、泵类的平方率。由于这种负载的阻转矩和转速的平方成正比,即低速时负载转矩很小。即使不补偿,电动机输出的电磁转矩都足以带动负载。

(4) U/f 比分段补偿线

特点:U/f 曲线由几段组成,每段的 U/f 值均由用户自行给定,如图 6-46 所示。

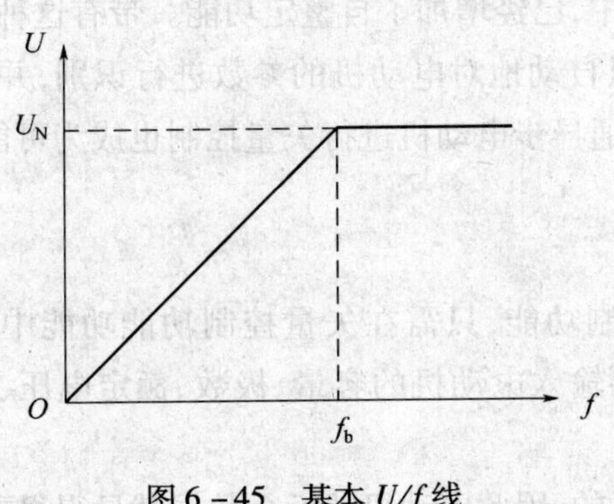

图 6-45 基本 U/f 线

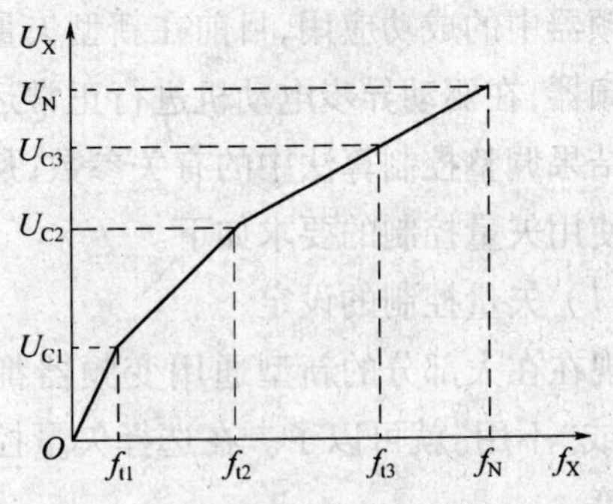

图 6-46 分段 U/f 比的补偿线

适用负载:负载转矩与转速大致成比例的负载。在低速时补偿少,在高速时补偿程度需要加大。

2)选择 U/f 控制曲线时常用的操作方法

上面讲解了 U/f 控制曲线的选择方法和原则,但是由于具体补偿量的计算非常复杂,因此在实际操作中,常用实验的方法来选择 U/f 曲线。具体操作步骤如下。

① 将拖动系统连接好,带以最重的负载。

② 根据所带负载的性质,选择一个较小的 U/f 曲线,在低速时观察电动机的运行情况,如果此时电动机的带负载能力达不到要求,需将 U/f 曲线提高一挡。依次类推,直到电动机在低速时的带负载能力达到拖动系统的要求。

③ 如果负载经常变化,在②中选择的 U/f 曲线,还需要在轻载和空载状态下进行检验。方法是:将拖动系统带以最轻的负载或空载,在低速下运行,观察定子电流的大小,如果过大或者变频器跳闸,说明原来选择的 U/f 曲线过大,补偿过分,需要适当调低 U/f 曲线。

2. 转差频率控制

转差频率控制方式是一种对 V/F 控制的一种改进。在采用这种控制方式的变频器中,电动机的实际速度由安装在电动机上的速度传感器和变频器控制电路得到,而变频器的输出频率则由电动机的实际转速与所需转差频率的和自动设定,从而达到在进行调速控制的同时,控制电动机输出转矩的目的。

转差频率控制是利用了速度传感器的速度闭环控制,并可以在一定程度上对输出转矩进行控制,所以和 V/F 控制方式相比,在负载发生较大变化时,仍能达到较高的速度精度和具有较好的转矩特性。但是,由于采用这种控制方式时,需要在电动机上安装速度传感器,并需要根据电动机的特性调节转差,通常多用于厂家指定的专用电动机,通用性较差。

3. 矢量控制

矢量控制是一种高性能的异步电动机的控制方式,它是从直流电动机的调速方法得到启发,利用现代计算机技术解决了大量的计算问题,是异步电动机一种理想的调速方法。

矢量控制的基本思想是将异步电动机的定子电流在理论上分成两部分:产生磁场的电流分量(磁场电流)和与磁场相垂直、产生转矩的电流分量(转矩电流),并分别加以控制。

由于在进行矢量控制时,需要准确地掌握异步电动机的有关参数,这种控制方式过去主要用于厂家指定的变频器专用电动机的控制。随着变频调速理论和技术的发展,以及现代控制理论在变频器中的成功应用,目前在新型矢量控制变频器中,已经增加了自整定功能。带有这种功能的变频器,在驱动异步电动机进行正常运转之前,可以自动地对电动机的参数进行识别,并根据辨识结果调整控制算法中的有关参数,从而使得对普通异步电动机进行矢量控制也成为可能。

使用矢量控制的要求如下。

(1) 矢量控制的设定

现在在大部分的新型通用变频器都有了矢量控制功能,只需在矢量控制功能功能中选择“用”或“不用”就可以了。在选择矢量控制后,还需要输入电动机的容量、极数、额定电压、额定频率等。

由于矢量控制是以电动机的基本运行数据为依据的,因此电动机的运行数据就显得很重要,如果使用的电动机符合变频器的要求，且变频器容量和电动机容量相吻合，变频器就会自动搜寻电动机的参数，否则就需要重新测定。

（2）矢量控制的要求

若选择矢量控制方式，要求：一台变频器只能带一台电动机；电动机的极数要按说明书的要求，一般以4极电动机为最佳；电动机容量与变频器容量相当，最多差一个等级；变频器与电动机间的连接不能过长，一般应在30m以内，如果超过30m，需要在连接好电缆后，进行离线自动调整，以重新测定电动机的相关参数。

（3）使用矢量控制的注意事项

在使用矢量控制时，可以选择是否需要速度反馈；频率显示以给定频率为好。

4. 3种控制方式的特性比较

3种控制方式的特性比较如表6－3所列。

表6－3　3种控制方式的特性比较

<table>
<tr><th colspan="2">名称</th><th>V/F控制</th><th>转差频率控制</th><th>矢量控制</th></tr>
<tr><td colspan="2">加减速特性</td><td>急加减速控制有限，4象限运转时在零速度附近有空载时间，过电流抑制能力小</td><td>急加减速控制有限度（比V/F控制有提高），4象限运转时通常在零速度附近有空载时间，过电流抑制能力中</td><td>急加减速时的控制无限度，可以进行连续4象限运转，过电流抑制能力</td></tr>
<tr><td rowspan="3">速度控制</td><td>范围</td><td>1: 10</td><td>1: 20</td><td>1: 100以上</td></tr>
<tr><td>响应</td><td>–</td><td>5rad/s～10rad/s</td><td>30rad/s～100rad/s</td></tr>
<tr><td>定常精度</td><td>根据负载条件转差频率发生变动</td><td>与速度检出精度、控制运算精度有关</td><td>模拟最大值0.5%，数字最大值的0.05%</td></tr>
<tr><td colspan="2">转矩控制</td><td>原理上不可能</td><td>除车辆调速等外，一般不适用</td><td>适用可以控制静止转矩</td></tr>
<tr><td colspan="2">通用性</td><td>基本上不需要因电动机特性差异进行调整</td><td>需要根据电动机特性给定转差频率</td><td>按电动机不同的特性需要给定磁场电流，转矩电流、转差频率等多个控制量</td></tr>
<tr><td colspan="2">控制构成</td><td>最简单</td><td>较简单</td><td>稍复杂</td></tr>
</table>

5. 直接转矩控制

直接转矩控制是利用空间矢量坐标的概念，在定子坐标系下分析交流电动机的数学模型，控制电动机的磁链和转矩，通过检测定子电阻来达到观测定子磁链的目的，因此省去了矢量控制等复杂的变换计算，系统直观、简洁，计算速度和精度都比矢量控制方式有所提高。即使在开环的状态下，也能输出100%的额定转矩，对于多拖动具有负荷平衡功能。

6. 最优控制

最优控制在实际中的应用根据要求的不同而有所不同，可以根据最优控制的理论对某一个控制要求进行个别参数的最优化。例如在高压变频器的控制应用中，就成功地采用了时间分段控制和相位平移控制两种策略，以实现一定条件下的电压最优波形。

7. 其他非智能控制方式

在实际应用中，还有一些非智能控制方式在变频器的控制中得以实现，例如自适应控制、滑模变结构控制、差频控制、环流控制、频率控制等。

五、变频器的控制回路

向变频器的主回路提供控制信号的回路,称为控制回路。

1. 控制回路的构成

(1) 运算回路

将外部的速度、转矩等指令同检测回路的电流、电压信号进行比较运算,决定变频器的输出电压、频率。

(2) 电压/电流检测回路

与主回路电位隔离检测电压、电流等。检测方式如表6-4所列。

表6-4 检测方式

名称	方式	特点
电流检测	CT	只能检测交流电流
	霍尔CT	交直流两用,有温度漂移
	分流器	交直流两用,需要隔离放大器
电压检测	PT	只能检测交流电压
	电阻分压	交直流两用,需要隔离放大器

(3) 驱动回路

为驱动主回路元件的回路。它与控制回路隔离,使主回路元件导通、关断。

(4) 速度检测回路

以装在异步电动机轴上的速度检测器的信号为速度信号,送入运算回路,根据指令和运算可使电动机按指令速度运转。

(5) 保护回路

检测主回路的电压、电流等,当发生过载或过压等异常时,为了防止变频器和异步电动机损坏,使变频器停止工作或抑制电压、电流值。

2. 模拟控制与数字控制

模拟控制与数字控制的优缺点如表6-5所列。

表6-5 模拟控制与数字控制的优缺点比较

名称	模拟控制	数字控制
稳定性、精度	易受温度变动、长时间运行产生的变化、器件的参差性的影响	不易受温度变动、长时间运行产生的变化、器件的参差性的影响
整定	需要再整定,整定点多且复杂,微调	基本上不需要再整定,整定点少且容易
电路组成	元器件多,电路复杂	元器件少,电路较简单
分辨率	连续变化,可以进行微小控制	受位数限制,分辨率较低,在微小控制的场合要注意
运算速度	并联运算,高速	为离散系统,决定于离散时间和处理时间
抗干扰性	抗干扰性差,用滤波器难以消除干扰	抑制在数字IC变化水平以下,则不易受影响

由表6-5可以看出,数字控制在整定、稳定性、精度方面优良,在变频器中普遍采用。

3. 保护回路

变频器控制回路中的保护回路可分为变频器保护和异步电动机保护两种,表6-6为保护功能一览表。

表 6-6　保护功能一览表

保护对象	保护功能
变频器	(1) 瞬时过电流 (2) 过载 (3) 再生过电压 (4) 瞬时停电 (5) 接地过电流 (6) 冷却风机异常
异步电动机	(1) 过载 (2) 超频(超速)
其他	(1) 防止失速过电流 (2) 防止失速再生过电压

1）变频器的保护

(1) 瞬时过电流保护

由于变频器负载侧短跑等,流过变频器的电流达到异常值(超过容许值)时,瞬时停止变频器运转,切断电流。变流器的输出电流达到异常值,也同样停止变频器运转。

(2) 过载保护

变频器输出电流超过额定值,且持续流通达规定的时间以上,为了防止变频器元件、电线等损坏要停止运转。恰当的保护需要反时限特性,采用热继电器或者电子热保护(使用电子回路)。过负载是由于负载的 GD^2(惯性)过大或因负载过大使电动机堵转而产生。

(3) 再生过电压保护

采用变频使电动机快速减速时,由于再生功率使直流电路电压升高,有时超过容许值。可以采取停止变频器或停止快速减的办法,防止过电压。

(4) 瞬时停电保护

对于数毫秒以内的瞬时停电,控制回路工作正常,但瞬时停电如果达数十毫秒以上时,通常不仅控制回路误动作,主回路也不能供电,所以检出停电后使变频器停止运转。

(5) 接地过电流保护

变频器负载侧接地时,为了保护变频器有时有接地过电流保护功能。但为了确保人身安全,需要装设漏电保护器。

(6) 冷却风机异常

有冷却风机地装置,当风机异常时装置内温度将上升,因此采用风机热继电器或元件散热片温度传感器,检测异常温度后停止变频器运转。在温度上升很小对运转无防碍的场合,可以省略。

2）异步电动机的保护

(1) 过载保护

过载检测装置与变频器保护共用;为防止低速运转的过热,在异步电动机内埋入温度检测装置,或者利用装在变频器内的电子热保护来检测过热。动作频繁时,可以考虑减轻电机负载、增加电动机及变频器容量等。

(2) 超频(超速)保护

变频器的输出频率或者异步电动机的速度超过规定值时,停止变频器运转。

3) 其他保护

(1) 防止失速过电流

急加速时,如果异步电动机跟踪迟缓,则过电流保护回路动作,运转就不能继续进行(失速)。所以,在负载电流减小之前要进行控制,抑制频率上升或使频率下降。对于和恒速运转中的过电流,有时也进行同样的控制。

(2) 防止失速再生过电压

减速时产生的再生能量使主回路直流电压上升,为了防止再生过电压保护回路动作,在直流电压下降之前要进行控制,抑制频率下降,防止不能运转(失速)。

六、变频器的选择和容量计算

由于变频器的控制方式不同,各种型号的变频器的应用场合也有不同;为了达到最优的控制,选择和使用好的变频器是非常重要的一个环节。

1. 负载特性

现在就变频器的负载特性介绍如下,以便更好地使用变频器。

(1) 负载转矩的特性

负载被传动时要求电动机产生转矩,其大小随负载的各种条件而变化。但如果负载侧其他条件不变,或者负载侧处于有效地进行正规控制的状态下,表示各种转速下转矩大小的转矩-转速曲线,根据其形状大体可分3类,如图6-47所示。

① 恒转矩负载,如挤压机、传送带等。

② 平方转矩负载,如泵、风机等。

③ 恒功率(反比例转矩)负载,如卷取机、机床主轴等。

通常传动系统的额定点选为图中的A点,但对于恒功率负载多选为B点。此外,这些曲线多数只表示定常状态下的特性,但根据负载的种类,有时加减速时的曲线与此不同,所以要注意。

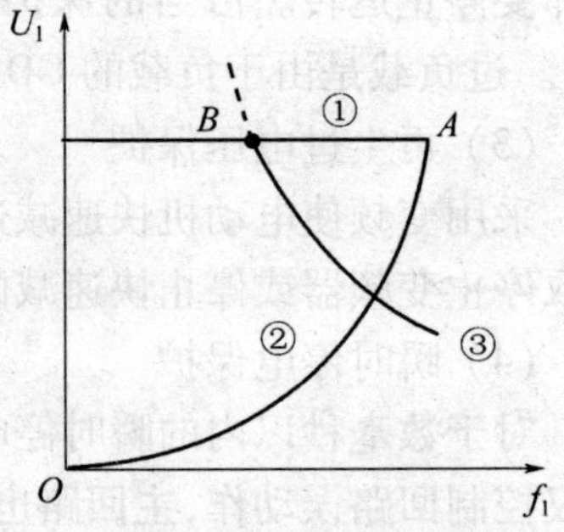

图6-47 转矩-转速曲线
①—恒转矩负载;
②—平方转矩负载;③—恒功率负载。

(2) 负载的启动转矩

负载在启动时的转矩与上述不相关,在选择变频器时,以额定工作点的转矩为100%,则负载启动转矩值大体如下。风扇、鼓风机:30%以下;挤压机、压缩机:150%以上。

(3) $PUGD^2$(per unit GD^2)

旋转体惯性的大小多用GD^2表示,GD^2是决定旋转体加减速特性的重要因素。但是掌握用电动机额定转矩和额定转速表示的单位值,在确定加减速时间上比绝对值方便,所以也常使用式表示$PUGD^2$的值。

$$PUGD^2 = (GD^2 n_N^2)/(365P_N) \times 10^{-2} \qquad (6-6)$$

式中:GD^2为旋转体的飞轮转矩($N \cdot m^2$);n_N为额定转速(r/min);P_N为电机额定输出功率(kW)。

$PUGD^2$表示当负载转矩为零、电机额定转矩在各速度下不变并加在具有GD^2的旋转体上时,速度从零加速到额定转速时所需要的时间;典型负载的$PUGD^2$值如下。普通电机:0.2s~1s;泵:0.1s~0.5s;风扇、鼓风机:10s~30s。

(4) 过负载

根据负载的不同,启动后在达到常规状态之前,有的要求长时间过载运转,有的由于运转中负载侧的外界干扰,常常要求额定以上的转矩;而且电动机的输出转矩不仅是负载的常规转矩,还包括电动机、负载的惯性系统加速用转矩,对于负载转矩的常规最大值,如果电动机转矩的额定值选择时没有一定裕量,那么加速用转矩就要在变频器和电动机的过载容量范围内得到供给。

即使在这样的状态下,为了运转能正常地继续进行,或者为了确保所需的加减速时间,也必须选择变频器和电动机,使它们具有与此相应的过载容量。如果仅用变频器和电动机的过载容量(大小、持续时间)不能满足这些要求时,就需要选择更大的额定容量。

(5) 齿轮的作用

当电动机的转速不能完全满足负载时,还需要齿轮配合调速。通常在下列场合可考虑使用齿轮。

① 机械的额定转速比标准电动机的极数与50Hz 所决定的转速低时(使用减速齿轮)。

② 机械的所需的最高转速比变频器最高频率决定的电动机转速高时(使用增速齿轮)。

③ 仅使用变频器最低频率到50Hz 额定频率的范围,电机转速的最高/最低的比不足时(利用变频器工业频率以上的增速特性,此时多维持原来的最低频率不变,使用相对的减速齿轮以达到最高速度与原来的额定速度一致)。

④ 增大启动转矩时(使用减速齿轮,为使最高速与原来的额定速度相一致,变频器的最高频率要选高些)。

对于情况①来说,如果降低输入变频器指令的上限,以适应机械的额定转速,不用齿轮也能满足,但额定速度/最低速度的比将下降,速度控制范围变窄,导致变频器和电动机的利用率变坏。另外,通用变频器在工频以上输出频率区域为恒功率特性,随着频率的上升,转矩下降,所以对于③、④两种情况使用齿轮时,要考虑在高速区转矩的问题。

使用齿轮比 $G_1:G_2$(电机侧:机械侧)的齿轮时,电机侧与负载侧的物理量关系如下:假设齿轮的效率为理想化,即效率为100%。

$$n_2 = G_1 n_1 / G_2$$
$$T_2 = G_2 T_1 / G_1$$
$$(GD^2)'_2 = (G_1/G_2)^2 (GD^2)_2 \tag{6-7}$$

式中:n 为转速,n_1 为电动机转速,n_2 为机械侧转速;T 为转矩;G 为齿轮齿数;$(GD^2)_2$ 为负载的 GD^2;$(GD^2)'_2$ 为折算到电动机侧的负载 GD^2;

(6) 前馈控制与反馈控制

调速系统控制方式可分为前馈控制和反馈控制两种。

前馈控制也称预测控制。对于前馈控制,确定作为目标的控制对象的值,其因数即使有若干个,只要用其中的一个因数就可以基本上确定控制对象的值,其他因数的采用对控制对象的影响不太大,或者即使存在影响大的因素,由控制系统内的某一个值基本上可以预测修正其影响。

反馈控制用于决定控制对象的值的因数多、预测修正困难的场合,或者用于仅用前馈控制精度不能满足要求的场合。控制对象的值用传感器直接检测出,为了使此值与目标值一致,调整直接的操作量(主要是输出频率),而不是控制对象。

前馈控制与反馈控制特点如表6-7所列。

表6-7　前馈控制与反馈控制的特点

名称	前馈控制	反馈控制	名称	前馈控制	反馈控制
控制回路	相对简单	复杂	传感器	不需要	需要
反馈	无(开环)	有(闭环)	精度	相对较低	高精度
抗干扰性	差	强			

2. 变频器类型的选择

调速电动机所传动的生产机械的控制对象中,有速度、位置、张力等。对于每一个控制对象,生产机械的特性和要求的性能是不同的;选择变频器要考虑这些特点。

① 当调速系统控制对象是改变电动机速度时,其变频器的选择需考虑表6-8中的几点。

表6-8　控制速度的变频器选择

控制对象	通用变频器	转差频率控制	矢量控制变频器
转矩	选用满足该转矩的机种	选用满足该转矩的机种	选用满足该转矩的机种
加减速时间	加速时必须限制频率指令的上升率	在速度指令急速改变时,本身能将电流限制在容许值以内	在速度指令急速改变时,本身能将电流限制在容许值以内
速度控制范围	必须选择能覆盖所需速度控制范围的机种	必须选择能覆盖所需速度控制范围的机种	必须选择能覆盖所需速度控制范围的机种
避免危险速度下的运转	选择具有频率跳变回路的机种	选择具有频率跳变回路的机种	选择具有频率跳变回路的机种
速度传感器和调节器的使用	考虑温度漂移和干扰的影响	考虑温度漂移和干扰的影响	考虑温度漂移和干扰的影响
高精度	选用高频率分辨率的机种	选用高频率分辨率的机种	选用高频率分辨率的机种

② 当调速系统控制对象是控制负载的位置或角度时,其变频器的选择需考虑表6-9中的几点。

表6-9　控制速度的变频器选择

控制方式	通用变频器	通用伺服机用变频器	专用伺服机用变频器
开环位置控制方式	通用变频器;通用变频器+制动单元;通用变频器+制动单元+机械制动器	不需要	不需要
手动决定位置的控制方式	满足	不需要	不需要
闭环位置控制方式	选用转矩增益大的、带有齿隙补偿功能的机种	必须选择能覆盖所需速度控制范围的变频器	必须选择能覆盖所需速度控制范围的变频器
精度	1mm	10μm	1μm

③ 对于造纸、钢铁、胶卷等工厂中处理薄带状加工物的设备，由于产品质量上的要求，必须进行使生产中加工物的张力为一定值的控制。其变频器的选择需考虑表6-10中的几点。

表6-10　产品质量要求的变频器的选择

控制方式	变频器
采用转矩电流控制的张力控制	用于移动物体的变频器可采用通用变频器；用于施加与旋转方向相反的转矩的变频器；采用矢量控制的变频器，该机种必须要有速度限制功能，有通常的速度控制功能
采用拉延的张力控制	使用具有速度反馈控制的机种，应具有制动功能
采用调节辊的张力控制	通用变频器
采用张力检测器的张力控制	矢量控制的变频器

④ 对于要求调节响应快、精度高时变频器的选择按表6-11中的几点考虑。

表6-11　要求调节响应快、精度高时变频器的选择

控制对象	变频器
要求响应快的系统	对于PWM控制的变频器要求开关频率为1~3kHz，能满足机床等用途的变频器，该机种要有再生制动功能；通用变频器不常使用；转差频率控制的变频器响应速度较快，但不能满足更快的要求；矢量控制的变频器可以满足更快的要求，该机种主回路的开关频率要高
要求高精度的系统	采用全数字控制的变频器，该机种的数据运算在16位以上

⑤ 几乎对于所有的用途，电动机都是要克服来自负载的组阻碍旋转的反抗转矩，使负载向着所要求的方向旋转，与此相反，要求电动机产生与其转向相反转矩的负载，称为负负载。对于此类负载，变频器的选择按表6-12中的几点考虑。

表6-12　负载的变频器的选择

控制方式	变频器
再生过压失速防止控制	具有再生制动功能的变频器，该机种的制动力矩为额定转矩的10%~20%，设置再生过压失速防止功能，响应速度快
制动单元	对于小容量的变频器，选择有内藏此功能的机种，也可在外部附加对于大容量的变频器，控制单元和电阻单元分设，响应速度快
再生整流器	选用带有再生整流器的专用变频器

⑥ 加有冲击的负载叫作冲击负载。对于此类负载，变频器的选择按表6-13中的几点考虑。

表 6-13 冲击负载的变频器的选择

控制对象	变频器
再生过压失速防止控制	具有再生制动功能的变频器，该机种的制动力矩为额定转矩的 10% ~20%，设置再生过压失速防止功能，响应速度快
制动单元	对于小容量的变频器，选择有内藏此功能的机种，也可在外部附加；对于大容量的变频器，控制单元和电阻单元分设，响应速度快
再生整流器	选用带有再生整流器的专用变频器

3. 变频器的容量选择

根据电动机电流选择变频器容量。采用变频器驱动异步电动机调速，在异步电动机确定后，通常应根据异步电动机的额定电流来选择变频器，或者根据异步电动机实际运行中的电流值（最大值）来选择变频器。

（1）连续运行的场合

由于变频器供给电动机是脉动电流其脉动瞬时值比工频供电时瞬时电流要大，因此须将变频器的容量留有适当的余量。通常应取变频器的额定输出电流≥（1.05 ~1.1）电动机的额定电流（铭牌值）或电动机实际运行中的最大电流。

$$I_{NV} \geq (1.05 \sim 1.1) I_N$$

$$\text{或}\ I_{NV} \geq (1.05 \sim 1.1) I_{max} \qquad (6-8)$$

式中：I_{NV} 为变频器额定输出电流（A）；I_N 为电动机额定电流（A）；I_{max} 为电动机实际最大电流（A）。

如按电动机实际运行中的最大电流来选定变频器时，变频器的容量可以适当缩小。

（2）加减速时变频器容量的选定

变频器的最大输出转矩是由变频器的最大输出电流决定的，一般情况下，对于短时间的加减速而言，变频器允许达到额定输出电流 130% ~150%（视变频器容量由别），因此，在短时加减速时的输出转矩也可以增大，反之如只需要较小的加减速转矩时，也可降低选择变频器的容量。由于电流的脉动原因，此时应将变频器的最大输出电流降低 10% 后再进行选定。

（3）频繁加减速运转时变频器容量的选定

如图 6-48 所示的运行曲线图，可根据加速、恒速、减速等各种运行状态下的电流值，按式进行选定。

$$I_{NV} = [(I_1 t_1 + I_2 t_2 + I_3 t_3 + I_4 t_4 + I_5 t_5)/(t_1 + t_2 + t_3 + t_4 + t_5 + t_6)]K \qquad (6-9)$$

式中：I_{NV} 为变频器额定输出电流（A）；I_1、$I_2 \cdots I_5$ 为各运行状态下平均电流（A）；t_1、$t_2 \cdots t_6$ 为各运行状态下的时间（s）；K 为安全系数（运行频繁时 $K=1.2$，其他时间为 1.1）。

（4）电流变化不规则的场合

在运行中，如电动机电流不规则变化，此时不易获得运行特性曲线，这时可使电动机在输出最大转矩时的电流限制在变频器的额定输出电流内进行选定。

（5）电动机直接启动时所需变频器容量的选定

通常三相异步电动机直接用工频启动时启动电流为其额定电流的 5 倍 ~7 倍，直接启动时可按式选取变频器。

$$I_{NV} \geq I_K / K_g \qquad (6-10)$$

式中：I_{NV} 为变频器额定输出电流（A）；I_K 为在额定电压、额定频率下电动机启动时的堵转电流

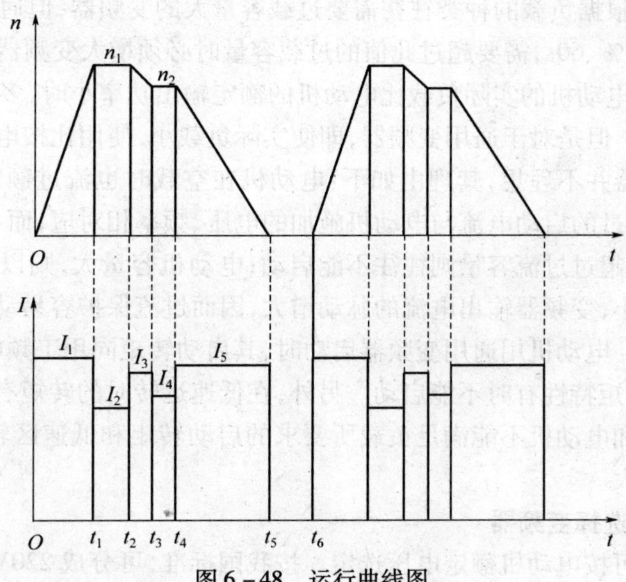

图 6-48　运行曲线图

(A)；K_g 为变频器的允许过载倍数（K_g 取 1.3～1.5）。

(6) 多台电动机共用一台变频器供电

除了以上 5 条要考虑的，还应考虑以下几点。

① 在电动机总功率相等的情况下，由多台小功率电动机组成的一方，较由台数少但电动机功率较大的一方电动机效率低，因此两者电流值并不等，因此可根据各电动机的电流总值来选择变频器。

② 在整定软启动，软停止时，一定要按启动最慢的那台电动机进行整定。

③ 如有一部分电动机直接启动时，可按式进行计算。

$$I_{NV} \geqslant [N_2 I_K + (N_1 - N_2) I_N] / K_g \tag{6-11}$$

式中：I_{NV} 为变频器额定输出电流（A）；N_1 为电动机总台数；N_2 为直接启动的电动机台数；I_K 为电动机直接启动时的启动电流（A）；I_N 为电动机额定电流；K_g 为变频器容许过载倍数（1.3～1.5）。

多台电动机依次进行直接启动，到最后一台时，启动条件最不利，另外当所有电动机均启动完毕后，还应满足：$I_{NV} \geqslant$ 多台电动机的额定电流的总和。

(7) 容量选择注意事项

① 并联追加投入启动。用 1 台变频器带多台电动机并联运转时，如果所有电动机同时启动加速，可按如前所述选择容量。但是对于一小部分电动机开始启动后再追加投入其他电动机启动的场合，此时变频器的电压、频率已经上升，追加投入的电动机将产生大的启动电流。因此，变频器容量与同时启动时相比较需要大些，额定输出电流可按式算出。

$$I_{NV} \geqslant \sum^{N_1} K I_m + \sum^{N_2} I_{ms} \tag{6-12}$$

式中：I_{NV} 为变频器额定输出电流（A）；

N_1 为先启动的电动机台数；

N_2 为追加投入启动的电动机台数；

I_m 为先启动的电动机的额定电流（A）；

I_{ms} 为追加投入电动机的启动电流（A）。

② 大过载容量。根据负载的种类往往需要过载容量大的变频器，但通用变频器过载容量通常为125%、60s或150%、60s，需要超过此值的过载容量时必须增大变频器的容量。

③ 轻载电动机。电动机的实际负载比电动机的额定输出功率小时，多认为可选择与实际负载相称的变频器容量。但是对于通用变频器，即使实际负载小，使用比按电动机额定功率选择的变频器容量小的变频器并不理想，其理由如下：电动机在空载时也流过额定电流的30%～50%的励磁电流；启动时流过的启动电流与电动机施加的电压、频率相对应，而与负载转矩无关，如果变频器容量小，此电流超过过流容量则往往不能启动；电动机容量大，则以变频器容量为基准的电动机漏抗百分比变小，变频器输出电流的脉动增大，因而过流保护容易动作，往往不能运行；启动转矩和低速区转矩。电动机用通用变频器启动时，其启动转矩同用工频电源启动相比，多数变小，根据负载的启动转矩特性有时不能启动。另外，在低速运转时的转矩有比额定转矩减小的倾向。用选定的变频器和电动机不能满足负载所要求的启动转矩和低速区转矩时，变频器和电动机的容量还需要再加大。

4. 根据输出电压选择变频器

变频器输出电压可按电动机额定电压选定。按我国标准，可分成220V系列和400V系列两种，对于3kV的高压电机使用400V级的变频器，可在变频器的输入侧装设输入变压器，输出侧装设输出变压器，将3kV下将为400V，再将变频器的输出升到3kV。

5. 根据输出频率选择变频器

变频器的最高输出频率根据机种的不同而有很大不同，有50/60Hz、120Hz、240Hz或更高。50/60Hz的变频器以在额定速度以下范围进行调速运转为目的，大容量通用变频器基本都属于此类。最高输出频率超过工频的变频器多为小容量，在50/60Hz以上区域由于输出电压不变，为恒功率特性，应注意在高速区转矩的减小。但车床等机床根据工件的直径和材料改变速度，在恒功率的范围内使用，在轻载时采用高速可以提高生产率，只是应注意不要超过电动机和负载的容许最高速度。

七、变频器的运行方式

变频器在传动调速系统中，由于各种控制对象和负载以及调速系统要求的响应速度、精度不一样，要求采用变频器的外围设备及运行方式是不同的。表6-14为变频器的运行方式。

表6-14　变频器的运行方式

序号	运行方式	序号	运行方式
1	正反转运行	8	同步运行
2	远距离操作运行	9	同速运行
3	寸动运行	10	带制支器的电动机运行
4	3速选择运行	11	变极电动机的运行
5	自动运行	12	变频器异常时自动切换到工频电源运行
6	并联运行	13	工频电源自动切换到变频器运行
7	比例运行	14	瞬停再启动运行

1. 正反转运行

变频器有的本身基本上都有正反转功能，对于无此功能的变频器机种，则利用接触器切换输出侧的主回路;对于正转→停止→反转的电路,停止操作后要经过时间继电器的延时后才能进行下一步操作,时间继电器用于确认电动机停止。

对于有反转功能的机种,用继电器回路构成正转或反转信号输入变频器。

注意事项:

① 变频器的保护功能动作时,可切断电源或接通复位端使变频器复位。

② 时间继电器的整定时间要超过电动机停止时间或变频器的减速时间。

③ 对于带有接触器进行输出切换的回路,正反转的接触器要互锁。

2. 远距离操作运行

当变频器与操作地点的距离很远时,信号电缆长,由于频率给定信号回路电压低,电流微弱,非常容易受干扰;此时,采用选用件构成回路。选用件设置在变频器附近,按钮、启动开关等设置在操作地点,可进行远距离操作。

注意事项:

① 选用件要设置在变频器的附近。

② 信号电缆与动力电缆要分开布置。

③ 频率表的电缆使用绞合屏蔽线(注意布线距离)。

3. 寸动运行

电机进行寸动运转时,另设寸动运转用频率给定器给出低速的频率指令,而不用平常运转时使用的频率给定器。启动、停止控制也是单独设置寸动运转回路,以此来选择寸动频率给定器,同时给变频器输入启动指令信号。

注意事项:

① 不要在变频器负载侧另加接触器进行寸动运转。

② 带制动器电动机的寸动运转,停止时使用变频器的输出停止端子。

4. 3 速选择运行

电动机以预先给定的3种速度运行,如风扇或鼓风机根据季节的风量切换,涂装设备根据漆零件切换,采用以预先给定的速度运行。使用选用件,选用件由启动、停止按钮和3种频率给定器以及上限频率给定器构成。高速、中速和低速指令由外部输入后,则选定频率给定信号给变频器输入指令,电动机以设定的速度运行。

注意事项:

① 选用件与变频器的频率给定信号由于电压低、电流弱等原因,原则上不能有接点加入。加入接点时,为了防止接触不良,应当用两个微电流继电器接点并联使用。

② 要有互锁回路,以防止有两个外部速度给定信号同时输入。

5. 自动运行

检测风机、泵输出的流量、压力、温度的变化,用PID调节器调节速度,使输出量为恒值。现在的变频器大都有PID调节功能,如果没有此功能,可以加设专用的PID调节器,利用V/I转换器将调节器的电压信号转换成电流信号,输入到变频器的20mA端子。

注意事项:

如果使用专用的PID调节器,进行自动运行时,可将变频器本身的频率给定信号切换开关选择在20mA处,不需要前置放大器。

6. 并联运行

如对于小容量风机、换气扇等,可用一台变频器使多台电动机同时并联运行。

注意事项：

① 不能使用变频器内的电子热保护，所以每台电动机外加热继电器。

② 变频器在运行中如果将停止的电动机直接投入，有时因启动电流使保护装置动作，变频器停止运行。

7. 比例运行

在混料系统中，需要由几台带轮输送机按一定的比例分别供给相应的原料，在此系统中需要控制多台变频器。每个变频器输出的速度按比例给定，由比例给定单元给定，只要调节主速给定器就可以同步地改变全体的速度了。

注意事项：

① 由于频率给定信号电压低、电流弱，需要接入接点时，要用微电流开关用继电器的两个接点并联。

② 信号线要远离动力线，并采用绞合屏蔽线。

8. 同步运行

两台变频器控制两台电动机以同一速度运行，积算转速也一致，如带轮输送机。

注意事项：

① 两台变频器的启动、停止要共用一个操作单元，使运行指令完全一致。

②一台变频器的速度由操作单元直接给定，另一台变频器的速度由位移检测装置与操作单元共同决定。

9. 同速运行

当一个传送带需要两台电动机驱动，此时要求两台电动机以同一速度运行，如挂链等。

注意事项：

① 两台变频器的启动、停止要共用一个操作单元，使运行指令完全一致。

② 一台变频器的速度由操作单元直接给定，另一台变频器的速度由位移检测装置与操作单元共同决定。

10. 带制动器的电动机运行

当接收停止指令后，运转中的电动机急速停止，并要求确实保持电动机的停止状态，如卷扬机、卷放机、升降装置等。

注意事项：

需加制动单元，制动电阻的大小要根据负载的大小选择。

11. 变极电动机的运行

当使用变极电动机又使用变频器调速时，其变频器的输出侧应加装变极的接触器，在变极转换时，应在电动机停止转动时进行，在控制电路应加设时间继电器，用以延时电动机的停止与再次启动的时间间隔。

注意事项：

① 时间继电器的延时时间应超过从高速运转到以自由停止的时间。

② 从高速→低速、低速→高速的切换，应在电动机停止后进行。

③ 对于 Y－△启动的电动机，只使用△接法。

12. 变频器异常时自动切换到工频电源运行

变频器发生异常时，需要电路控制电动机自动切换到工频电源运行。该控制电路多样，使用者可自行设计。

注意事项：

① 切换电路中的接触器要有电气互锁。

② 变频器保护功能动作时，可切断供电电源或对变频器进行复位。

③ 当停止变频器工作时，应延时等待电动机停止后，才切换到工频电源运行，需装设时间继电器用于延时切换。

13. 工频电源自动切换到变频器运行

为了不使电动机停止运转，由工频电网自动切换到变频器运行。

注意事项：

① 变频器内藏专用选用件，如安装在外部则可能干扰产生误动作。

② 切换电路的接触器要有电气互锁。

③ 工频电网与变频器输出的相序必须一致。

④ 对于自由停止快的负载，需注意变频器复位的时间不能太长。

14. 瞬停再启动运行

瞬停再启动分两种：一种是发生 15ms 以上的瞬时停电，复电时可以不使电动机停止而自动再启动运行；另一种是复电后使电动机一度停止再启动运行。

注意事项：

① 变频器内藏专用选用件，如安装在外部则可能干扰产生误动作。

② 对于在瞬停时间 + 复位时间内自由停止的负载，电动机将一度停止，经复位时间后以通常的加速时间自动再启动。

思考题与习题

6－1　查资料，列举 5 种不同厂家的变频器。

6－2　观察日常生活中使用变频器的场合，列举一个例子，简述其原理。

6－3　对 IGBT 的栅极驱动电路有哪些要求？IGBT 的专用驱动电路有哪些？试列举 3 种。

6－4　IGBT 的缓冲电路有哪些，试详细分析某一种电路的工作原理。

6－5　IGBT 管与 GTR 管相比，主要有哪些优缺点？

6－6　试比较有源逆变与无源逆变的不同？

6－7　举例说明单相 SPWM 逆变器怎样实现单极性调制和双极性调制？在三相桥式 SPWM 逆变器中，采用的是哪种调制方法？

6－8　交—直—交变频器主要由哪几部分组成，试简述各部分的作用。

6－9　在何种情况下变频也需变压，在何种情况下变频不能变压？为什么？在上述两种情况下电动机的调速特性有何特征？

6－10　低频时，临界转矩减小的原因是什么？采用何种方式可增大其值？为什么？增大临界转矩有何意义？

6－11　保持 U/f = 常数的目的是维持电动机的哪个参数不变？

6－12　U/f 控制曲线分为哪些类型，分别适用于何种类型的负载？

6－13　选择 U/f 控制曲线常用的操作方法分为哪几步？

6－14　矢量控制的基本指导思想是什么？

6－15　使用矢量控制时有哪些具体要求？

6－16　简述齿轮的作用。

6－17　试说明 PWM 控制的基本原理。

6－18　什么是脉宽调制型逆变电路？它有什么优点？

6－19　单极性和双极性 PWM 脉宽调制有什么区别？

6－20　什么叫异步调制？什么叫同步调制？

6－21　试利用 PLC 控制变频器实现电网与变频器之间的切换，画出接线图，并分析其工作原理。

6－22　设计某机床的工作台进给的变频器控制，试选取变频器，画出原理框图，并分析其工作原理。

实训十四　变频器的检测与应用

一、实训目的

① 了解变频器的原理。
② 掌握变频器的操作。
③ 熟悉变频器的应用。

二、实训设备

1. 台达 VFD－M 型变频器(0.4kW 230V 1/3PHASE)
2. 三相异步电动机
3. PLC 可编程控制器
4. 计算机
5. DQ02－K 电器控制 I
6. DQ02－F 适配接口

三、实训内容及步骤

1. 变频器的出厂恢复设置(见图 6－49)

显示项目说明如表 6－15 所列。

表 6－15　变频器的显示项目说明

显示项目	说　明
F60.0	显示变频器目前的设定频率
H60.0	显示变频器实际输出到电动机的频率
u600.	显示用户定义之物理量(V)(其中 $V=H\times P65$)
A 5.0	显示变频器输出侧 U,V 及 W 的输出电流
1 50	显示变频器目前正在执行自动运行程序

（续）

显示项目	说明
P 01	显示参数项目
01	显示参数内容值
Frd	目前变频器正处于正转状态
rEu	目前变频器正处于反转状态
End	若由显示区读到 End 的信息，大约一秒钟，表示数据已被接受并自动存入内部存储器
Err	若设定的数据不被接受或数值超出时即会显示

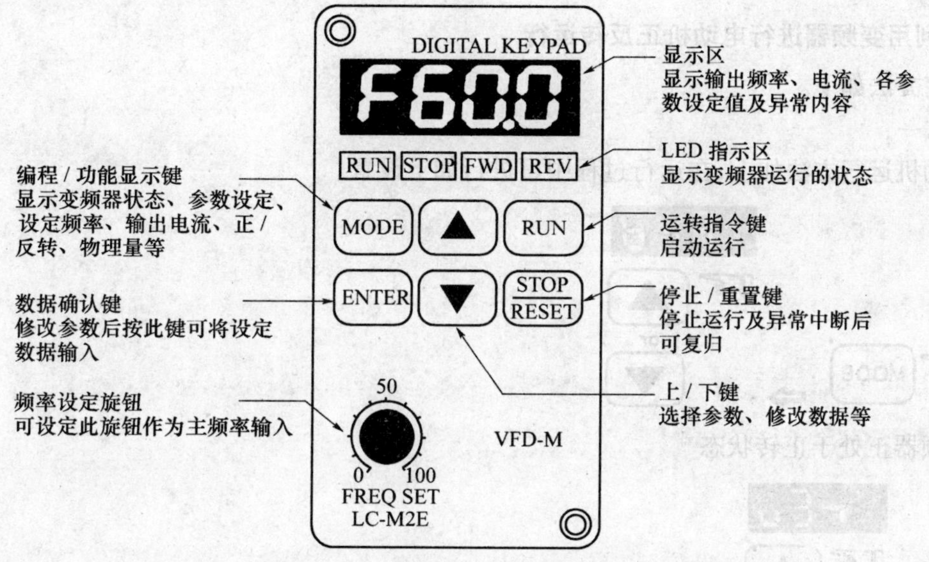

图 6－49　变频器的出厂恢复设置

通过查阅台达 VFD－M 型变频器参数说明书即可得到 P76 的参数说明，如表 6－16 所列。

表 6－16　台达 VFD－M 型变频器 P76 的参数说明

P76	参数锁定/重置设定	00：所有的参数值设定可读/写模式
		01：所有的参数设定为仅读模式
		08：键盘锁定
		09：所有的参数值重置为 50Hz 的出厂设定值
		10：所有的参数值重置为 60Hz 的出厂设定值

恢复出厂设定过程如下。

☞ MODE ⇨ P 01 显示参数项目（将其调至 P76）⇨按 ENTER ⇨ 01 显示参数内容值（将其调至 09）⇨按 ENTER ⇨显示 End（数据已被接受并自动存入内部存储器），即可完成恢复出厂设定。[若在输入确定后显示 Err，则说明数据不被接受或数值超出。]

2. 变频器连接电动机进行单向运转

设定过程如下。

变频器电源连接⇨将变频器恢复出厂设置（具体方法如上），⇨按 RUN 即可（若停止可按 STOP/RESET）。

3. 利用变频器进行电动机正反转运行

设定方法如下。

方法一：

电动机运行方法如上，在运行过程中可进行如下设置。

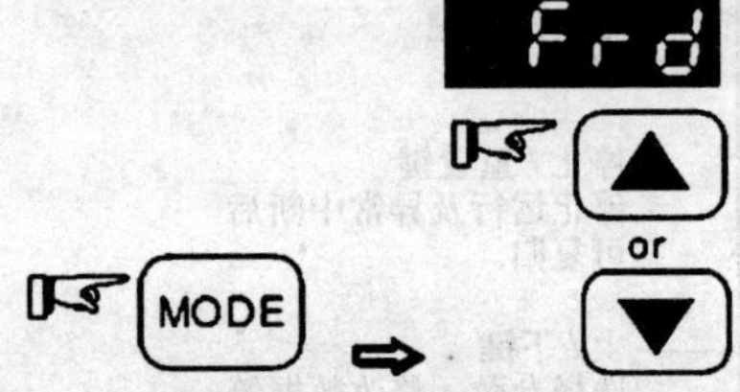

目前变频器正处于正转状态

⇨ rEu

☞ ▲ or ▼ 目前变频器正处于反转状态

⇨ Frd

方法二：

利用外部端子 M0、M1 进行设置，方法如下。

首先将变频器恢复成出厂设置状态，再设置相关参数 P01、P38，参数设置值如下：P01:01，P38:00。

外部端子接法如下。

二线式运转控制（模式一）：限定参数 P38，设定 00，限定端子 M0、M1

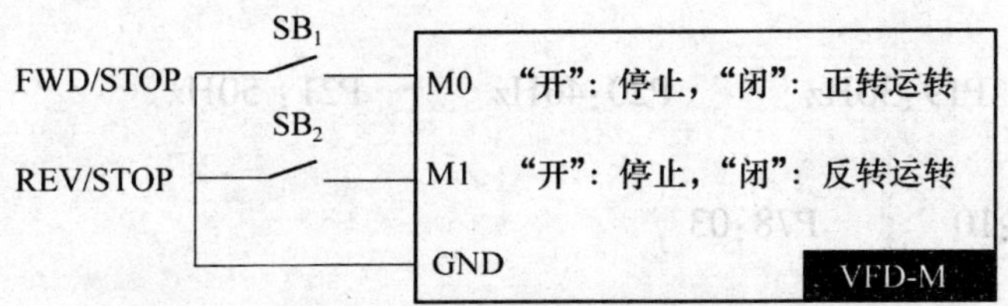

4. 利用变频器的数字旋钮进行电动机转速控制

在进行运行前先查阅参数一览表中与数字操作旋钮有关的参数，结果如表 6－17 所列。

表 6－17 台达 VFD－M 型变频器数字操作旋钮说明

P00	主频率输入来源设定	00：主频率输入由数字操作器控制
		01：主频率输入由模拟信号 0V～10V 输入（AVI）
		02：主频率输入由模拟信号 4mA～20mA 输入（ACI）
		03：主频率输入通信输入（RS485）
		04：主频率输入由数字操作器上的转扭

参数设置：将 P00 参数值设定为 04（设定方法如上）。

设置完成后按下“运行”按钮即可利用变频器上的数字旋钮在电动机运行中进行频率设定［具体频率变化可以 MODE ⇨ H 0.0（显示变频器实际输出到电机的频率）看到］。

5. 利用变频器进行电动机多段速自动控制

相关参数：P17～P23、P39～P42、P45、P46、P78、P81～P87。

参数功能：

P17～P23：第一～第七段速设定（设定每一段速的频率值）；

P39～P42：多功能输入端子设定（选择一个多功能端子并设定为 16：可程序自动运转）；

P45～P46：多功能输出端子设定（选择多功能端子为 09：程序运转中指示、10：程序转阶段完成指示、11：程序运转完成指示）；

P78：可程序运转模式设定；

P79：第一～第七段速运转方向设定（设定每一段的速运转方向）；

P81～P87：第一～第七段速运转时间设定（设定每一段速的运转时间）。

说明：参数 P78 的功能如表 6－18 所列。

表 6－18 台达 VFD－M 型变频器参数 P78 的功能

P78	程序运转模式选择	00：自动运行模式取消
		01：自动运行一个周期后停止
		02：自动运行循环运转
		03：自动运行一个周期后停止（STOP 间隔）
		04：自动运行循环运转（STOP 间隔）

在设置过程中可选 01～04 进行运行模式设定，也可分别从 01～04 设置观察其具体运行情况。

具体参数设定参考如下。

P17:10Hz　　P18:20Hz　　P19:30Hz　　P20:40Hz　　P21: 50Hz

P22:25Hz　　P23:15Hz

P42:08　　P45:09　　P46:10　　P78:03

P81 ~ P87 均设为 10s。

外部端子接线示意图如下。

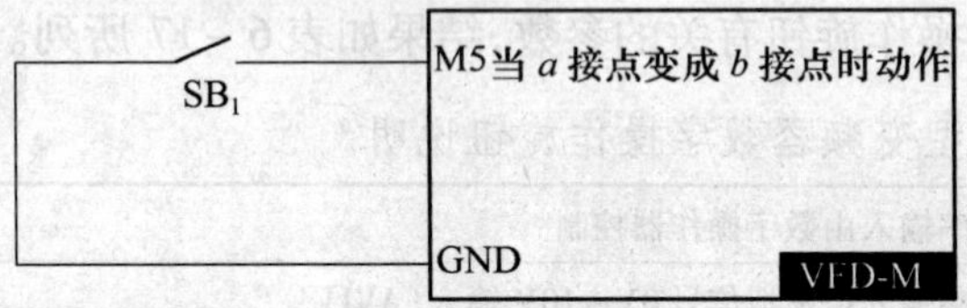

6. 利用变频器外接端子进行电动机多段速控制

相关参数:P17 ~ P23、P40 ~ P42、P45,P46。

参数功能:

P17 ~ P23:第一 ~ 第七段速设定(设定每一段速频率);

P40 ~ P42:多功能输入端子(选用默认值);

P45 ~ P46:多功能输出端子设定(选择多功能端子为 09:程序运转中指示、10:程序运转阶段完成指示、11:程序运转完成指示)。

具体操作如下。

首先恢复出厂设置 P76 设为 09。

其次对相关参数设定,例如:

P17:10Hz　　P18:20Hz　　P19:30Hz　　P20:40Hz　　P21:50Hz

P22:25Hz　　P23:15Hz

P40:06　　P41:07　　P42:08

P45:09　　P46:10

外部端子接线示意图如下。

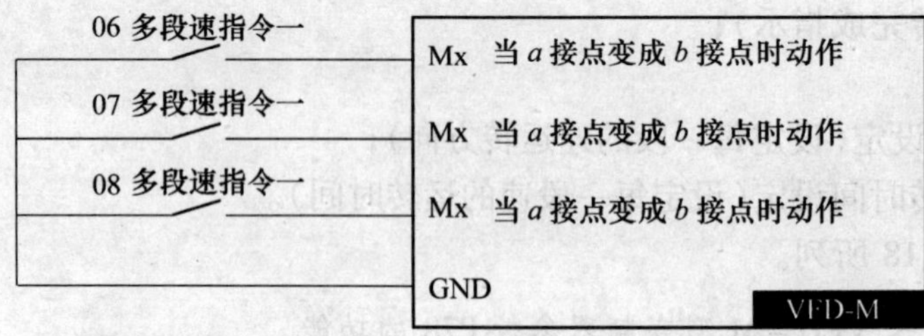

具体实物电路图如图 6 - 50 所示。

七段速控制具体操作如图 6 - 51 所示。

7. 实现变频器与 PLC 连接进行电动机多段速运转

相关参数:P01、P17 ~ P23、P38、P45 ~ P46、P78。

参数功能:

P17 ~ P23:第一 ~ 第七段速设定(设定每一段速的频率值);

P45 ~ P46:多功能输出端子设定(选择多功能端子为 09:程序运转中指示、10:程序运转阶段完成指示、11:程序运转完成指示);

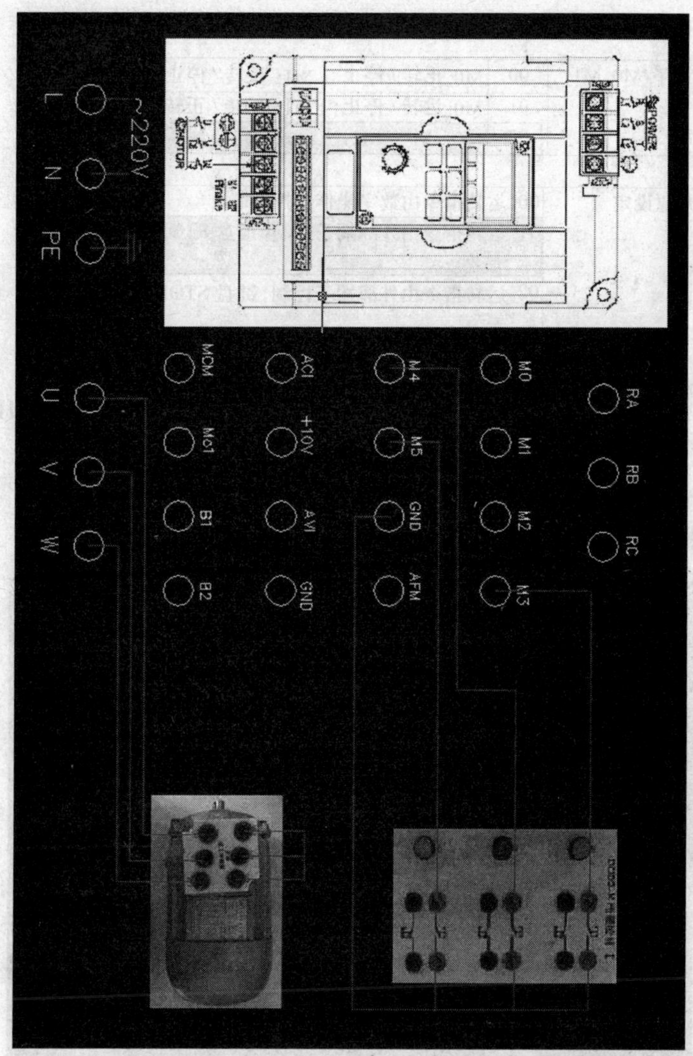

图 6－50　利用变频器进行电动机多段速控制连接图

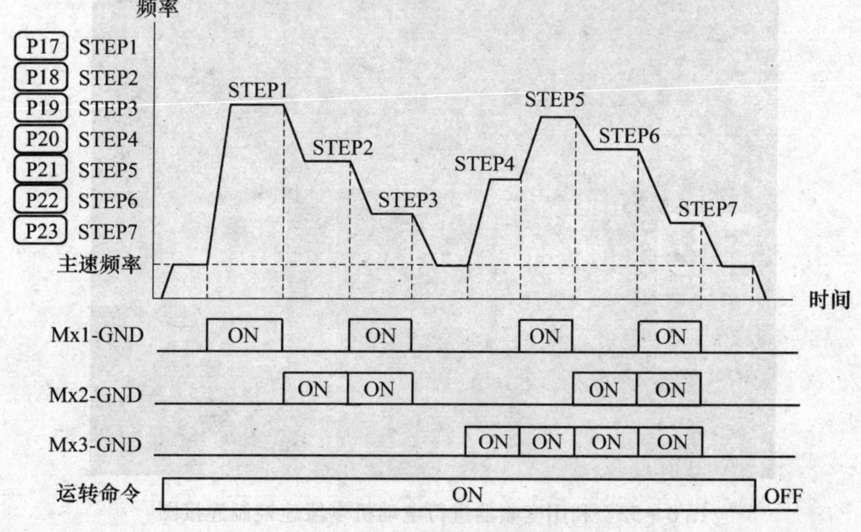

图 6－51　七段速控制图

P78:可程序运转模式设定;

P38	多功能输入端子(M0, M1)功能选择	00	M0:正转/停止; M1: 反转/停止
		01	M0:运转/停止; M1: 反转/正转
		02	M0、M1、M2:三线式运转控制

P01	运转信号来源设定	00:运转指令由数字操作器控制
		01:运转指令由外部端子控制,键盘 STOP 键有效
		02:运转指令由外部端子控制,键盘 STOP 键无效

参数设置参考:

P01:01　　P17:10Hz　　P18:20Hz　　P19:40Hz　　P20:50Hz

P21:40Hz　　P22:20Hz　　P23:15Hz　　P38:02

P45:09　　P46:10　　P78:02

电路接线实物图如图 6-52 所示。

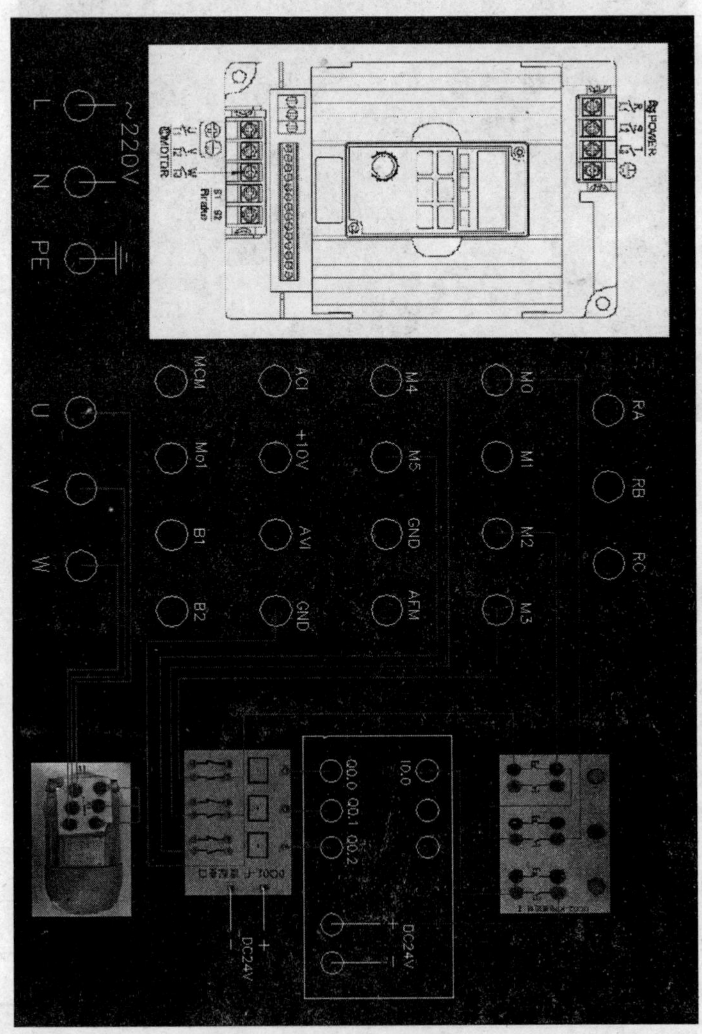

图 6-52　利用变频器进行电动机多段速控制连接图

四、实训报告

① 总结变频器的使用方法。

② 写出变频器与电动机的接线图与操作方法。

③ 写出本次实训的心得与体会。

附图一

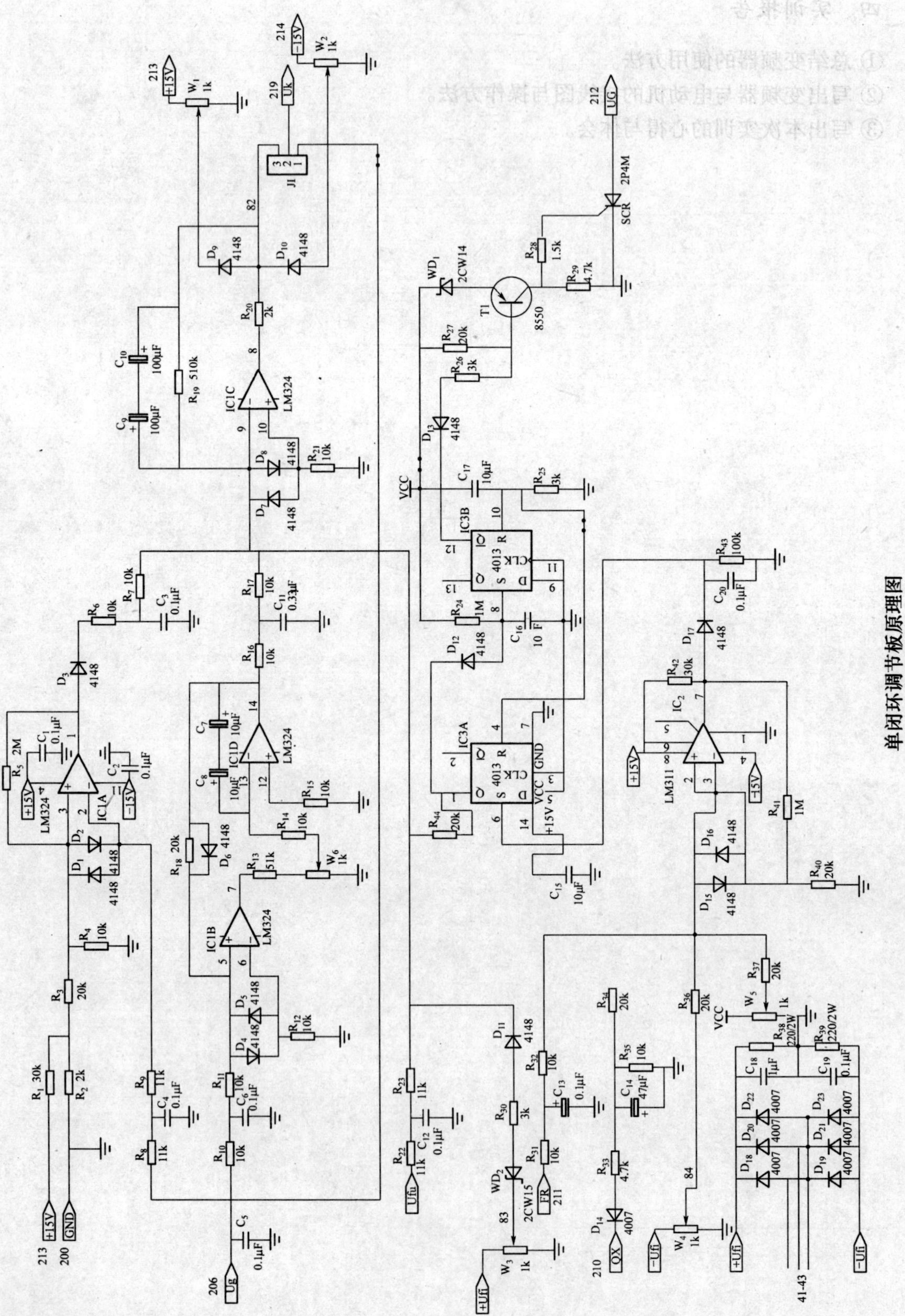

单闭环调节板原理图

附图二

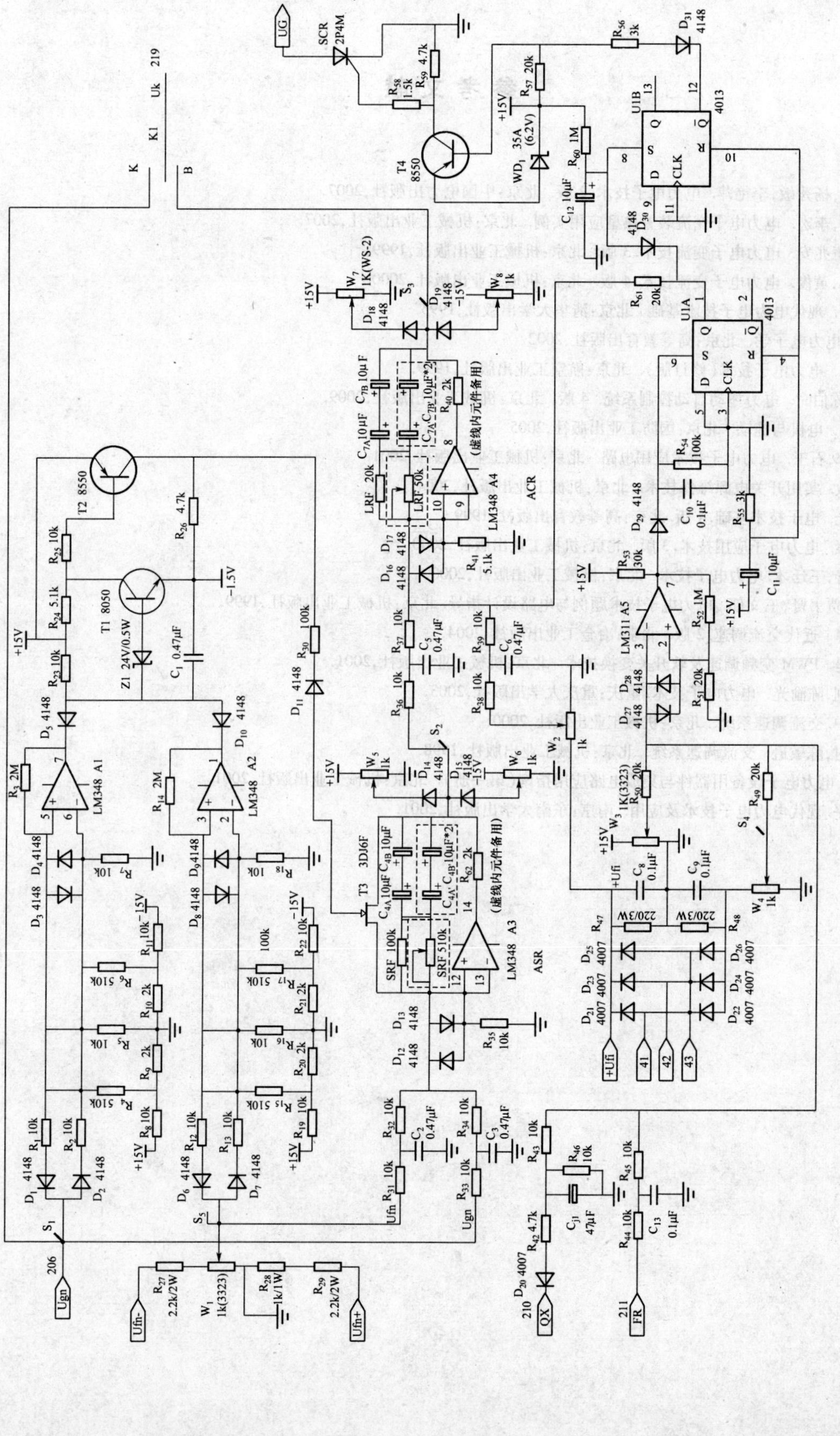

双闭环调节板原理图

参 考 文 献

[1] 李雅轩,杨秀敏,李艳萍. 电力电子技术.2 版. 北京:中国电力出版社,2007.
[2] 冯玉生,李宏. 电力电子变流装置典型应用实例. 北京:机械工业出版社,2007.
[3] 黄俊,王兆安. 电力电子变流技术.3 版. 北京:机械工业出版社,1999.
[4] 王兆安,黄俊. 电力电子变流技术.4 版. 北京:机械工业出版社,2000.
[5] 赵良炳. 现代电力电子技术基础. 北京:清华大学出版社,1995.
[6] 陈坚. 电力电子学. 北京:高等教育出版社,2002.
[7] 丁道宏. 电力电子技术(修订版). 北京:航空工业出版社,1999.
[8] 阮毅,陈伯时. 电力拖动自动控制系统. 4 版. 北京:机械工业出版社,2009.
[9] 康晓明. 电机与拖动. 北京:国防工业出版社,2005.
[10] 王文郁,石玉. 电力电子技术应用电路. 北京:机械工业出版社,2001.
[11] 刘毓敏. 实用开关电源维修技术. 北京:机械工业出版社,2004.
[12] 康华光. 电子技术基础.4 版. 北京:高等教育出版社,1999.
[13] 莫正康. 电力电子应用技术.3 版. 北京:机械工业出版社,2000.
[14] 黄家善,王廷才. 电力电子技术. 北京:机械工业出版社,2000.
[15] 石玉,贾书贤,王文郁. 电力电子技术题例与电路设计指导. 北京:机械工业出版社,1999.
[16] 佟纯厚. 近代交流调速.2 版. 北京:冶金工业出版社,2004.
[17] 陈国呈. PWM 变频调速及软开关变换技术. 北京:机械工业出版社,2001.
[18] 苏玉刚,陈渝光. 电力电子技术. 重庆:重庆大学出版社,2003.
[19] 宋书中. 交流调速系统. 北京:机械工业出版社,2000.
[20] 陈伯时,陈敏逊. 交流调速系统. 北京:机械工业出版社,1998.
[21] 李宏. 电力电子设备用器件与集成电路应用指南(第一册). 北京:机械工业出版社,2001.
[22] 王维平. 现代电力电子技术及应用. 南京:东南大学出版社,2001.